网络与综合布线

主　编　李姝宁　刘　红　冯晟博
参　编　于　瓛　金　红　云　洁
　　　　孙宏康

北京理工大学出版社
BEIJING INSTITUTE OF TECHNOLOGY PRESS

内容提要

本书根据我国现行的综合布线标准，由校企人员结合工程实践编写而成。全书共分为7个模块，主要内容包括：综合布线与网络工程认识、数据通信与网络基础、网络传输介质与网络设备、计算机网络工程、综合布线系统设计、综合布线施工技术、综合布线系统测试与验收等。本书强调了施工工艺和技能培训、工程现场测试方法，以及工程管理及验收知识，并配套国家级精品在线开放课程的全媒体资源使内容呈现多元化。

本书可作为高等院校土木工程类相关专业的教材，也可作为学习综合布线与网络工程知识的培训教材，还可供相关专业技术人员参考。

图书在版编目（CIP）数据

网络与综合布线 / 李姝宁，刘红，冯晟博主编 . --
北京：北京理工大学出版社，2023.12
ISBN 978-7-5763-3012-0

Ⅰ . ①网…　Ⅱ . ①李… ②刘… ③冯…　Ⅲ . ①计算机网络－布线－高等学校－教材　Ⅳ . ① TP393.03

中国国家版本馆 CIP 数据核字 (2023) 第 248241 号

责任编辑：钟　博　　**文案编辑**：钟　博
责任校对：周瑞红　　**责任印制**：王美丽

出版发行 / 北京理工大学出版社有限责任公司
社　　址 / 北京市丰台区四合庄路 6 号
邮　　编 / 100070
电　　话 / (010) 68914026（教材售后服务热线）
(010) 63726648（课件资源服务热线）
网　　址 / http：//www. bitpress. com. cn

版 印 次 / 2023 年 12 月第 1 版第 1 次印刷
印　　刷 / 河北世纪兴旺印刷有限公司
开　　本 / 787 mm × 1092 mm　1/16
印　　张 / 17
字　　数 / 400 千字
定　　价 / 88.00 元

前言

随着智慧城市、智慧校园、智慧社区、智慧楼宇等的发展，现代化的商住楼、办公楼、综合楼及园区等各类民用建筑及工业建筑需要传输的信息类型也越来越多，如语音、数据、图像、控制信号等。此时，需要在楼宇和园区范围内，在统一的传输介质上建立可以连接电话、计算机、会议电视和监视电视等设备的结构化信息传输系统，即综合布线系统。作为建筑电气工程技术和建筑智能化技术专业的工程技术人员，应具备足够的综合布线与网络工程技术知识，这样才能适应城市信息化技术的发展要求。

本书是编者在多年的教学和工作实践经验的基础上编写而成。全书根据高等职业教育人才培养的要求，将网络综合布线的设计、施工、运行维护及综合布线所需的局域网络组建等内容合理地组合在一起，突出项目设计和实训操作，同时列举了一定数量的工程实例，提供了设计图纸和工程经验，注重培养学生具有懂施工、会设计、精管理等方面的综合素质。本书根据综合布线系统施工和设计的实际实施过程，将整个综合布线系统工程技术分为7个模块，主要包括综合布线与网络工程认知，数据通信和网络基础、网络传输介质与网络设备、计算机网络工程、综合布线系统设计、综合布线施工技术、综合布线系统测试与验收等内容。

本书编写中突出其实用性和针对性，注意贯彻新标准、新规范、新符号，在书中所使用的图形、符号均采用新国标，所遵循的规范也是现行规范，避免介绍过时的、淘汰的产品。为便于读者掌握和理解书中内容，书中配备了较多的插图和表格，而且针对重点、难点内容用实例作了阐明。为巩固所学内容，每个模块后还附有一定数量的习题。

为顺应互联网时代线下与线上学习相融合的教育变革趋势，本书充分利用互联网和图像识别技术，提供全媒体课程资源库。书中的知识点、技能点通过微课、实操指导等形式展示。为使读者能随时随地轻松学习，书中相应位置设置有二维码，读者可以通过扫描二维码获取相应知识点的配套资源。同时，教材所对应的课程是国家级精品在线开放课程，读者也可通过学堂在线（https://www.xuetangx.com/course/imaa08071001449/）学习本课程。

本书由内蒙古建筑职业技术学院李姝宁、刘红、冯晟博担任主编，内蒙古建筑职业技术学院于瓛、金红、云洁，西元西安西元电子科技集团有限公司孙宏康参与编写。具体编写分工为：模块1由李姝宁、云洁编写，模块2由金红编写，模块3由于瓛编写，模块4由冯晟博编写，模块5由李姝宁编写，模块6由刘红编写，模块7由云洁编写，书中案例由孙宏康编写。

本书在编写过程中参考了大量的工程技术书籍和资料，在此谨向这些图书资料的作者表示衷心的感谢。

由于编者水平有限，编写时间仓促，书中难免有疏漏之处，敬请广大师生和读者批评指正。

编　者

目录

模块1　综合布线与网络工程认识……1

1.1　认识综合布线系统……1

1.1.1　传统布线系统……1

1.1.2　综合布线系统……2

1.2　综合布线系统与智能建筑的关系……2

1.2.1　综合布线系统是智能建筑中必备的基础设施……3

1.2.2　综合布线系统是衡量智能建筑智能化程度的重要标志……3

1.2.3　综合布线系统是智能建筑内部联系和对外通信的传输网络……3

1.2.4　综合布线系统可以适应智能建筑未来发展的需要……3

1.2.5　综合布线系统必须与房屋建筑融为一体……3

1.3　综合布线系统的特点……4

1.3.1　兼容性……4

1.3.2　开放性……4

1.3.3　灵活性……4

1.3.4　可靠性……5

1.3.5　先进性……5

1.3.6　经济性……5

1.4　综合布线系统的范围……5

1.4.1　根据建筑工程项目的范围划分……6

1.4.2　根据业务管理维护职责等因素划分……6

1.5　结构化综合布线系统的重要性……6

1.6　综合布线系统的组成……7

1.6.1　工作区子系统（Work Area）……7

1.6.2　水平干线子系统……7

1.6.3　管理间子系统……8

1.6.4　垂直干线子系统……8

1.6.5　建筑群子系统……8

1.6.6　设备间子系统……8

1.6.7　进线间子系统……8

1.6.8　管理系统……9

1.7　综合布线系统的等级划分……9

1.7.1　电缆布线系统等级划分……9

1.7.2　光纤信道等级划分……10

1.7.3　光纤信道构成方式……11

1.8　缆线长度划分……12

1.9　综合布线系统的标准……12

1.9.1　国际综合布线系统标准……12

1.9.2　美国综合布线系统标准……13

1.9.3　中国综合布线系统标准……13

1.10　综合布线系统认识实训……15

模块小结……15

习题……15

模块2　数据通信和网络基础……………16

2.1　认识数据通信……………16

2.1.1　数据、信息和信号……………16

2.1.2　数据通信系统……………17

2.1.3　数据通信的基本概念和术语……………18

2.2　网络概述……………21

2.2.1　认识计算机网络……………21

2.2.2　计算机网络的功能和分类……………22

2.2.3　计算机网络的拓扑结构……………24

2.2.4　绘制网络拓扑结构图……………26

2.2.5　利用Visio软件绘制网络拓扑图实训……28

2.3　TCP/IP模型和IP地址……………29

2.3.1　基本概念……………29

2.3.2　OSI参考模型……………30

2.3.3　TCP/IP参考模型……………32

2.3.4　IP地址……………35

2.3.5　IP地址配置、网络命令的使用实训……40

模块小结……………41

习题……………41

模块3　网络传输介质与网络设备……………42

3.1　网络传输介质……………42

3.1.1　双绞线电缆……………43

3.1.2　双绞线跳线制作实训……………51

3.1.3　同轴电缆……………52

3.1.4　光纤和光缆……………52

3.1.5　快速光纤连接器的制作实训……………67

3.1.6　皮线光缆冷接实训……………68

3.1.7　无线传输介质……………70

3.2　网络设备……………74

3.2.1　网卡……………74

3.2.2　交换机……………76

3.2.3　路由器……………78

3.2.4　光纤收发器……………83

3.2.5　无线网桥……………85

模块小结……………86

习题……………86

模块4　计算机网络工程……………87

4.1　计算机网络的系统组成……………87

4.1.1　主干网……………87

4.1.2　子网……………89

4.2　以太网基础……………89

4.2.1　以太网的相关标准……………89

4.2.2　以太网的工作原理和帧结构……………91

4.3　VLAN……………93

4.3.1　特点……………93

4.3.2　应用……………93

4.4　网络安全技术……………93

4.4.1　计算机病毒编写目的不同……………94

4.4.2　计算机病毒编写组织化……………94

4.4.3　计算机病毒已经形成产业链……………94

4.4.4　计算机病毒变种多，进行小批量感染……………94

4.4.5　计算机病毒数量呈几何级数增长……………94

4.5　计算机网络工程设计……………97

4.5.1　计算机网络工程建设的主要内容和原则……………97

4.5.2　计算机网络工程设计步骤……………97

4.6　计算机网络工程实例……………101

4.6.1　网络应用需求……………101

4.6.2　网络性能需求……………101

4.6.3　校园网设计原则……………101

4.6.4　网络信息点统计……………102

4.6.5　网络结构设计……………103

4.6.6 设备选型与配置……103
4.6.7 VLAN的划分……108
4.6.8 IP地址的分配原则……108
4.7 局域网组建训练……111
4.7.1 双机互连……111
4.7.2 WLAN组网……118
4.7.3 小型局域网组建与管理……120
4.8 基于Cisco Packet Tracer模拟器的局域网组建实训……133
4.8.1 主机IP地址配置及网络命令使用……133
4.8.2 局域网组建（含无线局域网组建）……134
4.8.3 基本静态路由配置……135
模块小结……139
习题……139

模块5 综合布线系统设计……140

5.1 综合布线系统设计的步骤及要求……141
5.1.1 用户需求分析……141
5.1.2 获取建筑物平面图……141
5.1.3 系统结构设计……141
5.1.4 布线路由设计……142
5.1.5 编制综合布线施工设备材料清单……142
5.2 综合布线系统设计的内容……142
5.2.1 工作区子系统的设计……142
5.2.2 水平干线子系统的设计……146
5.2.3 管理间子系统的设计……150
5.2.4 干线子系统的设计……153
5.2.5 设备间子系统的设计……157
5.2.6 数据中心项目案例……162
5.2.7 进线间子系统的设计……164
5.2.8 建筑群子系统的设计……165
5.2.9 管理子系统的设计……167
5.2.10 信息点端口对应表编制与应用实例……170
5.2.11 电气防护及接地……174
5.2.12 管理间的优化设计……176
5.3 光纤接入网工程设计……178
5.3.1 光纤接入网概述……178
5.3.2 ODN光缆线路设计……181
5.3.3 光纤主干的设计与施工……185
5.4 设计方案编制……187
5.4.1 综合办公大楼综合布线系统设计……187
5.4.2 民航机场航站楼综合布线系统设计……188
5.5 综合布线系统设计实训……190
5.5.1 实训目的……190
5.5.2 实训内容及要求……190
5.5.3 实训步骤……191
模块小结……191
习题……191

模块6 综合布线施工技术……193

6.1 综合布线施工准备……193
6.1.1 施工准备的内容……193
6.1.2 布线施工常用工具……194
6.2 工作区布线与安装……195
6.2.1 工作区信息插座及信息插座模块的安装……195
6.2.2 信息插座模块的压接技术……196
6.2.3 对绞电缆与RJ-45水晶头的连接……198
6.2.4 屏蔽模块的端接……199
6.3 水平干线子系统的安装施工……200
6.3.1 水平干线子系统布线路由选择……200
6.3.2 水平干线子系统布线安装……200
6.4 垂直干线子系统的安装施工……204
6.4.1 垂直干线子系统路由选择……204
6.4.2 垂直干线子系统的布线安装……205

6.5 电缆敷设……206
6.5.1 电缆敷设方式……207
6.5.2 电缆的布放……208
6.5.3 电缆的牵引……208
6.6 设备间的安装施工……211
6.6.1 设备间的配置与布线……211
6.6.2 配线架的安装……212
6.6.3 机柜的安装……212
6.7 光缆工程施工技术……213
6.7.1 光缆敷设的基本要求……214
6.7.2 光缆敷设技术……215
6.7.3 光纤接续……218
6.7.4 光纤熔接及测试实训……219
6.8 综合布线系统的标识与管理……221
6.8.1 管理子系统的缆线终接……221
6.8.2 标识标签的应用……221
6.8.3 综合布线系统标识示例……222
6.9 综合布线系统施工实训……223
6.9.1 PVC管的安装实训……223
6.9.2 PVC线槽的安装实训……224
6.9.3 牵引布线、信息插座模块端接、面板安装实训……225
6.9.4 壁挂式机柜和铜缆配线设备安装实训（RJ-45网络配线架端接实训）……227
6.9.5 壁挂式机柜和铜缆配线设备安装实训(110跳线架端接实训）……228
6.9.6 综合布线系统测试……229
6.9.7 全光网链路端接……230
模块小结……232
习题……232
模块7 综合布线系统测试与验收……233
7.1 电缆传输信道的测试……233
7.1.1 概述……233
7.1.2 测试链路模型……234
7.1.3 电缆连接……235
7.1.4 验证测试……237
7.1.5 认证测试……238
7.1.6 综合布线工程电缆传输信道测试实训……247
7.2 光纤传输信道的测试……248
7.2.1 概述……248
7.2.2 光纤传输信道测试的主要参数……249
7.2.3 光纤传输信道的认证测试报告……250
7.2.4 综合布线工程光纤传输信道测试实训……250
7.3 综合布线系统工程验收……252
7.3.1 工程验收……252
7.3.2 竣工技术资料……256
7.3.3 综合布线系统工程验收实训……257
模块小结……258
习题……259
附录……260
附录1 《综合布线系统工程设计规范》(GB 50311—2016）规定的缩略词……260
附录2 综合布线系统图样的常用的图形符号……262
附录3 实训报告模板……263
参考文献……264

模块1 综合布线与网络工程认识

知识目标

(1)了解综合布线系统与智能建筑的关系。

(2)掌握综合布线系统的概念、特点、组成、分级与类别。

(3)熟悉综合布线系统的最新设计标准。

能力目标

(1)具备正确查阅使用综合布线设计规范和验收规范等国家标准的能力。

(2)具备综合布线系统工程图识图能力。

素质目标

(1)培养学生资料收集、整理的能力。

(2)培养学生项目总结和汇报的能力。

(3)培养学生分析问题、解决问题的能力。

互联网技术的快速发展推动了综合布线技术的发展，综合布线技术的普遍应用加速了互联网走进千家万户的进程。综合布线系统就是信息高速公路，没有综合布线系统的普遍应用就没有互联网的普及和应用。

近年来，随着物联网、大数据、云计算和5G等技术迅猛发展，综合布线系统得到了广泛应用，变得越来越重要，已经成为最基础的信息传输系统，是智能建筑和智慧城市的基础设施。

1.1 认识综合布线系统

1.1.1 传统布线系统

在信息社会中，为满足信息传输与楼宇管理的需要，在现代化的智能建筑物或建筑群中，电话、传真、空调、消防设施、动力电线、照明电线与网络系统是必不可少的。因此，需要根据不同的设备配置相应的布线系统，将上述设备连接起来。

传统的布线系统往往由不同的单位设计和安装，采用不同厂家生产的电缆头、配线插座及插头等，这会带来很多缺点，如系统不兼容，设备的相关性差、灵活性差，工程协调难，工程造价高，系统扩展难等。

1.1.2 综合布线系统

随着网络和信息高速公路的发展，人们对信息共享的需求日益迫切，智能化大厦和智能小区已经成为新时代开发的热点，这就需要一个适合时代发展的布线方案。如果有一种布线形式可以把建筑物或建筑群内所有语音设备、数据处理设备、视频设备及传统的大楼管理系统都集成在一个布线系统中，统一布局、统一设计，那么这样不但节省了安装空间，减少了变动、维修和管理费用，而且使设计和施工标准化、规范化、国际化。这种布线系统就是综合布线系统。

《综合布线系统工程设计规范》(GB 50311—2016)在术语定义中对"布线"(cabling)的定义是"能够支持电子信息设备相连的各种缆线、跳线、接插软线和连接器件组成的系统""综合布线应为开放式的网络拓扑结构，应能支持语音、数据、图像、多媒体等业务信息传递的应用"。因此，可以定义：综合布线系统就是用各种缆线、跳线、接插软线和连接器件构成的通用布线系统，能够支持语音、数据、图像、多媒体和其他控制信息技术的标准应用系统。综合布线系统已经成为智能建筑的主要信息传输系统，也是智能建筑的重要基础设施。综合布线系统由不同系列和规格的部件组成，其中包括传输介质、相关连接硬件(如配线架、连接器、插座、插头、适配器)及电气保护装置等，这些部件可用来构建各个子系统，它们都有各自的具体用途，不仅易于实施，而且能随时间的变化而平稳升级。一个设计良好的综合布线系统对其服务的设备有一定的独立性，并能互连许多不同的通信设备，如数据终端、模拟式和数字式电话机、个人计算机和主机及公共系统装置。

20 世纪 80 年代后期，综合布线系统逐步引入我国。随着近年来我国国民经济的持续快速发展，城市中各种新型高层建筑和现代化公共建筑不断建成。作为信息化社会象征之一的智能建筑中的综合布线系统已成为现代化建筑工程中的热门话题，也是建筑工程和通信工程中设计与施工相互结合的一项十分重要的内容。综合布线系统的演进如图 1-1 所示。

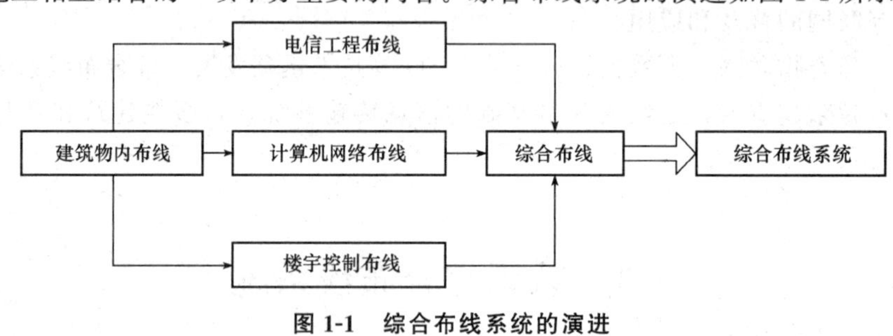

图 1-1 综合布线系统的演进

1.2 综合布线系统与智能建筑的关系

智能建筑是将结构、系统、服务、管理进行优化组合的高效率、高功能与高舒适性的大楼，它为人们提供一个高效且具有经济效益的工作环境。由上述定义可见，智能建筑是多学科跨行业的系统工程，是建筑艺术与信息技术相结合的产物，是现代高新技术的结晶。

综合布线系统是随着智能建筑的发展而发展的。综合布线系统作为智能建筑的重要组成部分，犹如智能建筑中的信息高速公路，其设计质量直接关系到智能建筑的智能化程度和发展前景。

智能建筑和综合布线系统

1.2.1 综合布线系统是智能建筑必备的基础设施

智能建筑之所以区别于其他普通建筑，是因为它采用了先进的布线技术(综合布线技术)。综合布线技术将智能建筑内的计算机、通信设施和其他设备控制系统在一定条件下相互连接起来，形成一个有机的整体，以实现建筑高度智能化的要求。由于综合布线系统具有可靠性高、兼容性强、使用灵活和管理科学等特点，能适应各种设施的近期和远期的发展，所以，综合布线系统是智能建筑能够保证优质高效服务的必备基础设施。

1.2.2 综合布线系统是衡量智能建筑智能化程度的重要标志

在衡量智能建筑的智能化程度时，需要评价智能建筑内综合布线系统的配线能力。例如，技术功能是否先进、设备配置是否配套、网络分布是否合理、工程质量是否优良，这些都是决定智能建筑品质的重要因素。智能建筑能否为用户提供高质量的服务，取决于信息传输网络的质量和技术。因此，综合布线系统对增强智能建筑的科技功能和提升智能建筑的应用价值具有重要的作用。

1.2.3 综合布线系统是智能建筑内部联系和对外通信的传输网络

综合布线系统是智能建筑对内对外的信息传输网络，信息通过这个网络进行传输。因此，综合布线系统除在智能建筑的内部作为信息网络系统的组成部分外，对外还必须与公用通信网连接成一个整体，成为公用通信网的基础网络。为了满足智能建筑与外界联系和传输信息的需要，综合布线系统的网络组织方式、各种性能指标和有关的技术要求都应服从于公用通信网的有关标准与规定。

1.2.4 综合布线系统可以适应智能建筑未来发展的需要

建筑工程是百年大计，一次性投资很大。在当前情况下，全面实现建筑智能化是有一定难度的，然而又不能等到资金全部到位再开工建设，这样会失去时间和机遇。每个跨世纪的高层建筑，一旦条件成熟就需要经过改造，升级为智能建筑。因此，综合布线系统是解决这一矛盾的最佳途径。随着计算机技术、网络技术、通信技术的发展，传统的布线方式越来越不适应时代发展的需求，综合布线系统在建筑中所占的比重会越来越大，这就要求业主和设计人员既要紧跟时代的潮流，又要考虑自身的经济能力，积极采用综合布线系统才是最佳选择，因为智能建筑综合布线系统具有高度的适应性和灵活性，能够满足业主相当长的时间内通信发展的需要。

1.2.5 综合布线系统必须与房屋建筑融为一体

综合布线系统与房屋建筑既是不可分离的整体，又是不同类型和性质的工程建设项目。

综合布线系统分布在智能建筑内，必然会有相互融合的需要，同时彼此也会发生矛盾，因此，在综合布线系统的设计、施工和管理过程中，应经常与建筑设计人员进行沟通，彼此达成共识，寻求最佳的方式来解决问题。

1.3 综合布线系统的特点

综合布线系统是由高质量的布线部件组成的，主要由对(双)绞线对称电缆(又称平衡电缆)、同轴电缆和光纤光缆、配线接续设备(有时简称接续设备或配线设备，包括配线架等)和连接硬件(有时简称连接器件)等组成。因为至今尚无统一的产品标准，所以，国内外的产品除个别连接硬件可以通用外，不少产品部件还不兼容，但综合布线系统仍被国内外公认为目前科学技术先进、服务质量优良的一种布线系统，且正被广泛推广使用。综合布线系统主要具有以下特点。

1.3.1 兼容性

在建筑物中传送语(话)音、数据、图像及控制等信号，如采用传统的专业布线方式，需要使用不同的电缆、电线、配线接续设备和其他器材(包括通信引出端等)。因此，电话系统常用一般的对绞线市话通信电缆；计算机系统则采用同轴电缆和特殊的对绞线对称电缆；图像系统需要视频电缆等缆线和器材。安装和连接上述各个系统的接续设备更是五花八门，如插头、通信引出端(又称为信息插座)、配线架和不同规格的端子板，其技术性能差别极大，难以互相通用，彼此不能兼容。敷设各种缆线和安装接续设备时易产生各种矛盾，布置混乱无序，造成建筑物的内部环境条件恶化，直接影响美观和使用及维护管理。综合布线系统的产品今后如采用统一的设计标准，则其技术性能和外形结构等都将具有综合所有系统的互相兼容的特点，而采用光缆或高质量的布线材料和配线接续设备，有可能满足不同生产厂家终端设备的需要，使语(话)音、数据和图像等信号均能高质量地传送。

1.3.2 开放性

对于传统的布线方式，只要用户选定了某种设备，也就选定了与之适应的布线方式和传输介质，如果要更换为另一种设备，那么原来的布线系统就要全部更换。可以想象，对于一个已经完工的建筑物，这种变化是十分困难的，要增加许多投资。综合布线系统采用开放式的体系结构，符合多种国际标准，对所有著名的网络及布线厂商的产品(如计算机设备、交换机设备等)都是开放的，并且对所有通信协议也是支持的(如对 ISO/IEC 8802-3、ISO/IEC 8802-5 的支持等)。

1.3.3 灵活性

在传统布线方式中，如果需要改变终端设备的位置和数量，必须敷设新的电缆或电线，安装新的接续设备。在施工过程中，对于正在使用的设备，有可能发生传送的语(话)音、数据和图像信号中断或质量下降的情况。另外，在建筑物内因房间调整或其他原因增加或更换通信缆线和接续设备都会增加工程建设投资和施工时间。因此，传统专业布线系统的灵活性和适应性均较差。综合布线系统是根据语(话)音、数据、视频和控制等不同信号的要求与特点，经过统一规划设计，将其综合在一套标准化的系统中，并备有适应各种终端设备和开放性网络结构的布线部件及接续设备(包括地板上或墙壁上的各种信息插座等)，能完成各类不同带宽、不同速率和不同码型的信息传输任务。因此，综合布线系统中任何一个信息点都能够连接不同类型的终端设备。当终端设备的数量和位置发生变化时，只需将插头拔出，插入新的信息插座，在相关的配线接续设备上连接跳线式的装置就可以了，不需新增电缆或信息插座。因此，综合布线系统与传统的专业布线系统相比，其灵活性和适应性都比较强，实用、方便，且节省基本建设投资和日常维护费用。

1.3.4 可靠性

对于传统布线方式，由于各个布线系统互不兼容，所以在一个建筑物中往往有多种布线方案。因此，各类信息传输的可靠性由所选用的布线方案的可靠性来保证，设计不当时极易造成交叉干扰。综合布线系统采用高品质的材料和组合压接的方式构成一套高标准信息传输通道。所有缆线和相关连接件均通过 ISO 认证。对于每条传输通道，都要采用专用仪器测试其链路阻抗及衰减，以保证其电气性能。在应用系统布线所采用的星形拓扑结构中，除主干外任何一条链路的故障均不影响其他链路正常运行，为链路的运行、维护及故障检修提供了方便。此外，各应用系统采用相同的传输介质，可互为备用，从而保证了系统的可靠性。

1.3.5 先进性

综合布线系统采用最新的通信标准和光纤与双绞线混合的布线方式，为目前的网络应用提供了足够的带宽容量。六类双绞线电缆和相关的连接件组成的传输通道最大带宽为 250 GHz，光缆及相关的连接部件组成的传输通道最大带宽可达 10 GHz，通过综合布线系统已完全能传输语音、数据和视频等多种信息。为了满足特殊用户的需求，可将光纤引到桌面(Fiber to the Desk，FTTD)，干线的语音部分用电缆，数据部分用光缆，为同时传输实时多媒体信息提供足够的余量，至少在未来 25 年内能充分适应通信和计算机网络的发展，为今后办公全面自动化打下了坚实的基础。

1.3.6 经济性

传统专业布线系统改造所花费时间和资金较多，而综合布线系统可以适应长时间的应用需求，并且大大减少维护、管理人员的数量及费用。一般来说，用户总是希望建筑物所采用的设备不但在开始使用时能够具有良好的实用性，而且有一定的技术储备，即在今后的若干年内即使不增加投资，仍能保持建筑物的先进性。综合布线系统就是一种既具有良好的初期实用性，又有很好的性能价格比的高科技产品。

1.4 综合布线系统的范围

综合布线系统的范围从广义来说有两种划分方法，即根据建筑工程项目的范围划分和根据业务管理维护职责等因素划分。

1.4.1 根据建筑工程项目的范围划分

建筑工程项目一般有两种范围，即单幢房屋建筑和建筑群体。单幢房屋建筑中的综合布线系统范围一般是指在整幢建筑内部敷设的布线系统和相应的设施，还包括引出建筑物与外部信息网络系统互相连接的通信线路(包括与公用通信网连接的线路)。此外，各种用户终端设备(如电话机、传真机等)及其连接软线和插头等，在使用前根据用户要求随时可以连接安装，这部分为工作区布线，一般不需要设计和施工。因此，在建筑工程项目范围内不包括这一部分。这里应说明的是，建筑内部的管槽系统、电缆竖井和专用房间等设施，一般与建筑工程的设计和施工同步进行，而综合布线系统工程设计和施工安装是作为工艺项目单独进行的。因此，工艺项目的工程设计和安装施工在实施过程中应该与建筑工程中的上述管槽系统、电缆竖井、专用房间等有关设施的部分密切联系和互相配合。建筑群体因建筑物幢数不同、规模不同和功能有差别，其工程范围难以统一划分，但无论其建设规模如何、布置形式如何，综合布线系统的工程范围除每幢建筑内的布线系统和其他辅助设施外，还需要包括各幢建筑物之间互相连接的通信线路和管道设施，这时综合布线系统较为庞大而复杂。

1.4.2 根据业务管理维护职责等因素划分

根据业务管理维护职责等因素来划分综合布线系的范围与上述从基本建设和工程管理要求考虑有所不同。因此，综合布线系统的具体范围应根据网络结构、设备布置、维护体制和管理办法等因素来划分，具体细节本书不做介绍。综合布线系统范围的划分是极为重要的，在工程建设时，有利于明确近远期互相邻近工程的界限，以便分清楚工程责任范围和建设投资分配及工程建设过程中的配合事项；在今后维护管理时，除明确各方的职权和效益的范围外，也有利于日常维护、检修测试等管理工作。这些事项虽属于管理范畴，但涉及技术、经济等各个方面，且具有长期性，因此不容忽视。

1.5 结构化综合布线系统的重要性

结构化综合布线系统是一种基于标准的、完整的通信布线系统，同时，它也是一个可以支持多种网络应用和多个厂商产品的开放式布线系统。结构化综合布线系统不是简单的缆线连接，它需要综合考虑用户的使用需求、网络应用、传输距离及布线环境等诸多因素，因此，完善的系统设计和正确的产品选择对结构化综合布线系统来说至关重要。结构化综合布线系统是整个通信网络的基础。尽管结构化综合布线系统的费用只占整个网络结构费用的10%，但是将近70%的网络问题与低劣的布线技术和电缆部件有关，因此，为了使网络正常工作，布线系统及元件必须可靠。通常，一个局域网园区或一幢建筑内的综合布线系统的设计使用寿命平均为10年，不需要时也不能经常进行改造和变动，因此，在设计综合布线系统时要兼顾网络应用和综合布线系统的未来发展。一个设计和组织好的综合布线系统能够在安装、维护和升级时节省大量资金，同时减少对建筑物的破坏。

1.6 综合布线系统的组成

《综合布线系统工程设计规范》(GB 50311—2016)在 2016 年 8 月 26 日发布，在 2017 年4 月 1 日开始实施。综合布线系统基本构成如图 1-2 所示。主要布线部件包括建筑群配线设备(CD)、建筑群子系统电缆或光缆、建筑物配线设备(BD)、垂直干线子系统电缆或光缆、电信间配线设备(FD)、配线子系统电缆或光缆、集合点(CP)(选用)、信息插座模块(TO)、工作区缆线和终端设备(TE)。

综合布线系统的组成

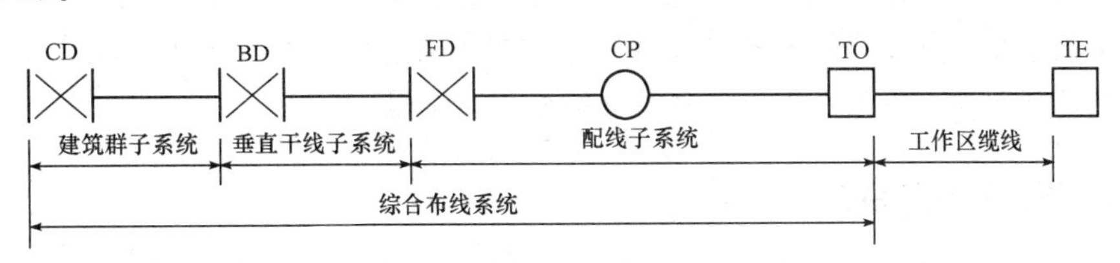

图 1-2　综合布线系统基本构成

结合实际工程安装施工流程和步骤，可以将综合布线系统分解为七个子系统加上管理系统。各组成部分及设备如图 1-3 所示。

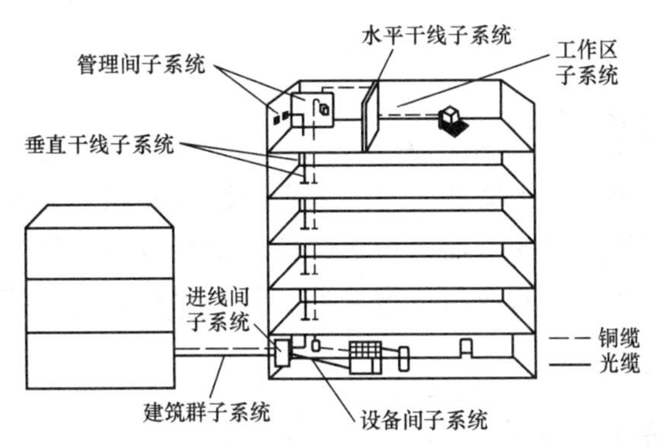

图 1-3　综合布线系统各组成部分示意

1.6.1 工作区子系统(Work Area)

一个独立的需要设置终端设备(TE)的区域宜划分为一个工作区。工作区子系统应由配线子系统的信息插座模块(TO)延伸到终端设备处的连接缆线及适配器组成。其设备包括接插软线、连接器和适配器等，但不包括终端设备。终端设备可以是电话、计算机等。工作区子系统布线随着应用系统终端设备的改变而改变，因此它是非永久性的。

1.6.2 水平干线子系统

水平干线子系统在《综合布线系统工程设计规范》(GB 50311—2016)中属于配线子系统

的一部分。水平干线子系统应由工作区的信息插座模块、信息插座模块至电信间配线设备的配线电缆和光缆等组成。电缆一般采用星形结构。

在综合布线系统中，水平干线子系统由4对非屏蔽双绞线(UTP)组成，能支持大多数现代化通信设备。如果有磁场干扰或需要信息保密，可用屏蔽双绞线；如果需要高带宽，应用时可以采用光缆。

1.6.3 管理间子系统

管理间子系统由交叉连接、互连和I/O组成。它用于连接干线子系统和水平设备，其主要设备是配线架、交换机、机柜和电源等，主要为楼层安装配线设备和楼层计算机网络设备(交换机)的场地，并可考虑在该场地设置缆线竖井、等电位接地体、电源插座、UPS配电箱等设施。在场地面积允许的情况下，也可设置诸如安防、消防、建筑设备监控系统，无线信号覆盖等系统的布缆线槽和功能模块。如果综合布线系统与弱电系统设备合设于同一场地，则从建筑功能的角度出发，将管理间称为弱电间。

1.6.4 垂直干线子系统

垂直干线子系统是将建筑物各个楼层管理间的配线架连接到建筑物设备间的配线架，也就是负责连接管理间子系统到设备间子系统的部分，实现主配线架与楼层配线架的连接。垂直干线子系统对应《综合布线系统工程设计规范》(GB 50311—2016)中的干线子系统，由设备间至管理间的干线电缆和光缆、安装在设备间的建筑物配线设备及设备缆线和跳线组成。

1.6.5 建筑群子系统

建筑群子系统由连接多个建筑物之间的主干电缆和光缆、建筑群配线设备及设备缆线和跳线组成，主要实现建筑物与建筑物之间的通信连接，一般采用光缆并配置光纤配线架等相应设备，支持楼宇之间通信所需要的硬件，包括缆线、端接设备和电气保护装置等。

1.6.6 设备间子系统

设备间是在每幢建筑物的适当地点进行网络管理和信息交换的场地。综合布线系统设备间宜安装建筑物配线设备、电话交换机、计算机主机设备。入口设施也可安装在设备间。综合布线系统设备间的位置设计十分重要，是各个楼层管理间信息与外界连接和信息交换的位置，也就是全楼信息的出口和入口部位，如有故障就会影响全楼的信息传输。

1.6.7 进线间子系统

进线间是建筑物外部通信和信息管线的入口部位，并可作为入口设施和建筑群配线设备的安装场地。《综合布线系统工程设计规范》(GB 50311—2016)中专门要求在建筑物前期系统设计中增加进线间，以满足多家运营商的要求。进线间子系统一般通过地埋管线进入建筑物内部，在土建阶段实施。

1.6.8 管理系统

《综合布线系统工程设计规范》(GB 50311—2016)中提出了综合布线系统工程的管理系统要求，对设备间、管理间、进线间和工作区的配线设备、缆线、信息点等设施，应按一定的模式进行标识和记录，并应符合下列规定。

(1)综合布线系统工程宜采用计算机进行文档记录与保存，简单且规模较小的综合布线系统工程可按图纸资料等纸质文档进行管理。文档应做到记录准确、及时更新、便于查阅，文档资料应实现汉化。

(2)综合布线的每一电缆、光缆、配线设备、信息插座模块、接地装置、管线等组成部分均应给定唯一的标识符，并应设置标签。标识符应采用统一数量的字母和数字等标明。

(3)电缆和光缆的两端均应标明相同的标识符。

(4)设备间、管理间、进线间的配线设备宜采用统一的色标区别各类业务与用途的配线区。

(5)综合布线系统工程应制订系统测试的记录文档内容。

(6)所有标签应保持清晰，并应满足使用环境要求。

(7)综合布线系统工程规模较大及用户有提高布线系统维护水平和网络安全的需要时，宜采用智能配线系统对配线设备的端口进行实时管理，显示和记录配线设备的连接、使用及变更状况，并应具备下列基本功能。

①实时智能管理与监测布线跳线连接通断及端口变更状态。

②以图形化显示界面浏览所有被管理的布线部位。

③管理软件提供数据库检索功能。

④用户远程登录对系统进行远程管理。

⑤管理软件对非授权操作或链路意外中断提供实时报警。

(8)综合布线系统相关设施的工作状态信息应包括设备和缆线的用途、使用部门、组成局域网的拓扑结构、传输信息速率、终端设备配置状况、占用器件编号、色标、链路与信道的功能和各项主要指标参数及完好状况、故障记录等信息，还应包括设备位置和缆线走向等内容。

1.7 综合布线系统的等级划分

《综合布线系统工程设计规范》(GB 50311—2016)中将综合布线系统的电缆布线系统分为 8 个等级，光缆部分为 3 个等级。

1.7.1 电缆布线系统等级划分

电缆布线系统划分为 A、B、C、D、E、E_A、F、F_A 八个等级。等级表示为由电缆和连接器所构成的链路和信道，它的每一根对绞缆线所能支持的传输带宽以 Hz 为单位。电缆布线系统的分级与类别见表 1-1。

表 1-1　电缆布线系统的分级与类别

系统分级	系统产品类别	支持最高带宽/Hz	支持应用器件	
			电缆	连接硬件
A	—	100 K	—	—
B	—	1 M	—	—
C	3 类(大对数)	16 M	3 类	3 类
D	5 类(屏蔽和非屏蔽)	100 M	5 类	5 类
E	6 类(屏蔽和非屏蔽)	250 M	6 类	6 类
E_A	6_A 类(屏蔽和非屏蔽)	500 M	6_A 类	6_A 类
F	7 类(屏蔽)	600 M	7 类	7 类
F_A	7_A 类(屏蔽)	1 000 M	7_A 类	7_A 类
Ⅰ	8.1 类(屏蔽)	2 000 M	8.1 类兼容 6_A 类	8.1 类兼容 6_A 类
Ⅱ	8.2 类(屏蔽)	2 000 M	8.2 兼容 7 类	8.2 兼容 7 类

注：1. 5、6、6_A、7、7_A 类布线系统应用能支持向下兼容的应用。
2. 目前 8.1 类和 8.2 类布线系统主要应用于数据中心。

1.7.2　光纤信道等级划分

光纤信道划分为 OF-300、OF-500 和 OF-2000 三个等级，各等级光纤信道所支持的应用长度不应小于 300 m、500 m 及 2 000 m。

综合布线系统应能满足所支持的电话、数据、电视系统的传输标准要求。同一布线信道及链路的缆线和连接器件应保持系统等级的一致性。综合布线系统工程的产品类别及链路等级应综合考虑建筑物的功能、网络系统、业务的需求和发展等因素，并应符合表 1-2 的要求。

表 1-2　综合布线系统的分级与类别

业务种类		配线子系统		干线子系统		建筑群子系统	
		等级	类别	等级	类别	等级	类别
语音		D/E	5/6(4 对)	C/D	3/5(4 大对数)	C	3(室外大对数)
数据	电缆	D、E、E_A、F、F_A	5、6、6_A、7、7_A(4 对)	E、E_A、F、F_A	6、6_A、7、7_A(4 对)	—	—
	光纤	OF-300 OF-500 OF-2000	OM1、OM2、OM3、OM4 多模光缆；OS1、OS2 单模光缆及相应等级连接器件	OF-300 OF-500 OF-2000	OM1、OM2、OM3、OM4 多模光缆；OS1、OS2 单模光缆及相应等级连接器件	OF-300 OF-500 OF-2000	OS1、OS2 单模光缆及相应等级连接器件
其他应用		可采用 5/6/6_A 类 4 对对绞电缆和 OM1/OM2/OM3/OM4 多模、OS1/OS2 单模光缆及相应等级连接器件					

注：其他应用为建筑其他弱电子系统采用网络端口传送数字信息时的应用。

1.7.3 光纤信道构成方式

光纤信道构成方式应符合以下要求。

(1)水平光缆和主干光缆至楼层电信间的光纤配线设备应经光纤跳线连接，如图 1-4 所示。

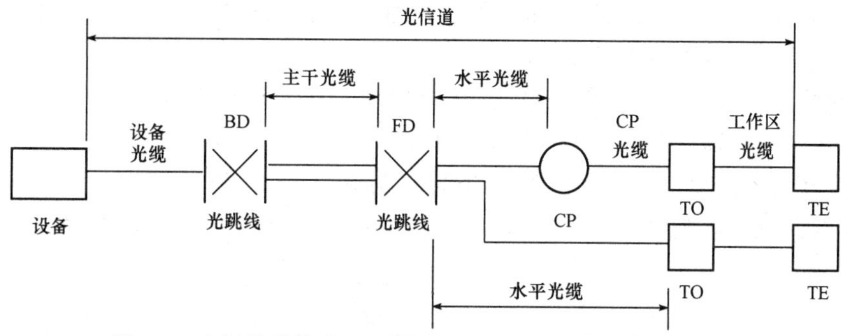

图 1-4 光纤信道构成(一)(光缆经电信间 FD 光纤跳线连接)

(2)水平光缆和主干光缆在楼层电信间应经接续(熔接或机械连接)，如图 1-5 所示。

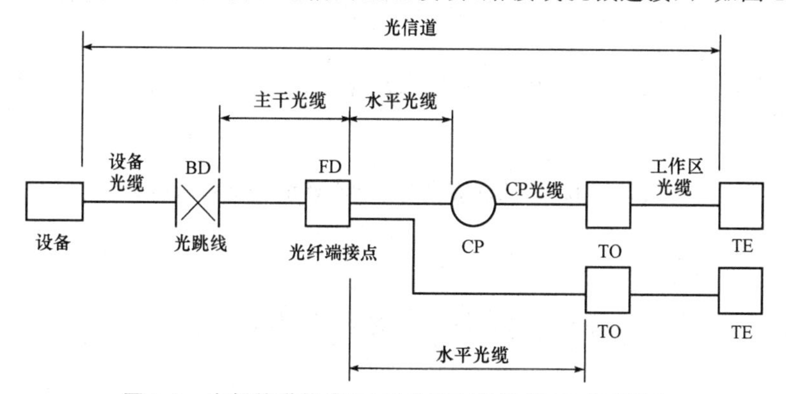

图 1-5 光纤信道构成(二)(光缆在电信间 FD 做端接)

(注：FD 只设光纤之间的连接点。)

(3)水平光缆经过电信间直接连接至大楼设备间光配线设备，如图 1-6 所示。

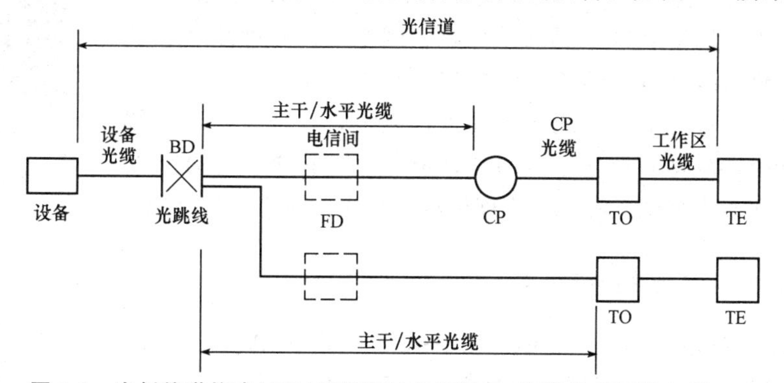

图 1-6 光纤信道构成(三)(光缆经过电信间 FD 直接连接至设备间 BD)

当工作区用户终端设备或某区域网络设备需要直接与公用数据网进行互通时，宜将光缆从工作区直接布放至电信入口设施的光配线设备。

1.8 缆线长度划分

综合布线系统缆线长度划分的一般要求如下。

(1)综合布线系统的缆线长度是水平缆线与建筑物主干缆线及建筑群主干缆线之和，所构成信道的缆线总长度不应大于 2 000 m。

(2)建筑物或建筑群配线设备(FD 与 BD、FD 与 CD、BD 与 BD、BD 与 CD)之间组成的信道出现 4 个连接器件时，主干缆线的长度不应小于 15 m。

(3)综合布线系统信道、永久链路、CP 链路构成如图 1-7 所示。

综合布线系统信道应由不大于 90 m 的水平缆线、10 m 的跳线和设备缆线及最多 4 个连接器件组成。

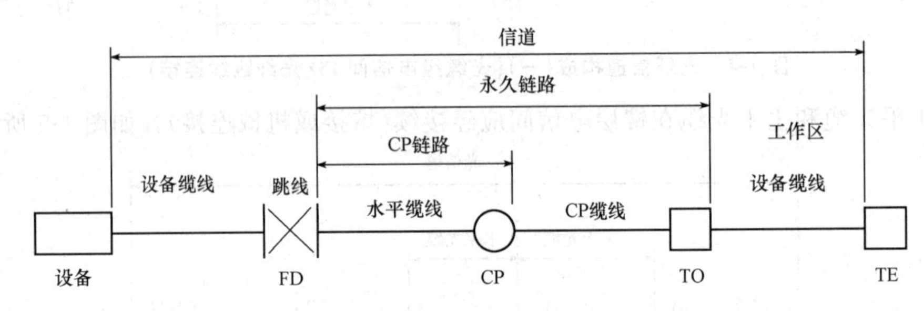

图 1-7 综合布线系统信道、永久链路、CP 链路构成

1.9 综合布线系统的标准

综合布线系统应采用统一的标准化连接器件和缆线，以便不同厂商的产品能够兼容互通。同时，综合布线系统应遵循国际和国内的相关标准，以确保其兼容性和互操作性。随着综合布线系统产品和应用技术的不断发展，与之相关的国内和国际标准也更加系列化、规范化、标准化和开放化。国际标准化组织和国内标准化组织都在努力制定更新的标准以满足市场的需求。作为综合布线系统的设计人员，在进行综合布线系统方案设计时，应遵守综合布线系统性能和设计标准。综合布线施工工程应遵守布线测试、安装、管理标准及防火、防雷接地标准。

综合布线系统常用标准

1.9.1 国际综合布线系统标准

国际标准化组织由 ISO(国际标准化组织)和 IEC(国际电工委员会)组成，于 1995 年制定颁布了《信息技术—用户基础设施结构化布线》(ISO/IEC 11801)，该标准是根据 ANSI/TIA/EIA 568 制定的，主要针对欧洲使用的电缆。目前，该标准有以下三个版本。

(1)ISO/IEC 11801—1995。

(2)ISO/IEC 11801—2000。

(3)ISO/IEC 11801—2002(E)。

1.9.2 美国综合布线系统标准

美国国家标准委员会(ANSI)在国际标准化方面扮演重要的角色，是ISO的主要成员。ANSI关于综合布线系统的美洲标准主要由TIA/EIA制定，ANSI/TIA/EIA标准在全世界一直起着综合布线产品的导向作用。美国综合布线系统标准主要包括TIA/EIA-568-A、TIA/EIA-568-B、TIA/EIA-568-C、TIA/EIA-569-A、TIA/EIA-569-B、TIA/EIA-570-A、EIA/TIA-606-A和TIA/EIA-607-A等。

(1)TIA/EIA-568系列。

①TIA/EIA-568。

②ANSI/TIA/EIA-568-A(1995)：定义5e类，引入3 dB原则。

③TIA/EIA-568-B(2002)：定义6类，引入永久链路。

④TIA/EIA-568-C(2009)：正式定义6A类，引入外部串扰。

(2)TIA/EIA-569-A商业建筑电信通道和空间标准。此标准的目的是使支持电信介质和设备的建筑物内部与建筑物之间设计和施工标准化，尽可能地减少对厂商设备和介质的依赖。

(3)TIA/EIA-570-A住宅电信布线标准，即家居电信布线标准。

(4)TIA/EIA-606商业建筑电信基础设施管理标准。此标准用于对布线和硬件进行标识，目的是提供一套独立于系统应用之外的统一管理方案。

(5)TIA/EIA-607商业建筑物接地和接线规范。此标准的目的是规范建筑物内电信接地系统的规划、设计和安装。

1.9.3 中国综合布线系统标准

中国综合布线系统标准分为两类，即国家标准和通信行业标准。

1. 国家标准

在国内进行综合布线系统设计施工时，必须参考中华人民共和国国家标准和通信行业标准。国家标准的制定主要是以ANSI/TIA/EIA-568-A和ISO/IEC 11801等作为依据，并结合国内具体实际情况进行相应的调整。

与综合布线系统设计、实施和验收有关的国家标准如下。

(1)《综合布线系统工程设计规范》(GB 50311—2016)，如图1-8所示。

(2)《综合布线系统工程验收规范》(GB/T 50312—2016)，如图1-9所示。

(3)《智能建筑设计标准》(GB 50314—2015)。

(4)《通信管道与通信工程设计标准》(GB 50373—2019)。

(5)《通信管道工程施工及验收标准》(GB/T 50374—2018)。

(6)《智能建筑工程质量验收规范》(GB 50339—2013)。

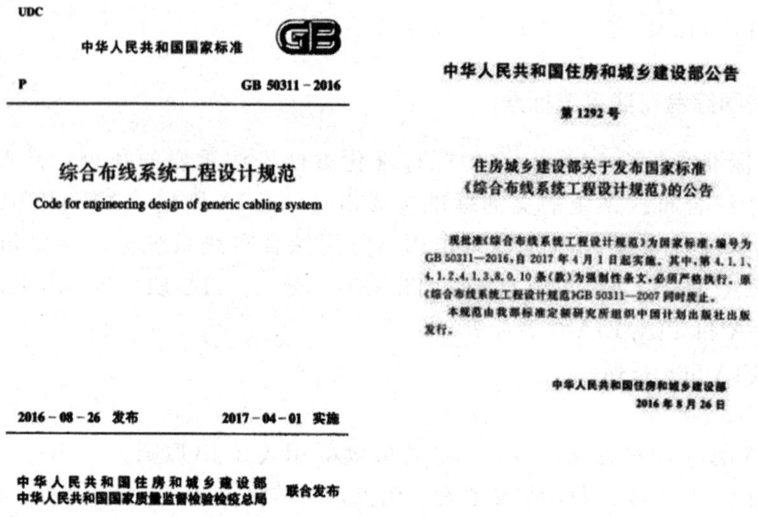

UDC

中华人民共和国国家标准 

P GB 50311－2016

综合布线系统工程设计规范

Code for engineering design of generic cabling system

2016－08－26 发布 2017－04－01 实施

中华人民共和国住房和城乡建设部
中华人民共和国国家质量监督检验检疫总局 联合发布

中华人民共和国住房和城乡建设部公告

第1292号

住房城乡建设部关于发布国家标准
《综合布线系统工程设计规范》的公告

现批准《综合布线系统工程设计规范》为国家标准，编号为GB 50311—2016，自2017年4月1日起实施。其中，第4.1.1、4.1.2、4.1.3、8.0.10条(款)为强制性条文，必须严格执行。原《综合布线系统工程设计规范》GB 50311—2007同时废止。

本规范由我部标准定额研究所组织中国计划出版社出版发行。

中华人民共和国住房和城乡建设部
2016年8月26日

图 1-8 《综合布线系统工程设计规范》(GB 50311—2016)封面与公告

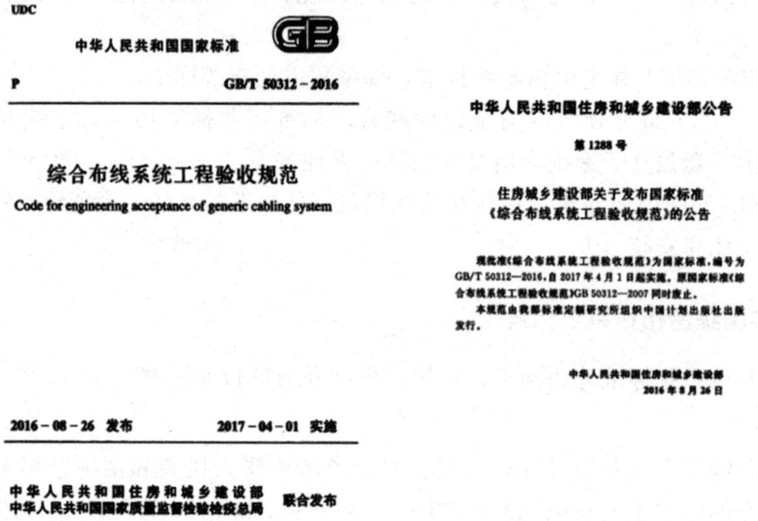

UDC

中华人民共和国国家标准 

P GB/T 50312－2016

综合布线系统工程验收规范

Code for engineering acceptance of generic cabling system

2016－08－26 发布 2017－04－01 实施

中华人民共和国住房和城乡建设部
中华人民共和国国家质量监督检验检疫总局 联合发布

中华人民共和国住房和城乡建设部公告

第1288号

住房城乡建设部关于发布国家标准
《综合布线系统工程验收规范》的公告

现批准《综合布线系统工程验收规范》为国家标准，编号为GB/T 50312—2016，自2017年4月1日起实施。原国家标准《综合布线系统工程验收规范》GB 50312—2007同时废止。

本规范由我部标准定额研究所组织中国计划出版社出版发行。

中华人民共和国住房和城乡建设部
2016年8月26日

图 1-9 《综合布线系统工程验收规范》(GB/T 50312—2016)封面与公告

2. 通信行业标准

相关的通信行业标准如下。

(1)《住宅通信综合布线系统》(YD/T 1384—2005)。

(2)《综合布线系统工程施工监理暂行规定》(YD 5124—2005)。

(3)《通信管道工程施工监理规范》(YD/T 5072—2017)。

(4)《3.5 GHz固定无线接入工程设计规范》(YD/T 5097—2005)。

(5)《通信线路工程设计规范》(YD 5102—2010)。

(6)《信息通信综合布线系统》(YD/T 926.1～926.2—2023)。

1.10 综合布线系统认识实训

1. 实训目的

通过参观讲解，使学生对综合布线系统有一个完整的认识，了解综合布线系统的组成及功能，了解各部分的主要设备及材料。

2. 实训要求

(1)根据所学理论知识，对照工程实例，能区分综合布线系统各子系统的范围。

(2)初步认识综合布线系统各子系统的主要设备、材料名称及用途。

3. 实训设备、材料和工具

应具有实际应用综合布线系统施工的校园网或企业网环境。

4. 实训步骤

(1)由实训指导教师对大楼的综合布线系统及功能做整体介绍。

(2)按综合布线系统的各子系统分部参观，并结合现场讲解和提问答疑。

5. 实训报告

(1)写出工作区的主要设备名称。

(2)写出设备间的位置及主要设备、干线缆线的类型和敷设方式。

(3)了解建筑群子系统的设备组成及进线间的位置。

模块小结

本模块主要介绍综合布线系统的概念、特点、范围及其与智能建筑的关系；根据综合布线系统的相关规范，对综合布线系统的组成、分级与类别进行了阐述。综合布线系统是智能建筑中必不可少的组成部分，它为智能建筑的各应用系统提供了可靠的传输通道，使智能建筑内各应用系统可以集中管理。综合布线系统的设计与实施是一项系统工程，它是建筑、通信、计算机和监控等方面的先进技术相互融合的产物。要掌握综合布线技术，关键是掌握综合布线系统的设计要点及相关技术施工规范，积累一定的综合布线工程施工经验和设计经验。

习题

1. 什么是综合布线系统？综合布线系统有哪些特点？
2. 综合布线系统包括哪些子系统？
3. 简述综合布线系统的意义。
4. 综合布线系统和传统布线系统比较，综合布线系统的主要优点是什么？
5. 综合布线系统和智能建筑的关系是什么？

模块2　数据通信和网络基础

知识目标

(1)了解计算机网络和通信的基本知识。

(2)掌握计算机网络的定义、分类、拓扑结构。

(3)了解计算机网络体系结构相关知识。

(4)掌握TCP/IP参考模型。

能力目标

(1)具备划分IP地址的能力。

(2)具备使用Visio软件绘制网络拓扑图的能力。

素质目标

(1)培养学生勤于思考、认真做事的能力。

(2)培养学生综合分析、解决实际问题的能力。

(3)培养学生的沟通能力及团队协作精神。

信息的传递方法就是通信。信息的表达方式有语言、文字、图像及数据等。随着现代科学技术的发展，目前使用最广泛的是电通信方式，即用电信号控制、携带所要传递的信息，然后经过各种媒体(也就是信道)进行传输，达到通信的目的。

2.1　认识数据通信

2.1.1　数据、信息和信号

1. 数据

数据是指预先约定的具有某种含义的数字、字母和符号的组合，是对客观事物的具体描述。数据的表现形式多种多样，如语音、图形、电子邮件、各种计算机文件等。从形式上，数据可分为模拟数据和数字数据两种。

模拟数据的取值是连续的，如温度、压力、声音、视频等，模拟数据的变化是一个连续的值；数字数据的取值是离散的，如计算机中的二进制数据只能取0或1两种数值。目前，数字数据易于存储、处理、传输，并得到了广泛的应用，模拟数据经过处理也能转换成数字数据。

2. 信息

人们对数据进行加工处理(解释)，就可以得到某种意义，这就是信息。不同领域对信息有不同的定义。一般认为，信息是人们对现实世界中事物存在方式或运动状态的某种认识。表示信息的形式可以是数值、文字、图形、声音、图像、动画等，这些表示形式归根到底都是数据。因此，可以认为数据是信息的载体，是信息的表示形式，而信息是数据的具体含义。

3. 信号

信号是数据的具体表示形式。通信系统中使用的信号通常是电信号，即随时间变化的电压或电流。信号可分为模拟信号和数字信号两种形式。

(1)模拟信号的图像是连续变化的函数曲线，它用电信号模拟原有信号，图 2-1(a)所示就是声音频率随时间连续变化的函数曲线。模拟信号传输一定距离后，幅度和相位的衰减会造成失真，因此，在长距离传输时，需要在中间适当的位置对模拟信号进行修复。

(2)数字信号是用离散的不连续的电信号表示数据，一般用“高”和“低”两种电平的脉冲序列组成的编码来反映信息。图 2-1(b)所示为一组数字信号。数字信号对应的电脉冲包含丰富的高频分量，这种高频分量不适合在电路中长距离传输。因此，数字信号通常有传输距离和速度的限制，超过此限制，需要用专用的设备对数字信号进行“再生”处理。

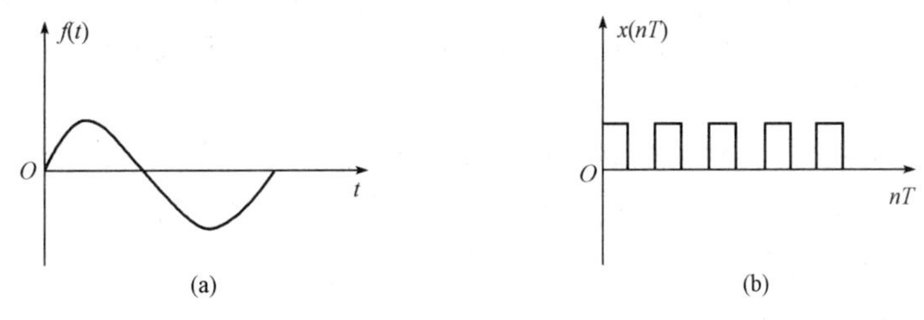

图 2-1　模拟信号和数字信号

(a)模拟信号；(b)数字信号

模拟信号可以代表模拟数据(如声音)，也可以代表数字数据，要利用调制解调器(Modem)将二进制数字数据调制为模拟信号，到达信号接收端，再利用调制解调器将模拟信号转换成对应的数字数据。调制解调器用于数字数据和模拟信号之间的相互转换。

2.1.2　数据通信系统

数据通信是指依照通信协议，利用数据传输技术在两个功能单元之间传递数据信息。它可以实现计算机与计算机、计算机与终端之间的数据信息传递。数据通信系统模型如图 2-2 所示。

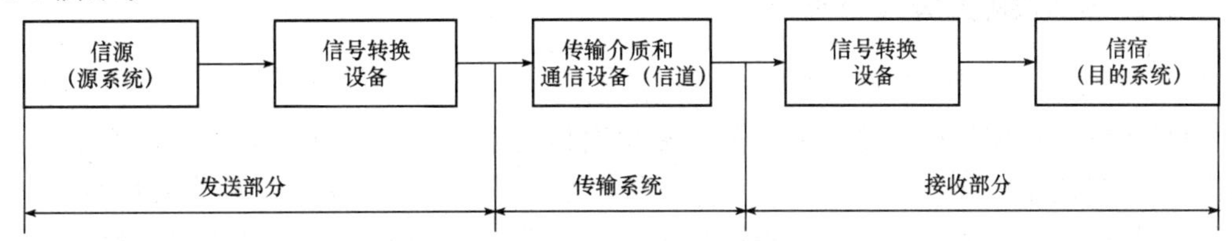

图 2-2　数据通信系统模型

数据通信系统按信道传输信号的形式，可分为模拟通信系统与数字通信系统。

1. 信源和信宿

信源就是信息的发送端，是发出传送数据的设备；信宿就是信息的接收端，是接收所传送数据的设备。在实际应用中，大部分信源和信宿都是计算机或其他数据终端设备(Date Terminal Equipment，DTE)。

2. 信道

信号的传输通道称为信道，包括通信设备和传输介质。传输介质可以是有形介质(如双绞线、同轴电缆、光纤等)和无形介质(如电磁波等)。信道的分类如下。

(1)按照传输介质分类：分为有线信道和无线信道。

(2)按照传输信号类型分类：传输模拟信号的信道称为模拟信道，传输数字信号的信道称为数字信道。

(3)按照使用权限分类：分为专用信道和公用信道。

3. 信号转换设备

(1)发送部分的信号转换设备将信源发出的数据转换成适合在信道中传输的信号。例如，数字数据要在模拟信道中传输，就要经过信号转换设备(调制器)转换成适合在模拟信道中传输的模拟信号。

(2)接收部分的信号转换设备将在信道中传输的数据还原成原始的数据。如上例，在模拟信道中传输的模拟信号到达接收端，会由信号转换设备(解调器)将其转换成对应的数字信号。

图 2-3 所示为利用公共交换电话网络(Public Switched Telephone Network，PSTN)上网示意。PSTN 是模拟信道，两端的计算机分别是信源和信宿，两边的调制解调器是信号转换设备，中间的线路部分是信道。

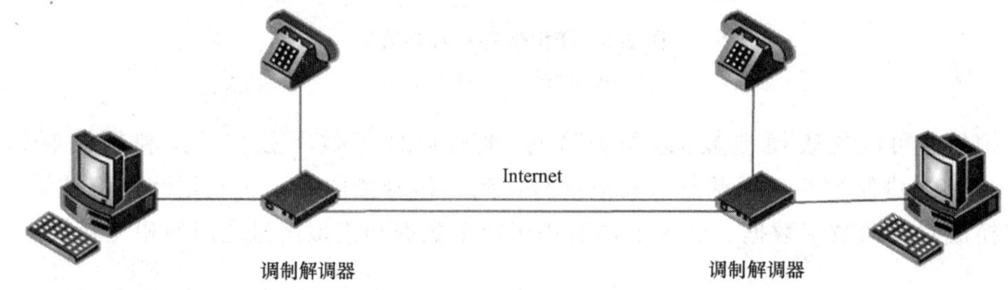

图 2-3　利用公共交换电话网络上网示意

光调制器是一种类似基带 Modem(数字调制解调器)的设备。与基带 Modem 不同的是，它接入的是光纤专线，处理的是光信号，它用于广域网中光电信号的转换和接口协议的转换。

2.1.3　数据通信的基本概念和术语

1. 信号传输速率和数据传输速率

信号传输速率和数据传输速率是衡量数据通信速度的两个指标。信号传输速率又称为传码率或调制速率，即每秒发送的码元数，单位为波特(Baud)，因此又称为波特率。

在数据通信中，通常用时间间隔信号来表示一位二进制数据，这样的信号称为二进制码元，而这个时间间隔称为码元长度。

当数据以 0，1 的二进制形式表示时，在传输时通常用某种信号脉冲表示一个或几个 0，

1 的组合，如图 2-4 所示。

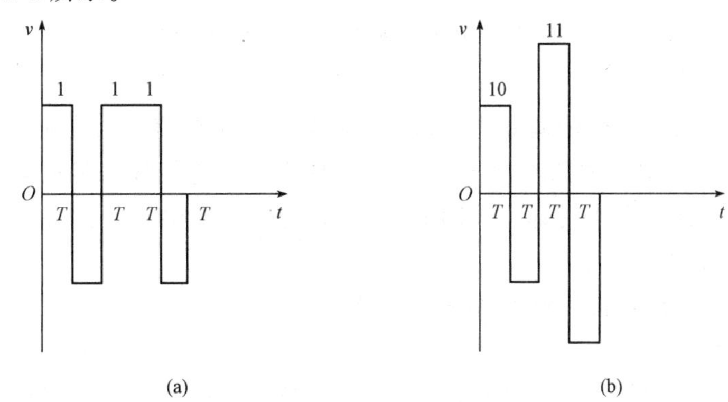

图 2-4　信号脉冲示意

(a)码元状态为 2；(b)码元状态为 4

如果脉冲的周期为 T(全宽码时即脉冲宽度)，则波特率 B 为

$$B=1/T(\text{Baud}) \tag{2-1}$$

数据传输速率又称为信息传输速率，是指单位时间内传输的二进制的位数，单位为 bit/s，也可以用 Kbit/s 或 Mbit/s。注意：“b”是小写，代表一个二进制位。计算机网络的速率通常指的就是数据传输速率。

数据传输速率和波特率之间的关系如下。

$$C=B\log_2 n \tag{2-2}$$

式中，C 为数据传输速率(bit/s)；B 为波特率(Baud)；n 为调制电平数(为 2 的整数倍)，即一个脉冲所表示的有效状态。

根据式(2-2)可知，当一个系统的码元状态为 2 时，如图 2-4(a)所示，则数据传输速率等于波特率，也就是说每秒传输的二进制位数等于每秒传输的码元数。同样，如果一个系统的码元状态为 4，即一种码元状态可以表示两个二进制数字，如图 2-4(b)所示，此时数据传输速率为波特率的 2 倍。

2. 误码率

误码率是衡量信息传输可靠性的一个参数，它是指二进制码元在传输系统中被传错的概率。当所传输的数据序列足够长时，它近似地等于被传错的二进制位数与所传输总位数的比值。若传输总位数为 N，则误码率为

$$P_e=N_e/N \tag{2-3}$$

在计算机网络中，误码率要求低于 $10^{-6}\sim10^{-11}$，即平均每传输 1 Mbit 才允许错 1 bit 或更少。应该指出，不能盲目要求低误码率，因为这将使设备变得复杂且价格较高。不同的通信系统由于任务不同，对可靠性的要求也有所差别，因此，设计通信系统时，应在满足可靠性的基础上提高传输速率。误字率是指错误接收的字符数占总字符数的比例。

3. 信道带宽

在模拟通信系统中，“带宽”是指信号所占用的频带宽度。根据傅里叶级数，一个特定的信号往往是由不同的频率成分构成的，因此，一个信号的带宽是指该信号的各种不同频率成分所占据的频率范围，单位为赫兹(Hz)。

模拟信道的带宽是指通信线路允许通过的信号频带范围。对于数字信道，虽然延续了“带宽”这个词，但它是指数字信道的数据传输速率，单位为 bit/s。

4. 并行传输与串行传输

(1)并行传输。采用并行传输方式时，多个数据位同时在信道上传输，并且每个数据位都有自己专用的传输通道，如图 2-5(a)所示。这种传输方式的数据传输速率相对较高，适合在近距离数据传输(如设备内部)中使用。如果在远距离传输中使用并行传输，则需要付出较高的技术成本和经济成本。

(2)串行传输。采用串行传输方式时，数据将按照顺序逐位在通信设备之间的信道中传输，如图 2-5(b)所示。

由于发送端和接收端设备内部的数据往往采用并行传输方式，因此在数据传至线路之前需要有至少一个并/串转换过程。而当数据到达接收端时，需要一个串/并转换过程。

串行传输因为只有一个传输信道，所以具有简单、经济、易于实现的优点，适用于远距离数据传输；其缺点是比并行传输的数据传输速率低。

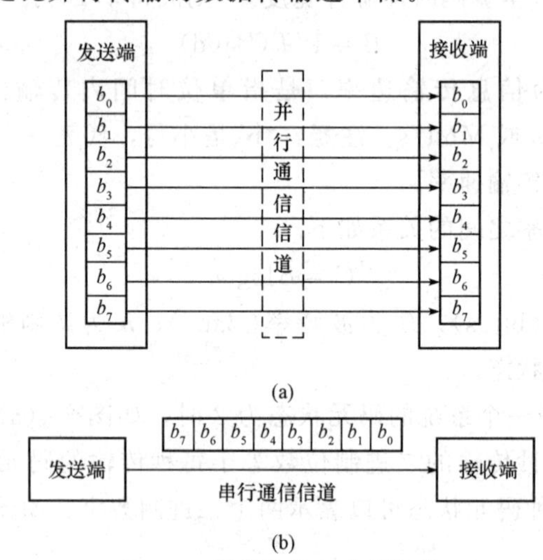

图 2-5 并行传输与串行传输

(a)并行传输；(b)串行传输

5. 单工、半双工和全双工传输

根据数据传输方向，数据通信有单工传输、半双工传输和全双工传输三种工作方式。

(1)单工传输。单工传输是指两个数据站之间只能沿一个指定的方向进行数据传输，如图 2-6(a)所示。数据由 A 站传到 B 站，而 B 站至 A 站只传送联络信号。前者称为正向信道；后者称为反向信道。无线电广播和电视信号传播都是单工传输的例子。

(2)半双工传输。半双工传输是指信息流可在两个方向上传输，但某一时刻只限于一个方向传输，如图 2-6(b)所示。

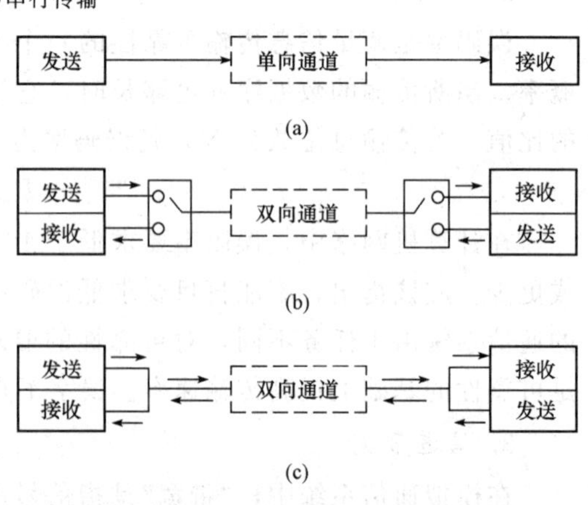

图 2-6 单工、半双工和全双工传输

(a)单工传输；(b)半双工传输；(c)全双工传输

半双工传输中只有一条通道，采用分时使用的方法，在A站发送消息时，B站只能接收；而当B站发送消息时，A站只能接收。通信双方都具有发送器和接收器。半双工传输由于要频繁调换信道方向，所以效率低，但可以节省传输资源，如对讲机就是以这种方式通信的。

(3)全双工传输。如果在数据站之间有两条通道，则发送信息和接收信息就可以同时进行，如图2-6(c)所示。

如当A站发送消息时，B站接收，B站同时也能利用另一条通道发送信息而由A站接收，这种工作方式称为全双工传输。它相当于将两个相反方向的单工传输方式组合在一起。这种传输方式适用于计算机与计算机之间通信。

6. 基带传输与频带传输

在数据传输系统中，根据数据信号是否发生过频谱搬移，传输方式可分为基带传输和频带传输两种。

(1)基带传输。数字数据被转换成电信号时，利用原有电信号的固有频率和波形在信道上传输，称为基带传输。在计算机等数字设备中，二进制数字序列最方便的电信号表示方式是方波，即“1”或“0”分别用“高”或“低”电平来表示。将方波固有的频带称为基带，将方波电信号称为基带信号，在信道上直接传输基带信号称为基带传输。

基带信号含有从直流(频率为零)到高频的频率分量，因此，基带传输要求信道有极高的带宽，其传输距离较小。近年来，随着光纤传输技术的发展，越来越显示出数字传输的优势。光纤具有带宽高、抗干扰能力强等特点，极大地增大了传输距离。在计算机网络的主干传输网上，主要采用光纤数字传输。

(2)频带传输。频带传输又称为宽带传输。频带传输的方法是将二进制脉冲所表示的数据信号变换成便于在较长的通信线路上传输的交流信号后进行传输。一般来说，在发送端通过调制解调器将数据编码波形调制成一定频率的载波信号，使载波信号的某些特性按数据编码波形的某些特性改变。将载波信号传送到目的地后，再对载波信号进行解调(去掉载波)，恢复原始数据波形。

2.2 网络概述

2.2.1 认识计算机网络

简单地说，计算机网络是将地理上分散的、具有独立功能的、自治的多个计算机系统通过通信线路和设备连接起来，并在相应的通信协议和网络操作系统的控制下，实现网上信息交流和资源共享的系统。从资源共享的观点出发，计算机网络又可定义为以能够相互共享资源的方式互连的自治计算机系统的集合。

计算机之间的连接是物理的，是由硬件实现的。计算机网络连接的对象是各种类型的计算机(如大型计算机、工作站、微型计算机等)或其他数据终端设备(如各种计算机外部设备、终端服务器等)。计算机网络的连接介质是通信线路(如光纤、双绞线、同轴电缆、微波卫星等)和通信设备(网关、网桥、路由器、调制解调器等)，其控制机制是各层的网络协议和各类网络软件。综上所述，计算机网络是利用通信线路和通信设备，将地理上分散并具有独立功能的多个计算机系统相互连接起来，按照网络协议进行数据通信，用功能完善的网络软件实现资源共享的计算机系统的集合，即以实现远程通信和共享为目的的大量分散但又互连的计算机系统的集合。

2.2.2 计算机网络的功能和分类

1. 功能

计算机网络的功能主要体现在以下三个方面，其中最基本的功能是实现资源共享和数据通信。

(1)资源共享是建立计算机网络的主要目的之一。所谓资源，包括硬件资源、软件资源和数据资源。硬件资源包括连接在网络上的各种型号、类别的计算机和其他设备。硬件资源的共享可以提高设备的利用率，避免重复投资，如在一个办公室利用网络建立网络打印机，可以使一台打印机为所有计算机共享。软件资源和数据资源的共享可以充分利用已有的软件和数据，减少软件在开发过程中的重复劳动，避免数据库的重复设置。

(2)数据通信是指利用计算机网络实现不同地理位置的计算机之间数据交换的过程。例如，人们通过电子邮件(E-mail)发送和接收信息。另外，还可以使用IP电话进行语音交流，这种方式被许多电子商务网站广泛用于提供客户服务。

(3)集中/分布式处理。当计算机网络中的某个计算机系统负荷过重时，可以将其处理的任务分配给计算机网络中的其他计算机，以均衡负荷，提高整个系统的利用率。对于大型的、综合性的科学计算和信息处理，通过适当的算法，将任务分散到网络中不同的计算机上进行分布式处理是比较合理有效的方法。例如，可以通过与Internet连接的计算机进行全球科学研究合作，分析来自太空的信息，分析SARS、禽流感等病毒的结构，进行灾害预报等。在当今高度信息化、全球化的社会中，各行各业、世界的各个角落每时每刻都不断产生大量需要及时处理的信息，对此计算机网络起到了十分重要和必要的作用。

2. 分类

计算机网络组成与分类

计算机网络可以按照不同的内容进行分类，如按地理分布范围可分为局域网(LAN)、城域网(MAN)和广域网(WAN)；按交换方式可分为电路交换网、报文交换网和分组交换网；按传输媒体可分为双绞线网络、同轴电缆网络、光纤网络和无线网络；按通信带宽可分为窄带网络和宽带网络；按信息交换范围可分为内部网络和外部网络；按社会职能可分为公用网络和专用网络；按用途可分为教育网、校园网、科研网、商业网、企业网和军事网等。其中，按地理分布范围分类是最常用的分类方法。

(1)局域网。局域网(Local Area Network，LAN)是将较小地理区域内的计算机或数据终端设备连接在一起组成的计算机网络，其覆盖的地理范围比较小，如一个实验室、一幢大楼、一个校园、一个公司等。局域网主要用于实现短距离的资源共享，它具有传输速率高、误码率低、网络拓扑结构简单和归属明确(一般归单一组织所有和管理)等特点。局域网技术发展迅速，应用日益广泛，是计算机网络中最活跃的领域之一。图2-7所示为局域网示例。

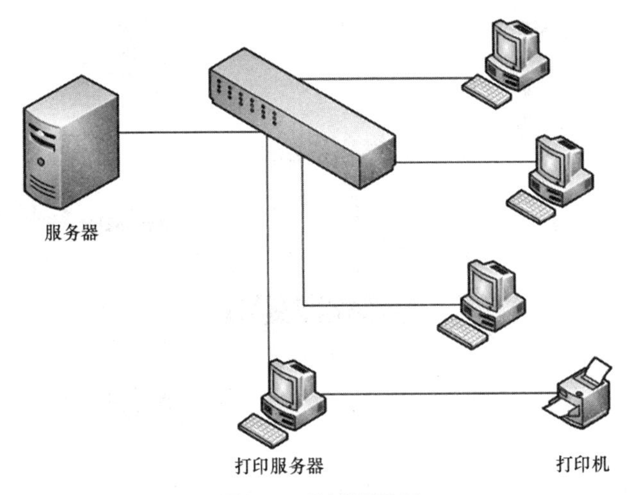

图 2-7 局域网示例

(2)城域网。城域网(Metropolitan Area Network，MAN)是覆盖范围介于局域网和广域网之间的一种高速网络。城域网设计的目标是满足几十千米范围内的大量企业、机关、公司及学校等多个局域网互连的需要，以实现大量用户之间的数据、语音、图形与视频等多种信息的传输功能。图 2-8 所示为教育城域网示例。

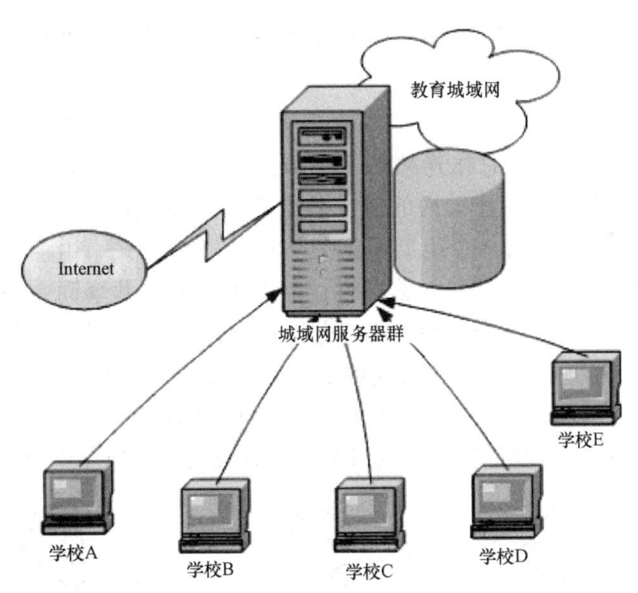

图 2-8 教育城域网示例

(3)广域网。广域网(Wide Area Network，WAN)是在一个广阔的地理区域内进行数据、语音、图像信息传输的计算机网络。由于远距离数据传输的带宽有限，所以广域网的数据传输速率比局域网要低得多。广域网可以覆盖一个城市、一个国家甚至全球。目前流行的 Internet(因特网)就是广域网的一种，但它不是独立的网络，它是将全球同类或不同类型的物理网络互连起来，并通过高层协议实现不同网络之间的通信，从而实现更大范围的数据共享的功能。图 2-9 所示为广域网示例。

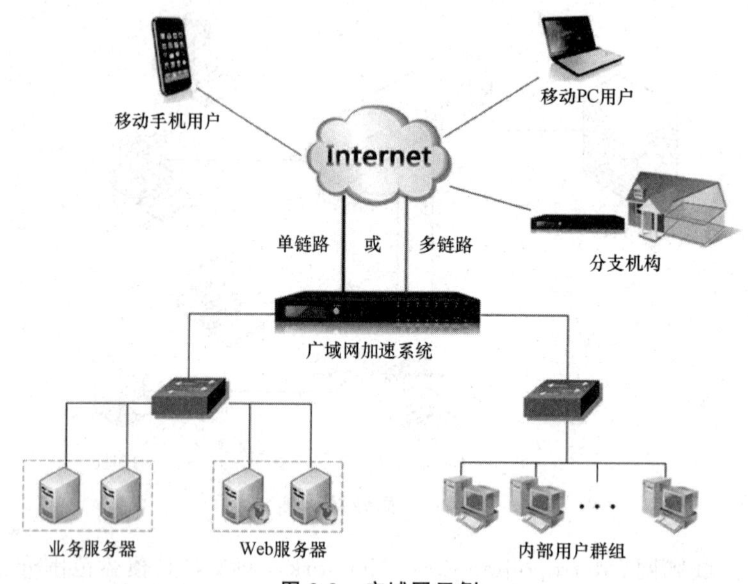

图 2-9　广域网示例

2.2.3　计算机网络的拓扑结构

计算机网络有很多种拓扑结构，最常见的网络拓扑结构有总线型、环形、星形、树形和网状。

1. 总线型拓扑结构

计算机网络的拓扑结构

总线型拓扑结构是由一条总线连接若干个节点所形成的网络拓扑结构。如图 2-10 所示，总线型拓扑结构的所有节点都通过接口直接连接到总线上，并通过总线传输数据。总线型网络采用广播通信方式，由一个节点发出的信息可以被网络上多个节点接收。由于所有节点共享同一条通道，所以任何时候只允许一个站点发送数据。各站点在接收数据后，分析目的物理地址后再决定是否接收对应的数据。其特点是结构简单、可扩充，网络的可靠性高，节点间响应速度快，共享资源能力较强，网络的成本较低，安装方便，设备的投入量少。但是，一旦接入的设备增多，网络发送和接收数据的速度就会变慢。

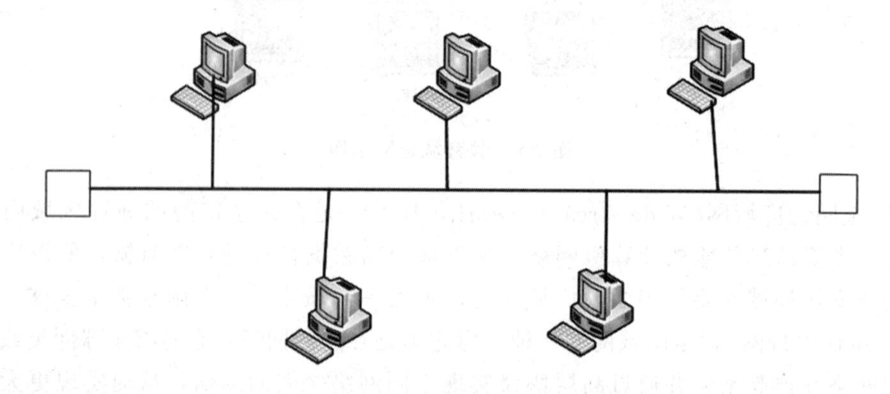

图 2-10　总线型拓扑结构

2. 环形拓扑结构

环形拓扑结构是指各个网络节点通过环路接口连接在一条首尾相接闭合的环状通信线路中，每个节点只能与它相邻的一个或两个节点直接通信的网络拓扑结构。如图 2-11 所示，若要与其他节点通信，数据要分别经过这两个节点之间的每个设备。其特点是结构简单，各个节点地位相等，建网相对容易，在工业控制中是理想的组网方式。若一个节点发生故障将会引起全网络的故障，因此其可靠性差。环形拓扑结构可分为单环结构和双环结构两类。单环结构的数据边按一定的方向单向环绕传送，每经过一个环中的节点都要被接收，如果数据流的目的地址与环上某节点的地址相符，则信息被该节点的环路接口所接收，并继续流向下一环路接口，直到数据到达目标节点终止。双环结构中的数据能在两个方向上进行传输，如果其中一个环发生故障断开，数据可以通过另一个环传输，因此，双环结构更加稳定可靠。

3. 星形拓扑结构

星形拓扑结构是指每个节点都通过一条点对点通信线路与中心节点连接的网络拓扑结构。如图 2-12 所示，中心节点一般为交换机或路由器等设备。中心节点对各外围节点之间的通信和信息交换进行集中的控制与管理。星形拓扑结构的特点是建网容易、扩充性好、控制简单；但是其可靠性较差，存在单点故障，一旦中央节点出现故障，将导致整个网络瘫痪。

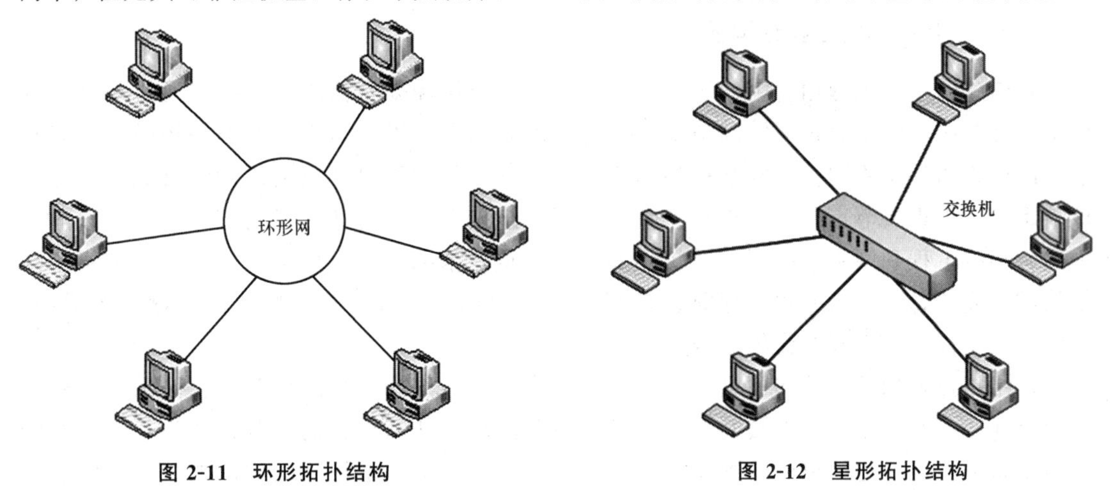

图 2-11　环形拓扑结构　　图 2-12　星形拓扑结构

目前，星形拓扑结构是局域网中最常见的拓扑结构，楼宇的综合布线中也采用星形拓扑结构。

4. 树形拓扑结构

树形拓扑结构是指分级的集中式控制网络拓扑结构。如图 2-13 所示，在树形拓扑结构的网络中有多个中心节点，形成一种分级管理的集中式网络，信息交换主要在上、下节点之间进行，相邻及同层节点之间一般不进行数据交换或交换量较小。树形拓扑结构的特点是连接容易、容易扩展、维护方便、管理简单、便于故障隔离、可靠性较高；但是一旦根节点出现故障，将导致整个网络瘫痪。

5. 网状拓扑结构

网状拓扑结构是指将各个节点与通信线路相互连接成不规则的形状，每个节点至少与其他两个节点相连的网络拓扑结构。在网状拓扑结构中，网络中的每台设备之间均有点到点的链路连接，这种连接不经济，只有当每个站点都要频繁发送数据时才会使用，通常适用于大型网络。网状拓扑结构的特点是可靠性高、结构复杂。但是，其实现成本高，不利于管理和维护，如图 2-14 所示。

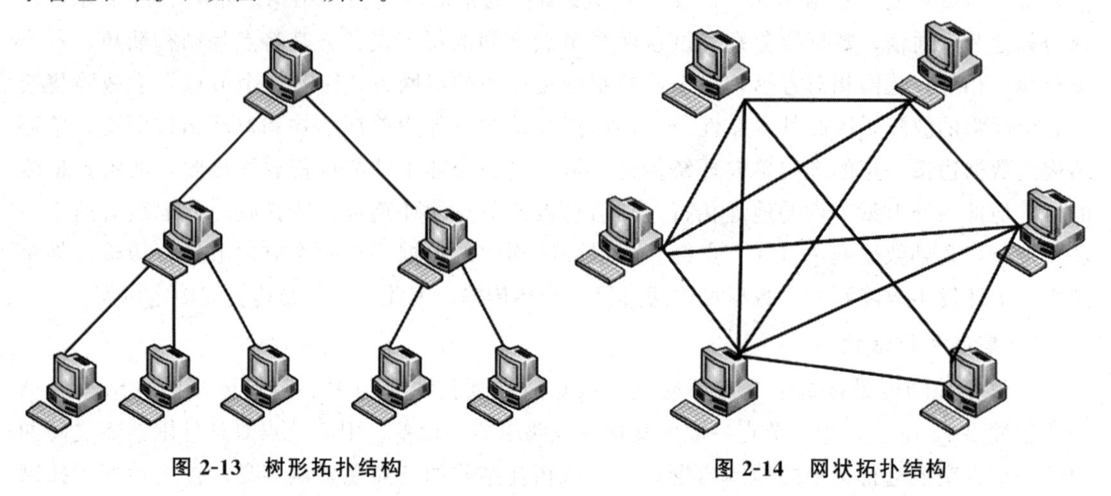

图 2-13 树形拓扑结构　　图 2-14 网状拓扑结构

2.2.4 绘制网络拓扑结构图

在组建网络的工程项目中，详细调查用户网络应用和安全需求之后，就要进行具体的网络设计与应用需求分析，绘制施工建筑物空间布局图，以及与组建的网络规模特点等相适应的网络拓扑结构图。在网络拓扑结构设计中，不仅需要设计出网络的详细结构，还应该着重表示出重要节点的详细连接，并标出用来连接网络设备和主机的节点，为后续的物理网络布线工程和网络工程项目的具体实施提供重要依据。为了更明确地指示出网络拓扑结构的全面信息，还需要以文字标注的形式在相应网络拓扑结构图中或图外做具体说明，以解决用图标不能很好标注的问题。

网络拓扑结构的设计非常重要，其涉及网络的具体部署和网络设备、软件系统应用指导。首先介绍网络拓扑图的绘制方法。对于简单网络拓扑结构图的绘制，因为其中涉及的网络设备不多，通过简单的画图软件即可实现。对于大型网络拓扑结构图的绘制，则通常需要使用一些专业的绘图软件来实现，如 Visio 软件等。Visio 软件是微软公司开发的高级绘图软件，属于 Office 系列软件，可以绘制流程图、网络拓扑结构图、组织结构图、机械工程图等。它功能强大，易于使用，可以帮助网络工程师创建商业和技术方面的图形，对复杂的概念、过程及系统进行组织和文档备案。在 Visio 软件中，一些常用网络设备图标，如交换机、路由器、服务器、防火墙、无线访问点、调制解调器和大型主机，外观都非常漂亮，可以直接使用来建立一个漂亮的网络拓扑结构图。

Visio 2010 可以通过直接与数据资源同步自动画数据图形，以提供最新的图形，还能以定制的方式满足特定需求。下面演示绘制网络拓扑结构图的基本步骤。

(1)运行 Visio 2010 软件，打开图 2-15 所示的界面。在“文件”选项卡的右侧窗格中选择“最近使用的文件”中的一项，或者打开指定文件夹中的文件，或者在 Visio 2010 主界面中执行“新建”→“网络”菜单下的某项命令，直接创建一个新的文件。这里选择“基本网络图”选项，双击后进入操作界面。

(2)在左侧图元列表中选择“网络和外设”选项，并选择其中的“交换机”选项，按住鼠标左键将交换机图元拖动到右侧窗格中的相应位置，然后松开鼠标左键，就在绘图区添加了一个交换机。这时可以拖动图元四周的边界提示来调整大小，还可以通过按住鼠标左键的同时旋转图元顶部的旋转轴改变图元的摆放方向。图 2-16 所示为调整后的交换机图元，通过双击交换机图元可以标注它的名称。

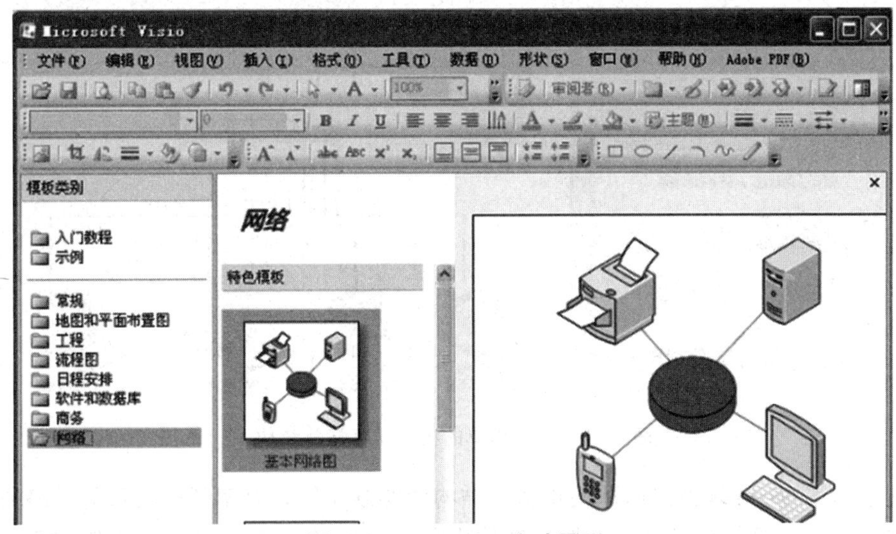

图 2-15　Visio 2010 启动界面

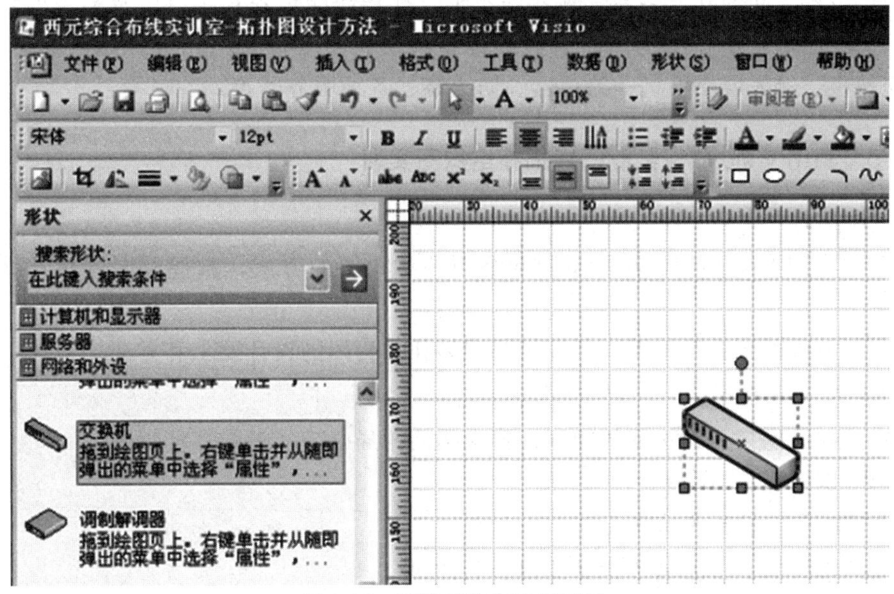

图 2-16　调整后的交换机图元

(3)添加一个服务器，并利用连接线将它与交换机连接起来。添加连接线的方法有很多，可以使用“开始”选项卡中的连接线工具，也可以直接使用“网络和外设”列表中的动态连接线工具。在选择该工具后，按住鼠标左键拖动连接线至交换机上，此时交换机上会出现一个红色的提示框，移动鼠标光标至目标交换机，放开鼠标光标，完成交换机和连接线的连接；再次单击选中这根连接线，并拖动到服务器上，完成网络拓扑结构中两台设备的连接。按照添加服务器的操作方法，在绘图区中添加几台计算机或网络设备，即完成了一个简单的星形网络拓扑结构图，如图 2-17 所示。

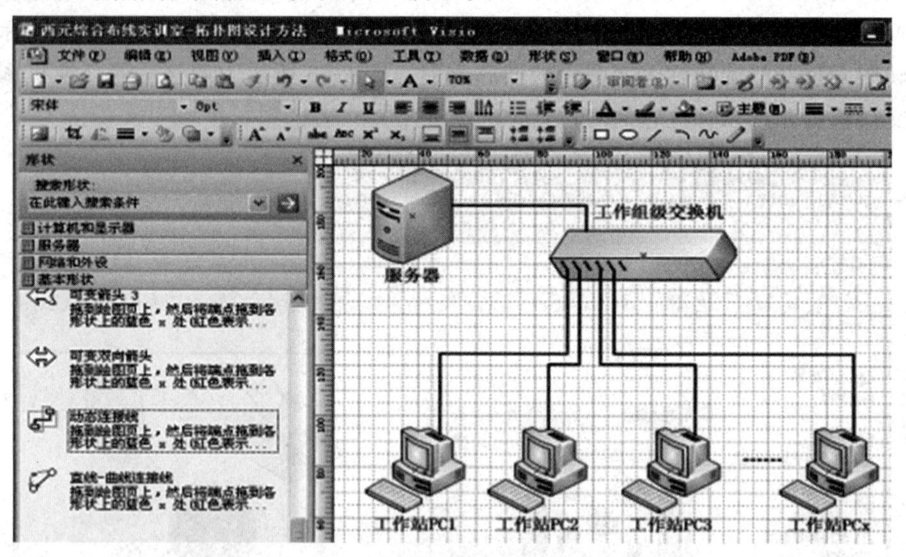

图 2-17　一个简单的星形网络拓扑结构

以上介绍了 Visio 软件的简单网络拓扑结构图绘制功能，对于复杂项目的网络拓扑结构图绘制来说，不仅要认真考虑网络拓扑结构中各层次设备的摆放位置，还要详细充分地考虑不同网络设备之间的互连关系、连接线类型、连接线颜色和长短，以及整个网络拓扑结构的层次。绘制网络拓扑结构图时首先要确定各层次主要设备的位置，如核心层交换机、汇聚层交换机、接入层交换机、路由器、防火墙、各种服务器等。

2.2.5　利用 Visio 软件绘制网络拓扑结构图实训

1. 实训目的

(1)掌握利用 Visio 2010 软件绘制网络拓扑结构图的方法，掌握校园网拓扑结构图的画法。

(2)分析校园网拓扑结构图，掌握校园网拓扑结构图的设计要求和方法。

2. 实训要求和课时

(1)完成校园网拓扑结构图的绘制，要求图面布局合理、设备连接正确。

(2)以 2 课时完成。

3. 实训设备、材料和工具

(1)安装有 Visio 2010 软件的计算机、打印机。

(2)打印纸、笔。

4. 实训步骤

(1)分析校园网拓扑结构图，了解校园网使用的网络设备及其连接关系。

(2)安装 Visio 2010 软件。

(3)打开 Visio 2010 软件绘制校园网拓扑结构图。

(4)打印所绘制的校园网拓扑结构图。

5. 实训报告

(1)总结心得体会。

(2)提交打印的校园网拓扑结构图。

2.3 TCP/IP模型和IP地址

TCP/IP(传输控制协议/网际互联协议)是网络领域的通用语言，是Internet的基础。大多数网络操作系统将它们作为默认的网络协议。

2.3.1 基本概念

1. 分层和协议

由于网络通信过程十分复杂，所以按计算机网络的功能在逻辑上将其分成若干层，每层的功能是特定的，这些特定功能都是向它的上一层提供一定的服务，并将这种服务的实现细节对上一层屏蔽。

在计算机网络中能发送和接收信息的软件模块或硬件称为实体。两个实体只有在能通信的基础上才能交换信息。实体之间若要实现通信，双方就必须能够互相理解，要互相理解就要共同遵守某种双方都能接受的规则、标准和约定，这些为实现网络中信息交换而建立的规则、标准和约定被称为协议。

由于计算机网络是分层的，所以协议也是分层的，并且与计算机网络分层对应。每一层都建立在下一层之上，每一层的目的都是为上一层提供一定的服务，并对上一层屏蔽服务实现细节，各层协议相互协作，构成一个整体，常称为协议族。

2. 计算机网络体系结构

体系结构是研究系统中各组成部分及其关系的一门学科。计算机网络体系结构实质上是定义和描述一组用于计算机及其通信设备互连的标准和规范，遵循这组规范便可以方便地实现计算机之间的通信。计算机网络体系结构示意如图2-18所示。

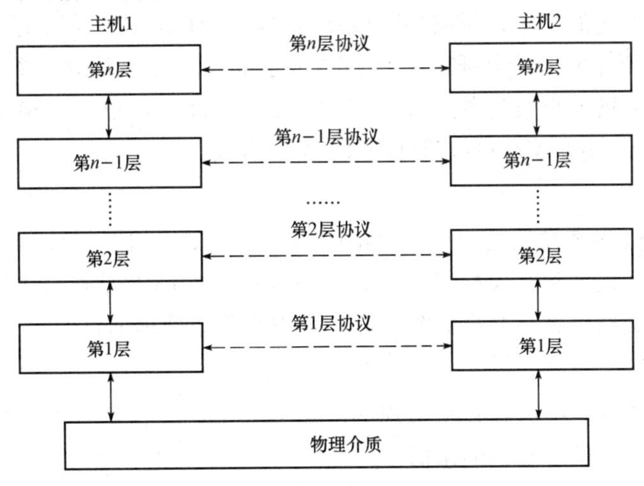

图2-18 计算机网络体系结构示意

不同计算机系统中的相同层实体称为对等实体。对等实体之间的通信必须遵守同层协议，一台主机上的第 i 层实体与另一台主机上的第 i 层实体之间通信所使用的协议称为第 i 层协议，同层协议是对等实体之间通信的规则。

对等实体之间传送的数据并不是在同层直接传送的，而是由发送方实体将数据逐层传递到它的下一层，直到最下层，通过物理介质到达接收方的最下层，再由接收方的最下层逐层向上一层传递，一直传递到对等实体，完成对等实体之间的一次通信。从逻辑上看，就是对等实体之间直接完成了数据传递。

图 2-18 中虚线箭头表示的通信称为虚拟通信，实线箭头表示的通信称为实际通信，相应的线路分别称为虚拟通信线路和实际通信线路。虚线箭头还表示对等层之间的数据传送是一种透明的传送。所谓"透明"，即表示某一个实际存在的事物看起来好像不存在一样。数据的透明传送表示虽然数据实际是通过下层的逐层服务才到达对等层的一方，但对于对等实体来说，就像直接从对等层传递过来一样，数据没有发生任何变化，实际通信线路对于对等实体看起来好像不存在一样。

对等实体之间的实际通信是在各层协议的控制下完成的，实际通信的过程也是下一层为相邻的上一层服务的过程，下一层通过层间接口向相邻的上一层提供服务。

3. 服务类型

服务提供者为服务用户提供的服务可分为两类，即面向连接服务和无连接服务。面向连接服务是在数据交换之前必须建立连接，而在数据交换之后终止这个连接的服务，该服务具有连接建立、数据传输和连接释放三个阶段。数据是按序传送的，即收发数据的顺序一致。无连接服务是不需要在数据交换之前建立连接的服务。传输数据的每个分组携带完整的目的地址，各分组在系统中独立传送。由于这些分组可能经过不同的路径，所以无法保证先发送的分组先到达，即收发数据的顺序可能不一致，只有当所有数据分组都到达目的主机后才算完成了数据传输。

2.3.2 OSI 参考模型

1977 年 3 月，ISO 的信息技术委员会 TC97 成立了一个新的技术分委会 SC16，专门进行网络体系结构标准化的工作，研究"开放系统互连"。SC16 在综合了已有的计算机网络体系结构的基础上，经过多次讨论研究，于 1983 年公布了开放系统互连参考模型，即著名的 ISO 7498 国际标准(我国相对应的国家标准是 GB/T 9387)，记为 OSI/RM(Open System Interconnection/Reference Model)，简称 OSI 参考模型。

1. OSI 分层结构

ISO 推出的 OSI 参考模型是一个七层结构的参考模型，如图 2-19 所示。"开放"表示能使任何两个遵守参考模型和有关标准的系统进行连接。"互连"是指将不同的系统互相连接起来，以达到相互交换信息、共享资源、分布应用和分布处理的目的。

2. 各层功能简介

OSI 参考模型的每一层都有必须实现的一系列功能，以保证数据包能从源端传输到目的端。下面依次对各层的主要功能做简要介绍。

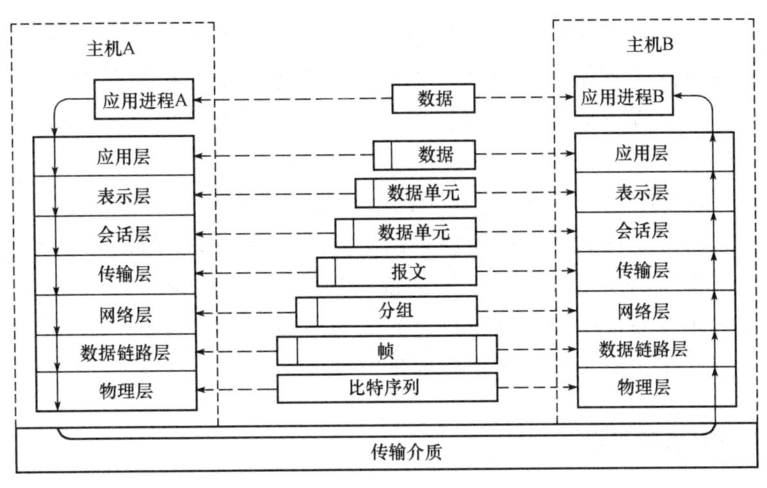

图 2-19 OSI 参考模型

(1)物理层。物理层位于 OSI 参考模型的最底层，它直接面向原始比特流的传输。物理层必须解决包括传输介质、信道类型、数据与信号之间的转换、信号传输中的衰减和噪声等在内的一系列问题。另外，物理层要给出关于物理接口的标准，以便于不同的制造厂家能够根据各自独立地制造同类型设备，实现传输介质的不同产品相互兼容。物理层协议的目的是使各种传输介质对计算机系统保持独立性。该层的数据传送单元是比特。

(2)数据链路层。数据链路层在通信实体之间建立数据链路连接，并为网络层提供差错控制和流量控制服务。数据链路层主要对来自物理层的未经加工的原始位流进行处理，通过校验、确认和重发等手段将原始的不可靠的物理连接改为无差错的数据链路。数据链路层在数据传输过程中提供了确认、差错检测和流量控制等机制。该层的数据传送单元是帧(frame)。

(3)网络层。网络层主要为数据在节点之间传输创建逻辑链路，通过路由选择算法为分组选择最佳路径，从而实现拥塞控制、网络互连等功能。互联网是由多个网络组成在一起的一个集合，正是借助了网络层的路由路径选择功能，才能使多个网络之间的连接畅通，实现信息共享。网络层提供的服务有面向连接的服务和无连接的服务两种。网络层的数据传送单元是分组或数据包。

(4)传输层。传输层是计算机网络体系结构中高低层之间衔接的接口层。传输层不仅是一个单独的结构层，而且是整个分析体系协议的核心。传输层主要为用户提供端到端(End—to—End)服务，处理数据报错误，数据包次序等传输问题。传输层是计算机通信体系结构中的关键一层，它向高层屏蔽了下一层数据的通信细节，使用户完全不用考虑物理层、数据链路层和网络层工作的详细情况。传输层使用网络层提供的网络连接服务，依据系统需求可以选择数据传输时使用面向连接的服务或无连接的服务。传输层的数据传送单元是报文。

(5)会话层。会话层的主要功能是在传输层提供的可靠的端到端连接的基础上，在两个应用进程之间建立、维护和释放面向用户的连接，并对“会话”进行管理，保证“会话”的可靠性。会话层及其以上各层的数据单元都称为报文(message)，在这里“会话”指的是本地系统的会话实体与远程实体之间交换数据的过程。

(6)表示层。表示层的主要功能是处理在两个通信系统中交换信息的表示方式，主要包括数据格式变化、数据加密与解密、数据压缩与解压等。在网络带宽一定的前提下，数据压缩得越小，其传输速率就越高，因此，表示层的数据压缩与解压被视为影响网络传输速率的关键因素。表示层提供的数据加密服务是重要的网络安全要素，其确保了数据的安全传输，也是各种安全服务的关键。

(7)应用层。应用层是 OSI 参考模型中的最高层，是直接面向用户的一层，用户的通信内容要由应用进程解决，这就要求应用层采用不同的应用协议来解决不同类型的应用要求，并且保证这些不同类型的应用进程所采用的低层通信协议是一致的。应用层包含了若干独立的用户通用服务协议模块，为网络用户之间的通信提供专用的程序服务。需要注意的是，应用层并不是应用程序，而是为应用程序提供服务。

2.3.3 TCP/IP 参考模型

TCP/IP(Transmission Control Protocol/Internet Protocol)是指两个协议，即传输控制协议(TCP)和网际互连协议(IP)。事实上它已成为一组通信协议的代名词，是由一系列协议组成的协议集。TCP/IP 具有以下几个特点。

(1)是开放的协议标准，可以免费使用。

(2)独立于特定的计算机网络与操作系统。

(3)独立于特定的网络硬件，可以运行在局域网、广域网，更可适用于互联网。

(4)具有统一的物理地址分配方案，使整个 TCP/IP 设备在网络中都具有唯一的地址。

计算机网络的体系结构

(5)是标准化的高层协议，可以提供多种可靠的服务。

TCP/IP 模型是一个四层的体系结构，它包含应用层、传输层、网络层和网络接口层，如图 2-20 所示。

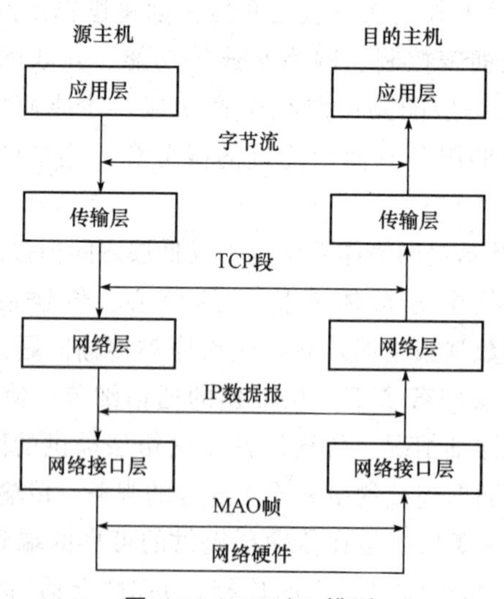

图 2-20 TCP/IP 模型

1. 网络接口层

TCP/IP 模型的最底层是网络接口层，也被称为主机网络层。它包括使用 TCP/IP 与物理网络进行通信的协议，与 OSI 参考模型的物理层和数据链路层对应。TCP/IP 模型定义了网络接口协议，以适应各种物理网络类型，使 TCP/IP 可以运行在任何底层网络上。它负责监视数据在主机与网络之间的交换。事实上，TCP/IP 本身并未定义该层的协议，而由参与互连的各网络使用自己的物理层和数据链路层协议，然后与 TCP/IP 模型的网络接口层进行连接。

2. 网络层

网络层是 TCP/IP 模型的第二层，它负责相邻计算机之间的通信。其主要功能如下。

(1)处理来自传输层的分组发送请求，收到请求后，将分组形成 IP 数据报，填充报头，并为该数据报进行路径选择，然后将其发送到相应的网络接口。

(2)处理接收到的数据报，首先检查其合法性，如需要转发，则选择发送路径转发出去；如目的地址为本节点 IP 地址，则除去报头，将分组送交传输层处理。

(3)处理路径选择、流量控制、拥塞控制等问题。

网络层协议如下。

(1)网际互连协议(Internet Protocol，IP)。IP 负责为计算机之间传输的数据报寻址，并管理这些数据报的分片过程。该协议对投递的数据报格式有规范、精确的定义，同时负责数据报的路由。它是网络层的核心，将多个网络连接成一个互联网，将高层的数据以多个数据报的形式通过互联网分发出去，各个 IP 数据报之间是相互独立的，同时，为 ICMP、TCP、UDP 提供分组发送服务。IP 不保证服务的可靠性，在主机资源不足的情况下，它可能丢弃某些数据报，同时，IP 也不检查被数据链路层丢弃的报文。

在传送时，高层协议将数据传送到网络层，网络层再将数据封装为互联网数据报，并交给数据链路层协议通过局域网传送。若目的主机直接连接在本网中，则 IP 可直接通过网络将数据报传送给目的主机；若目的主机在远程网络中，则 IP 对数据报进行路由选择，并将它投递到路由器中，路由器则依次通过下一网络将数据报传送到目的主机或再下一个路由器。也就是说，IP 数据报是通过互联网，从一个 IP 模块传到另一个 IP 模块，直到终点为止。

只要遵守 IP，任何厂家生产的计算机系统都可以与 Internet 互连互通。正是因为有了 IP，Internet 才得以迅速发展成为世界上最大的、开放的计算机通信网络。

(2)控制报文协议(Internet Control Message Protocol，ICMP)。ICMP 是网络层协议的补充，目的是使互联网能报告差错、报告网络阻塞或提供有关意外情况的信息。分组接收方利用 ICMP 通知 IP 模块发送方某些方面需要修改。ICMP 通常是由发现其他站发来的报文有问题的站产生的，如可由目的主机或中继路由器来发现问题并产生有关的 ICMP。如果一个分组不能传送，ICMP 便可以被用来警告分组源，说明有网络、主机或端口不可达。ICMP 也可以用来报告网络阻塞。ICMP 是 IP 正式协议的一部分，ICMP 数据报通过 IP 送出，因此它在功能上属于 TCP/IP 模型的第三层，但实际上它是像第四层协议一样编码的。

(3)地址转换协议(Address Resolution Protocol，ARP)。ARP 是正向地址解析协议，它通过已知的 IP，寻找目的主机的物理地址，以完成数据的传送。在进行报文发送时，如果源网络层的报文只有 IP 地址，而没有对应的以太网地址，则网络层广播 ARP 请求以获取目的站点信息，而目的站必须回答该 ARP 请求，并将地址放入相应的高速缓存。下一资源站点对同一目的站点的地址转换可直接引用高速缓存中的地址内容。ARP 使主机可以找出同一物理网络中任何一个物理主机的物理地址，只需要给出目的主机的IP地址即可。这样，网络的物理编址可以对网络层服务透明。在互联网环境下，为了将报文送到另一个网络的主机，数据报先定向发送方所在网络IP路由器。因此，发送主机首先必须确定路由器的物理地址，然后依次将数据发往接收端。

(4)反向地址转换协议(Reverse ARP，RARP)。RARP用于一种特殊情况，如果节点A初始化以后，只有自己的物理地址而没有IP地址，则它可以通过RARP发出广播请求，征求自己的IP地址，而RARP服务器负责回答，如无盘工作站还有DHCP服务器。

3. 传输层

传输层位于网络层之上，主要提供可靠的端到端的数据传输。在发送端，它负责将上层传送下来的字节流分成报文段并传递给下层。在接收端，它负责对收到的报文进行重组后递交给上层。TCP还要处理端到端的流量控制，以避免缓慢接收的接收方没有足够的缓冲区接收发送方发送的大量数据。它与OSI参考模型的传输层相似。

传输层协议如下。

(1)传输控制协议(Transmission Control Protocol，TCP)。TCP是一种面向连接的、可靠的、基于字节流的通信协议。也就是说，在收发数据前，必须与对方建立连接。TCP将应用层的字节流分割成适当长度的字节段，然后按顺序发送到网络层，进而发送到目的主机。当网络层将接收到的字节段传送给传输层时，传输层再将多个字节段还原成字节流传送到应用层。TCP用于控制数据段是否需要重传的依据是设立重发定时器。在发送一个数据段的同时启动一个重传，如果在重传超时前收到确认，就关闭该重传；如果在重传超时前没有收到确认，则重传该数据段。在选择重发时间的过程中，TCP必须具有自适应性。它需要根据互联网当时的通信情况，给出合适的重发时间。TCP还要完成流量控制、协调收发双方的发送与接收速度等功能，以便达到正确传输的目的。

TCP通信建立在面向连接的基础上，实现了一种“虚电路”的概念。双方通信之前，先建立一条连接，然后双方就可以在其上发送数据流。这种数据交换方式能提高效率，但事先建立连接和事后拆除连接需要开销。TCP连接的建立采用三次握手的过程，整个过程由发送方请求连接，接收方对连接请求确认，最后发送方确认信息三个阶段组成。三次握手完成后，TCP客户端和服务器端成功地建立连接，就可以开始传输数据了。

(2)用户数据报协议(User Datagram Protocol，UDP)。UDP是依靠IP来传送报文的，因此，它的服务和IP一样是不可靠的。UDP主要用于不要求分组顺序到达的传输中，分组传输顺序检查与排序由应用层完成。该协议有不提供数据报分组、组装，不进行流量控制和不能对数据报进行排序的缺点。也就是说，在报文发送之后，UDP无法得知其是否安全完整地到达。但是正因为UDP的控制选项较少，所以在数据传输过程中延迟小、数据传输效率高，适用于可靠性要求不高的应用程序，或者可以保障可靠性的应用程序，如DNS、TFTP、SNMP等。

4. 应用层

应用层是TCP/IP模型的最高层。它与OSI参考模型中高三层的任务相同，都适用于提供各种网络服务(如文件传输、远程登录、域名服务和简单网络管理等)，并为这些服务提供网络支撑。

应用层协议如下。

(1)文件传输协议(File Transfer Protocol，FTP)。FTP 用于实现互联网中文件的传输功能，一般用于文件的上传、下载。FTP 工作时建立两条 TCP 连接：一条用于传送文件；另一条用于传送控制。

(2)域名解析服务(Domain Name Service，DNS)。DNS 提供域名到 IP 地址之间的转换，允许对域名资源进行分散管理。

(3)网络文件系统(Network File System，NFS)。NFS 用于网络中不同主机之间的文件共享。

(4)超文本传输协议(Hypertext Transfer Protocol，HTTP)。HTTP 实现互联网中的 WWW 服务。

尽管 TCP/IP 模型与 OSI 参考模型在层次划分及使用的协议上有很大差别，但它们在设计中都采用了层次结构的思想，在传输层定义了相似的功能。两者都是基于独立的协议族的概念，它们的功能大体相似。在两个模型中，传输层及其以上的各层都为通信的进程提供端到端，并与网络无关的传输服务。TCP/IP 模型的工作原理如下。

(1)在源主机上，应用层将一串应用字节流传送给传输层。

(2)传输层将应用层的字节流截成分组，并加上 TCP 报头形成 TCP 段，送交网络层。

(3)网络层给 TCP 段加上包括源、目的主机 IP 地址的 IP 报头，生成一个 IP 数据报，然后送交网络接口层。

(4)网络接口层在其 MAC 帧的数据部分装上 IP 数据报，再加上相应的帧头及校验位后，发往目的主机或 IP 路由器。

(5)在目的主机，网络接口层将相应的帧头去掉，并将 IP 数据报送交网络层。

(6)网络层检查 IP 报头，如果 IP 报头中的校验和与计算出的结果不一致，则丢弃该 IP 数据报；若校验和与计算出的结果一致，则去掉 IP 报头，将 TCP 段送交传输层。

(7)传输层通过检查顺序号，确定 TCP 分组是否正确，然后检查 TCP 报头数据。若正确，则向源主机发确认信息；若不正确，则丢包，并向源主机要求重发信息。

(8)在目的主机，传输层去掉 TCP 报头，将排好顺序的分组组成字节流送给应用程序。

(9)目的主机接收的来自源主机的字节流，与直接从源主机发送的相同。

TCP/IP 模型中的应用层、传输层、网络层都有多种协议，构成了 TCP/IP 协议族。因此，通常提到的 TCP/IP 并不一定是指 TCP 和 IP 这两个具体的协议，而是表示 TCP/IP 协议族。

2.3.4 IP 地址

1. IP 地址的概念

IPv4 地址

IP 地址是网络中一个十分重要的概念。它为网络上的每个主机分配了地址，是用户使用 TCP/IP 的一种最直接的表现形式。只有正确配置了 IP 地址的相关信息，才能与局域网中的用户通信或者连接到 Internet。

IP 地址由 32 位二进制数字表示。但这样的形式不适合阅读和记忆，为了便于用户阅读和理解 IP 地址，Internet 管理委员会采用了点分十进制法来表示 IP 地址。点分十进制法将 32 位 IP 地址分成 4 个字节，每个字节 8 个比特，取值范围为 0～255（8 位二进制数的取值范围），每个字节用相应的十进制数字来表示，并用“.”隔开，如图 2-21 所示。

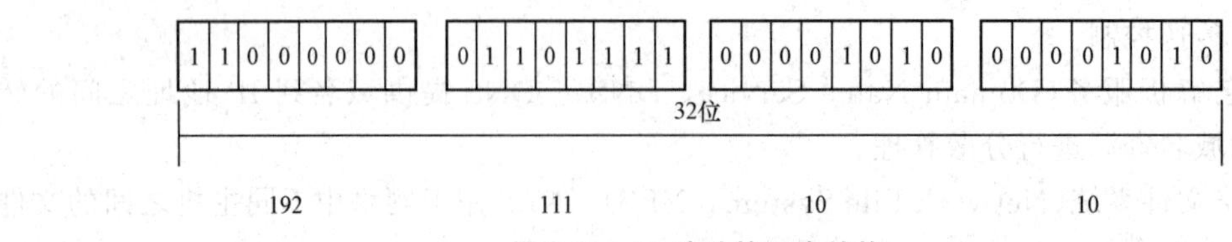

图 2-21　IP 地址的层次结构

IP 地址包含网络号和主机号两个部分，如图 2-22 所示。网络号用于确定某一特定的网络；主机号用于确定某网络中的某一特定的主机。网络号的功能类似长途电话号码中的区号；主机号类似市话中的电话号码。同一个网络中的所有主机使用同一个网络号，该网络号在互联网中是唯一的；对于同一个网络来说，主机号是唯一的。因此，在同一个网络中，不能同时存在两台主机号相同的计算机。

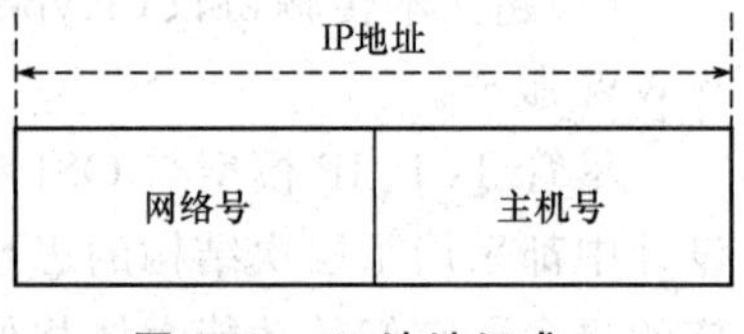

图 2-22　IP 地址组成

2. IP 地址的分类

根据 TCP/IP，IP 地址分成 A、B、C、D 和 E 五类。其中，A、B、C 类 IP 地址是基本的 Internet 地址，是分配给全球用户使用的地址；D 类地址叫作多播地址（也称为组播地址），用于多点数据传送；E 类地址作为保留地址，尚未使用。每类地址都有其范围，图 2-23 所示为每类地址的取值范围，其中某些地址具有特殊用途，这里并没有除去。

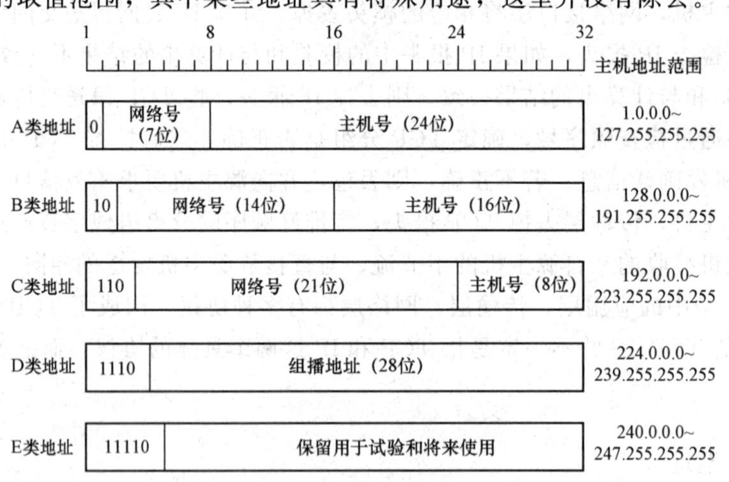

图 2-23　IP 地址分类

各类地址的特点如下。

A 类：主要用于拥有大量主机的网络，它的特点是网络数少，共 126 个（0.0.0.0 和 127.0.0.0 两个网络具有特殊用途），而每个网络中的主机数多，共可以分配给 16 777 216（2^{24}）台主机使用。

B 类：主要用于中等规模的网络，它的网络数是 16 384（2^{14}）个，每个网络中的主机数为 65 536（2^{16}）个。

C类：主要用于小型局域网，其特点是网络数多，主机数少，共有 2 097 152(2^{21})个网络，每个网络中可以有 256(2^8)台主机。

D类：用于已知的多点传送或组的寻址。

E类：保留地址，尚未使用。

在应用过程中，按主机的 IP 地址是否需要变化，可将 IP 地址分为固定 IP 地址和动态 IP 地址。固定 IP 地址也称为静态 IP 地址，是长期固定分配给一台计算机使用的 IP 地址，一般特殊的服务器才拥有固定 IP 地址。因为 IP 地址资源非常短缺(32 位二进制数表示的范围有限)，通过电话拨号上网或普通宽带上网的用户一般不具备固定 IP 地址，而是由网络服务提供商(Internet Service Provider，ISP)动态分配，暂时使用的一个 IP 地址，即动态 IP 地址，在连接断开后该 IP 地址就被回收，分配给其他有需要的用户。普通用户一般不需要了解动态 IP 地址，它们都是计算机系统自动分配的。

3. 特殊 IP 地址

(1)网络地址。网络地址是主机号为全 0 的地址，表示本地网络。例如，10.0.0.0 表示的是 10 这个 A 类网络，192.168.1.0 表示的是 192.168.1 这个 C 类网络。

(2)回送地址。A 类 IP 地址中网络号为 127 的地址被定义为回送地址。回送的含义是主机将 IP 数据报回传给本机的应用程序。最常用的回送地址是“127.0.0.1”。例如，使用命令“ping 127.0.0.1”可测试本机中的 TCP/IP 是否配置正确。

(3)广播地址。如果 IP 地址中的主机号为全 1，则表示该 IP 地址是广播地址，它是针对指定网络上所有主机的地址。例如，192.168.0.255 就是一个 C 类网络的广播地址。

(4)有限广播地址。有时可能需要在本网络内广播，但如果不知道本网络的网络号，则可以利用 32 位为全 1 的 IP 地址进行广播，这个 IP 地址就称为有限广播地址，即 255.255.255.255。

有了这些特殊 IP 地址后，不同类网络所能表示的网络数和主机数就受到一定影响。例如，A 类网络的网络数实际上不是 128 个，而是 126 个，各类网络内的主机数也应相应地减去 2。

专用 IP 地址 IANA 在 IP 地址中保留了 3 个地址字段，称为专用地址，它们分别如下。

(1)A 类：10.0.0.0～10.255.255.255。

(2)B 类：172.16.0.0～172.31.255.255。

(3)C 类：192.168.0.0～192.168.255.255。

这些专用 IP 地址只在某个机构的内部有效，不会被路由器转发到公网中。因此，不用担心所使用的专用 IP 地址会与其他局域网中使用同一地址段的专用 IP 地址发生冲突。

4. 子网和子网掩码

使用 32 位二进制数表示的 IP 地址能表示的网络数是有限的，世界范围内对 IP 地址的需求量非常大，而且每个网络需要唯一的网络标识。例如，将一个 B 类地址 191.18.0.0 分配给一个 30 人的小公司，那么该 B 类地址的 IP 地址将浪费很大，即原本可以分配给 65 536 台主机使用，现在只能由 30 台主机使用，剩下的又不能分配给其他公司的主机使用，这样 IP 地址就更加紧张。解决的办法是采用子网寻址技术，将主机标识部分划出一定的位数用作本网络的各个子网的网络标识，剩余的主机标识作为相应子网的主机标识部分。划分多少位给子网，主要根据实际需要确定。这样，IP 地址就划分为“本网络—子网—主机”三部分，不同的子网可以分配给不同的组织使用，大大解决了IP地址浪费的问题。

进行子网划分需要使用子网掩码。子网掩码的作用就是标识本网络的子网是如何划分的。子网掩码也是一个32位的二进制数，表达方式如下。

(1)凡是IP地址的网络和子网标识部分都用二进制数1表示。

(2)凡是子网的主机标识部分都用二进制数0表示。

(3)与IP地址一样，用点分十进制书写。

各类IP地址的默认子网掩码(没有进行子网划分时)如下。

A类：255.0.0.0。

B类：255.255.0.0。

C类：255.255.255.0。

根据子网掩码的定义，可能出现在上述子网掩码中0的位置上的数字为192、224、240、248和252。例如，对C类IP地址192.168.1.0进行子网划分，取不同子网掩码时得到的子网数见表2-1。

表2-1 C类地址子网划分实例

<table>
<tr><th>子网掩码</th><th>网络标识</th><th>网络数</th><th>主机数</th><th>IP地址范围</th></tr>
<tr><td>255.255.255.0</td><td>192.168.1.0</td><td>1</td><td>256</td><td>192.168.1.0～192.168.1.255</td></tr>
<tr><td>255.255.255.128</td><td>192.168.1.0
218.112.110.128</td><td>2</td><td>128</td><td>192.168.1.0～192.168.1.127
192.168.1.128～192.168.1.255</td></tr>
<tr><td>255.255.255.192</td><td>192.168.1.0
192.168.1.64
192.168.1.128
192.168.1.192</td><td>4</td><td>64</td><td>192.168.1.0～192.168.1.63
192.168.1.64～192.168.1.127
192.168.1.128～192.168.1.191
192.168.1.192～192.168.1.255</td></tr>
<tr><td>255.255.255.224</td><td>192.168.1.0
192.168.1.32
192.168.1.64
192.168.1.96
192.168.1.128
192.168.1.160
192.168.1.192
192.168.1.224</td><td>8</td><td>32</td><td>192.168.1.0～192.168.1.31
192.168.1.32～192.168.1.63
192.168.1.64～192.168.1.95
192.168.1.96～192.168.1.127
192.168.1.128～192.168.1.159
192.168.1.160～192.168.1.191
192.168.1.192～192.168.1.223
192.168.1.224～192.168.1.255</td></tr>
<tr><td>255.255.255.240</td><td>…</td><td>16</td><td>16</td><td>…</td></tr>
<tr><td>255.255.255.248</td><td>…</td><td>32</td><td>8</td><td>…</td></tr>
<tr><td>255.255.255.252</td><td>…</td><td>64</td><td>4</td><td>…</td></tr>
</table>

用32位二进制数表示的IP地址不便于记忆，因此采用点分十进制形式表示IP地址，但由于Internet上IP地址的数量太多，并且枯燥的数字没有任何含义，不利于记忆，所以人们更愿意利用一些与实际内容有一定关系，按一定规律命名的字符来标识主机的IP地址，这样的一些字符就是域名。因此，从技术上讲，域名只是一个Internet中用于解决IP地址对应问题的一种方法。

域名的定义需要满足一定的规律，它是一个分级的结构。域名分级结构如图 2-24 所示。

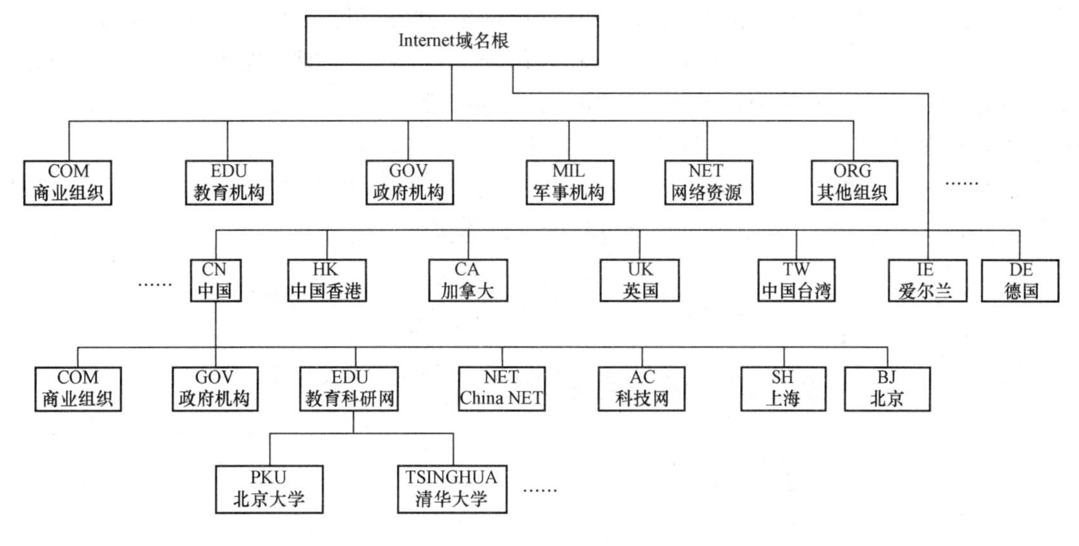

图 2-24　域名分级结构

域名系统或域名服务(Domain Name System 或 Domain Name Service，DNS)为 Internet 上的主机分配域名地址和 IP 地址。用户使用域名地址，该系统会自动将域名地址转为 IP 地址。域名服务是运行域名系统的 Internet 工具。执行域名服务的服务器称为 DNS 服务器，通过 DNS 服务器应答域名服务查询。

在网络技术中，还有一个重要的概念叫作网关(gateway)。顾名思义，网关就是一个网络连接到另一个网络的“关口”。按照不同的分类标准，网关有很多种。TCP/IP 中的网关是最常用的，这里所讲的“网关”均指 TCP/IP 中的网关。

网关实质上是一个网络通向其他网络的 IP 地址。例如有网络 A 和网络 B，网络 A 的 IP 地址范围为 192.168.1.0～192.168.1.255，子网掩码为 255.255.255.0；网络 B 的 IP 地址范围为 192.168.2.0～192.168.2.255，子网掩码为 255.255.255.0。在没有路由器的情况下，两个网络之间是不能进行 TCP/IP 通信的，即使两个网络连接在同一台交换机或集线器上，TCP/IP 也会根据子网掩码 255.255.255.0 判定两个网络中的主机处在不同的网络中。要实现这两个网络之间的通信，则必须通过网关。如果网络 A 中的主机发现数据包的目的主机不在本地网络中，就把数据包转发给自己的网关，再由网关转发给网络 B 的网关，网络 B 的网关再转发给网络 B 的某个主机。网络 B 向网络 A 转发数据包的过程也是如此。

只有设置好网关的 IP 地址，TCP/IP 才能实现不同网络之间的通信。网关的 IP 地址是具有路由功能的设备某个端口的 IP 地址。具有路由功能的设备有路由器、启用了路由协议的服务器、代理服务器等。网关的 IP 地址一般设置成本网络的第一个可用 IP 地址或最后一个可用 IP 地址(不能使用网络标识地址和广播地址)，以方便记忆和管理。例如上述网络 A，在子网掩码为 255.255.255.0 时没有进行子网划分，是一个网络，因此，网关一般设置成 192.168.1.1 或 192.168.1.254。

5. IP 地址的配置

在实际工作中，经常需要配置计算机的 IP 地址。一般来说，配置 IP 地址的相关信息如 IP 地址、网关、子网掩码及 DNS 服务器等都需要预先知道，通常由网络管理员负责分配和管理。不同的操作系统如 Linux、UNIX、Windows 等配置 IP 地址时的操作界面也不同，但需要设置的信息基本相同。下面以 Windows 10 操作系统为例介绍 IP 地址的配置。

在 Windows 10 操作系统“控制面板”→“网络和 Internet”→“网络连接”→“以太网属性”窗口中选择“TCP/IPv4”选项，即可弹出“Internet 协议版本 4(TCP/IPv4)属性”对话框，在该对话框中单击“使用下面的 IP 地址”单选按钮，如图 2-25 所示。

将网络管理员提供的信息输入对应的位置，输入完毕单击“确定”按钮就完成了 IP 地址的配置。如果信息正确，那么此时该计算机就可以连接到局域网中。

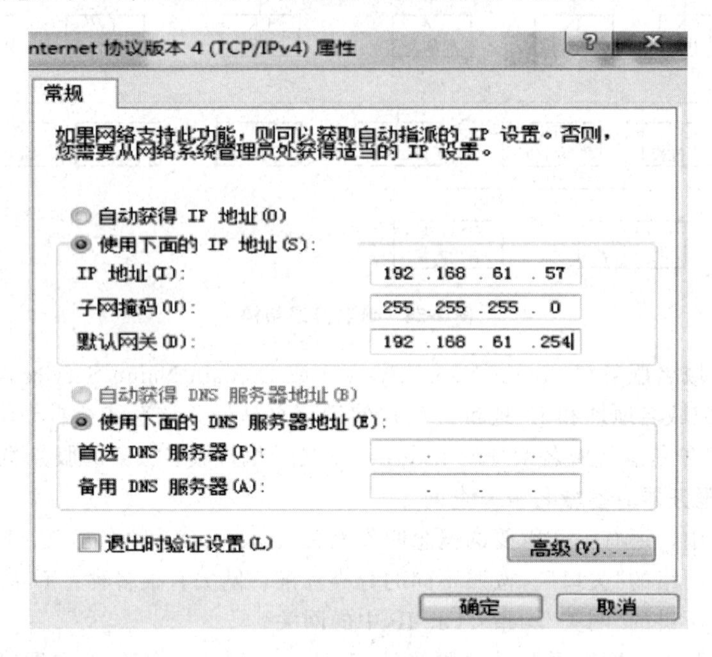

图 2-25 IP 地址的配置

2.3.5 IP 地址配置、网络命令的使用实训

1. 实训目的

(1)通过实训，加深对 TCP/IP 模型的理解，体会网络体系结构的作用，并掌握在 Windows 操作系统中配置 IP 地址、子网掩码、网关和 DNS 的方法。

(2)了解网络故障的类型，掌握最基本的网络测试命令的使用方法。

2. 实训要求和课时

(1)根据给定的 IP 地址、子网掩码、网关及 DNS 信息对 Windows 操作系统进行配置。

(2)应用最基本的网络测试命令对网络进行测试。

(3)1 人一组，以 2 课时完成。

3. 实训设备、材料和工具

(1)计算机(带网卡)、交换机、路由器等。

(2)Internet 网络环境。

4. 实训步骤

(1)配置 IP 地址、子网掩码、网关及 DNS 等信息。

①为每个人分配一个 IP 地址，其他信息如子网掩码、网关及 DNS 信息等都是固定的。

②将以上信息配置到 Windows 操作系统中，使各个计算机可以互相通信。

(2)使用 ipconfig 和 ipconfig/all 命令查看网络连接参数，并将结果记录下来。

①使用 ipcongig/all 命令查看自己的 IP 地址、DNS 地址，并记录。

②检查网卡是否正常工作。ping 127.0.0.1 或自己的 IP 地址。

③检查线路是否正常工作。ping 自己的 DNS 服务器的 IP 地址。

④检查 DNS 服务器是否正常工作。ping 外网域名地址。

⑤检查自己的网关是否正常工作。ping 外网 IP 地址。

5. 实训报告

举例说明特殊的 IP 地址，不少于三种。

模块小结

本模块主要讲述了综合布线工程中需要了解和掌握的数据通信及网络的基本知识。通过本模块的学习，学生应理解和掌握以下内容。

(1)数据通信的基本概念和通信系统的构成。

(2)网络的基本概念、网络的分类、网络的各种常见拓扑结构。

(3)TCP/IP 模型及 TCP/IP 协议族。

(4)IP 地址划分、子网划分、DNS 等基本概念及作用，配置 IP 地址等相关信息进行网络连接的方法。

习题

1. 什么是计算机网络？计算机网络有哪些功能？
2. 计算机网络中常用的拓扑结构有哪几种？它们各自的特点是什么？
3. 什么是计算机网络协议？
4. Internet 协议中 TCP 的功能是什么？IP 的作用是什么？
5. 局域网和广域网有什么区别？Internet 属于哪种网络？
6. IP 地址和域名地址有什么联系和区别？

模块 3　网络传输介质与网络设备

知识目标

(1)掌握双绞线、同轴电缆、光纤等有线传输介质的结构、性能指标等；掌握无线电波、微波、红外线、激光等无线传输介质的特点。

(2)认识各种综合布线系统布线器材。

(3)掌握网卡、交换机、路由器等网络设备的功能及工作过程。

能力目标

(1)认识综合布线系统及各种布线器材。

(2)具备制作双绞线跳线的能力。

(3)具备光纤冷接的能力。

素质目标

(1)培养学生的沟通能力及团队协作精神。

(2)培养学生分析问题、解决问题的能力。

(3)培养学生精益求精、敬业乐业的工作作风。

(4)培养学生的质量意识、安全意识及规范意识。

3.1　网络传输介质

我们经常听到“百兆网络、千兆网络、万兆网络”的说法，这是指网络的传输速率。例如对于高校校园网，现在常见的建设标准是万兆核心层、千兆汇聚层、百兆接入桌面。如何才能实现网络传输要求？关键在于通信线路，即传输介质。

所谓传输介质，是指网络连接设备的中间介质，也就是信号传输的媒介。传输介质的功能是将通信网络系统信号无干扰、无损伤地传输给用户设备。为了使信号正确无误地到达接收设备，信号在传输介质中传输的可靠性必须得到保证。

计算机网络通信可分为有线通信和无线通信两大类。在有线通信系统中，网络传输介质有铜缆和光缆两类，铜缆又可分为双绞线电缆和同轴电缆两种，光缆是由光纤组成的缆线。同轴电缆是十兆网络时代的数据传输介质，目前已退出通信市场，仅在模拟视频监控领域还有部分应用。随着视频监控进入网络时代，其通信介质也已全面进入双绞线电缆和光缆时代。

在无线通信系统中，网络传输介质包括无线电波、微波、红外线等。微波通信和卫星通信都是通过大气传输无线电波的；其他无线通信系统用光(可见光或不可见光)来传输信号。

目前，已经有许多不同的传输介质用来支持不同的通信系统。例如，有的双绞线只能用于千兆网络，有的光缆用于万兆网络时传输距离不能超过 500 m，因此，在综合布线系统中面临选择布线产品(网络传输介质)的问题：是选用 6 类双绞线还是 6A 类双绞线？是选用非屏蔽双绞线还是屏蔽双绞线？是选用多模光纤还是单模光纤？无线传输介质有什么特质？下面详细介绍传输介质的种类及特性。

3.1.1 双绞线电缆

双绞线

1. 双绞线电缆的结构

双绞线(Twisted Pair，TP)由符合美国缆线标准(American Wire Gauge，AWG)的两根 22～26 号绝缘铜导线，按一定密度逆时针相互绞绕而成。将一对或多对双绞线放在一个绝缘套管中便构成了双绞线电缆。一般双绞线电缆结构包括铜芯、绝缘层、撕裂线、护套层，如图 3-1 所示。

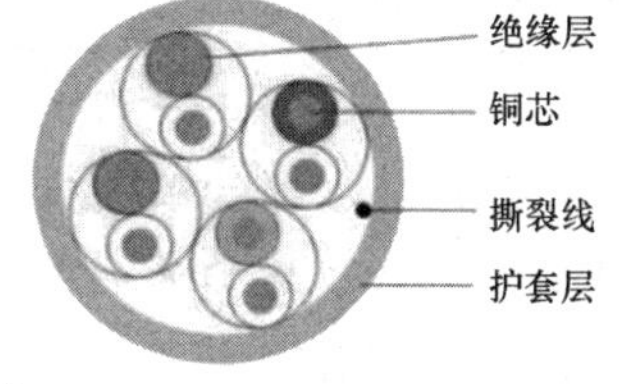

图 3-1 双绞线电缆结构

在双绞线电缆内，不同线对有不同的扭绞长度(Twist Length)，一般来说，绞距为 3.81～14 cm。线对互相扭绞的目的就是利用铜导线中电流产生的电磁场抵消邻近线对的串扰，并减少来自外界的干扰，提高抗干扰性。双绞线线对的扭绞密度和扭绞方向及绝缘材料直接影响其特征阻抗、抗衰减和抗近端串扰等性能。

用于数据通信的双绞线为四对结构，为了便于安装与管理，用四种纯色(蓝、橙、绿、棕)及四种花色(白蓝、白橙、白绿、白棕)来区别导线。双绞线线对颜色编码见表 3-1。

表 3-1 双绞线线对颜色编码

线对	1	2	3	4
颜色编码	白/蓝、蓝	白/橙、橙	白/绿、绿	白/棕、棕
英文缩写	W/BL、BL	W/O、O	W/G、G	W/BR、BR

2. 双绞线电缆的分类

(1)按线对多少分类。

①4 对双绞线电缆。常用的双绞线电缆为绝缘外皮内包裹着 8 根线，每 2 根为一对相互扭绞，如图 3-2 所示。

②大对数双绞线电缆。大对数双绞线电缆可分为 25 对、50 对、100 对双绞线等，常用于垂直子系统中的电话系统，如图 3-3 所示。

图 3-2　4 对双绞线电缆

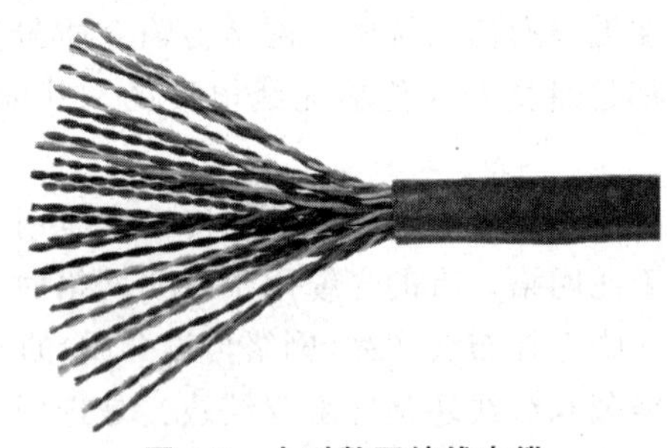

图 3-3　大对数双绞线电缆

为了方便安装和管理，大对数双绞线电缆采用 25 对国际工业标准颜色编码进行管理，每个线对束都有不同的颜色编码，同一线对束内的每个线对又有不同的颜色编码。其颜色顺序如图 3-4 所示。主要和辅色如下。

主色：白、红、黑、黄、紫。

辅色：蓝、橙、绿、棕、灰。

01	02	03	04	05	06	07	08	09	10	11	12	13	14	15	16	17	18	19	20	21	22	23	24	25
白					红					黑					黄					紫				
蓝	橙	绿	棕	灰	蓝	橙	绿	棕	灰	蓝	橙	绿	棕	灰	蓝	橙	绿	棕	灰	蓝	橙	绿	棕	灰

图 3-4　25 对大对数双绞线电缆颜色编码

(2)按结构分类。《综合布线系统工程设计规范》(GB 50311—2016)条文说明中给出了双绞线电缆的命名方式，这个命名方式来自国际标准 ISO/IEC 11801—2002，因此该命名方式在全世界都是统一的。

综合布线系统推荐的双绞线电缆统一命名方法使用 XX/YZZ 编号表示，如图 3-5 所示。

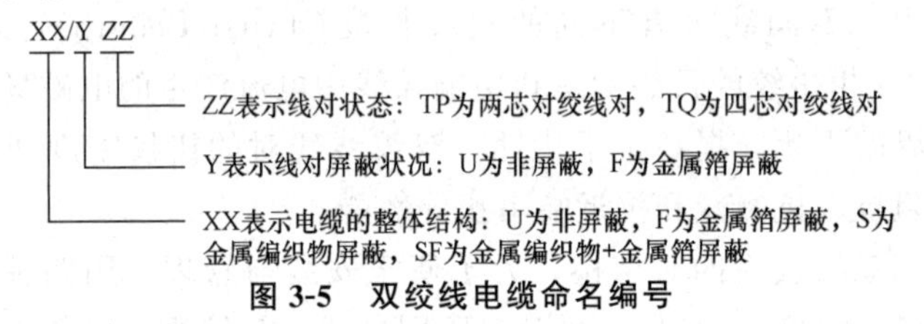

图 3-5　双绞线电缆命名编号

①非屏蔽双绞线(UTP)电缆。非屏蔽双绞线电缆是综合布线系统中使用最多的一种传输介质。非屏蔽双绞线电缆可以用于语音、低速数据、高速数据和呼叫系统，以及建筑自动化系统。非屏蔽双绞线电缆依靠成对的绞合导线使电磁干扰(Electro Magnetic Interfer-ence，EMI)/射频干扰(Radio Frequency Interfer-ence，RFI)最小化。

非屏蔽双绞线电缆由多线对及聚乙烯化合物的氯化物(PVC)绝缘塑料护套构成，根据电缆类型不同，每根电缆中有 2～12 对绞合线。非屏蔽双绞线电缆结构如图 3-6 所示。

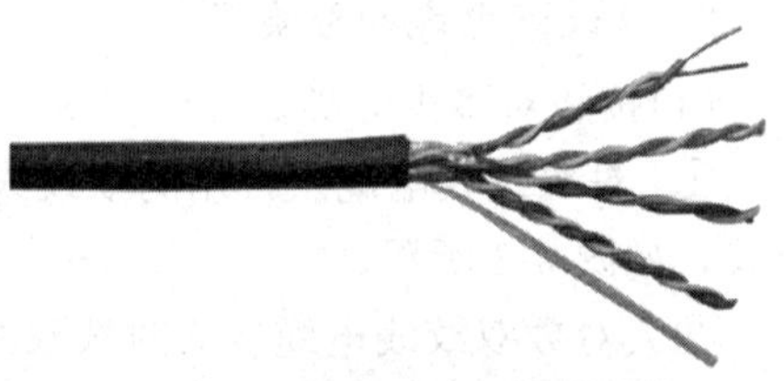

图 3-6　非屏蔽双绞线电缆结构

非屏蔽双绞线电缆的特点主要如下：线对外没有屏蔽层，电缆的直径小，节省所占用的空间；质量小、易弯曲，具有灵活性、阻燃性，易安装；串扰影响小；价格低，等等。非屏蔽双绞线电缆抗外界电磁干扰的性能较差，在信息传输时易向外辐射，安全性较差，在军事和金融等重要部门的综合布线系统工程中不宜采用。

②屏蔽双绞线电缆。屏蔽是保证电磁兼容性(Electro Magnetic Compatibility，EMC)的一种有效方法。所谓电磁兼容性，它一方面要求设备或网络系统具有一定的抵抗电磁干扰能力，能够在比较恶劣的电磁环境中正常工作；另一方面要求设备或网络系统不能辐射过量的电磁波干扰周围其他设备及网络的正常工作。

实现屏蔽的一般方法是在双绞线的外层包裹金属屏蔽层，以滤除不必要的电磁波。屏蔽双绞线电缆与非屏蔽双绞线电缆一样，电缆芯是铜双绞线对，护套是绝缘塑料护套，只不过在护套层内增加了金属屏蔽层，从而对电磁干扰有较强的抵抗能力。在屏蔽双绞线电缆的护套下面，还有一根贯穿整个电缆长度的漏电线(地线)，该漏电线与金属屏蔽层相连。

根据命名规则，屏蔽双绞线电缆可分为以下几种。

a. 电缆金属箔屏蔽(F/UTP)电缆，如图 3-7 所示。

b. 线对金属箔屏蔽(U/FTP)电缆，如图 3-8 所示。

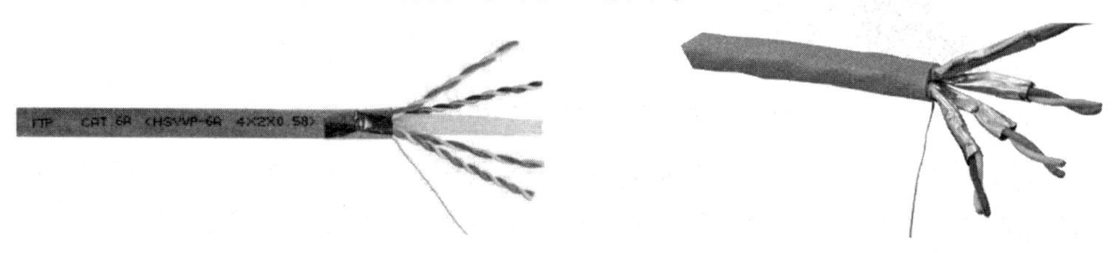

图 3-7 F/UTP 电缆结构

图 3-8 U/FTP 电缆结构

c. 电缆金属编织丝网加金属箔屏蔽(SF/UTP)电缆，如图 3-9 所示。

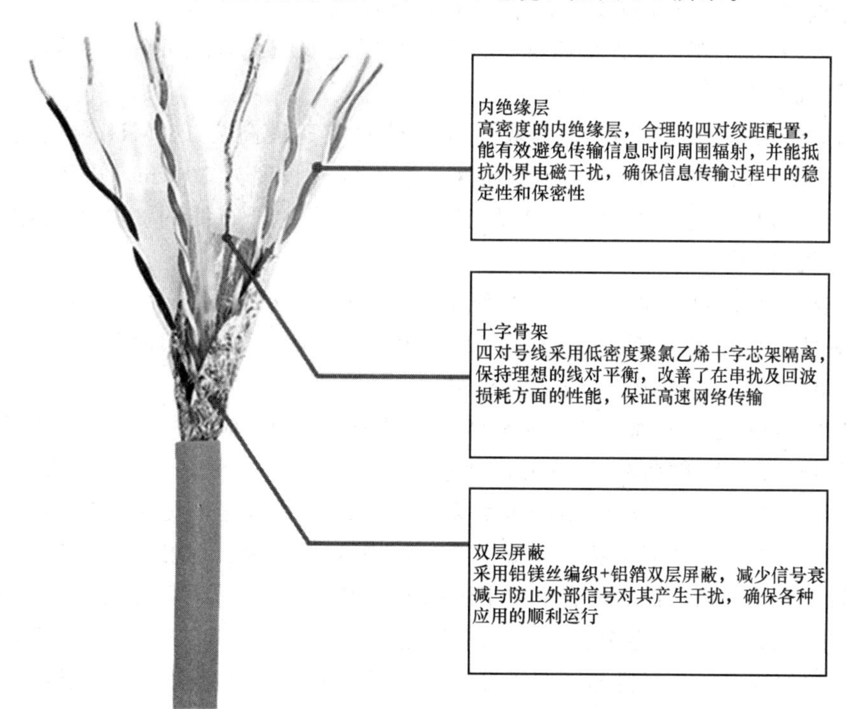

图 3-9 SF/UTP 电缆结构

d. 电缆金属箔编织网屏蔽加线对金属箔屏蔽(S/FTP)电缆，如图 3-10 所示。

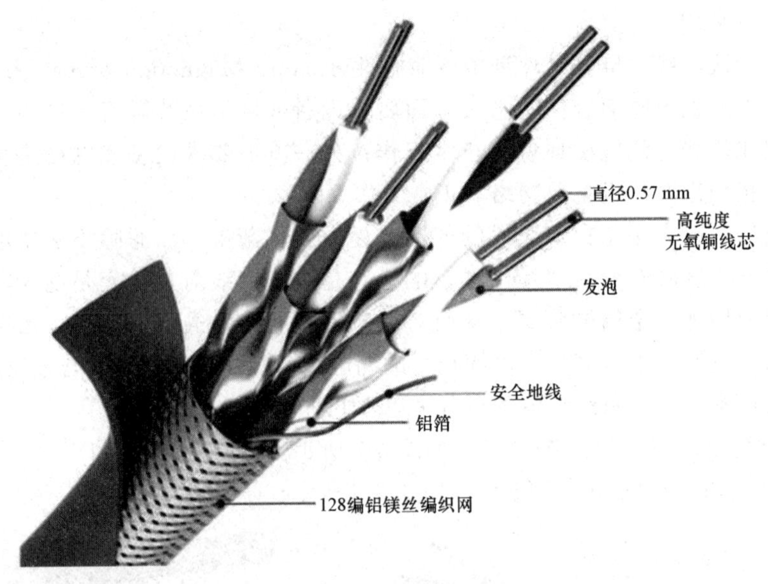

图 3-10　S/FTP 电缆结构

不同的屏蔽双绞线电缆有不同的屏蔽效果。一般认为，金属箔对高频、金属编织丝网对低频的电磁屏蔽效果为佳。如果采用双重绝缘(SF/UTP 或 S/FTP)则屏蔽效果更为理想，可以同时抵御线对之间和来自外部的电磁辐射干扰，减少线对之间及线对对外部的电磁辐射干扰。因此，在综合布线工程中有多种形式的电缆可以选择，但为了保证良好的屏蔽效果，电缆的屏蔽层与屏蔽连接器件之间必须做好全方位的连接。

(3)按性能指标分类。按性能指标，市场上常见的双绞线电缆可分为 3 类、4 类、5 类、5e 类、6 类、6A 类、7 类、7A 类八类。

①3 类双绞线(Cat3)电缆。3 类双绞线电缆的带宽最高为 16 MHz，主要应用于语音、10 Mbit/s 以太网和 4 Mbit/s 令牌环网，最大网段长度为 100 m，采用 RJ 形式的连接器。目前，市场上的 3 类双绞线产品只有用于语音主干布线的 3 类大对数双绞线电缆及相关配线设备。

②4 类双绞线(Cat4)电缆。4 类双绞线电缆最高带宽为 20 MHz，最高数据传输速率为 20 Mbit/s，主要应用于语音、10 Mbit/s 以太网和 16 Mbit/s 令牌环网，最大网段长度为 100 m，采用 RJ 形式的连接器，未被广泛采用。

③5 类双绞线(Cat5)电缆。在 5 类双绞线电缆内，不同线对具有不同的绞距长度。一般来说，4 对双绞线绞距周期在 38.1 mm 内，按逆时针方向扭绞，一对线对的扭绞长度在 12.7 mm 以内。5 类双绞线电缆最高带宽为 100 MHz，传输速率为 100 Mbit/s(最高可达 1 000 Mbit/s)，最大网段长度为 100 m，采用 RJ 形式的连接器。用于数据通信的 5 类 4 对双绞线产品已退出市场，目前只有应用于语音主干布线的 5 类大对数电缆及相关配线设备。

④5e 类双绞线(Cat5e)电缆。5e 类也称为超 5 类、增强型 5 类。5e 类双绞线电缆的性能超过 5 类双绞线电缆，与普通的 5 类非屏蔽双绞线相比其衰减更小，同时具有更高的衰减串扰比(ACR)和回波损耗(RL)，以及更小的时延和衰减，性能得到了提高。5e 类双绞线电缆能稳定支持100 Mbit/s 网络，相比 5 类双绞线电缆能更好地支持 1 000 Mbit/s 网络，成为目前网络应用中较好的解决方案。

⑤6类双绞线(Cat6)电缆。TIA/EIA在2002年正式颁布6类标准，与5e类双绞线电缆相比，6类双绞线电缆是1 000 Mbit/s数据传输的最佳选择。6类双绞线布线系统目前是市场上的主流产品，市场占有率已超过5e类双绞线电缆。

6类双绞线标准规定电缆带宽为250 MHz，它的绞距比5e类双绞线电缆更密，增加了绝缘十字骨架，将4对双绞线分别置于十字架的4个凹槽内，这样的结构能提高电缆的平衡特性，因此传输性能更好、更稳定。6类双绞线电缆结构如图3-11所示。

图3-11　6类双绞线电缆结构

⑥增强6类双绞线(Cat6A)电缆。增强6类(也称超6类)双绞线的概念最早是由厂家提出的。由于6类双绞线标准规定电缆带宽为250 MHz，而一些厂家的6类双绞线电缆的带宽超过了250 MHz(如300 MHz或350 MHz)，所以就自定义了超6类、Cat6A等类别名称，表明自己的产品性能超过了6类双绞线电缆。IEEE 802.3an10 GBASE-T标准的发布，宣布了万兆铜缆布线时代的到来，布线标准组织正式提出了增强6类双绞线(Cat6A)的概念。在TIA/EIA 568—B.2—10标准中规定了6A类布线系统，其支持的传输带宽为500 MHz，传输距离为100 m。

⑦7类双绞线(Cat7)电缆。7类双绞线电缆带宽为600 MHz。7类双绞线电缆为双层屏蔽缆线，借助线对铝箔屏蔽和整体缆线的编织网屏蔽层，达到优异的屏蔽效果。7类双绞线电缆结构如图3-12所示。

⑧7A类双绞线(Cat7A)电缆。7A类双绞线电缆是更高等级的缆线，其带宽为1 000 MHz，对应的连接模块的结构与目前的RJ-45完全不兼容，目前市场上能看到GG—45(向下兼容RJ-45)和Tear模块(可完成1 200 MHz传输)。7A类双绞线电缆是屏蔽缆线，由于频率提升，所以必须采用线对铝箔屏蔽加外层铜网编织层屏蔽实现，是为4万兆和10万兆网络准备的缆线。

⑨8类双绞线电缆。8类双绞线电缆是目前市场上最高等级的传输缆线，是最新一代双屏蔽的网络跳线，每根导线由7根独立线芯组成，最高支持2 000 MHz的带宽，且传输速率高达40 Gbit/s。但它的最大传输距离仅有30 m，故一般用于短距离数据中心的服务器、交换机、配线架及其他设备的连接。8类双绞线电缆结构如图3-13所示。

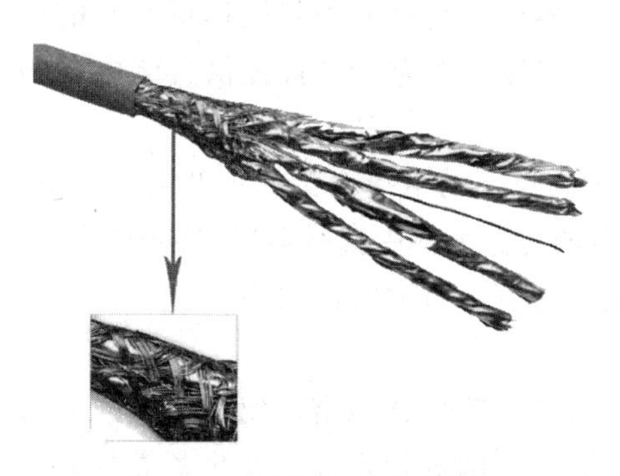

图3-12　7类双绞线电缆结构

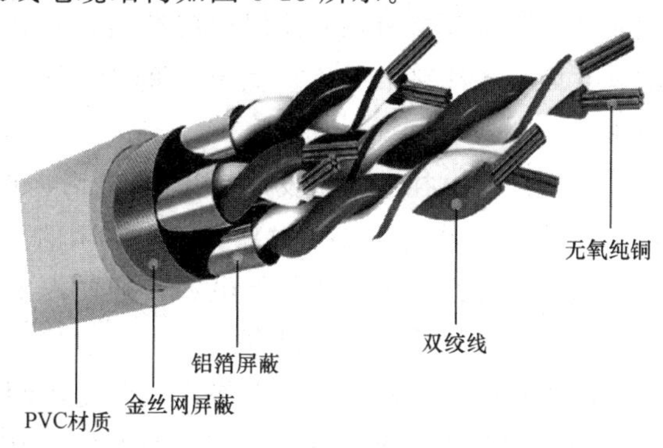

图3-13　8类双绞线电缆结构

3. 双绞线电缆的环境保护要求

目前，许多电缆护套都含有卤素。卤素是一种非金属元素，含有卤素成分的物质燃烧时，释放出的毒烟雾会伤害人的眼睛、鼻子、咽喉和肺。卤素燃烧所释放的烟雾及烟尘会使建筑物内的疏散工作难以进行。因此，为了防火和防毒，在易燃区域综合布线系统中使用的双绞线应具有阻燃护套，相关连接件也应选用阻燃型的。

阻燃防毒双绞线有以下几种。

(1)低烟无卤阻燃型(LSHF-FR)：不易燃烧，释放一氧化碳(CO)少，低烟，不释放卤素，危害性小。

(2)低烟无卤型(LSZH)：有一定的阻燃能力，燃烧时释放 CO，但不释放卤素。

(3)低烟非燃型(LSNC)：不易燃烧，释放 CO 少，但释放少量有害气体。

(4)低烟阻燃型(LSLC)：与 LSNC 相同。

如果双绞线所在环境既有腐蚀性，又有被雷击的可能性，则选用的双绞线除了要有护套层外，还应有复式铠装层。

4. 双绞线电缆标识

由于双绞线电缆外部护套上印刷的各种标识没有统一标准规定，所以并不是所有双绞线电缆都有相同的标识。通常不同生产商的产品标识可能不同，但一般包括双绞线电缆类型、NEC/UL 防火测试级别、CSA 防火测试、长度标志、生产日期、生产商和产品号码等信息。双绞线电缆标识如图 3-14 所示。图中的双绞线电缆外部护套上印刷的标识分别表示如下内容。

图 3-14　双绞线电缆标识

(1)Cat6：增强 6 类双绞线。

(2)UTP：非屏蔽双绞线。

(3)26AWG：导线直径 26 号。

(4)4PAIRS：4 对双绞线。

(5)ANSI/TIA-568-C. 2：符合平衡双绞线通信电缆及其组件的标准。

5. POE

以太网供电(Power Over Ethernet，POE)也称为有源以太网，即利用以太网传输电缆同时传输数据和电力，并保持与现存以太网和用户的兼容性。它是一种将数据信号和电力耦合在同一条线路上，为以太网中的 IP 终端传输数据信号，并为该设备提供直流电源的技术。

以太网供电技术的出发点是让 IP 电话、WLAN 接入点、网络摄像头等小型网络设备，可以直接从以太双绞线(4 对双绞线中空闲的 2 对)获得电力。生活中就有类似的例子，如家用普通固定电话，不需要额外电源，即使停电也能拨打电话，因为电话线不仅可以传输语音信号，还负责给电话机供电。

随着物联网技术的飞速发展，需要提供网络服务的终端越来越丰富，使用传统强电的方式为多种多样的智能终端供电变得越来越困难，POE 技术的普及正逐一解决各类智能终端的供电问题。目前，POE 技术已经延伸到新零售、物联网(Internet of Things，IOT)、智慧城市等多种场景，并被广泛应用。POE 技术具有成本低、施工方便、供电稳定、运维效率高等特点。

(1)POE 设备的组成。一个完整的 POE 系统包括两部分：PSE(供电设备)和 PD(受电设备)。如图 3-15 所示，PSE 设备是为以太网的客户端设备供电的设备，也是整个 POE 供电过程的管理者，而 PD 设备是接收供电的 PSE 负载，也就是 POE 系统的客户端设备。

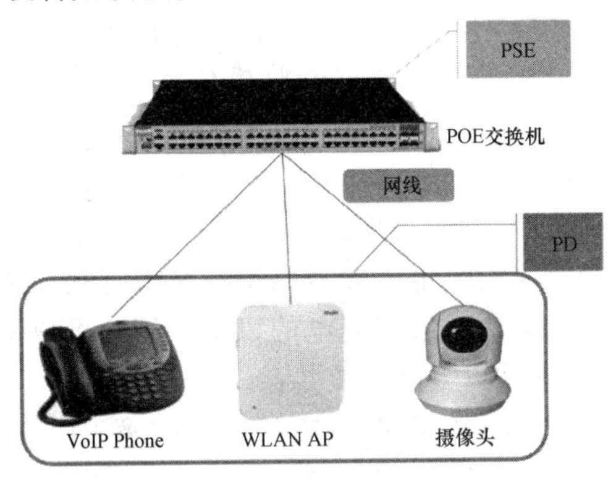

图 3-15　POE 系统组成

常见的 PSE 有 POE 交换机、POE 供电模块等。POE 交换机有多个端口，可以为多个设备供电，如 4 端口、8 端口、16 端口和 24 端口 POE 交换机。POE 供电模块实际上相当于一个 POE 交换机，只有一个端口，只能给一个设备供电。标准的 POE 供电协议 IEEE 802.3AF 每端口输出功率为 15.4 W，IEEE 802.3AT 每端口输出功率为 35 W。

(2)POE 供电流程如图 3-16 所示。

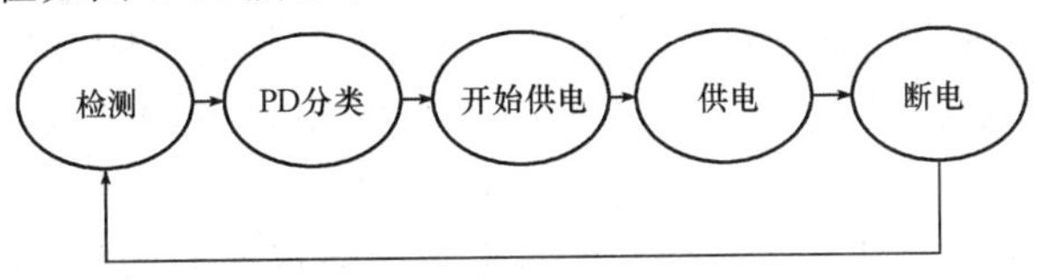

图 3-16　POE 供电流程

①检测(Detection)。PSE 在端口发出 2～10 V 的电压脉冲，用于检测其缆线终端连接的 PD 是否为标准支持的受电设备。只有检测到 PD 是一个标准设备，才会继续下一步操作。

②PD 分类(Classification)。由于 PD 种类很多，需要的电源功率也各不相同，所以在 PSE 正确检测到 PD 以后，就要检测对端 PD 的功率等级。

当检测到 PD 之后，PSE 会对 PD 进行分类。PSE 施加 15.5～20.5 V 探测电压(电流限制在 100 mA 以下)，PD 会将一个分级电阻串联到线路中，用来标识自己的功率，PSE 通过测试返回特征电流的大小来确定 PD 属于哪个分类。

③开始供电(Power Up)。当 PSE 检测到缆线末端连接的是一个标准 PD，并对 PD 进行了分类后，就开始为 PD 供电，输出 44～57 V 的直流电压。

④供电(Power Supply)。PSE 为 PD 提供稳定可靠的直流电压，并根据 PD 的分类结果输出对应等级的功率。

⑤断电(Disconnection)。如果和 PD 相连的连接缆线被拔掉，或者用户从软件上将交换

机端口的 POE 功能关闭，PSE 会快速地(一般为 30～40 ms)停止为 PD 供电。在 PSE 给 PD 供电整个过程的任意时刻，如果发生 PD 短路、分类时消耗的功率超过 PSE 对应能提供的功率、消耗功率超过等级功率等情况，则整个供电过程会中断，并重新从第一步检测过程开始。

(3)POE 技术的优势。

①简化布线，节约成本。许多带电设备，如监控摄像机等都需要安装在难以部署交流电源的地方，POE 技术使其不再需要昂贵的电源和安装电源所耗费的时间，节省了费用和时间。

②便于远程管理。像数据传输一样，POE 技术可以通过使用 SNMP 监督和控制设备，可以提供如夜晚关机、远端重启之类的功能。

③安全可靠。PSE 只会为需要供电的设备供电，只有连接了需要供电的设备，以太网电缆中才会有电压存在，因此消除了线路漏电的风险。用户可以安全地在网络上混用原有设备和 PE，这些设备能够与现有以太网电缆共存。

POE 技术已经成为构建物联网络基础设施的重要技术。POE、5G、AI 等技术在万物互连时代缺一不可。随着 POE 技术标准由 IEEE 802.3af/at 升级到 IEEE 802.3bt，POE 技术可以为 IP 球机、无线 AP、智慧照明、云桌面一体机、数字标牌等更多的大功率设备供电，实现传统供电和数据传输方式的改变。

6. 水晶头(Registered Jack)

Registered Jack 的意思是“注册的模块”，源于贝尔系统的通用服务分类代码。RJ 插头晶莹剔透，因此人们给它取了个好听的名字——水晶头。

(1)常见的水晶头。常见的水晶头有 RJ-11 水晶头、RJ-45 水晶头两种类型，如图 3-17 所示。RJ-11 水晶头的顶端有 4 个或 6 个铜针，用于语音传输。RJ-45 水晶头的顶端有 8 个铜针，RJ-45 水晶头是铜缆布线中的标准连接件，它用在双绞线跳线的两端，用于数据传输。

(2)RJ-45 水晶头的机械机构。RJ-45 水晶头采用环保透明塑料一次注塑成型，阻燃系数高、耐腐蚀、韧性强、使用寿命长。RJ-45 水晶头刀片采用三叉结构，有 3 个针刺触点，接触面积更大，电气连接更可靠，可以满足高速传输需求。

(3)RJ-45 水晶头端接原理。双绞线跳线端接时，利用压线钳的机械压力使 RJ-45 水晶头中的刀片首先压破线芯绝缘护套，然后压入铜线芯，实现刀片与线芯的电气连接。每个 RJ-45 水晶头都有 8 个刀片，每个刀片与 1 个线芯连接。RJ-45 水晶头机端接原理如图 3-18 所示。

(a)

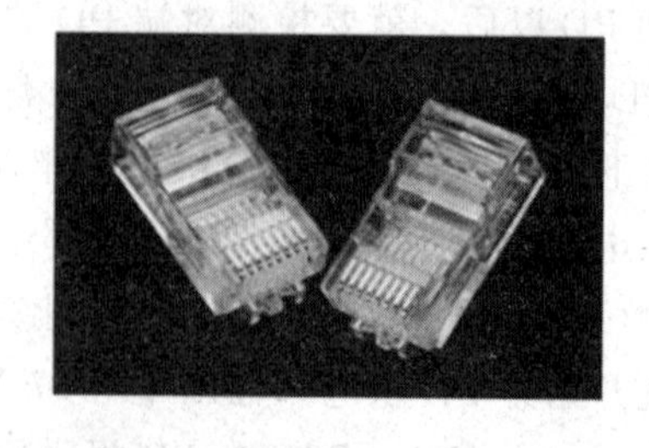

(b)

图 3-17 常见的水晶头

(a)RJ-11 水晶头；(b)RJ-45 水晶头

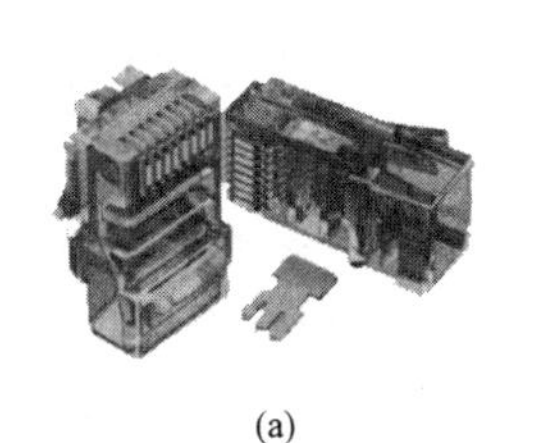
(a)

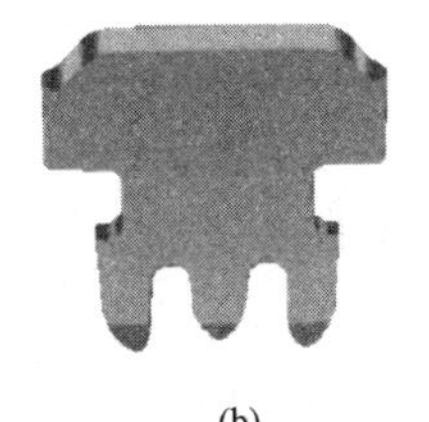
(b)

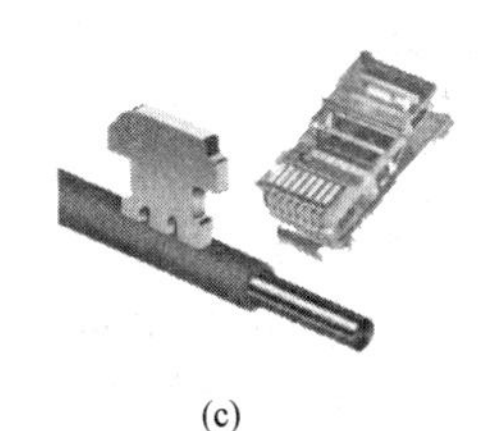
(c)

图 3-18　RJ-45 水晶头端接原理

(a)5e 类水晶头示意；(b)刀片 3 叉结构示意；(c)刀片工作原理

3.1.2　双绞线跳线制作实训

双绞线跳线制作

1. 实训目的

(1)掌握 RJ-45 水晶头和双绞线端接及网络跳线的制作方法与技巧。

(2)掌握双绞线的色谱、剥线方法、预留长度和端接顺序。

(3)掌握网络跳线的测试方法。

(4)掌握网络跳线端接常用工具和操作技巧。

2. 实训要求和课时

(1)完成双绞线两端剥线，不允许损伤铜芯，长度合适。

(2)完成 2 根双绞线跳线制作(直通线、交叉线各制作 1 根)，共计端接 4 个 RJ-45 水晶头。

(3)要求端接方法正确，端接线序检测正确，正确率为 100%。

(4)1 人一组，2 课时完成。

3. 实训设备、材料和工具

(1)RJ-45 水晶头 4 个、1 000 mm 双绞线 2 根。

(2)剥线器 1 把、压线钳 1 把、钢卷尺 1 个、测线仪 1 个。

4. 实训步骤

(1)剥去约 30 mm 双绞线绝缘护套，特别注意不要损伤 8 根线的绝缘层，更不能损害铜线。

(2)4 对双绞线解双绞，按照线序标准(T568A 或 T568B)排列整齐，并将线捋平直。

568A 标准线序：绿白、绿、橙白、蓝、蓝白、橙、棕白、棕。

568B 标准线序：橙白、橙、绿白、蓝、蓝白、绿、棕白、棕。

(3)直通跳线：两端均按照 T568B 标准制作。

(4)交叉跳线：一端按照 T568A 标准制作，另一端按照 T568B 标准制作。

(5)剪齐线端，留 13 mm 长度。

(6)插入 RJ-45 水晶头，利用压线钳端接。

(7)网络跳线测试；利用测试仪测试双绞线。直通线 8 组指示灯按 1—1、2—2、3—3、4—4、5—5、6—6、7—7、8—8 顺序轮流重复闪烁；交叉线 8 组指示灯按 1—3、2—6、3—1、4—4、5—5、6—2、7—7、8—8 顺序轮流重复闪烁。

如果 1 芯或多芯没有端接到位，则对应的指示灯不亮；如果 1 芯或多芯线序错误，则对应的指示灯将显示错误的线序。

5. 实训报告

(1)写出双绞线8芯色谱和T568B端接线序。

(2)写出RJ-45水晶头端接原理。

(3)总结双绞线跳线制作方法和注意事项。

(4)对于主机来说，交换机和路由器都属于异种设备，为什么交换机用直连线，而路由器用交叉线?(选做)

(5)如果现在只有直连线若干，同时有一个交换机和一个路由器，则要建立主机和路由器之间的连接可以采取什么方法?

(6)简述双绞线跳线测试过程中出现了哪些错误测试结果及指示灯的闪烁情况。

3.1.3 同轴电缆

同轴电缆(Coaxial Cable)是一种由内、外两个导体组成的通信电缆，如图3-19所示。同轴电缆的中心是一根单芯铜导体，铜导体外面是绝缘层，绝缘层的外面有一层导电金属层，最外面还有一层保护用的外部套管。同轴电缆与其他电缆的不同之处是只有一个中心导体，金属层可以是密集型的，也可以是网状的，金属层用来屏蔽电磁干扰，防止辐射。

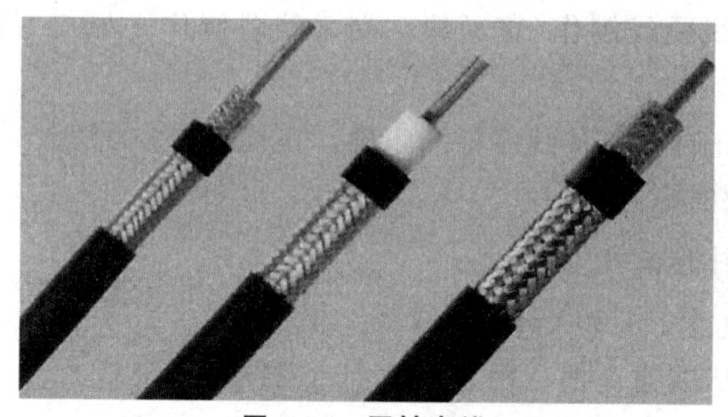

图3-19 同轴电缆

同轴电缆可用于模拟信号和数字信号的传输，曾被广泛应用于有线电视传播、长途电话传输、计算机系统之间的短距离连接及局域网等。同轴电缆将电视信号传播到千家万户，一个有线电视系统可以负载几十个甚至上百个电视频道，其传播范围可以达几十千米。由于体积大、不能承受压力、成本高等原因，同轴电缆已逐步被非屏蔽双绞线电缆或光缆所取代。

3.1.4 光纤和光缆

光纤通信技术在现代通信领域得到了广泛应用，它改变了人们的生活，使人与人的联系更加紧密。被誉为“光纤之父”的华裔科学家高锟对推动光纤通信发展做出了卓越的贡献。2009年，高锟因在“将有关光在纤维中的传输技术用于光学通信”的突破性成就，获得诺贝尔物理学奖。

通信光缆自20世纪70年代应用以来，已经从长途干线发展到用户接入网和局域网，如光纤到路边(FTTC)、光纤到大楼(FTTB)、光纤到户(FTTH)、光纤到桌面(FTTD)等。

光纤(Optical Fiber，OF)是光导纤维的简称，它由石英玻璃制成。光纤是一种新型的光波导，其主要用途是通信。光纤在生产过程中可能产生微裂纹，并且光纤由于具有微小的几何尺寸和较为敏感的机械性能，不能直接应用在光纤通信系统中。为了保护光纤不受外界环境的影响，满足通信系统的需求，只有将光纤包覆在各类附加材料组成的光缆中，才可以进行系统应用。

光纤

光缆(Optical Cable)是指由单芯或多芯光纤构成的缆线。在综合布线系统中，光纤不仅支持FDDI主干、1 000BASE-FX主干、100BASE-FX主干，还可以支持CATV/CCTV及FTTD，因此成为综合布线系统中的主要传输介质。

1. 光纤的结构

光纤的典型结构是由中心的纤芯和外围的包层同轴组成的圆柱形细丝。一根标准的光纤包括纤芯、包层、涂覆层和套层几个部分，如图3-20所示。

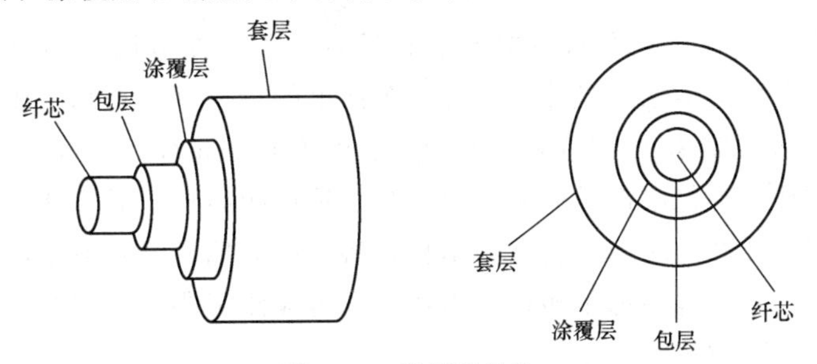

图3-20　光纤的结构

(1)纤芯位于光纤的中心部位，是光波的主要传输通道。

(2)包层位于纤芯的周围，为光的传输提供反射面和光隔离，并起到一定的机械保护作用。纤芯和包层是不可分离的。纤芯与包层组成裸光纤，光纤的光学及传输特性主要由它决定。

(3)涂覆层由丙烯酸酯、硅橡胶和尼龙组成。涂覆层的作用是保护光纤不受水汽的侵蚀和机械擦伤。

光传播到两种介质的界面上时，通常会同时发生反射和折射现象，若满足某种条件，则光线不再发生折射现象，而全部返回到原介质中，这就是光的全反射。光纤通信就是基于光的全反射原理进行的，如图3-21所示。

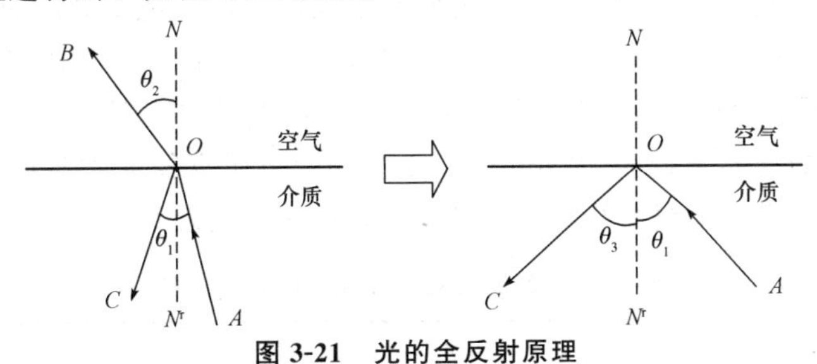

图3-21　光的全反射原理

要实现光的全反射，必须同时满足以下两个条件。

(1)光从高折射率介质射向低折射率介质；

(2)光的入射角等于或大于临界角。

纤芯的主要成分是高纯度二氧化硅(SiO_2)，含有极少量的掺杂剂[如二氧化锗(GeO_2)

等]，折射率为 n_1，掺杂的目的是提高折射率。包层通常用高纯度二氧化硅制造，折射率为 n_2，并掺杂 B_2O_3 等以降低其折射率。包层的主要作用是提供一个使纤芯内光线反射回去的环绕界面。根据几何光学的全反射原理，包层的折射率要略低于纤芯的折射率，即 $n_2 < n_1$，以便使光线被束缚在纤芯中传输，如图 3-22 所示。

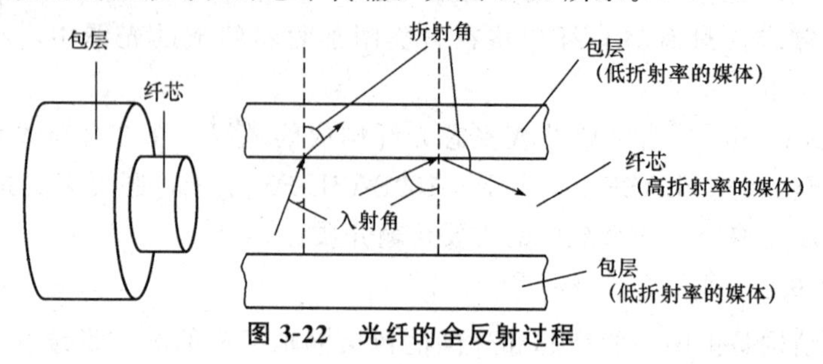

图 3-22 光纤的全反射过程

2. 光纤的分类

光纤的种类很多，可以从不同的角度对其进行分类，如可以从构成光纤的材料成分、光纤的制造方法、光纤的传输点模数、光纤横截面上的折射率分布和工作波长等方面分类。

(1)按材料成分分类。按照制造光纤所用材料的不同，光纤一般可分为以下三类。

①玻璃光纤：纤芯与包层都是玻璃，损耗小、传输距离长、成本高。

②胶套硅光纤：纤芯是玻璃，包层为塑料，特性同玻璃光纤差不多，成本较低。

③塑料光纤：纤芯与包层都是塑料，损耗大、传输距离很短、价格很低，多用于家电、音响，以及短距离的图像传输。

(2)按传输点模数分类。按照传输点模数的不同，光纤可分为单模光纤(Single Mode Fiber，SMF)和多模光纤(Multi Mode Fiber，MMF)。所谓“模”，是指以一定角速度进入光纤的一束光。

单模光纤采用固体激光器作为光源，多模光纤则采用发光二极管作为光源。

多模光纤允许多束光在光纤中同时传播，从而形成模分散。模分散特性限制了多模光纤的带宽和距离，因此，多模光纤的芯线粗、传输速度低、传输距离短，整体的传输性能差，但其成本比较低，一般用于建筑物内或地理位置相邻的环境。单模光纤只允许一束光传播，没有模分散特性，因此，单模光纤的纤芯相应较细、传输带宽高、容量大、传输距离长，但因其需要激光源，故成本较高，通常在建筑物之间或地域分散的环境中使用。

单模光纤的纤芯直径一般为 8～10 μm，包层直径为 125 μm，常用的有 8.3/125 μm 单模光纤。多模光纤的纤芯直径一般为 50～200 μm，而包层直径的范围为 125～230 μm。国内计算机网络一般采用的纤芯直径为 50 μm 和 62.5 μm，包层直径为 125 μm，即 50/125 μm、62.5/125 μm 两种规格。单模光纤和多模光纤的特性比较见表 3-2。

表 3-2 单模光纤和多模光纤的特性比较

比较项目	单模光纤	多模光纤
速度	速度高	速度低
距离	距离长	距离短
成本	成本高	成本低
其他性能	芯线窄，需要激光源，聚光好，耗散极小，高效	芯线宽，耗散大，低效

(3)按工作波长分类。光纤传输的是光波。光的波长范围如下：可见光部分波长为390～760 nm，波长大于760 nm的部分是红外光，波长小于390 nm的部分是紫外光。光纤通信中应用的是红外光。

按照工作波长，光纤可分为短波长光纤、长波长光纤和超长波长光纤。多模光纤的工作波长为短波长850 nm和长波长1 300 nm；单模光纤的工作波长为长波长1 310 nm和超长波长1 550 nm。

3. 光纤通信系统的组成

光在优质玻璃中传输时衰减很小，特别是在具有特定纤芯尺寸的优质光纤中，光的传输性能大大提高，从而可将信号进行远距离有效传输。另外，光是高频波，具有极高的传输速率和很高的带宽，可进行大容量实时信息传输。光纤虽然有着如此巨大的传输光信号的能力，却不能直接将光信号送至终端设备(如计算机、电视机、电话等)使用，也不能直接从这些设备得到要传输的光信号，因为这些设备只能收发电子信号，而且两者的调制方式也不同。电子信号可以按频率、幅度、相位或混合等多种方式调制，并可构成频分、时分等多路复用系统；光信号则只能按光的强度进行调制，并依此组成时分、频分或波分复用系统。

光纤通信系统是以光波为载体、以光导纤维为传输介质的通信方式。在这种通信方式中起主导作用的是光源、光纤、光发送机和光接收机。

(1)光源：光波产生的源泉。

(2)光纤：传输光波的导体。

(3)光发送机：负责产生光束，将电信号转变成光信号，再把光信号导入光纤。

(4)光接收机：负责接收从光纤传输过来的光信号，并将它转变成电信号，经解码后再做相应的处理。

在实际计算机网络通信中，光路多数是成对出现的，即构成双光纤通信系统，如图3-23所示。通常，一根光缆由多根光纤组成，每根光纤称为一芯。每个光纤端接设备都同时具有光发送机和光接收机的功能，光纤端接设备与光缆之间则通过光纤跳线相连。

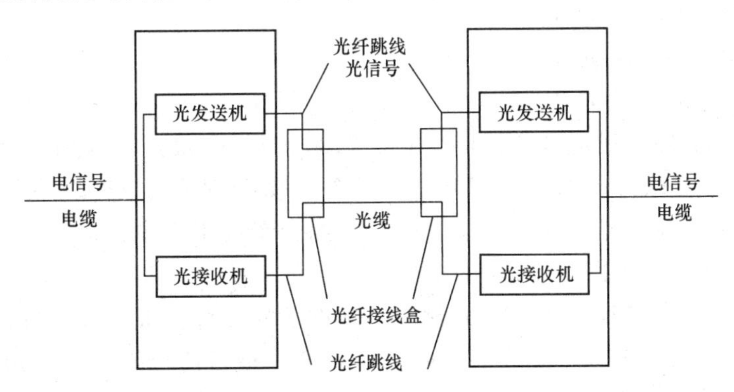

图3-23　双光纤通信系统

4. 光纤标准

常见的光纤国际标准有IEC 60793系列和ITU-TG.65x系列。其中，ITU-TG.65x系列标准同时包含光纤和光缆标准。国内标准为GB系列，有《光纤试验方法规范》(GB/T

15972)、《通信用单模光纤》(GB/T 9771)和《通信用多模光纤》(GB/T 12357)。在综合布线领域，国际标准化委员会发布的 ISO 11801—2002 标准定义了光纤光缆要求。

从标准使用上来看，长途干线系统多采用 ITU-TG.65x 系列标准，综合布线系统多采用 ISO 11801—2002 标准。

(1)按国际标准 ITU-TG 规定分类。为了使光纤具有统一的国际标准，国际电信联盟制定了统一的光纤标准。按照 ITU-TG 关于光纤的建议，光纤的种类可分为以下几种。

①G.651 光纤(50/125 μm 多模渐变型折射率光纤)。

②G.652 光纤(非色散位移光纤)。

③G.653 光纤(色散位移光纤 DSF)。

④G.654 光纤(截止波长位移光纤)。

⑤G.655 光纤(非零色散位移光纤)。

⑥G.656 光纤(非零色散光纤)。

⑦G.657 光纤(弯曲不敏感光纤)。

为了适应新技术的发展需要，目前 G.652 光纤已进一步分为 G.652A、G.652B、G.652C、G.652D 四个子类，G.655 光纤也进一步分为 G.655A 和 G.655B 两个子类。

G.652 光纤是目前应用最广泛的常规单模光纤。

(2)按国际标准 IEC 规定分类。按照 IEC 标准，光纤可分为以下两类。

①A 类多模光纤。

a. A1a 多模光纤(50/125 μm 型多模光纤)。

b. A1b 多模光纤(62.5/125 μm 型多模光纤)。

c. Ald 多模光纤(100/140 μm 型多模光纤)。

②B 类单模光纤。

1)B1.1 对应 G.652A/G.652B 光纤。

2)B1.2 对应 G.654 光纤。

3)B1.3 对应 G.652C/G.652D 光纤。

4)B4 光纤对应 G.655 光纤。

5)B5 光纤对应 G.656 光纤。

6)B6 光纤对应 G.657 光纤。

(3)按国际标准 ISO 规定分类。ISO/IEC 11801—2002 及其增编中定义了四类多模光纤，分别为 OM1、OM2、OM3 和 OM4，还定义了 OS1(对应 G.652A/G.652B)和 OS2(对应 G.652C/G.652D)两个单模光纤类型。由于在综合布线工程中，多模光纤使用较多，所以下面重点讨论 ISO 11801—2002 中的多模光纤标准。

2002 年 9 月，ISO/IEC 11801 正式颁布了新的多模光纤标准等级，将多模光纤重新分为 OM1、OM2 和 OM3 三类。其中，OM1 和 OM2 是指目前传统的 50 μm 及 62.5 μm 多模光纤，OM3 是指万兆多模光纤。2009 年，又新增加了一种 OM4 万兆多模光纤。这几种多模光纤的区别见表 3-3。需要特别说明的是，在 ISO 11801—2002 中，对于 OM1 和 OM2 只有带宽的要求，但是在实际光纤选型及应用中，已经形成了一定的规律，即 OM1 代指传统的 62.5/125 μm 光纤，OM2 代指传统的 50/125 μm 光纤，而万兆多模 OM3 和 OM4 均为新一代 50/125 μm 光纤。

表 3-3　多模光纤的区别

光纤型号	光纤等级	全模式带宽/(MHz·km)		有效模式带宽/(MHz·km)	1 Gbit/s 距离/m		10 Gbit/s 距离/m	
		850 nm	1 300 nm	850 nm	850 nm	1 300 nm	850 nm	1 300 nm
标准 62.5/125 μm	OM1	200	500	220	275	550	33	300
标准 50/125 μm	OM1	500	500	510	500	1 000	66	450
50/125 μm－150	OM2	700	500	850	750	550	150	300
50/125 μm－300	OM3	1 500	500	2 000	1 000	550	300	300
50/125 μm－550	OM4	3 500	500	4 700	1 000	550	550	550

5. 光纤的主要传输性能指标

影响光纤传输性能的指标较多，包括光源与光纤的耦合效率、数值孔径、传输损耗、模式带宽、色散、截止波长等，但主要是芯径、材料、传输损耗和模式带宽。其中，光纤的传输损耗是指光信号的能量从发送端传输到接收端的衰减程度，通常用衰减系数 α 表示，单位为 dB/km。衰减系数直接影响光通信系统的传输距离。模式带宽是描述光纤带宽特性的指标，通常用光纤传输信号的速率与其长度的乘积来表示，单位为 GHz·km 或 MHz·km。常用光纤的主要性能指标见表 3-4。

表 3-4　常用光纤的主要性能指标

光纤类型		纤芯直径/μm	材料	传输损耗/(dB·km^{-1})			模式带宽/(GHz·km)
				850 nm	1 300 nm	1 550 nm	
单模光纤		1～10	纤芯：以 SiO_2 为主的玻璃 包层：以 SiO_2 为主的玻璃	2	0.38	0.2	50～100
多模光纤	突变型	50～60 (200)	纤芯：以 SiO_2 为主的玻璃 包层：以 SiO_2 为主的玻璃	2.5	0.5	0.2	0.005～0.02
			纤芯：以 SiO_2 为主的玻璃 包层：塑料	3	高	高	
			纤芯：多组分玻璃 包层：多组分玻璃	3.5	高	高	
多模光纤	渐变型	50～60	纤芯：以 SiO_2 为主的玻璃 包层：以 SiO_2 为主的玻璃	2.5	0.5	0.2	1
			纤芯：多组分玻璃 包层：多组分玻璃	3.5	高	高	4

6. 光缆及其性能

光纤通信系统中直接使用的是光缆而不是光纤。光纤最外面常有 100 μm 厚的缓冲层或套塑层，套塑层的材料大都采用尼龙、聚乙烯或聚丙烯等塑料。套塑后的光纤(称为芯线)还不能在工程中使用，必须把若干根光纤疏松地置于特制的塑料绑带或铝皮内，再涂覆塑料或用钢带铠装，加上外护套后才成为光缆(图 3-24)。

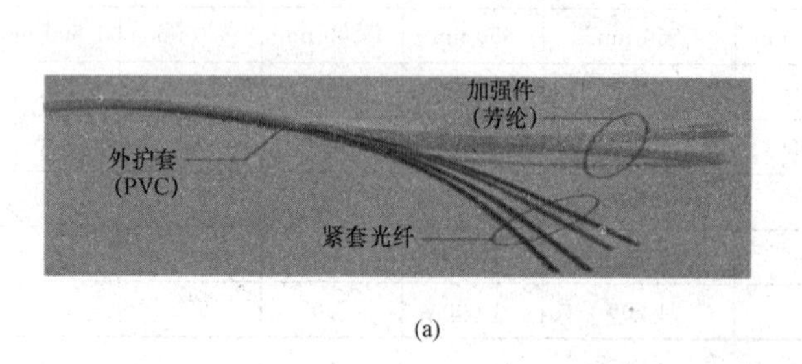

(a)

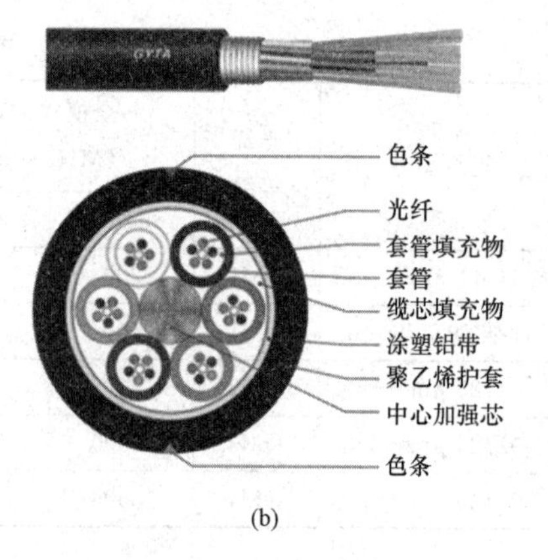

(b)

图 3-24　光缆结构

(a)室内光缆；(b)室外光缆

(1)光缆的结构。一根光纤只能单向传送信号，如果要进行双向通信，光缆中至少要包括两根独立的芯线，分别用于发送和接收信号。在一条光缆中可以包裹 2、4、8、12、18、24 甚至上千根光纤，同时，还要加上缓冲层和加强件保护，并在最外围加上外护套。

光缆结构的核心在于保护内部的光纤不受外界机械应力和潮湿的影响。光缆主要由缆芯、外护套及填充物等组成，有时在外护套外面还加有钢带铠装。

①缆芯。缆芯通常由涂覆光纤、缓冲器和加强件等部分组成。

a. 涂覆光纤是光缆的核心，决定着光缆的传输特性。

b. 缓冲器即放置涂覆光纤的塑料缓冲保护层。一个缓冲器可放一根或多根光纤。缓冲器有紧套管缓冲器和松套管缓冲器两种类型。紧套管缓冲器是在涂覆层外加一层塑料缓冲材料，它为光缆提供了极好的抗振抗压性能，同时尺寸较小，但它无法保护光纤免受外界温度变化带来的破坏。在温度过高或过低时，塑料缓冲层会扩张或收缩，导致光纤断裂。带紧套管缓冲器的光缆主要用于室内布线。松套管缓冲器是用塑料套管作为缓冲保护层，松套管内有一根或多根已经涂有涂覆层的光纤，光纤在松套管内可以自由活动，这样可以避免缓冲层收缩或扩张而引起应力破坏，受温度变化的影响较小。但这种结构不能防止挤压和碰撞所引起的破坏。带松套管缓冲器的光缆主要用于室外布线。

c. 光缆通常包含一个或几个加强件。加强件的作用是在牵引时使光缆有一定的抗拉强度，释放光纤承受的机械压力。

②外护套。光缆的最外层是外护套，一般用非金属材料制成，其作用是将光缆的部件加固在一起，保护光纤和其他的光缆部件免受损害。因此，外护套应具有良好的抗侧压力、密封防潮和耐腐蚀等性能。

外护套的材料取决于光缆的使用环境和敷设方式，室内、室外型光缆所使用的外护套材料不同。外护套通常由聚乙烯或聚氯乙烯(PE 或 PVC)和铝带或钢带构成。

③填充物。在光缆缆芯的空隙中注满填充物，其作用是保护光纤免受潮气影响和减少光纤的相互摩擦。填充物主要有填充油膏、热溶胶、聚酯带、阻水带和芳纶带等。

(2)光缆的优、缺点。

①光缆的优点。

a. 噪声抑制性好，不受电磁场和电磁辐射的影响。因为光纤的传输使用的是光波而不是电磁波，因此噪声不再是影响因素。

b. 信号衰减小。光纤传输的距离比其他导向传输介质要长得多，信号不经过再生就可以传输数千米。

c. 带宽高。相比于双绞线电缆和同轴电缆，光缆可以支持极高的带宽。光纤的通频带很宽，理论值可达 3×10^{15} Hz。

另外，光缆还具有使用环境温度范围较大、寿命长、安全可靠等优点，可用于易燃、易爆场所。

②光缆的缺点。

a. 费用高。由于纤芯材料的任何不纯净或是不完善之处都可能导致信号丢失，所以必须十分精确地进行制造。同样，激光光源价格较高，因此光缆费用较高。

b. 安装与维护困难。在敷设光缆时，一点点粗糙和断折都将导致光线散射和信号丢失，所有接头都必须打磨并精确地接合，所有连接接头必须完全对齐并匹配，并且有完善的封装，因此安装与维护光缆具有一定的技术难度。

c. 脆弱。玻璃纤维比铜导线更容易断裂，因此光缆不适合在移动较频繁的环境中使用。

(3)常用典型光缆简介。随着光纤通信技术的发展，光缆的材料、制造技术、应用场合也在随之不断变化。针对核心网传输距离长、路由复杂多变的特点，人们先后开发出了一些结构复杂的直埋管道和架空室外光缆。面对城域网多业务、大容量、中等距离的特点，人们又开发出了结构适中的光缆，如大芯数的光纤带光缆、无卤阻燃光缆、雨水管道光缆等。考虑到接入网的距离短、容量小等特点，人们还研制出了结构简单的轻便光缆，如小 8 字形光缆、开槽光缆等。

根据缆芯结构的特点，光缆可分为中心束管式、层绞式、带状式和骨架式四种基本结构，不同的结构，其用途也不同。

①中心束管式光缆。中心束管式光缆是把一次涂覆光纤或光纤束置于光缆中心，放入一根松套管，加强件配置在松套管周围构成的。这种结构的加强件同时起着护套的部分作用，有利于减小光缆的质量，如图 3-25 所示。

松套管由温度特性好的材料做成。一般来说，松套管中可放入具有适当余长的多根(2～12 芯)单模或多模光纤，并充满防潮光纤用油膏。中心束管式光缆工艺简单、成本低(比层绞式光缆的价格低 15%左右)，在架空敷设或具备良好管道保护的支干线通信网络中较具竞争力。

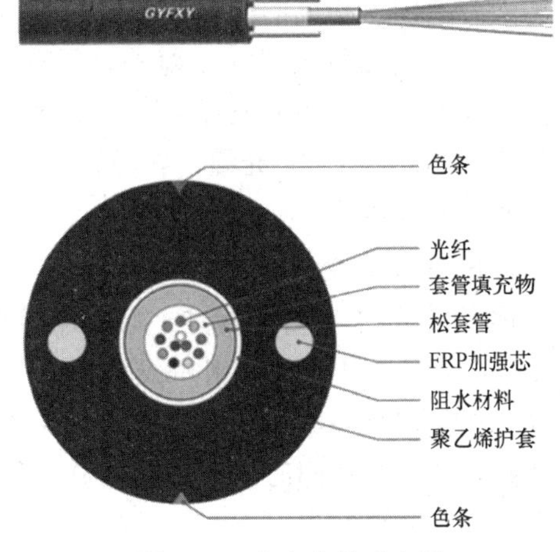

图 3-25　中心束管式光缆

②层绞式光缆。层绞式光缆是把松套光纤绕在中心加强件周围绞合构成的。层绞式光缆一般由 6～12 根松套管(或部分填充绳)绕中心金属加强件绞合成圆形的缆芯，缆芯外首先挤上 PE 内护层，再纵包阻水带和双面覆膜皱纹钢带并挤上 PE 内护层构成皱纹钢带铠装，最后用低碳钢丝进行绕包铠装，并挤上 PE 外护套构成双层铠装光缆。松套管由温度特性好的材料做成，松套管中可放入具有适当余长的多根(2～

144 芯)单模或多模光纤，并充满防潮光纤用油膏，缆芯所有缝隙中均填充阻水化合物。这种结构的缆芯制造设备简单，工艺成熟，得到广泛应用。采用松套光纤的缆芯可以增强抗拉强度，改善温度特性(图 3-26)。

层绞式光缆的最大优点是防水、防强大拉力、可以直接埋地，同时易于分支，即需要分支时，不必将整个光缆开断，只需将分支的光纤开断即可。这对于数据通信网、有线电视网沿途增设光节点非常方便。

③带状式光缆。带状式光缆是指将带状光纤放入大套管，形成中心束管式结构；也可以把带状光纤放入骨架凹槽或松套管，形成骨架式或层绞式结构。带状式光缆的芯数可以做到上千芯，它是将 4～12 芯光纤排列成行，构成带状式光纤单元，再将多个带状式光纤单元按一定方式排列成缆。带状式光纤单元体积小，能提高光缆中光纤的集装密度，可构成较大的芯数(320～3 456 芯)，适用于当前发展迅速的光纤接入网，如图 3-27 所示。

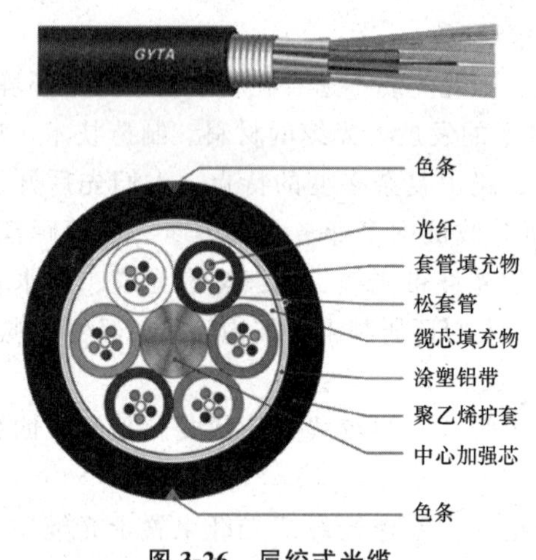

图 3-26　层绞式光缆

图 3-27　带状式光缆

④骨架式光缆。骨架式光缆是把紧套光纤或一次涂覆光纤放入中心加强件周围的螺旋形塑料骨架凹槽构成的。这种结构的缆芯抗侧压力性能好，有利于光纤的保护。

除了上述几种典型的光缆外，还有许多在特殊场合、环境中使用的特殊结构的光缆。例如，电力系统使用的光纤复合架空地线复合(OPGW)光缆、全介质自承式(ADSS)光缆、光纤复合相线(OPPC)光缆、在易燃易爆环境中使用的阻燃光缆，以及在各种不同条件下使用的军用光缆等。

7. FTTH 光缆

FTTH 光缆是指组建 FTTH 网络所用的缆线，即将光网络单元(Optical Network Unit，ONU)安装在住家用户或企业用户单元所用的缆线。光缆的结构是随着光网络的发展和光缆使用环境的拓宽而演进的。为了满足 FTTH 光缆安装使用环境的要求，在保证光缆线路长期可靠的同时，还要降低城市管理工程、光缆安装和光缆自身的成本。FTTH 光缆具有下列主要特点。

(1)芯数由多到少，越接近用户端芯数越少。

(2)为了降低城市管理工程造价，用小管或微管将现有的大管分隔成若干子管或安装新的小管，无金属小尺寸光缆被安装在大管道中的若干子管内。

(3)接续和维护成本低，光纤识别容易，在光缆终端和线路中途接入方便。

(4)在大楼前或没有保护的室内安装时，具有较好的机械弯曲性能，弯曲半径可达15 mm。

(5)用于室内环境时，FTTH 光缆具有阻燃性能。

(6)在温度变化和老化时不会因光缆收缩而产生光纤微弯，具有长期可靠性。

(7)除用于架空方式外，还能适应其他敷设方式。

FTTH 光缆中的蝶形引入光缆是一种新型的用户光缆，俗称皮线光缆，如图 3-28 所示。皮线光缆多为单芯、双芯结构，也可做成四芯结构，横截面呈 8 字形，加强件位于两圆中心，可采用金属或非金属结构，光纤位于 8 字形的几何中心。皮线光缆内光纤采用 G. 657 小弯曲半径光纤，可以以 20 mm 的弯曲半径敷设，适合在楼内以管道方式或布明线方式入户。

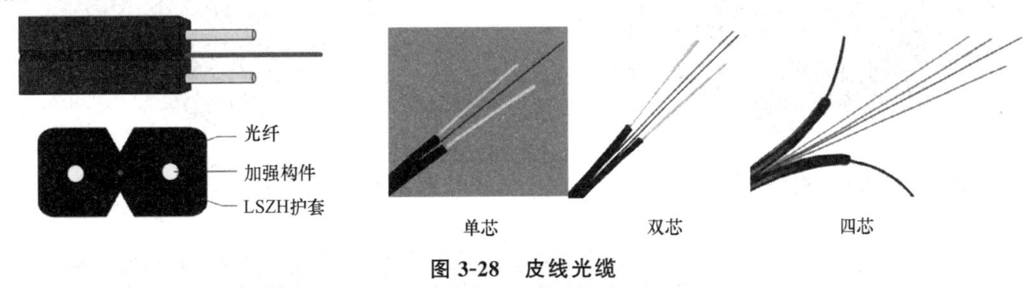

图 3-28　皮线光缆

皮线光缆的主要特点如下。

(1)通过在弹性方面的特殊设计，保证在安装过程中光纤不易折断。在将光缆弯曲的时候，只需要在弯曲的位置将光缆放开，光缆就会自动回到原来的位置，不会导致变形或在光缆护套上留下任何印记。

(2)无论从哪个方向弯曲，皮线光缆都很柔韧，这使光纤可以以很小的弯曲半径进行安装或缠绕。

(3)踏压、挤压、弯曲、打结不会影响光缆的传输损耗。

(4)护套光滑，耐磨耐用。

(5)布线时可以根据现场的距离进行裁剪。此外，皮线光缆还具有外径小、质量小、成本低、易敷设等优点，而且易于用手剥离出光纤，可以像普通电话线一样柔软地使用，甚至在光缆折叠和打结受力以后缆芯都不会折断，特别适合在建筑物内以小角度敷设安装。

8. 光纤连接器件

一条光纤链路除光纤外还需要各种不同的硬件部件，其中一些用于光纤连接，另一些用于光纤的整合和支撑。光纤的连接主要在设备间/电信间完成，方法如下：光缆敷设至设备间/电信间后连接至光纤配线架(光纤终端盒)，光缆与一条光纤尾纤熔接，尾纤的连接器插入光纤配线架上的光纤耦合器的一端，光纤耦合器的另一端用光纤跳线连接，光纤跳线的另一端通过交换机的光纤接口或光纤收发器与交换机相连，从而形成一条光纤链路。

(1)光纤配线设备。光纤配线设备是光缆与光通信设备之间的配线连接设备，用于光纤通信系统中光缆的成端和分配，可方便地实现光纤线路的连接、分配和调度等功能。

光纤配线设备有机架式光纤配线架、挂墙式光纤配线盒、光纤接续盒和光纤配线箱等，可根据光纤数量和用途选择。

图 3-29 所示为机架式光纤配线架的外观，图 3-30 所示为机架式光纤配线架的内部结构。图 3-31 所示为挂墙式光纤配线盒。图 3-32 所示为光纤接续盒，其主要用于机柜以外地点光缆接续。通过侧面端口，光纤接续盒可接纳多种光缆外套，光缆进入端口被密封。图 3-33 所示为一款小型抽屉式光纤配线箱，适用于多路光缆接入/接出的主配线间，具有光缆端接、光纤配线、尾纤余长收容功能，既可作为光纤配线架的熔接配线单元，也可独立安装于 19 in(1 in≈2.54 cm)标准网络机柜内。

除了小型光纤配线箱外，还有能容纳几百根光纤连接的大型光纤配线箱(柜)。

图 3-29　机架式光纤配线架的外观

图 3-30　机架式光纤配线架的内部结构

图 3-31　挂墙式光纤配线盒

图 3-32　光纤接续盒

图 3-33　抽屉式光纤配线箱

(2)光纤连接器(Fiber Connector)。光纤连接器是光纤通信系统中使用最多的光纤无源器件，用于端接光纤。光纤连接器的首要功能是把两条光纤的纤芯对齐，提供低损耗的连接。光纤连接器按接头结构可分为 SC、ST、FC、LC、D4、DIN、MU、MT 等各种形式；按光纤端面形状可分为 FC 型、PC 型(包括 SPC 型和 UPC 型)和 APC 型；按光纤芯数可分为单芯型、多芯(如 MT-RJ)型。

传统主流的光纤连接器是 SC 型(直插式)、ST 型(卡扣式)、FC 型(螺纹连接式)三种。它们的共同点是都有直径为 2.5 mm 的陶瓷插针，这种插针可以大批量地进行精密磨削加工，以确保光纤连接精密准直。插针与光纤组装方便，经研磨抛光后，插入损耗一般低于 0.2 dB。

(3)光纤适配器(Fiber Adapter)。光纤适配器又称为光纤耦合器，是实现光纤活动连接的重要器件之一。它通过尺寸精密的开口套管，在内部实现光纤连接器的精密对准连接，保证两个光纤连接器实现低损耗连接。局域网中常用的是两个接口的光纤适配器，它实质上是带有两个光纤插座的连接件，同类型或不同类型的光纤连接器插入光纤适配器，从而形成光纤连接，主要用于光纤配线设备和光纤面板。

(4)主流的光纤连接器(适配器)。

①SC型光纤连接器(适配器)。SC型光纤连接器外壳呈矩形，所采用的插针与耦合套筒的结构尺寸与FC型完全相同，其中插针的端面多采用PC或APC型研磨方式，紧固方式采用插拔销闩式。此类光纤连接器价格低、插拔操作方便、抗压强度较高、安装密度高，如图3-34所示。

②ST型光纤连接器(适配器)。ST型光纤连接器外壳呈圆形，所采用的插针与耦合套筒的结构尺寸与FC型完全相同，其中插针的端面多采用PC或APC型研磨方式，紧固方式为螺扣。ST型接头插入后旋转半周有一卡口固定。此类型连接器适用于各种光纤网络，操作简便且具有良好的互换性，如图3-35所示。

图3-34 SC型光纤连接器(适配器)

(a)接头；(b)适配器

图3-35 ST型光纤连接器(适配器)

(a)接头；(b)适配器

③FC型光纤连接器(适配器)。FC型光纤连接器的外部采用金属套，紧固方式为螺扣。FC型光纤连接器起初采用的陶瓷插针的对接端面是平面接触方式。此类连接器结构简单、操作方便、制作容易，但光纤端面对微尘较为敏感。后来，该类型光纤连接器有了改进，采用对接端面呈球面的插针(PC)，而外部结构没有改变，使插入损耗和回波损耗有了较大幅降低，如图3-36所示。

图3-36 FC型光纤连接器(适配器)

(a)接头；(b)适配器

④SFF型光纤连接器(适配器)。随着光缆在工程中的大量使用，以及光缆密度和光纤配线架上光纤连接器密度的不断增加，目前使用的光纤连接器已显示出体积过大、价格过高的缺点。于是，SFF型光纤连接器应运而生，它压缩了面板、墙板及光纤配线箱所需要的空间，其占用的空间只相当于传统光纤连接器的一半。在使用时，SFF型光纤连接器能够成对使用而不用考虑连接的方向，有助于网络连接，因此越来越受到用户的喜爱。

目前，SFF型光纤连接器有四种类型，即美国朗讯公司开发的LC型光纤连接器、日本NTT公司开发的MU型光纤连接器、美国Tyco Electronics公司和Siecor公司联合开发的MT-RJ型光纤连接器及3M公司开发的VolitionVF-45型光纤连接器。下面介绍LC型光纤连接器。

LC 型光纤连接器是为了满足用户对光纤连接器小型化、高密度连接的使用要求而开发的一种新型光纤连接器，其有单芯、双芯两种结构可供选择。LC 型光纤连接器具有体积小、尺寸精度高、插入损耗低、回波损耗高等特点，如图 3-37 所示。

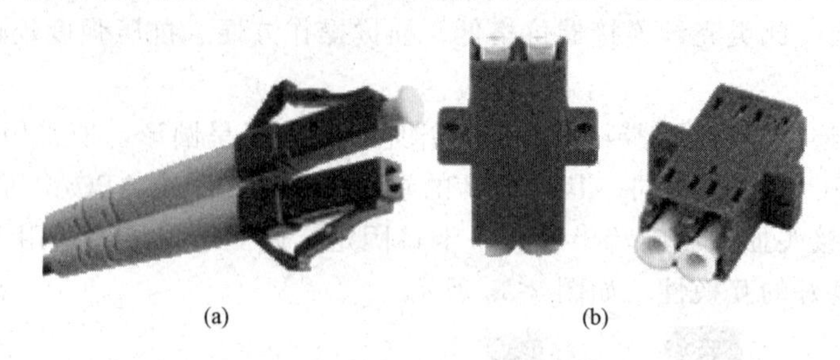

(a)　　(b)

图 3-37　LC 型光纤连接器(适配器)

(a)接头；(b)适配器

(5)光纤跳线。除非有特殊要求，否则目前在综合布线工程中光纤与光纤连接器一般不在现场安装，而是购买现成的光纤跳线。如图 3-38 所示，光纤跳线是两端带有光纤连接器的光纤软线，有单芯和双芯、多模和单模之分。光纤跳线主要用于光纤配线架到交换设备或光纤插座到终端设备的跳接。根据需要，跳线两端的光纤连接器可以是同类型的，也可以是不同类型的，其长度在 5 m 以内。

(6)光纤尾纤。光纤尾纤的一端是光纤，另一端连接光纤连接器，用于与综合布线系统的主干光缆和水平光缆连接，有单芯和双芯两种。一条光纤跳线剪断后就形成两条光纤尾纤，如图 3-39 所示。

图 3-38　光纤跳线

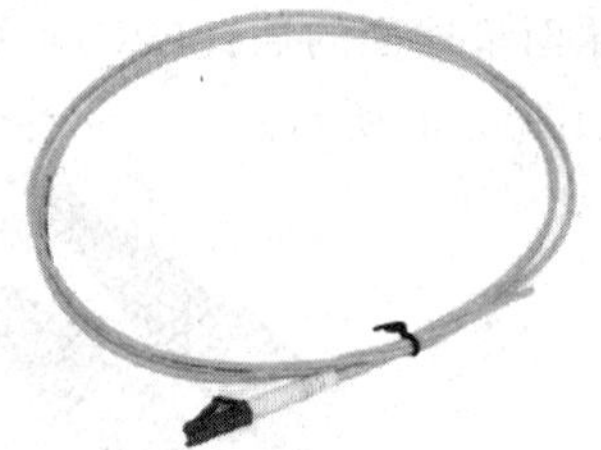

图 3-39　光纤尾纤

(7)光纤插座。光纤到桌面时，需要在工作区安装光纤插座，即一个带光纤适配器的光纤面板，如图 3-40 所示。光纤插座和光纤配线架的连接结构相同，光缆敷设至底盒后，光缆与一条光纤尾纤熔接，光纤尾纤的光纤连接器插入光纤面板上光纤适配器的一端，光纤适配器的另一端用光纤跳线连接至终端设备。

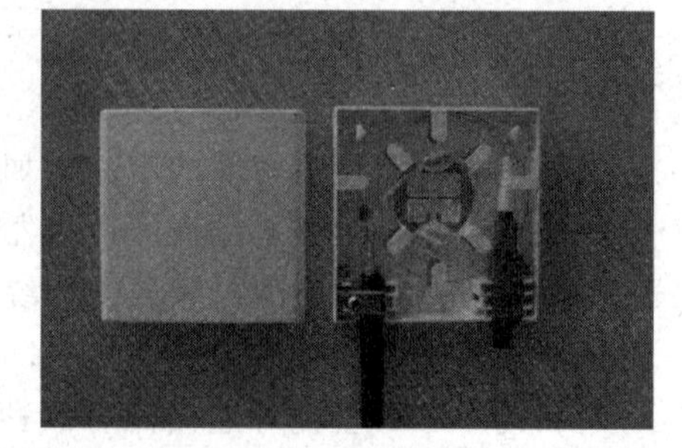

图 3-40　光纤插座

9. 光纤冷接

光纤冷接也称为机械接续，是将两根处理好端面的光纤固定在高精度 V 形槽中，通过外径对准实现纤芯的对接，同时利用 V 形槽内的匹配液填充光纤切割不平整所形成的端面间隙，这一过程不需要加热或熔接，因此称为冷接。

(1)光纤冷接的特点。

①光纤冷接全套工具成本低于光纤熔接全套工具成本。

②操作简单，对操作人员的技能要求比光纤熔接低。

③采用结构简单的机械压接工具，可靠性高。

④工具简单小巧，无须电源，适合在各种环境中操作。

⑤前期准备工作简单，无须热缩保护。

此外，一般冷接端子在压接完成后仍然可以开启，较大程度地提高了接续效率。

(2)光纤冷接的应用。

①光缆应急抢修。光纤冷接工具成本较低，可大量配备，从而提高反应速度和抢修效率；同时，光纤冷接具有高的灵活性和适应性，可全面、有效地满足线路抢修的要求。

②用户接入光缆的建设及维护。用户接入光缆一般长度较小，损耗要求相对较低，光纤接续点存在芯数少、多点分散的特点，且经常需要在高处、楼道内狭小空间、现场取电不方便等场合施工，此时采用光纤冷接更灵活、高效。

③移动基站的光纤接入。随着移动通信技术的发展，新增和已有的移动基站逐步采用光纤接入，这种光纤一般芯数较少，而基站站址的分布具有多点分散的特点，采用光纤冷接有助于降低成本。

(3)光纤冷接的原理。

①V 形槽。无论是快速光纤连接器，还是冷接端子，要实现纤芯的精确对接，就必须对光纤进行固定，这就是 V 形槽的作用，如图 3-41 所示。

②匹配液。对接光纤的端面并不能完全无间隙地贴合，匹配液的作用就是填补它们的间隙。匹配液是一种透明无色的液体，其折射率与光纤相同。图 3-42 所示为光纤与匹配液中光信号传播示意。匹配液通常密封在 V 形槽内，以免流失。

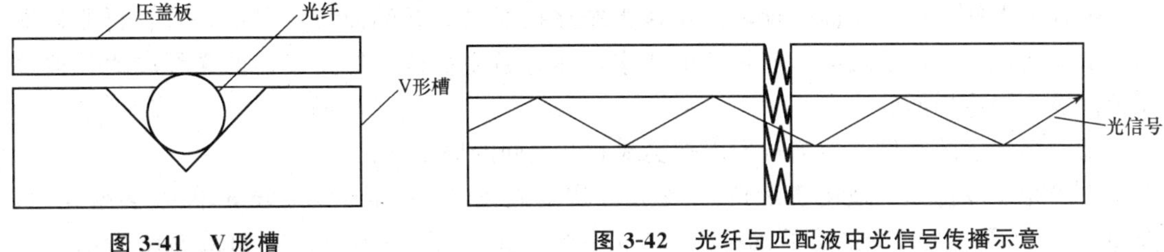

图 3-41　V 形槽　　　图 3-42　光纤与匹配液中光信号传播示意

常见的光纤端面可分为平面、球面、斜面。因此，两段光纤端面之间的接续方式可分为以下几类。

①平面-平面接续(FC-FC)：是指光纤接续点两端均为切制的平面，如图 3-43 所示。接续时要加入匹配液以弥补接续空隙，实现光信号的低损导通。它是冷接端子主要采用的接续方式。

②球面-平面接续(PC-FC)：是指光纤接续点一端为球面，另一端为平面，如图 3-44 所示。根据产品结构的不同，该方式可选择性地加入匹配液，用于高品质产品的冷接续。

③球面-球面接续(PC-PC)：是指光纤接续点两端均为球面，如图 3-45 所示。该方式不用加入匹配液，在活动光纤连接器中大量使用。

④斜面-斜面接续(APC-APC)：是指光纤接续点两端均为斜面，如图 3-46 所示。该方

式在接续点加入匹配液，主要用于对回波损耗要求较高的 CATV 模拟信号的传输。

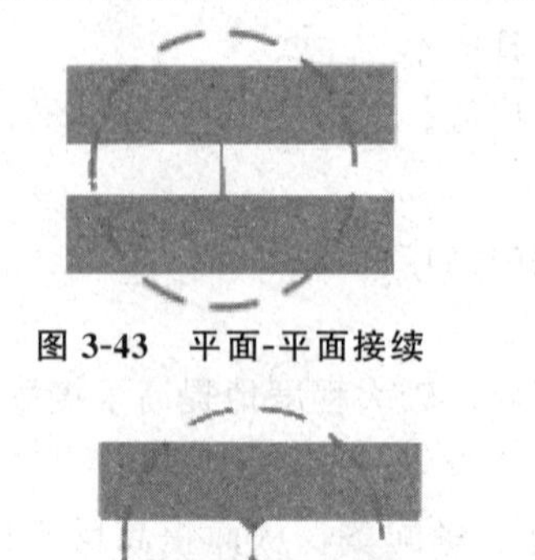

图 3-43　平面-平面接续

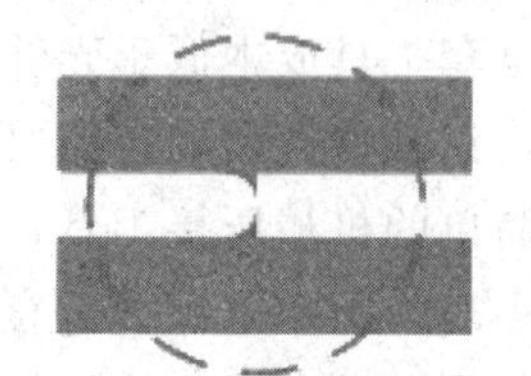

图 3-44　球面-平面接续

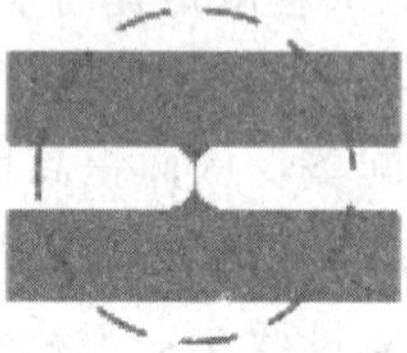

图 3-45　球面-球面接续

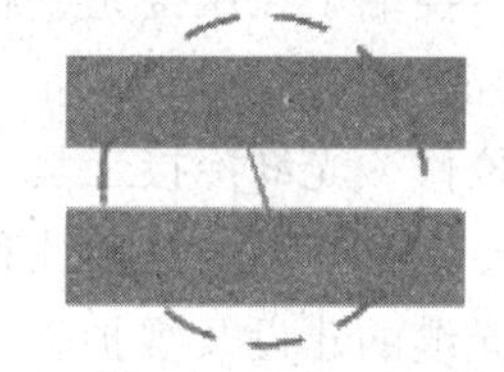

图 3-46　斜面-斜面接续

(4)光纤冷接的类型。光纤冷接包括制作快速光纤连接器和利用光纤冷接端子接续两段光纤。快速光纤连接器可分为直通型和预埋型两种；冷接端子有皮线光缆冷接端子和光纤冷接端子两种。

①快速光纤连接器的制作。

a. 直通型快速光纤连接器。直通型快速光纤连接器内不需要预置光纤，也无须匹配液，只需将切割好的纤芯插入套管用紧固装置加固即可，最终的光纤端面就是光纤切割刀切割的平面型光纤端面。直通型快速光纤连接器内部无接续点和匹配液，不会由于匹配液的流失而影响使用寿命，也不存在使用时间过长导致匹配液变质等问题。

b. 预埋型快速光纤连接器。预埋型快速光纤连接器的插针内预埋有一段两端面研磨好的(球形)光纤，与插入的光纤在 V 形槽内对接，V 形槽内填充匹配液，最终插针处的光纤端面是预埋光纤的球形端面。预埋型快速光纤连接器的光纤端面可以保证是符合行业标准的研磨端面，可以满足端面几何尺寸的要求，而直通型快速光纤连接器的光纤端面几何尺寸无法满足行业标准的要求。

②冷接端子的制作。冷接端子用来实现光纤之间的固定连接。

皮线光缆冷接端子适用于 2 mm×3 mm 皮线光缆、2.0 mm/3.0 mm 单模/多模光缆，如图 3-47 所示；光纤冷接端子适用于 250 μm/900 μm 单模/多模光纤，如图 3-48 所示。

两种冷接端子原理相同，两段处理好的光纤从两端的锥形孔推入，内腔逐渐收拢的结构可以使光纤很容易地进入中间的 V 形槽部分，从 V 形槽间隙推入光纤到位后，将两个锁紧套向中间移动以压住盖板，使光纤固定，从而完成固定连接。

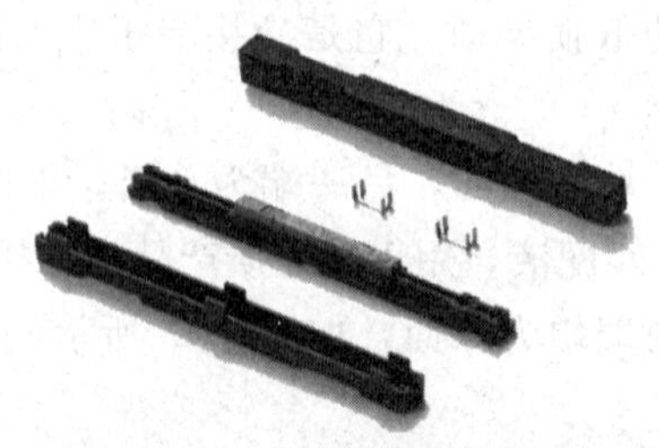

图 3-47　皮线光缆冷接端子

图 3-48　光纤冷接端子

3.1.5 快速光纤连接器的制作实训

1. 实训目的

(1)掌握快速光纤连接器的制作方法和技巧。

(2)掌握制作好的光纤测试方法。

(3)掌握快速光纤连接器常用制作工具和操作技巧。

2. 实训要求和课时

(1)完成一根皮线光缆两端快速光纤连接器的制作。

(2)要求方法正确，测试正确，正确率为 100%。

(3)1 人一组，以 2 课时完成。

3. 实训设备、材料和工具

(1)皮线光缆开缆刀、米勒钳、光纤切割刀、无尘纸、光功率计和红光笔。

(2)皮线光缆 1 根、SC 型光纤连接器 2 个。

4. 实训步骤

接续光缆有皮线光缆和室内光缆，以皮线光缆为接续光缆，以制作直通型快速光纤连接器为例介绍制作方法。

(1)准备材料和工具。端接前，应准备好工具和材料，并检查皮线光缆和 SC 型光纤连接器是否有损坏。

(2)打开 SC 型光纤连接器。将 SC 型光纤连接器的螺帽和外壳取下，松开锁紧套，打开压盖，并将螺母套在皮线光缆上，如图 3-49 所示。

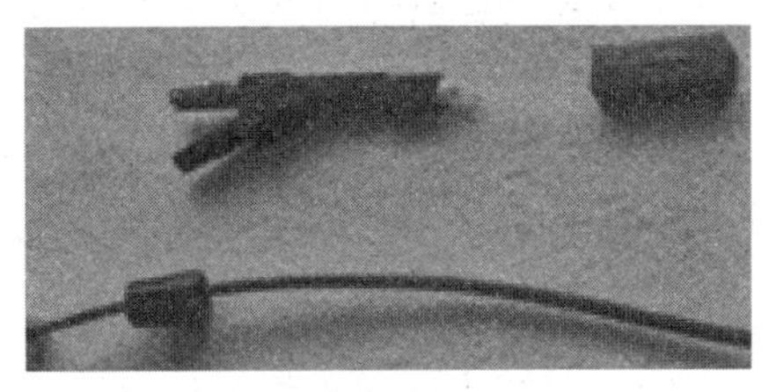

图 3-49　打开 SC 型光纤连接器，将螺母套在皮线光缆上

(3)切割光纤。

①使用皮线光缆开缆刀剥去 50 mm 的外护套，如图 3-50 所示。

②使用米勒钳剥去光纤涂覆层，用干净的无尘纸蘸酒精擦去裸纤上的污物，将光纤放入导轨中定长，如图 3-51 所示。

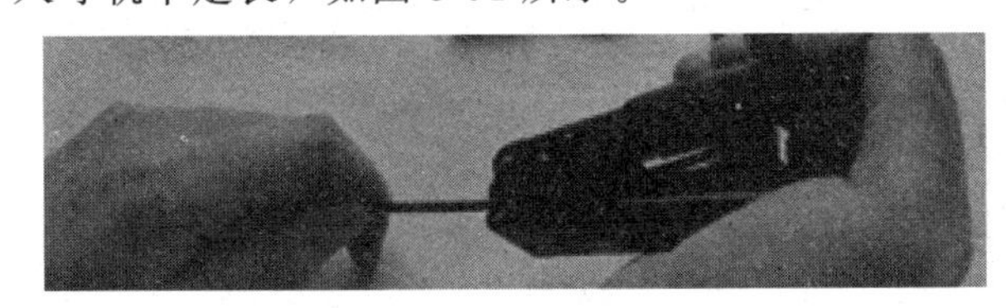

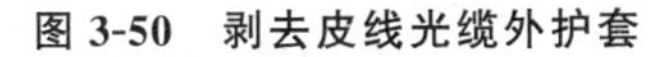

图 3-50　剥去皮线光缆外护套

图 3-51　将光纤放入导轨中定长

③将皮线光缆和导轨条放置在光纤切割刀的导线槽中，依次放下大小压板，左手固定光纤切割刀，右手扶着刀片盖板，并用大拇指迅速向远离身体的方向推动光纤切割刀刀架

(使用前应回刀)，完成切割，如图 3-52 所示。

④固定皮线光缆。将皮线光缆从 SC 型光纤连接器末端的导入孔穿入，如图 3-53 所示。外露部分应略弯曲，说明光纤接触良好。

图 3-52 切割光纤

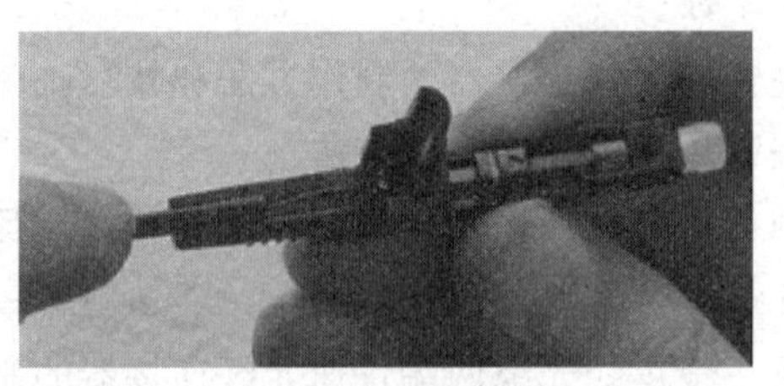

图 3-53 穿入光纤

⑤闭合 SC 型光纤连接器。将锁紧套推至顶端夹紧皮线光缆，闭合压盖，拧紧螺母，套上外壳，完成制作，如图 3-54 所示。

图 3-54 制作好的快速光纤连接器

5. 实训报告

(1)总结在快速光纤连接器的制作过程中遇到的问题。

(2)简述快速光纤连接器的制作过程。

3.1.6 皮线光缆冷接实训

1. 实训目的

(1)掌握皮线光缆冷接的方法和技巧。

(2)掌握制作好的光纤测试方法。

(3)掌握皮线光缆冷接常用工具和操作技巧。

2. 实训要求和课时

(1)完成两根皮线光缆冷接。

(2)要求方法正确，测试正确，正确率为 100%。

(3)1 人一组，以 2 课时完成。

3. 实训设备、材料和工具

(1)皮线光缆开缆刀、米勒钳、光纤切割刀、无尘纸、光功率计和红光笔。

(2)光纤跳线 2 根、皮线光缆冷接端子 1 个。

4. 实训步骤

(1)准备材料和工具。冷接前，应准备好工具和材料，并检查皮线光缆冷接端子是否有损坏。

(2)打开皮线光缆冷接端子备用，如图 3-55 所示。

(3)切割光纤。

①使用皮线光缆用开缆刀剥去 50 mm 的外护套，如图 3-56 所示。

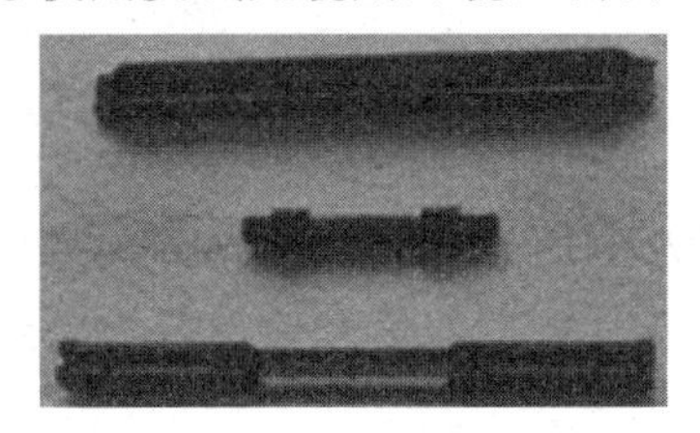

图 3-55 皮线光缆冷接端子

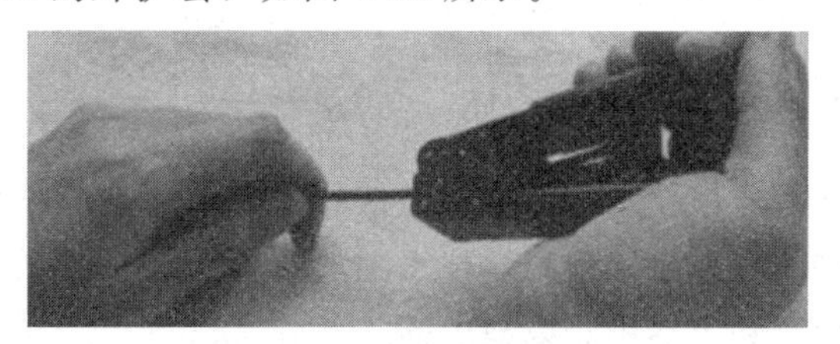

图 3-56 剥去皮线光缆外护套

②使用米勒钳剥去光纤涂覆层，用干净的无尘纸蘸酒精擦去裸纤上的污物，将光纤放入导轨中定长，如图 3-57 所示。

③将皮线光缆和导轨条放置在光纤切割刀的导线槽中，依次放下大小压板，左手固定光纤切割刀，右手扶着刀片盖板，并用大拇指迅速向远离身体的方向推动光纤切割刀刀架(使用前应回刀)，完成切割，如图 3-58 所示。

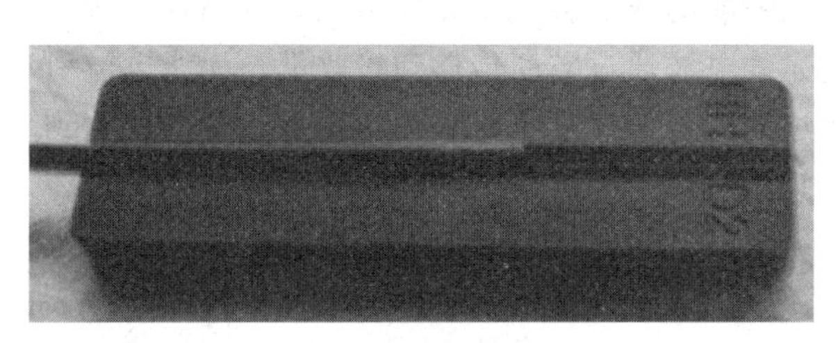

图 3-57 将光纤放入导轨中定长

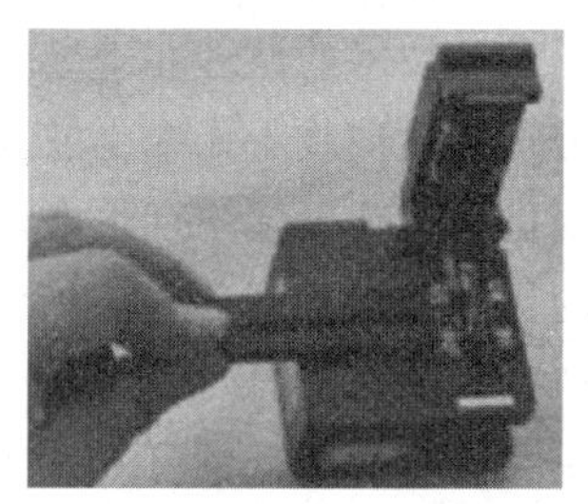

图 3-58 切割光纤

(4)将皮线光缆穿入皮线冷接端子。将制备好的皮线光缆穿入皮线光缆冷接端子，直到皮线光缆外皮切口紧贴在皮线座阻挡位。皮线光缆对顶应产生弯曲，说明其接续正常(图 3-59)。

图 3-59 将皮线光缆穿入皮线光缆冷接端子

(5)锁紧皮线光缆。弯曲尾缆，以防止皮线光缆滑出；同时取出卡扣，压下卡扣锁紧皮线光缆(图 3-60)。

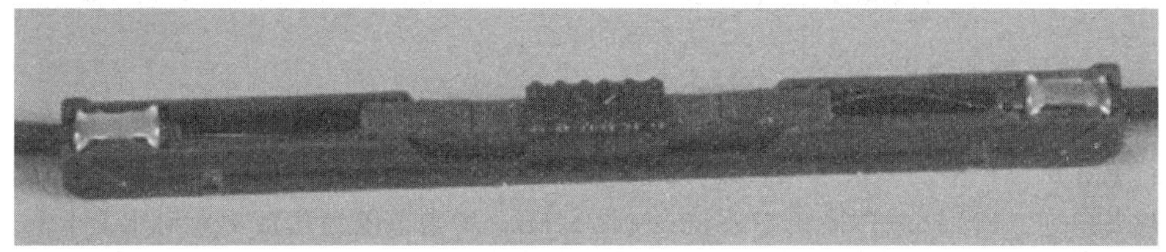

图 3-60 锁紧皮线光缆

5. 实训报告

总结皮线光缆冷接的技巧。

3.1.7 无线传输介质

现代通信技术与传统的通信技术相比，在技术水平及应用方面都有所转变和突破，随着经济的飞速发展和科学技术的进步，无线通信技术凭借其强大的信号传输能为已经成为现代生产和生活中难以缺少的一部分。

无线传输可以突破有线网络的限制，在自由空间利用电磁波发送和接收信号进行通信。最常用的无线传输介质有无线电波、微波、红外线和激光。

1. 无线电波

无线电波是指在自由空间(包括空气和真空)传播的射频频段的电磁波。无线电波在真空中的传播速度与光速相同，大约是 3×10^8 m/s。无线电波可以穿过墙壁在空气中向任何方向传播，传输距离较远，但保密性差，需要有发送与接收设备，易受电磁干扰。

无线电技术的原理在于导体中电流强弱的改变会产生无线电波。利用这一现象，通过调制可将信息加载于无线电波上。当光线电波通过空间传播到接收端，无线电波引起的电磁场变化又会在导体中产生电流。通过解调将信息从电流变化中提取出来，就达到了信息传递的目的。

(1)无线电波的传播方式。

①直接传播。低频(LF)和中频(MF)频段的无线电波通过地表大气层沿地球表面呈曲线向各个方向传播，如图 3-61 所示。

②反射传播。在 HF 和 VHF 频段，地表无线电波被地球吸收，但是到达电离层(距离地球 100～500 km 的带电粒子层)的无线电波被反射回地球，在某些天气条件下，无线电波可能反射多次，从而以较低的能量传播较远的距离，如图 3-62 所示。

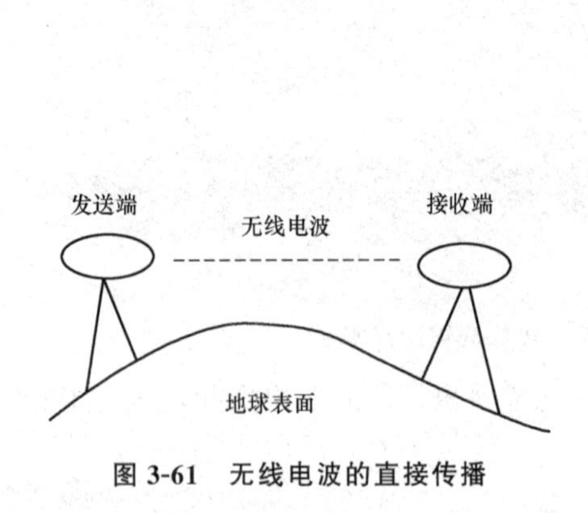

图 3-61　无线电波的直接传播

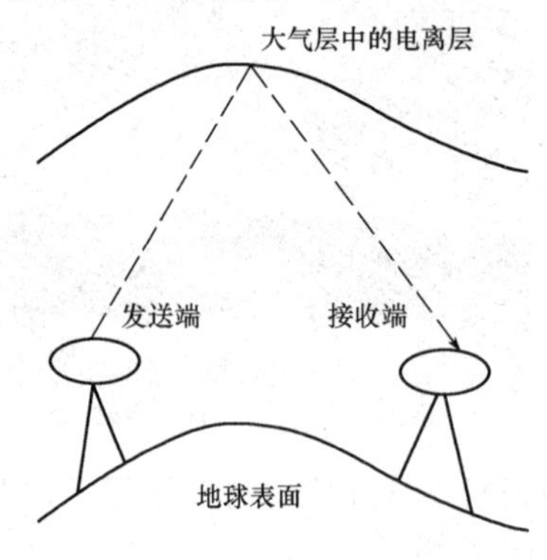

图 3-62　无线电波的反射传播

(2)无线电波的应用。

①广播。

a. FM 调频广播。其信号以直线方式传播，发射天线越高，功率越高，覆盖范围越大，传输距离越远。FM 调频广播频率为 88～108 MHz，覆盖范围为几百千米到几千千米。

b. AM 调幅广播。中波、短波由于被大气层反射，所以可以传播得非常远。短波在大气层的反射高度比中波更大，因此比中波传播得更远。

②无线通信。

a. Wi-Fi。随着万物互连时代的来临，人们对无线接入的需求日益突出。Wi-Fi 凭借其覆盖范围广、传播速度快等优势受到人们的青睐，在网络媒体、便携设备、日常娱乐等领域都得到了广泛的应用。

Wi-Fi 又称为移动热点，以 Wi-Fi 联盟制造商的商标作为产品的品牌认证，其是一种基于 IEEE 802.11 标准的无线局域网技术，也是当今使用最广泛的一种无线网络传输技术。Wi-Fi 主要使用 UHF 频段的 2.4 GHz 无线电波进行通信，但是它的信号也是由有线网络提供的，如住宅内的 ADSL、小区宽带等，只要接入一个无线路由器，就可以把有线信号转换成 Wi-Fi 信号。

Wi-Fi 具有无须布线、方便快捷、灵活高效的特点，这使其成为高速有线接入技术的补充，得到广泛应用。Wi-Fi 也具有一些缺点，如信号容易受到建筑物墙体的阻碍、传播时容易受到同频段其他信号的干扰。另外，Wi-Fi 的安全性也不好，容易受到非法用户的窃听、攻击和入侵等。

b. 蓝牙。蓝牙是一种支持设备短距离通信(一般在 10 m 内)的无线电技术标准，可以实现固定设备、移动设备和楼宇个人域网之间的短距离数据交换。通过蓝牙可以连接多个设备，并有效地简化移动通信终端设备之间的通信，从而使数据传输变得更加迅速、高效。

蓝牙是一种无线数据与语音通信的开放性全球规范，它以低成本的近距离无线连接为基础，利用低功率无线电使电子产品之间彼此传输数据。蓝牙工作在全球通用的 2.4 GHz ISM(工业、科学、医学)频段，使用 IEEE 802.15 协议。

2. 微波

微波是指频率为 300 MHz～300 GHz 的电磁波，是一种定向传播的无线电波。当频率在1 000 MHz 以上时，微波沿着直线传播，因此可以通过卫星接收器把所有能量集中为一小束，从而获得极高的信噪比，但是发射天线和接收天线必须精确地对准。微波在空气中传播损耗很大，传输距离短，但机动性好，工作带宽高。除应用于 5G 移动通信的毫米波技术外，微波多用在金属波导和介质波导中。

(1)微波通信系统。微波通信系统主要可分为地面微波系统和卫星微波系统两种。

①地面微波系统。地面微波系统一般采用定向抛物面天线，这要求发送方与接收方之间的通路中没有大障碍物。地面微波系统的频率一般为 4～6 GHz 或 21～23 GHz，其传输速率取决于频率，如图 3-63 所示。

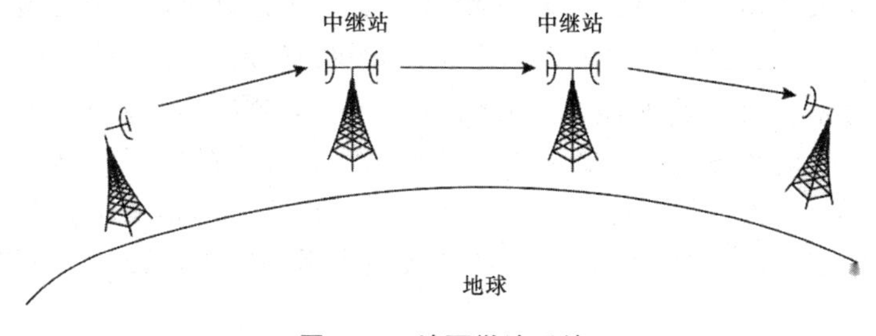

图 3-63　地面微波系统

地面微波系统通常采用中继(接力)方式进行通信，其原因如下。

a. 具有视距传播特性。地球表面是一个曲面，微波信号长距离传输时，会受到地面的阻挡。为了延长通信距离，需要在两地之间架设若干中继站(2 个中继站的距离一般不超过 50 km)，进行微波信号转接。

b. 传播有损耗。随着通信距离的增加，微波信号衰减，因此有必要采用中继方式对微波信号逐段接收、放大后发送给下一段，以延长通信距离。

②卫星微波系统。卫星微波系统利用地面上的定向抛物面天线，将视线指向地球同步卫星。收、发双方都必须安装卫星接收及发射设备，且收、发双方的天线都必须对准地球同步卫星，否则不能收发信息，如图 3-64 所示。

卫星微波系统通信范围大，只要在地球同步卫星发射的微波所覆盖的范围内，在任何两点之间都可进行通信；不易受陆地灾害的影响(可靠性高)，只要设置地球站电路即可开通(开通电路迅速)，且同时可在多处接收，能经济地实现广播、多址通信。

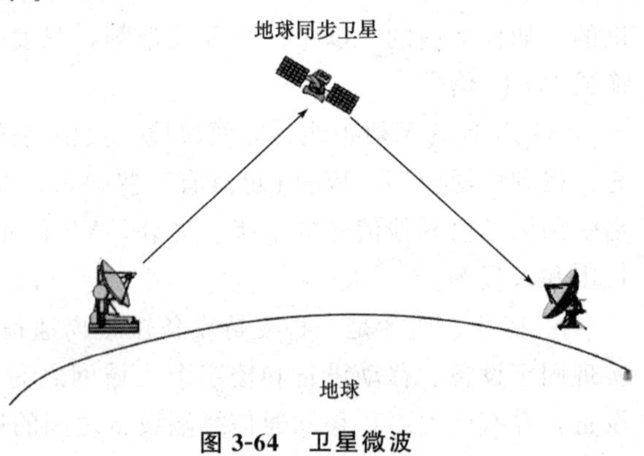

图 3-64　卫星微波

(2)微波通信的特点。微波通信具有良好的抗灾性能，一般不受水灾、风灾及地震等自然灾害的影响。但微波信号由空中传送，易受干扰，在同一微波电路上不能将相同频率的微波用于同一方向，因此，微波电路必须在无线电管理部门的严格管理之下进行建设。此外，由于微波具有直线传播的特性，所以在微波波束的方向上不能有高楼阻挡，城市规划部门要考虑城市空间微波通道的规划，使之不受高楼的阻隔。

(3)微波通信的应用。

①抢险救灾。微波通信具有良好的抗灾性能，各种自然灾害对其影响都不大。例如：在 1976 年的唐山大地震中，在京津之间的同轴电缆全部断裂的情况下，6 个微波通道安然无恙，为抗震救灾提供了有力的通信保证；在 20 世纪 90 年代长江中、下游的特大洪灾中，微波通信在救灾过程中又一次大展拳脚。

②北斗卫星导航系统。北斗卫星导航系统(BeiDou Navigation Satellite System，BDS)，是中国自主研制的全球卫星导航系统，于 2020 年 7 月 31 日正式开通，标志着我国成为世界上第三个独立拥有全球卫星导航系统的国家。

北斗卫星导航系统由空间段、地面段和用户段三部分组成，可在全球范围内全天候、全天时为各类用户提供高精度、高可靠的定位、导航、授时服务，并且具备短报文通信能力，定位精度为分米、厘米级别，测速精度为 0.2 m/s，授时精度为 10 ns。

随着北斗卫星导航系统建设和服务能力的发展，相关产品已广泛应用于交通运输、海洋渔业、水文监测、气象预报、地理信息测绘、森林防火、通信系统、电力调度、救灾减灾、应急搜救等领域，逐步渗透到社会生产和人们生活的方方面面，为全球经济和社会发展注入新的活力。

3. 红外线

红外线又称为红外辐射，介于可见光和微波之间，波长范围为 0.76～1 000 μm。

(1)红外线通信的特点。作为一种无线局域网的通信方式，红外线通信的最大优点是不受无线电波的干扰，但其传输距离有限，受太阳光的干扰大，一般只限于室内通信，而且不能穿透坚实的物体(如砖墙等)。

(2)红外线通信的应用。

①遥控器。一般电子设备遥控器是利用红外线发射控制信息的，其工作距离为 0～10 m，沿直线传播。在遥控器的内部电路中，每个按键对应一种特定的编码方式。按下特定按键时，芯片能够检测出哪条电路被连通，并发出对应的编码序列信号，该信号调制处理后经发光二极管转换为红外线信号向外辐射。电子设备接收器接收到红外线信号后进行解调处理，恢复出其中的控制信号并发送给中央处理器，由中央处理器执行相应操作。

②红外线局域网。红外线局域网是无线局域网的一种组网形式。红外线作为传输媒介，用于实现室内多机通信。与有线局域网相比，红外线局域网价格低，组网方便、灵活，并且其使用不受无线电波的干扰，具有保密性好的优点。红外线局域网采用小于 1 μm 波长的红外线作为传输介质，有较强的方向性，但受太阳光的干扰大，对非透明物体的穿透性差，这导致其应用受到很大限制。

4. 激光

激光具有亮度高、方向性强、单色性好、相干性强等特点。激光通信是利用激光传输信息的通信方式。

(1)激光通信的分类。激光通信通常可分为大气激光通信、空间激光通信、水下通信和光导纤维通信四种形式。

①大气激光通信。大气激光通信采用载有信息的激光通过大气传输至接收方，其工作原理及通信过程均与无线电波通信类似，不同的是其以激光作为传递信息的载波。这种通信方式受天气等因素影响较大。激光信号在大气中传输时衰减严重，因此目前只在中、短程距离应用。小容量、可移动的便携式半导体大气激光通信机已开始使用，它在边防和野战条件下用于定点保密通信。

②空间激光通信。空间激光通信使地球与太空、卫星与卫星之间的信息传输成为可能。相比微波通信，空间激光通信具有传输速率高、抗电磁干扰能力强、保密性好、无频谱限制等优势。同时，空间激光通信终端体积小、易于部署、功耗低，在应急通信、星地通信和星间通信等场景中具有十分重要的应用价值。

③水下通信。水下通信是利用蓝绿激光作为载波，实现水下双向大容量无线通信，具体应用在潜艇、船舶和水下传感器等领域。

④光导纤维通信。光导纤维通信采用载有信号的激光束通过光导纤维传输至接收方。

(2)激光通信的优点。

①通信容量大。在理论上，激光通信可同时传送 1 000 万路电视节目和 100 亿路电话。

②保密性强。激光不仅方向性强，而且可以采用不可见光，因此不易被敌方截获，保密性能好。

③结构轻便，设备经济。由于激光束发散角小，方向性好，所以激光通信的发射天线和接收天线都可做得很小，一般天线直径为几十厘米，质量不过几千克，而功能类似的微波天线，其质量以几吨、十几吨计。

(3)激光通信的缺点。

①通信距离限于视距(数千米至数十千米范围)，易受气候影响，在恶劣气候条件下甚至会发生通信中断。大气中的氧、氮、二氧化碳、水蒸气等大气分子对激光信号有吸收作用；大气分子密度的不均匀和悬浮在大气中的尘埃、烟、冰晶、盐粒子、微生物和微小水滴等对激光信号有散射作用；云、雨、雾、雪等使激光信号发生严重衰减。

②瞄准困难。激光有极强的方向性，这给收发双方的瞄准带来不少困难。收发双方的瞄准不仅对设备的稳定性和精度提出很高的要求，而且操作也复杂。

3.2 网络设备

3.2.1 网卡

网卡(Network Interface Card，NIC)也称为网络接口卡、网络适配器，如图3-65所示。它是物理上将计算机连接到网络的硬件设备，是计算机网络中最基本的部件之一。每种网卡都针对某一特定的网络，如以太网络、令牌环网、FDDI网络等。无论是双绞线电缆连接还是光缆连接，都必须借助网卡才能实现数据通信、资源共享。

1. 网卡的工作原理

网卡在TCP/IP模型的网络接口层工作，可以在物理层传输信号，在网络层传输数据包。无论位于哪层，它都充当计算机或服务器和数据网络之间的媒介。当用户发送一个Web页面请求时，网卡从用户设备获取数据，并将其发送到服务器，然后接收所需的数据展示给用户。

图3-65　网卡

网卡插在计算机的主板扩展槽中，一般通过双绞线电缆与网络交换数据。它主要有以下两大功能。

(1)读入由网络传输过来的数据包，经过拆包，将其变成计算机可以识别的数据，并将数据传输到所需设备中。

(2)将计算机发送的数据打包后输送至其他网络设备。

网卡都有一个唯一的网络节点地址。这个地址是网卡生产厂家在生产时固化写入只读存储器(Read-Only Memory，ROM)中的，称为MAC地址或物理地址，且保证绝对不会重复。

MAC(Medium/Media Access Control)地址用来表示互联网上每个站点的标识符，采用十六进制数表示，共6个字节(48位)。前3个字节是由IEEE的注册管理机构RA给不同厂家分配的代码(高位24位)，也称为编制上唯一的标识符。后3个字节(低位24位)由各厂家自行指派给生产的适配器接口，称为扩展标识符。一个地址块可以生成224个不同的地址。

例如，有一台计算机上的以太网卡的MAC地址是00-A0-24-37-8F-6E。其中前6个十六进制数位00-A0-24表示该以太网卡是3COM公司生产的，后6个十六进制数位37-8F-6E

表示该以太网卡的出厂编号。

查看 MAC 地址的步骤如下。

(1)选择“开始”→“运行”命令，在弹出的对话框中输入“cmd”。

(2)在命令行窗口中输入“ipconfig/all”命令，如图 3-66 所示。

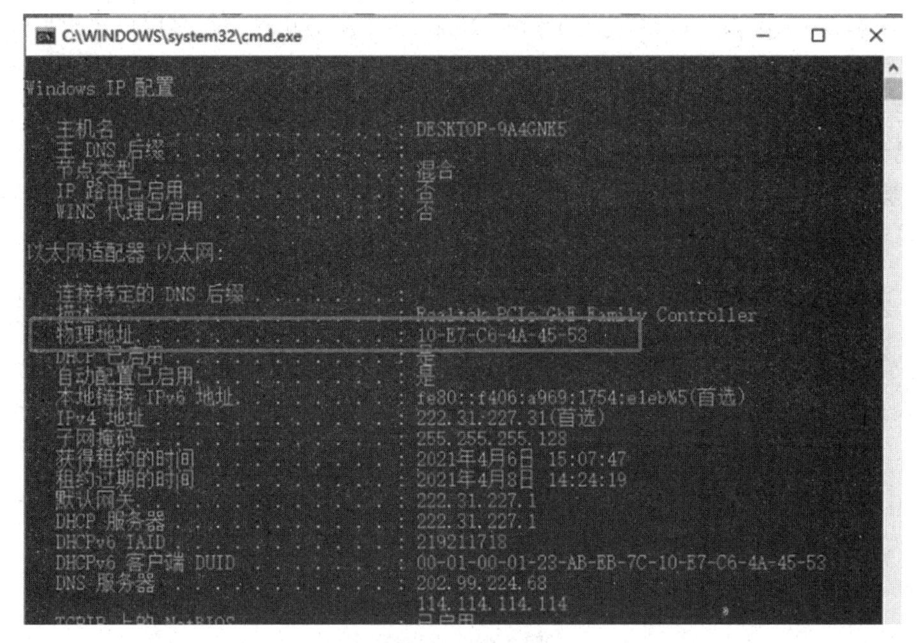

图 3-66　查看 MAC 地址

2. 网卡的种类

根据网络连接方式、传输速度、应用领域等的不同，网卡可分为以下几个不同的类型。

(1)基于网络连接方式分类。基于网络连接方式，可将网卡分为有线网卡和无线网卡。

①有线网卡，通常需要用一根跳线(双绞线跳线或光纤跳线)将一个节点连接到网络。

②无线网卡，是一种终端无线网络设备，它能够帮助计算机连接到无线网络，如图 3-67 所示。一种无线网卡是内置集成的，如笔记本电脑、智能手机等内部均集成有无线网卡；另一种无线网卡是外置的，如常见的 USB 无线网卡、PCI 无线网卡等。

图 3-67　无线网卡

(2)基于传输速度分类。基于不同的传输速度，有 10 Mbit/s、100 Mbit/s、10/100 Mbit/s 的自适应网卡，1 000 Mbit/s、10 Gbit/s、25 Gbit/s 甚至更高速度的无线网卡。10 Mbit/s、100 Mbit/s 和 10/100 Mbit/s 的自适应网卡适用于小型局域网、家庭或办公室。1 000 Mbit/s 的无线网卡可为快速以太网提供更高的带宽。10/25 Gbit/s 的无线网卡及更高速度的无线网卡受到大企业与数据中心的欢迎。

3. 网卡的主要性能指标

(1)系统资源占用率。网卡对系统资源的占用一般感觉不出来，但在网络数据量较大时，如进行在线点播、语音传输和拨打 IP 电话时感觉很明显。

(2)全/半双工模式。网卡的全双工技术是指网卡在发送(接收)数据的同时，可以进行数据接收(发送)的能力。从理论上说，全双工模式能把网卡的传输速率提高一倍，因此其性能比半双工模式好。现在的网卡一般都是全双工模式的。

(3)网络(远程)唤醒。网络(远程)唤醒(Wake on LAN)功能是很多用户在购买网卡时很看重的一个指标。通俗地讲，网络(远程)唤醒就是远程开机，即不必移动就可以唤醒(启动)任何一台局域网上的计算机，这对于需要管理包含几十、近百台计算机的局域网的工作人员来说无疑是十分有用的。

(4)兼容性。与其他计算机产品相似，网卡的兼容性也很重要，不仅要考虑与本机兼容，还要考虑与其所连接的网络兼容。

3.2.2 交换机

在计算机通信网络中，交换机(Switch)是一种用于电(光)信号转发的网络设备。它可以为接入交换机的任意两个网络节点提供独享的电(光)信号通路，如图 3-68 所示。

图 3-68 交换机

1. 交换机的工作原理

交换机拥有一条带宽很高的背部总线和内部交换矩阵。交换机的所有端口都挂接在这条背部总线上，控制电路收到数据包以后，处理端口会查找内存中的地址映射表以确定目的 MAC 地址(网卡的硬件地址)的网卡挂接在哪个端口上，通过内部交换矩阵迅速将数据包传送到目的端口，若目的 MAC 地址不存在则广播到所有的端口，接收端口回应后交换机会“学习”新的地址，并将它添加到内部地址表，如图 3-69 所示。

交换机可以将网络“分段”，通过对照地址映射表，交换机只允许必要的网络流量通过。交换机的过滤和转发能有效隔离广播风暴，减少误包和错包的出现，避免共享冲突。

交换机在同一时刻可进行多对端口之间的数据传输。每个端口都可视为独立的网段，连接在其上的网络设备独享全部带宽，无须同其他设备竞争使用。

总之，交换机是一种基于 MAC 地址识别，能完成封装转发数据包功能的网络设备。交换机可以“学习”MAC 地址，并将其存放在内部地址映射表中，通过在数据帧的发送者和目标接收者之间建立临时的交换路径，使数据帧直接由源地址到达目的地址。

2. 交换机的交换方式

(1)直通交换方式(Cut Through)。直通交换方式可以理解为各端口之间是纵横交叉的线路矩阵电话交换机。交换机在输入端口检测到一个数据包时，检查该数据包的包头，获取数据包的目的地址，启动内部的动态查找表转换成相应的输出端口，在输入与输出交叉处接通，把数据包直通到相应的端口，实现交换功能。其优点是不需要存储，延迟非常小、交换非常快；其缺点是因为数据包内容并没有被保存下来，所以无法检查所传送的数据包是否有误，不能进行错误检测。由于没有缓存，它不能将具有不同速率的输入/输出端口直接连通，而且容易丢包。

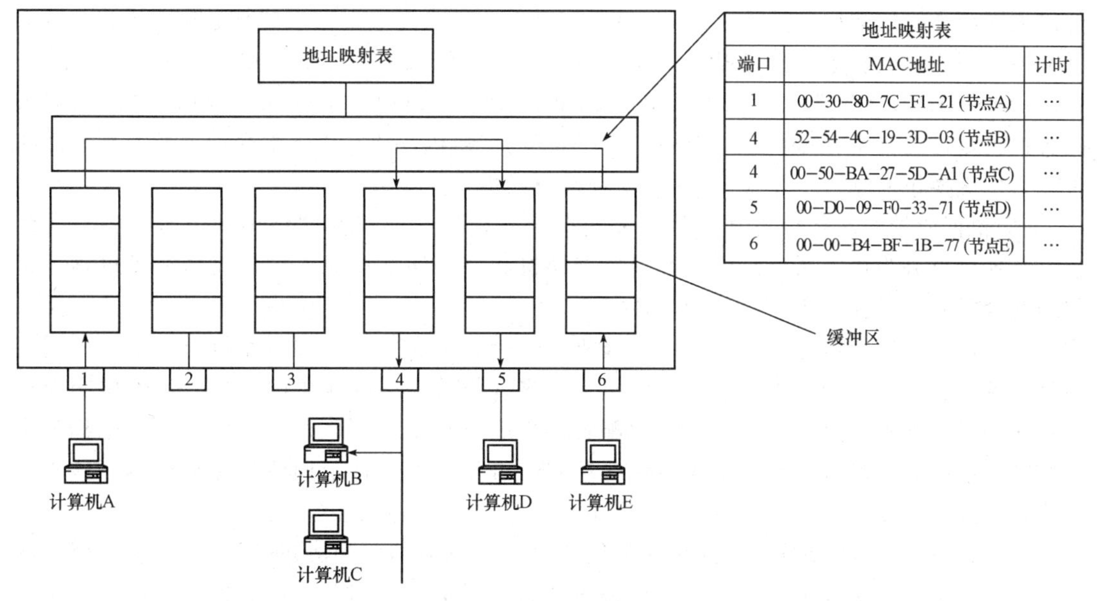

地址映射表		
端口	MAC地址	计时
1	00-30-80-7C-F1-21 (节点A)	…
4	52-54-4C-19-3D-03 (节点B)	…
4	00-50-BA-27-5D-A1 (节点C)	…
5	00-D0-09-F0-33-71 (节点D)	…
6	00-00-B4-BF-1B-77 (节点E)	…

图 3-69　交换机的工作原理

(2)存储转发方式(Store&Forward)。存储转发方式是计算机网络领域应用最为广泛的交换方式。它把输入端口的数据包先存储起来，然后进行循环冗余码校验(CRC)检查，在对错误包处理后才取出数据包的目的地址，通过查找表找到输出端口送出数据包。正因如此，存储转发方式的数据处理延迟大，这是它的不足，但是它可以对进入交换机的数据包进行错误检测，有效地改善网络性能。尤其重要的是，它可以支持不同速度的端口之间的转换，保持高速端口与低速端口之间的协同工作。

(3)碎片隔离方式(Fragment Free)。碎片隔离方式是介于前两者的一种解决方案。它检查数据包的长度是否够 64 个字节，如果小于 64 字节，说明该数据包是假包，则丢弃该数据包；如果大于 64 字节，则发送该数据包。这种方式也不提供数据校验。它的数据处理速度比存储转发方式快，但比直通交换方式慢。

3. 交换机的分类

交换机有多种类型，每种交换机都支持不同的传输速率和不同的局域网类型。不同类型交换机的性能差别很大，可根据外形尺寸和安装方式、端口的传输速率、所处的网络位置和担当的角色、协议层次等进行分类，以便根据实际情况合理选用。

(1)根据外形尺寸和安装方式分类。根据外形尺寸和安装方式，交换机可分为机架式交换机和桌面式交换机。机架式交换机是指外形规格符合 48.26 cm(19 in)的工业标准，可以安装在 48.26 cm(19 in)机柜内的交换机，该类交换机以 16 口、24 口或 48 口为主流产品，适用于大中型网络。桌面式交换机是指直接放置于桌面使用的交换机，该类交换机以 8～16 口为主流产品，适用于小型网络。

(2)根据端口的传输速率分类。根据端口的传输速率，可以将交换机分为快速以太网交换机、千兆位以太网交换机和万兆位以太网交换机。快速以太网交换机的端口传输速率全部为 100 Mbit/s，大多数为固定配置交换机，通常适用于接入层。为了避免网络瓶颈，实现与汇聚层交换机的连接，有些快速以太网交换机会配置 1～4 个 1 000 Mbit/s 端口。千兆位以太网交换机的端口和插槽全部为 1 000 Mbit/s，通常用于汇聚层或核心层。千兆位以太网交换机的端口类型主要包括 1 000BASE-T 双绞线端口、1 000BASE-SX 光纤端口、1 000BASE-LX 光纤端口、1 000 Mbit/s GBIC 插槽和 1 000 Mbit/s SFP 插槽。万兆位以太网交换机是指拥有 10 Gbit/s 以太网端口或插槽的交换机，通常用于汇聚层或核心层。万兆位以太网交换机的端口主要以 10 Gbit/s 插槽方式提供。

(3)根据所处的网络位置和担当的角色分类。根据交换机在网络中的位置和担当的角色，交换机可分为接入层交换机、汇聚层交换机和核心层交换机。接入层交换机也称为工作组交换机，一般拥有 24～48 个 100BASE-TX 端口，用于实现计算机等设备的接入。接入层交换机通常采用固定配置。汇聚层交换机也称为骨干交换机或部门交换机，是面向楼宇或部门的交换机，用于连接接入层交换机，并实现与核心层交换机的连接。汇聚层交换机可以采用固定配置，也可以采用模块化配置，一般配有光纤端口。核心层交换机也称为中心交换机或高端交换机，全部采用模块化配置，可作为网络骨干构建高速局域网。核心层交换机不仅具有较高的性能，而且具有硬件冗余和软件可伸缩性等特点。

(4)根据协议层次分类。根据交换机能够处理的网络协议所处的 ISO/OSI 参考模型的最高层次，可以将交换机分为第 2 层交换机、第 3 层交换机和第 4 层交换机。第 2 层交换机只能工作在数据链路层，根据数据链路层的 MAC 地址完成端口到端口的数据交换，它只需识别数据帧中的 MAC 地址，通过 MAC 地址表来转发数据帧。第 2 层交换机虽然也能划分子网，限制广播、建立 VLAN，但它的控制能力较弱，灵活性不够，也无法控制流量，缺乏路由功能，因此只能作为接入层交换机。第 3 层交换机除具有数据链路层功能外，还具有路由功能。当网络规模较大，不得不划分 VLAN 以减小广播造成的影响时，可以借助第 3 层交换机的路由功能，实现 VLAN 间数据包的转发。在大型网络中，核心层通常采用第 3 层交换机。第 4 层交换机工作在传输层以上，一般部署在应用服务器群的前面，将不同应用的访问请求直接转发到相应的服务器所在的端口，从而实现对网络应用的高速访问，优化网络应用性能。

3.2.3 路由器

路由器(Router)是网络之间互连的设备，如图 3-70 所示。如果交换机的作用是实现计算机、服务器等设备之间的互连，从而构建局域网，那么路由器的作用则是实现网络与网络之间的互连，从而组成更大规模的互联网。目前，任何一个有一定规模的计算机网络(如企业网、园区网等)，无论采用的是传统以太网技术还是光以太网技术，都离不开路由器，否则就无法正常运行和管理。

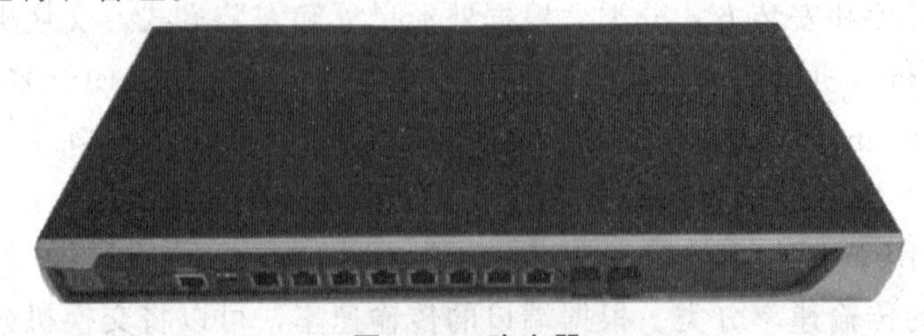

图 3-70 路由器

1. 路由器的基本组成

从本质上讲，路由器就是一台专用的计算机，有两个或两个以上的网卡连接两个以上的网络，路由器在它所连接的网络之间转发数据包。路由器由硬件和软件两大部分组成。

(1)路由器的硬件。路由器的硬件主要包含输入端口、交换开关、路由表、转发引擎、路由处理器和输出端口等。路由器与普通计算机不同，路由器没有硬盘，所以设有 Flash 存储器和 NVRAM。Flash 存储器的容量相对较大，用于存放操作系统软件；NVRAM 的容量相对较小，用于存放配置数据。

①输入端口。输入端口是物理链路和输入数据包的入口。端口通常由线卡提供，一块线卡一般支持 4、8 或 16 个端口。输入端口具有许多功能，主要功能如下。

a. 进行数据链路层的封装和解封装。

b. 在转发表中查找输入数据包目的地址，从而决定目的端口(称为路由查找)，路由查找可以使用一般的硬件实现，或者通过在每块线卡上嵌入一个微处理器完成。

c. 提供服务质量(Quality of Service，QoS)，输入端口要将收到的数据包分成几个预定义的服务级别。

输入端口的另一个功能是运行诸如串行线网际协议(Serial Line Internet Protocal，SLIP)和点到点协议(Point to Point Protocal，PPP)或者点到点隧道协议(Point to Point Tunneling Protocal，PPTP)；一旦路由查找完成，需要用交换开关将数据包送到其输出端口。如果路由器是输入端口加队列的，则由几个输入端口共享同一个交换开关，因此，输入端口还具有参加对公共资源(如交换开关)仲裁的功能。

②交换开关。交换开关用于连接多个网络接口，在路由处理器的控制下提供高速数据通路，IP 数据包由输入端口到输出端口的转发通过交换开关实现。可以使用多种不同的技术实现交换开关，迄今为止使用最多的交换开关技术是总线交换开关、交叉开关交换和共享存储器。最简单的总线交换开关使用一条总线来连接所有输入和输出端口，总线交换开关的缺点是其交换容量受限于总线的容量及为共享总线仲裁所带来的额外开销。交叉开关通过闭合与打开提供多条数据通路，具有 $N \times N$ 个交叉点的交叉开关可以被认为具有 $2N$ 条总线。如果一个交叉开关闭合，则输入总线上的数据在输出总线上可用，否则不可用。交叉开关的闭合与打开由调度器控制，因此调度器限制了交叉开关的速度。在共享存储器路由器中，输入的数据包被存储在共享存储器中，所交换的仅是数据包的指针，以增大交换容量，但闭合与打开的速度受限于共享存储器的存取速度。

③路由表。路由表是路由器中一个非常重要的数据结构。它包含数据包转发路径的正确信息，在路由处理模块和转发引擎之间起着承上启下的作用。在转发引擎的控制下，数据包从输入端口经过交换开关送到输出端口输出。路由表可以静态或动态方式建立。通常首先建立一个初始路由表，有时也可以在启动路由器时读取存储器中存储的初始路由表。初始路由表包含了通过网络到达每个网段的每条可能路径的数据库。初始路由表中的信息由网络管理员提供，可能包含与该路由器所连接的网络有关的信息，也可能包含一些到达远端网络的路由信息。一旦初始路由表驻留在存储器中，路由器随后就必须对它的连接拓扑结构的变化做出反应。

④转发引擎。转发引擎是高性能路由器的重要组成部分。它能够在极短的时间内准确地按照输入数据包的目的地址查找路由表，从而决定目的端口，完成各种类型报文的

转发。

⑤路由处理器。路由处理器执行路由协议，维护路由信息与路由表，并运行对路由器进行配置和管理的软件。同时，它还处理那些目的地址不在路由表中的数据包。无论在中低端路由器中还是在高端路由器中，路由处理器都是路由器的心脏。在中低端路由器中，路由处理器通常负责交换路由信息、查找路由表及转发数据包。在路由器中，路由处理器的能力直接影响路由器的吞吐量(路由表查找时间)和路由计算能力(网络路由收敛时间)。在高端路由器中，分组转发和路由表查找通常由 ASIC 芯片完成，路由处理器只负责实现路由协议、计算路由及分发路由表。

⑥输出端口。输出端口在数据包被发送到输出链路之前对数据包进行存储，可以实现复杂的调度算法以支持优先级等要求。与输入端口相同，输出端口同样要能支持数据链路层的封装和解封装，以及许多较高级协议。

(2)路由器的软件。与所有的计算机一样，路由器没有软件是无法正常工作的。路由器的软件主要包括自举程序、路由器操作系统、配置文件和路由器管理程序等。

①自举程序。自举程序也称为 BootStrap，它被固化在路由器的 ROM 中。在系统加电自检后，BootStrap 载入路由器操作系统并完成路由器的初始化工作。

②路由器操作系统。路由器操作系统用来调度路由器各部分的运行。路由器厂商对其称谓各不相同，如华为路由器操作系统称为通用路由平台(Versatile Routing Platform，VRP)。它以 TCP/IP 协议族为核心，实现了数据链路层、网络层和应用层的多种协议，集成了路由技术、QoS 技术、VPN 技术、安全技术和 IP 语音技术等数据通信要件，并以 IP 转发引擎(Turbo Engine)技术作为基础，为网络设备提供了出色的数据转发能力。

③配置文件。对路由器进行配置后，所有参数都以文件的形式保留在路由器的内存中，称为运行配置文件。当路由器关机或重新启动后，运行配置文件将丢失。通过配置命令，可以将内存中的运行配置文件备份在 NVRAM 中，称为启动配置文件，也称为备份配置文件。路由器断电后启动配置文件不会丢失，下次启动时，可以将启动配置文件自动加载到内存中，生成运行配置文件，而不必重新进行配置。

④路由器管理程序。路由器管理程序是厂家随路由器操作系统提供的实用管理程序，可以方便地对路由器进行配置和管理。

2. 路由器的主要功能

互联网由各种各样的异构网络组成，路由器是其中非常重要的互连设备。它为不同网络之间的用户提供最佳的通信路径。因此，路由器俗称为路径选择器。路由器主要完成网络层中继的任务，其功能如下：建立、实现和终止网络连接；在一条物理数据链路上复用多条网络连接；进行路由选择和数据包转发；进行差错检测与恢复；进行排序、流量控制；进行服务选择；进行网络管理。其中，连接网络、路由选择和数据包转发是其核心功能。

(1)连接网络。一般来说，异种网络互连与多个子网互连都应采用路由器完成。路由器能对不同网络或网段之间的数据信息进行“翻译”，以使它们能够相互“读”懂对方的含义，从而构成一个更大的网络。

(2)路由选择和数据包转发。路由选择是路由器最重要的功能。所谓路由，就是指通过相互连接的网络把数据从源节点传送到目的节点的活动。一般来说，在路由过程中，数据至少会经过一个或多个中间节点。路由器使用路由协议获得网络信息，采用基于路由矩阵的路由算法和准则来选择最优路由。在互联网中通常使用32位的IP地址来标识每个节点并以此进行路由选择和数据包转发(IPv4)。

路由器为经过它的每个数据包寻找一条最优传输路由后，就将该数据包有效地传送到目的节点。路由器通过路由决定数据包的转发。转发策略称为路由选择，这也是路由器名称的由来。为了完成路由选择工作，路由器利用路由表为数据传输选择路由，路由表包含网络地址、网上路由器的个数和下一个路由器的名称等内容。路由器利用路由表查找数据分组从当前位置到目的地址的正确路由。如果某一网络路由发生故障或拥塞，路由器可选择另一条路由，以保证数据分组的正常传输。路由表可以由系统管理员固定设置，也可以由系统动态修改，然后由路由器自动调整，还可以由主机控制。

3. 路由器的类型

路由器的类型很多，可以从不同的角度进行划分，例如按照路由协议，路由器可分为单协议路由器和多协议路由器等。在此，仅从路由器所处的位置及作用对路由器分类。

(1)接入路由器。接入路由器是指将局域网用户接入广域网的路由器设备，局域网用户接触最多的是接入路由器。

接入路由器连接家庭或ISP内的小型企业用户。接入路由器不仅提供SLIP或PPP连接，还支持PPTP和IPSec等网络协议。有的读者可能心生疑问：通过代理服务器上网时，不使用路由器不是也能接入互联网吗？其实代理服务器也是一种路由器。一台计算机插入网卡，加上ISDN(调制解调器或ADSL)，再安装代理服务器软件，事实上就已经构成了路由器。只不过代理服务器是用软件实现路由功能的，而路由器主要是用硬件实现路由功能，就像VCD解压软件和VCD机的关系一样，它们的结构虽然不同，但功能相同。

(2)企业级路由器。与接入路由器相比，企业级路由器用于连接一个园区或企业内成千上万台计算机，一般普通的局域网用户难以接触。企业级路由器支持的网络协议多、速度快，要处理各种类型的局域网，不仅支持多种协议(包括IP、IPX和Vine)，还支持防火墙、分组过滤、VLAN及大量的管理和安全策略等。

企业级路由器连接许多计算机系统，其主要目标是以尽量简单的方法实现尽可能多的端点互连，并支持不同的服务质量。许多现有的企业网络都是由集线器(Hub)或网桥连接起来的以太网段。尽管这些设备价格低、易于安装、无须配置，但它们不支持服务等级。相反，有路由器参与的网络能够将机器分成多个碰撞域，并因此能够控制一个网络的大小。此外，路由器还支持一定的服务等级，至少允许划分多个优先级别。

(3)骨干级路由器。骨干级路由器实现企业级网络的互连。只有在通信等部门工作的技术人员才有机会接触到骨干级路由器。互联网通常由多个骨干网构成，每个骨干网服务成百上千个小网络，对它的要求是速度高、可靠性好，而成本代价处于次要地位。骨干级路由器的主要性能瓶颈是在路由表中查找某个路由所耗费的时间。当收到一个数据分组时，输入端口在路由表中查找该数据分组的目的地址以确定其目的端口，当数据分组较短或者当数据分组要发往许多目的端口时，势必增加路由查找的代价。因此，将一些经常访问的目的地址放到缓存中能够提高路由查找的效率。无论是输入缓冲路由器还是输出缓冲路由器，都存在路由查找的瓶颈问题。除了性能瓶颈问题外，路由器的稳定性也是一个非常重要的问题。

骨干级路由器连接长距离骨干网上的ISP和企业网络，计算机终端系统通常是不能直接访问的。互联网的快速发展无论是对骨干网、企业网还是接入网都带来了不同的挑战。骨干网要求路由器能对少数链路进行高速路由转发。企业级路由器不但要求端口数目多、价格低，而且要求配置简单方便，并提供服务质量保障。

(4)新一代路由器。20世纪90年代中期，传统路由器成为制约互联网发展的瓶颈。这时ATM交换机取而代之，成为IP骨干网的核心，路由器变成了配角。进入20世纪90年代末，互联网的规模进一步扩大，流量每半年翻一番，ATM网又成为瓶颈，路由器东山再起，吉比特交换路由器在1997年面世后，人们又开始以吉比特交换路由器取代ATM交换机，架构了以路由器为核心的骨干网。

目前，高速路由器有吉比特交换路由器和太比特交换路由器。这类新一代路由器的交换带宽高达25 Gbit/s，支持1G/10 Gbit/s的以太网接口，时延和时延抖动为微秒数量级。在未来互联网研究的热点中，人们已经提出了一种支持未来网络创新的可编程虚拟化路由器，这种可编程虚拟化路由器面临性能、虚拟化和可编程等技术挑战。

为了适应量子通信技术的发展，构建量子通信网络，人们研发的量子网络设备(量子网关，也称为量子路由器)已经投入实际应用。量子网关可以根据实际需要接入一个或多个用户，使业务数据传输过程中的链路安全得到极大加强。

4. 路由器的主要性能指标及其选用

衡量路由器的性能指标有很多，从专业技术的角度，主要从以下几个方面评价路由器的性能。

(1)全双工线速转发能力。路由器最基本且最重要的功能是转发数据包。在同样的端口速率下转发小数据包是对路由器转发数据包能力的最大考验。全双工线速转发能力以最小包长(以太网64 B、POS口40 B)和最小包间隔(符合协议规定)在路由器端口上双向传输同时不引起丢包为标准。该指标是路由器性能的重要指标。

(2)设备吞吐率。设备吞吐率是指路由器整机数据包转发能力，是衡量路由器性能的重要指标。设备吞吐率通常小于路由器所有端口吞吐率之和。

(3)端口吞吐率。端口吞吐率是指单位时间内转发数据包的数量，通常以pps(包每秒)为单位。端口吞吐率衡量路由器在某端口上的数据包转发能力，通常采用两个相同速率的端口测试。

(4)背靠背帧数。背靠背帧数是指以最小帧间隔发送最多数据包而不引起丢失时的数据包数量。该指标用于测试路由器的缓存能力。

(5)路由表能力。路由器通常依靠所建立及维护的路由表来决定如何转发数据包。路由表能力是指路由表所容纳路由表项数量的极限。由于互联网上执行边界网关协议(Border Gate-way Protocal，BGP)的路由器通常拥有数十万条路由表项，所以该指标也是路由器性能的重要体现。

(6)丢包率。丢包率是指测试中所丢失数据包数量与所发送数据包数据的比值，通常在吞吐率范围内测试。丢包率与数据包长度及发送频率有关。

(7)时延。时延是指数据包第一个比特进入路由器到最后一个比特从路由器输出的时间间隔。在测试中通常使用从测试仪表发出测试数据包到收到测试数据包的时间间隔。时延与数据包长度有关，通常在吞吐率范围内测试，超过吞吐率范围测试该指标没有意义。

(8)时延抖动。时延抖动是指时延变化。数据业务对时延抖动不敏感，当出现多业务(包括语音业务、视频业务)时才有测试该指标的必要性。

(9)虚拟专用网络(Virtual Private Network，VPN)支持能力。通常路由器都能支持VPN，其性能差别一般体现在所支持VPN的数量上。专用路由器所支持VPN的数量一般较多。

(10)无故障工作时间。无故障工作时间是指按照统计方式设备无故障工作的时间。该指标通常无法测试，可以通过主要器件的无故障工作时间计算，或者根据大量相同设备的工作情况计算。

若从使用的角度看，通常首先考虑路由器是否为模块化结构。模块化结构的路由器一般可扩展性较好。路由器能支持的接口种类体现了路由器的通用性。常见的接口类型有通用串行接口(通过电缆转换成RS-232DTE/DCE接口、V.35DTE/DCE接口、X.21DTE/DCE接口、RS-449DTE/DCE接口和EIA-530DTE接口等)、快速以太网接口、10/100 Mbit/s自适应以太网接口、千兆位以太网接口、万兆位以太网接口、FDDI接口、E1/T1接口、E3/T3接口等。其次考察用户的可用槽数，该指标指模块化结构的路由器中除CPU板、时钟板等必要系统板及系统板专用槽位外，用户可以使用的插槽数、路由器的内存也是需要关注的。路由器可能有多种内存，如Flash存储器、DRAM等。内存用于存储配置文件、路由器操作系统、路由协议软件等。在中低端路由器中，路由表可能存储在内存中。通常，路由器内存越大越好(不考虑价格)。但是与CPU能力类似，内存同样不直接反映路由器的性能，因为高效的算法与优秀的软件可节约内存。

另外，还有许多衡量路由器的指标，如部件热插拔能力、网络管理能力等。由于路由器通常要求24 h工作，所以更换部件不应影响路由器工作。部件热插拔能力是路由器24 h工作的保障。网络管理能力是指网络管理员通过网络管理程序对网络中的资源进行集中化管理的操作，包括配置管理、记账管理、性能管理、差错管理和安全管理等。路由器所支持的网络管理能力体现了路由器的可管理性与可维护性。

3.2.4 光纤收发器

光纤收发器又称为光电转换器(Fiber Converter)，如图3-71所示，它是一种将短距离的双绞线电信号和长距离的光信号进行互换的以太网传输媒体转换单元。它一般应用在以太网电缆无法覆盖，必须使用光纤来延长传输距离的实际网络环境中，且通常定位于宽带城域网的接入层应用；同时，它在将光纤最后1 km线路连接到城域网和更外层的网络方面也发挥了巨大的作用。

图3-71　光纤收发器

1. 光纤收发器的工作原理

光纤收发器的工作原理是将要发送的电信号转换成光信号发送出去，同时，将接收到的光信号转换成电信号，输入到接收端。光纤收发器利用了光纤通信信息容量大、保密性好、质量小、体积小、无中继、传输距离长等优点，很好地解决了以太网在传输方面的问题。在以太网电缆无法覆盖，必须使用光纤来延长传输距离的实际网络环境中得到了很好的应用。

2. 光纤收发器的基本构成

光纤收发器主要由光电模块、电源模块和网管模块(可选)等部分组成。光纤收发器的光电模块包括以太网电接口和以太网光接口，其中以太网电接口的传输介质一般为双绞线，物理接头类型为RJ-45；以太网光接口的传输介质为单模光纤或多模光纤，光纤接头类型为FC、ST、SC等。电源模块用于为主板提供电源。网管模块用于光纤收发器的配置、性能、告警和安全等方面的管理与网管系统的通信等。

3. 光纤收发器的分类

(1)按性质分类。

①单模光纤收发器：传输距离为20～120 km。

②多模光纤收发器：传输距离为2～5 km。

例如，5 km光纤收发器的发射功率一般为－20～－14 dB，接收灵敏度为－30 dB，使用1 310 nm的波长；120 km光纤收发器的发射功率多为－5～0 dB，接收灵敏度为－38 dB，使用1 550 nm的波长。

(2)按所需光纤根数分类。

①单纤光纤收发器：接收和发送的数据在一根光纤上传输。

②双纤光纤收发器：接收和发送的数据在一对光纤上传输。

顾名思义，单纤光纤收发器可以节省一半的光纤，即在一根光纤上实现数据的接收和发送，在光纤资源紧张的地方十分适用。这类产品采用了波分复用的技术，使用的波长多为1 310 nm和1 550 nm。由于单纤光纤收发器没有统一的国际标准，所以不同厂商的产品在互连时可能存在不兼容的情况。另外，由于使用了波分复用技术，单纤光纤收发器产品普遍存在信号衰减大的特点。

(3)按工作层次/速率分类。按工作层次/速率，光纤收发器可分为单10 M、100 M光纤收发器、10/100 M自适应光纤收发器和1 000 M光纤收发器及10/100/1 000自适应光纤收发器。其中，单10 M和100 M光纤收发器工作在物理层，按位转发数据。该转发方式具有转发速度快、通透率高、时延小等优势，适用于速率固定的链路。同时，由于此类设备在正常通信前没有自协商的过程，所以其兼容性和稳定性更好。

(4)按结构分类。按结构，光纤收发器可分为桌面式(独立式)光纤收发器和机架式(模块化)光纤收发器。桌面式光纤收发器适合单个用户使用，如用于楼道中单台交换机的上联。机架式光纤收发器适用于多用户的汇聚。目前国内的机架式光纤收发器多为16槽产品，即一个机架中最多可加插16个模块化光纤收发器。

(5)按工作方式分类。

①全双工方式(Full Duplex)。当数据的发送和接收分别由两根不同的传输线完成时，通信双方都能在同一时刻进行发送和接收操作，这样的传输方式就是全双工方式。在全双工方式下，通信系统的每一端都设置了发送器和接收器，因此能控制数据同时在两个方向上传送。全双工方式无须进行方向的切换，因此没有切换操作所产生的时延。

②半双工方式(Half Duplex)。使用同一根传输线既接收数据又发送数据，虽然数据可

以在两个方向上传输，但通信双方不能同时收发数据，这样的传输方式就是半双工方式。采用半双工方式时，通信系统每一端的发送器和接收器通过收/发开关转接到通信线上，进行方向的切换，因此会产生时延。

3.2.5 无线网桥

无线网桥(图 3-72)用于无线网络的桥接，它利用无线传输方式在两个或多个网络之间搭起通信的桥梁。无线网桥工作在 2.4 GHz 或 5.8 GHz 的免申请无线频段，因此比其他有线网络设备更方便部署。随着无线技术的不断发展，无线网桥因其具有安装方便、灵活性强、性价比高等特点而广泛应用在户外监控视频传输和电梯监控视频传输这两大领域。

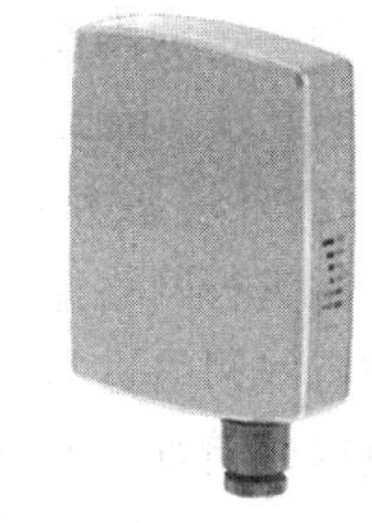

图 3-72 无线网桥

1. 无线网桥的工作原理

无线网桥是无线监控中的重要设备，虽然它与无线路由器都属于无线设备，但并不是用来进行无线覆盖的，而是进行数据传输的。其工作原理就是通过两个或多个无线设备，以空气作为传输介质，进行无线电波的传送。一端负责将无线电波释放到空气中，另一端负责接收空气中的无线电波，这样既保持了有线网络的基本特点，又可以解决有线网络部署施工困难的问题。

无线网桥组网具有明显的优势，可以在长达 50 km 的距离上实现点对点或者点对多点连接，数据传输速率高达 108 Mbit/s。只要在无线信号覆盖区域内，客户端可以方便地接入网络、融合系统，不需要任何布线，无线终端可以实现零配置接入，因此非常容易进行网络的维护和扩展。

无线网桥一般用于以下几种场景：无线数据采集、监控数据传输(户外和电梯)、室外无线覆盖、室外远距离无线桥接、私人 ISP 无线宽带、无人值守监测站数据回传等。

2. 2.4 GHz 和 5.8 GHz 无线网桥的优、缺点

(1)2.4 GHz 网桥。

①优点：频率低，波长大，绕射能力强。简单地说，就是传播性能好，传播路径有轻微遮挡也无大碍，成本相对较低。

②缺点：使用 2.4 GHz 频段的设备多，无线网桥发射的无线电波信号容易受其他设备发射的无线电波信号干扰，造成传输质量下降。受限于 2.4 GHz 频段本身的传输带宽，其传输速率一般不超过 300 Mbit/s。

(2)5.8 GHz 网桥。

①优点：频率高，信道相对纯净，传输带宽高。传输速率以 433 Mbit/s 起步，可轻松达到 1 Gbit/s 以上，适合对数据传输速率要求较高的场景。

②缺点：频率高，信号波长小，穿透性差，传播路径中不能有遮挡。其成本比 2.4 GHz 网桥高，目前仍处于普及阶段。

3. 无线网桥的应用模式

无线网桥的应用模式上可以是点对点传输、中继方式传输和点对多点传输。

(1)点对点传输即“直接传输”。无线网桥可用来连接位于不同建筑物中的两个固定网络。它们一般由一对桥接器和一对天线组成。两个天线必须相对定向放置，室外的天线与

室内的桥接器之间用电缆相连，而桥接器与网络进行物理连接。

(2)中继方式传输是在两点之间建立一个中继点，采用间接传输方式进行数据传输。

(3)点对多点传输就是一个位置对几个或多个位置提供信道进行数据传输。

4. 无线网桥的应用场景

(1)建筑工地。建筑工地往往通过在吊塔上安装监控设备，将信号传输到地面，能够更准确地发布命令，提高监管的效率和工人的工作效率。如果使用普通的网络，现场传输效果受到一定的限制，而且线路容易遭到破坏，不但增加了工作量，还可能对施工的进度造成一定的影响。因此，大多数建筑工地安装无线网桥，以便灵活地运用监控信号掌握相关信息。

(2)环境恶劣的场所。环境比较差或采用传统方式难以监控的区域，都可以选择使用无线网桥进行网络监控，如森林防火监控、郊野公园监控。由于这种场所面积比较大，所以通过有线网络进行监控需要较长的布线，一旦线路出现问题，就会失去监管作用，维修起来也比较困难，而使用无线网桥，监控面积比较广，而且使用比较方便。

模块小结

在大数据时代，人们对网络的要求越来越高。从专业技术的角度来说，数字信号高速传输的背后功臣就是传输介质。传输介质在网络中的作用既相当于人体神经系统(把大脑指令传输到身体各部位)，又相当于高速公路铁路网(把乘客运送至全国各地)。

有线传输介质是本模块的重点内容。铜质双绞线从凭借抗干扰能力强、传输速率高的特点，在综合布线市场上占据重要份额。无惧电磁干扰、通信距离长、施工方便的突出特性，使光缆在工业 3.0 时代大行其道。从 2005 年起，我国几大通信运营商联合提出了“光进铜退”网络建设倡议。跨省市通信，国际通信，长途海底通信，银行、军事、交通、电信及城市主支干通信电缆均被光缆替代。

习题

1. 简述双绞线的结构。
2. 简述单模光纤与多模光纤的区别。
3. 简述如何使用网络命令查询计算机网卡地址。
4. 简述交换机的工作原理。
5. 简述路由器的工作过程。

模块4　计算机网络工程

知识目标

(1)理解计算机网络的系统组成，主干网、子网、以太网的相关标准。

(2)熟悉各种网络体系结构，如客户端—服务器模型、对等网络等。

(3)理解网络安全的基本概念，包括加密、防火墙、身份验证等。

(4)学会局域网的配置组网。

能力目标

(1)能够设计和实施复杂的计算机网络系统，包括局域网、广域网等。

(2)具备网络性能优化和故障排除的能力，保障网络稳定和高效。

(3)能够应用各种安全技术，确保网络系统的安全性，预防和应对网络攻击。

素质目标

(1)培养学生的创新思维，能够提出新颖的网络解决方案。

(2)具备跨学科的知识，能够将计算机网络知识与其他学科知识结合，解决实际问题。

(3)培养学生的社会责任感，关心网络发展对社会、经济和环境的影响，具备为社会提供服务的能力。

(4)培养学生具备自主学习的能力，能够不断学习新的网络技术和知识，适应快速发展的科技领域。

计算机网络是指将多台计算机通过通信设备互相连接起来，以实现数据和资源共享的系统。它是现代信息技术的基础，涉及计算机科学、电子工程和通信技术等多个领域。

4.1　计算机网络的系统组成

4.1.1　主干网

主干网是通过桥接器与路由器将不同的子网或LAN连接起来形成单个总线或环形拓扑结构，这种网络通常采用光纤作为主干线。主干网是构建企业网的一个重要的体系结构元素。它为不同局域网或子网之间的信息交换提供了路径。主干网可将同一座建筑物、校园环境中的不同建筑物或不同网络连接在一起。主干网一般是指国家与国家、省与省之间的网络。

主干网是一种大型的传输网络。它用于连接小型传输网络，并传输数据。在本地层面，主干网是一条或一组线路，提供本地网络与广域网的连接，或者提供本地局域网之间跨距离的有效传输(如两栋大楼之间)。在互联网和其他广域网中，主干网是一组路径，提供本地网络或城域网之间的远距离连接。连接的点一般称为网络节点。

1. 主干网的共性

(1)进行连接的是各种交换路由设备或服务器，而不是用户终端。

(2)具有较大的信息传输量。

(3)是外部网和内部子网的连接桥梁。

(4)是内部子网之间的连接桥梁。

2. 主干网的类型

主干网有两种类型：一种是分布式主干网，它贯穿建筑物或校园，为局域网提供连接点；另一种是紧缩主干网，它以网络集线器和交换机的形式存在。分布式主干网是基于分布式路由通道的结构。每个网络均通过路由器连接到主干网。每个 LAN 子网的内部成员之间互相竞争带宽。

分布式主干网有以下两个重要的不利之处。

(1)带宽受到数据传输速率的限制。当带宽需求增加时，共享介质技术的采用会带来性能的下降。

(2)将路由设备分布于整个建筑中的花费非常大，而且会使管理变得复杂。

在紧缩主干网中，电缆从每个部门(或楼层)的网络敷设到中央集线器或交换机(通常位于建筑物的布线室或管理中心)。中央集线器或交换机使用各种体系结构设计，如总线、共享存储器或矩阵。

主干网通常是一个将其他网络连接在一起的网络。在交换网络设计中，主干网没有一个明确的定义，它通常只是将附属网络通信量聚集到一起的高速交换网络。

主干网的设备包括传输缆线、核心交换机、高性能服务器及大容量数据存储装置等。根据网络规模、网络需求决定使用何种性能的网络设备。

3. 常见的组网模式

(1)FDDI/CDDI(光纤/铜线分布式数据接口)。FDDI/CDDI 是一种成熟的、非载波侦听的、100 M 带宽共享的网络技术。这种技术采用了令牌传递服务策略，网络设备之间有主环和副环相连，在网络线路或网络设备出现故障时，有很强的自重构能力。同时，其站管理(SMT)功能十分强大，适用于主干网，但其技术难度高、价格高、扩展性较差，采用环行布线，与 ATM 不太兼容。

(2)ATM(异步传输模式)。ATM 是一种基于光纤传输系统，应用了统计复用技术、短信元交换技术的先进异步传输模式。它直接支持数据、视频、音频等多媒体传输且传输速率相当高；由于采用了异步传输模式，故效率相当高，比较适用于主干网。但它仍然是一项有争议的技术，许多标准尚待完善，不同厂家产品之间的互操作性及通用性有待进一步改善。

(3)Fast Ethernet(快速以太网)。快速以太网是一种局域网传输标准，它提供 100 Mbit/s 的数据传输率(100BASE-T)。有 10 Mbit/s(10BASE-T)的以太网卡的工作站能连接到快速以太网。

快速以太网具有实用(兼容了原以太网，软件、硬件丰富)、先进(数据传输速高，达到100 Mbit/s)、升级方便、扩展性好、开放性好(软/硬件协议开放)、价格低(相比于ATM、FDDI)、支持的厂家多(得到Intel、Sun、3COM、Bay、Accton等大公司的支持)等特点。对于多媒体网络应用，快速以太网也能很好地满足要求。虽然快速以太网的网络设备之间的有效距离较短(100 m)，但可采用光纤转换器和光纤来延长传输距离。快速以太网具有极好的扩充性，可使用交换式集线器和普通集线器扩展用户数且网络没有影响(正在使用时也可以扩展)，方便将来接入子网。

迄今为止，主干网仅局限于一座建筑物。主干网可以将校园环境中的多个网络连接在一起，还可以将广域网中的网络连接到一起。FDDI的容错环形拓扑结构比较适用于校园主干网。构建广域主干网的一个较佳的方法是利用提供帧中继、ATM或其他相似服务的通信公司和服务提供商的网络。

4.1.2 子网

最初的网络是没有子网这个层次的，主干网直接连接到每个网络终端，所有信息都在主干网上传输。把具有一定规模的网络分割成若干个独立相关的子网是非常实用的，既可以把采用不同拓扑结构的局域网互连起来，又使网络不至于因为少数主机的通信而变得十分嘈杂。可以把一栋大厦的不同楼层设计成不同子网，也可以把同一楼层中的不同使用单位设计成若干子网。目前，使用较多的局域网技术包括以太网、令牌环、快速以太网、吉比特以太网。

4.2 以太网基础

以太网不是一种具体的网络，而是一种计算机局域网组网技术规范。IEEE制定的IEEE 802.3标准给出了以太网的技术标准。它规定了物理层的连线电信号和介质访问层协议等内容。以太网是当前应用最普遍的局域网技术，在很大程度上取代了其他局域网技术，如令牌环、FDDI和ARCNET。

4.2.1 以太网的相关标准

IEEE在1980年2月组成了802委员会，指定了一系列局域网方面的标准，其中，802.3协议族主要涉及以下以太网标准。

IEEE 802.3为CSMA/CD访问控制方法与物理层规范。

IEEE 802.3i为10Base-T访问控制方法与物理层规范。

IEEE 802.3u为100Base-T访问控制方法与物理层规范。

IEEE 802.3ab为1 000Base-T访问控制方法与物理层规范。

IEEE 802.3z为1 000Base-SX和1 000Base-LX访问控制方法与物理层规范。

IEEE 802.3ae为10 G以太网标准。

通常所说的以太网主要是指以下5种以太网。

1. 10 M 以太网

10 M 以太网主要采用同轴电缆作为传输介质，传输速率达到 10 Mbit/s，遵循 IEEE 802.3 标准，采用总线拓扑结构，只能工作在半双工模式。10BASE-5 是最早实现 10 M 以太网的 IEEE 标准。10 BASE-5 网络使用单根 RG-11 同轴电缆，最长传输距离为 500 m，最多可以连接 100 台计算机的收发器，而连接线路两端必须连接 50 Ω 的终端电阻。接收端通过“插入式分接头”插入电缆的内芯和屏蔽层，在电缆终结处使用 N 型连接器。尽管现在还有一些系统在使用这个标准，但更多系统采用升级版本 10BASE-2。

10BASE-2 网络使用 RG-58 同轴电缆，最长传输距离约为 200 m，仅能连接 30 台计算机，计算机使用 T 型适配器连接到带有 BNC 连接器的网卡，连接线路两端需要连接 50 Ω 的终端电阻。10BASE-2 网络虽然在传输距离、端容量上不及 10BASE-5 网络，但其因具有线材较轻、方便布线和成本低的优点而得到了广泛的使用。后因双绞线的普及，10BASE-2 网络也逐渐被各式的双绞线网络所取代。

StarLAN 为第一个利用双绞线实现 10 Mbit/s 传输速率的以太网标准，后发展成 10BASE-T。10BASE-T 网络采用 3 类、4 类和 5 类双绞线作为传输介质，最长传输距离为 100 m，采用以太网集线器或以太网交换机连接所有节点。

FOIRL 采用光纤中继器链路，是光纤以太网的原始版本。

10BASE-F 是 10 M 以太网光纤标准的通称，最长传输距离为 2 km。

2. 100 M 以太网(快速以太网)

100 M 以太网又称为快速以太网，它是为了提高局域网的传输速率而提出来的，主要采用双绞线和光纤作为传输介质，采用星形和树形拓扑结构，传输速率达到 100 Mbit/s，遵循 IEEE 802.3u 标准，可以工作在半双工和全双工模式。

100BASE-T 包含以下 5 个标准，最长传输距离为 100 m。

100BASE-TX 类似星形结构的 10BASE-T，使用 2 对缆线，需用 5 类双绞线以达到 100 Mbit/s 的传输速率。

100BASE-T4 需用 3 类双绞线，使用 4 对缆线，支持半双工传输模式。随着 5 类双绞线的普及，该标准现已废弃。

100BASE-T2 使用 3 类双绞线，支持全双工传输模式，使用 2 对缆线，功能等效于 100BASE-TX，并支持旧电缆。

100BASE-FX 使用多模光纤，支持最远传输距离为 400 m 的半双工模式(保证冲突检测)，还支持最长传输距离为 2 km 的全双工模式。

3. 1 000 M 以太网(千兆以太网)

1 000 M 以太网又称为千兆以太网或吉比特以太网，采用光缆或屏蔽双绞线作为传输介质，传输速率达到 1 000 Mbit/s(1 Gbit/s)，采用星形和树形拓扑结构，可以工作在半双工模式和全双工模式，遵循 IEEE 802.3z 标准。

1 000BASE-CX 是早于 1 000BASE-T 标准制定、利用铜缆达到 1 Gbit/s 传输速率的短距离(小于 25 m)方案，现已废弃。

1 000BASE-T 规定传输介质为超 5 类双绞线或 6 类双绞线，1 000BASE-SX 规定传输介质为多模光纤，传输距离小于 500 m；1 000BASE-LX 规定传输介质为多模光纤，传输距离为 2 km；1 000BASE-LX10 规定传输介质为单模光纤，传输距离为 10 km；1 000BASE-ZX 仍采用单模光纤作为传输介质，传输距离为 40～70 km。

4. 10 000 M 以太网（万兆以太网）

10 000 M 以太网又称为万兆以太网，遵循 IEEE 802.3ae 标准，其传输速率达到 10 000 Mbit/s(10 Gbit/s)，主要标准如下。

(1)10 GBASE-CX4 为短距离铜缆方案，采用 InfiniBand 4x 连接器和 CX4 电缆，最长传输距离为 15 m。

(2)10 GBASE-SR 使用短距离多模光纤，当采用不同电缆类型时，传输距离能达到 26～82 m，当使用新型 2 GHz 多模光纤时，传输距离可以达到 300 m。

(3)10 GBASE-LX4 使用波分复用技术，支持多模光纤，能达到 240～300 m 的传输距离，在单模光纤情况下，传输距离超过 10 km。

10 GBASE-LR 和 10 GBASE-ER 通过单模光纤分别支持 10 km 和 40 km 的传输距离。

10 GBASE-SW、10 GBASE-LW、10 GBASE-E 用于广域网 PHY、OC-192/STM64 同步光纤网/SDH 设备。

10 GBASE-T 使用屏蔽或非屏蔽双绞线，使用 CAT-6A 类线至少支持 100 m 的传输距离。

5. 100 G 以太网

新的 40 G/100 G 以太网标准在 2010 年制定完成，使用附加标准 IEEE 8023ba 来说明 40 GBASE-KR4 所采用的背板方案，最短传输距离为 1 m；40 GBASE-CR4/100 GBASE-CR10 为短距离铜缆方案，缆线最大长度约为 7 m；40 GBASE-SR4/100 GBASE-SR10 采用短距离多模光纤，缆线长度在 100 m 以上；40 GBASE-LR4/100 GBASE-LR10 使用单模光纤，传输距离超过 10 km；100 GBASE-ER4 使用单模光纤，传输距离超过 40 km。

4.2.2 以太网的工作原理和帧结构

1. 以太网的工作原理

传统的以太网采用共享信道的方法，即多台主机共享一个信道进行数据传输。为了解决多台计算机的信道共用问题，以太网采用 IEEE 802.3 标准规定了 CSMA/CD(载波监听多路访问/冲突检测)协议，它是控制多个用户共用一条信道的协议。CSMA/CD 协议的工作原理如下：当一个节点要发送数据时，首先监听信道；如果信道空闲就发送数据，并继续监听，如果在数据发送过程中监听到了冲突，则立刻停止数据发送，等待一段随机的时间后重新开始尝试发送数据。具体工作过程如下。

(1)载波监听(先听后发)。使用 CSMA/CD 协议时，总线上各个节点都在监听总线，即检测总线上是否有其他节点发送数据。如果发现总线是空闲的，即没有检测到有信号正在传送，即可立即发送数据；如果监听到总线忙，即检测到总线上有数据正在传送，则节点要持续等待，直到监听到总线空闲才能将数据发送出去，或等待一个随机时间，再重新监听总线，直到总线空闲再发送数据。载波监听也称为先听后发。

(2)冲突检测。当两个或两个以上的节点同时监听到总线空闲并开始发送数据时，就会发生冲突。另外，传输时延可能使一个节点发送的数据还没有到达目标节点时，另一个要发送数据的节点就已经监听到总线空闲并开始发送数据，这也会导致冲突。当两个节点发生冲突时，两个传输的帧就会被破坏，被破坏的帧继续传输毫无意义，而且信道无法被其他节点使用，对于有限的信道来讲，这是很大的浪费。如果每个节点边发送边监听，并在监听到冲突之后立即停止发送，就可以提高信道的利用率。当节点检测到发生冲突时，就立即取消发送，随后发送一个短的干扰信号，即一个较强的冲突信号，告诉网络中的所有节点总线已经发生冲突。在发送冲突信号后，等待一个随机时间，然后再次进行发送。如果总线上还有冲突，则重复监听、等待和重传。

CSMA/CD 采用用户访问总线时间不确定的随机竞争方式，具有结构简单、轻负载条件下时延小等特点，但当网络通信负载增大时，冲突增多，网络吞吐率下降，时延增大导致网络性能明显下降。

2. 以太网帧的结构

以太网帧在 OSI 参考模型的数据链路层封装。网络层的数据包被加上帧头和帧尾，构成可由数据链路层识别的数据帧。以太网标准帧结构如图 4-1 所示。虽然帧头和帧尾所用的字节数是固定不变的，但根据被封装数据包的大小，以太网帧的长度也不同，其变化的范围是 64～1 518 B(不包括 8 B 的前导符)。

8 B	6 B	6 B	2 B	46~1 500 B	4 B
前导符	目的地址	源地址	类型	数据	FCS

图 4-1　以太网标准帧结构

各个字段内容如下。

(1)前导符：它由 7 B 的前导同步码和 1 B 的起始定界符构成。前导同步码有 7 B (56 bit)交替出现的“1”和“0”，它的作用是提醒接收系统有数据到来，起始定界符用 1 B [1010101(1)]作为开始的信号，表示一帧的开始。

(2)目的地址(DA)：它说明了目的站的 MAC 地址，共 6 个字节，可以是单址(代表单个站)、多址(代表一组站)或全地址(代表局域网上的所有站)。当目的地址出现多址时，即代表该帧被一组站点同时接收，称为“组播”(Multi-cast)。当目的地址出现全地址时，即表示该帧被局域网中所有站点同时接收，称为“广播”(Broadcast)。通常以目的地址的最高位来判断地址的类型，最高位为“0”表示单址，为“1”表示多址或全地址，全地址时目的地址字段为全“1”。

(3)源地址(SA)：它说明发送该帧的 MAC 地址，与目的地址字段一样占 6 个字节。

(4)数据(DATA)：它的范围为 46～1 500 B。数据字段最小长度是 46 B，目的是要求局域网中的所有站点都能检测到该帧，即保证网络工作正常。如果数据字段小于 46 B，则发送站数据链路层会自动填充“0”补齐。

(5)检验序列(FCS)：它处在尾部，共占 4 个字节，是 32 bit 冗余检验码(CRC)，检验除前导符和自身以外的内容，即从目的地址开始至数据部分的 CRC 检验结果都反映在校验序列中。当发送站发出帧时，一边发送，一边逐位进行 CRC 检验，最后形成一个 32 bit 的 CRC 检验和，填写在帧尾检验序列中一起在介质上传输。接收站接收后，从目的地址开始同样边接收边逐位进行 CRC 检验。若最后接收站形成的检验和与帧的检验和相同，则表示介质上传输的帧未被破坏。反之，接收站认为帧被破坏，会通过一定的机制要求发送站重发该帧。

4.3 VLAN

VLAN 技术允许将一个物理网络划分成多个逻辑上的独立网络。VLAN 的主要目的是提高网络的管理灵活性和安全性，使网络管理员能够灵活地控制网络流量和安全策略。

VLAN

在 VLAN 中，不同的设备不再受限于其物理位置，而是根据逻辑上的划分进行组织。即使设备连接到同一个物理交换机上，它们也可以被划分到不同的 VLAN 中，彼此之间的通信被 VLAN 隔离。这种逻辑划分的方式带来了更高的网络灵活性和安全性。

4.3.1 特点

(1)逻辑划分：VLAN 基于逻辑上的划分，而不是物理上的分割，允许将设备组织成不同的虚拟网络。

(2)隔离性：不同的 VLAN 之间是相互隔离的，一个 VLAN 内的设备无法直接与其他 VLAN 内的设备通信，除非通过路由器或三层交换机。

(3)广播控制：VLAN 可以减小广播域的大小，减小广播消息对网络的影响。

(4)安全性：VLAN 可以提高网络的安全性，敏感数据可以被放置在独立的 VLAN 中，隔离其他网络流量，提供更高的安全性。

(5)灵活性：管理员可以根据需要重新配置 VLAN，而无须改动物理布线。

4.3.2 应用

(1)部门划分：在企业网络中，不同部门可以被划分到不同的 VLAN 中，实现彼此隔离，同时又共享同一个物理网络。

(2)安全隔离：敏感数据和非敏感数据可以放置在不同的 VLAN 中，以提高敏感信息的安全性。

(3)虚拟主机划分：在虚拟环境中，不同的虚拟主机可以被划分到不同的 VLAN 中，实现虚拟主机之间的隔离。

(4)客户隔离：在公共场所的网络中，不同的用户可以被划分到不同的 VLAN 中，以避免相互干扰。

(5)在实际网络设计中，VLAN 通常由网络设备(如交换机、路由器)的管理员进行配置和管理，以满足特定的网络需求。

4.4 网络安全技术

传统的网络安全包括两个方面：一是网络用户资源不被滥用和破坏；二是网络自身具有安全性和可靠性。网络安全主要解决数据保密和认证的问题。数据保密就是采取复杂多样的措施对数据加以保护，防止数据被有意或无意地泄露给无关人员。认证可分为信息认证和用户认证两个方面。信息认证是指证实信息在从发送到接收的整个通路中没有被第三者修改和伪造；用户认证是指用户双方都能证实对方是这次通信的合法用户。通常在一个完备的保密系统中既要求信息认证，也要求用户认证。

随着IT的迅速发展，互联网得到了广泛应用，网络上出现了很多不安全因素，如木马、蠕虫、僵尸网络、钓鱼网站、黑客攻击、劫持等，现存几万种恶意代码，每年有上千万台计算机被感染，计算机犯罪也越来越隐蔽。现在网络安全的状况非常严峻。现在的计算机病毒比原先的计算机病毒危害大得多，而且数量在快速增加，主要原因如下。

4.4.1 计算机病毒编写目的不同

以前的计算机病毒是“损人不利己”的，而现在绝大部分计算机病毒以“以盈利为主要目的”。例如，用户的计算机中存在盗号木马，用户只要登录QQ，其账号就会被盗。

4.4.2 计算机病毒编写组织化

以前计算机病毒编写绝大部分是个人行为，现在越来越多的是团伙行为，甚至一些计算机病毒编写是企业行为。例如，木马软件编写就是非常典型的企业行为。

4.4.3 计算机病毒已经形成产业链

计算机病毒上游可能提供一些加壳工具、免杀工具，下游利用这些工具对计算机病毒进行加工，以逃避杀毒软件的查杀，即上游编写计算机病毒，下游销售计算机病毒。

4.4.4 计算机病毒变种多，进行小批量感染

现在计算机病毒编写者为了避免其编写的所有计算机病毒被杀毒软件清除，使计算机病毒以不断变种的方式进行感染。即使某些变种计算机病毒被杀毒软件清除，仍然有相当多的计算机病毒无法被清除。杀毒软件可能发现一些计算机病毒变种，但是清除不完全。

4.4.5 计算机病毒数量呈几何级数增长

1. 网络安全的动向

以前的计算机病毒数量非常少，像2006年以前一年只有几种计算机病毒，2006年以后就变成了几十种。网络安全的动向如下。

(1)网络安全正在从早期的防外为主，开始转向内控。

(2)OSI的底层防护正在向多层集成联动管理平台过渡。

(3)基于威胁特征向基于威胁行为防控转变。

(4)由静态防御向动态防御发展。

(5)由单域防控向跨安全域可信交换防控迁移。

(6)由边界防控向源头与信任防控转移。

2. 确保网络综合布线安全的实践内容

网络综合布线是指在建筑物内部或数据中心中，通过网络缆线(如光纤、铜缆等)连接各种网络设备(如计算机、服务器、交换机等)，构建稳定、高效的网络基础设施。在进行网络综合布线时，确保安全性是至关重要的，因为不安全的网络综合布线可能导致数据泄露、未经授权的访问、网络攻击等问题。以下是一些确保网络综合布线安全的实践内容。

(1)确保物理安全：确保网络缆线和设备的物理安全，防止未经授权的人员接触、操纵或破坏网络缆线。可以采取将缆线安装在墙壁内部或者使用防护管道，以及设置安全锁定等措施。

(2)进行加密和认证：对网络传输的数据进行加密，防止数据在传输过程中被窃取。同时，使用合适的身份认证机制，确保只有授权用户可以访问网络。

(3)设置防火墙和入侵检测系统：在网络综合布线的入口处部署防火墙，监控网络流量，防止未经授权的访问。同时，可以部署入侵检测系统(IDS)和入侵防御系统(IPS)来监视网络活动，及时发现并应对潜在的攻击。

(4)隔离网络：在网络综合布线设计中，将不同安全级别的设备隔离开来，确保敏感数据和关键系统得到额外的保护。这可以通过 VLAN 或者物理隔离实现。

(5)定期审计和监控：对网络综合布线进行定期审计，确保网络综合布线符合安全标准和最佳实践。同时，实时监控网络流量，及时发现异常活动，并采取必要的措施应对潜在的威胁。

(6)进行备份和灾难恢复：定期备份网络配置信息，确保在网络受到攻击或者出现故障时能够迅速恢复。同时，建立灾难恢复计划，确保在网络发生灾难时能够迅速恢复服务。

(7)遵循相关标准和法规：遵循相关标准和法规，如 ISO 27001 等，确保网络综合布线的安全性符合法律法规的要求。

以上这些措施有助于确保网络综合布线的安全性，但需要根据具体的网络环境和需求进行调整和扩展。

3. 确保网络设备安全的方法和最佳实践

确保网络设备安全是指保护计算机网络中的各种设备，如路由器、交换机、防火墙、服务器等免受未经授权的访问、攻击和损害。确保网络设备安全对于保护网络免受恶意活动的侵害至关重要。以下是一些确保网络设备安全的方法和最佳实践。

(1)设备更新和补丁管理：确保所有网络设备的操作系统、应用程序和防病毒软件都及时更新到最新版本，并且安装相关的安全补丁。

(2)强密码和身份验证：使用复杂的密码，并定期更改密码。采用多因素身份验证(如令牌密码或生物识别)以增加安全性。

(3)网络隔离：将网络分段，根据不同用户和应用程序的需求划分不同的网络区域，确保敏感数据和关键系统得到额外的保护。

(4)访问控制：配置适当的访问控制列表(ACL)和防火墙规则，限制从网络外部和内部访问设备的人员。

(5)网络监控：使用网络监控工具监视网络流量，检测异常活动，并采取适当的措施应对潜在的威胁。

(6)定期审计和漏洞扫描：定期对网络设备进行安全审计，检查配置是否符合最佳实践，并进行漏洞扫描，及时发现和修补潜在的安全漏洞。

(7)物理安全：确保网络设备的物理安全，避免未经授权的人员物理访问设备，采取必要的措施，如锁定机房、使用安全设备机柜等。

(8)教育和培训：对网络管理员和终端用户进行安全意识教育和培训，提高他们对网络安全的认识和警惕性。

(9)备份和灾难恢复：定期备份关键数据和配置信息，并测试灾难恢复计划，确保在网络遭受攻击或数据丢失时能够迅速恢复。

(10)遵循相关标准和法规：遵循相关标准和法规，如GDPR、HIPAA等，确保网络设备的安全性符合法律、法规的要求。

以上这些措施是确保网络设备安全的基本方法，但需要根据具体的网络环境和需求进行调整和扩展。网络安全是一个持续的过程，需要不断地更新和改进安全策略来适应不断变化的威胁环境。

4. 确保云数据中心安全的关键实践

确保云数据中心安全是指保护云计算环境中的数据、网络、系统和应用程序免受未经授权的访问、攻击和损害。云数据中心通常托管大量的敏感信息，包括个人数据、企业机密等，因此确保云数据中心安全至关重要。以下是一些确保云数据中心安全的关键实践。

(1)数据加密：数据在传输和存储过程中应该进行加密。使用SSL/TLS等加密协议来保护数据在云中的传输，并且使用加密算法对数据进行加密。

(2)身份认证和访问控制：强制实施身份认证，确保只有授权的用户可以访问云数据中心。采用多因素身份认证(如令牌密码、生物识别等)来提高安全性。同时，实施严格的访问控制，确保用户只能够访问他们所需要的资源。

(3)网络安全：在云数据中心部署防火墙、入侵检测系统和入侵防御系统，监控网络流量，防止未经授权的访问和攻击云数据中心。使用虚拟专用云(VPC)或者VLAN隔离网络，确保不同用户之间的数据不会相互干扰。

(4)漏洞管理和安全补丁：定期进行漏洞扫描和安全评估，及时修补系统和应用程序的安全漏洞。确保云数据中心中的所有软件和硬件都是最新的，并且安装最新的安全补丁。

(5)遵循相关标准和法规：遵循相关的标准和法规，如GDPR、HIPAA等，确保云数据中心的安全性符合法律、法规的要求。同时，定期接受独立的第三方审计，确保符合合规性标准。

(6)灾难恢复和备份：进行定期的数据备份和灾难恢复，确保在数据丢失或系统崩溃时能够迅速恢复服务。备份数据应该存储在不同的地理位置，以防止出现单点故障。

(7)安全意识培训：对云数据中心的管理员和终端用户进行安全意识培训，对他们进行安全最佳实践、社会工程学攻击和如何应对各种网络威胁方面的教育。

(8)日志和监控：定期审查和分析云数据中心的日志，以便发现异常活动。使用安全信息和事件管理系统(SIEM)来实时监控网络活动，及时发现并应对潜在的威胁。

4.5 计算机网络工程设计

计算机网络工程是在信息系统工程方法和完善的组织机构的指导下，根据网络应用的需求，按照计算机网络系统的标准、规范和技术，详细规划设计可行方案，将计算机网络硬件、软件和技术系统性地集成在一起，组建一个满足用户需求、高效高速、稳定安全的计算机网络系统的工作。

4.5.1 计算机网络工程建设的主要内容和原则

1. 主要内容

(1)网络规划与设计。网络规划与设计是对计划建设的网络系统的类型规模、体系结构、硬件与软件、管理与安全等方面提出一套完整的技术方案和实施方案。

(2)网络硬件系统建设。网络硬件系统建设主要包括计算机硬件设备、网络设备和综合布线系统等硬件的集成。

(3)网络软件系统建设。网络软件系统建设主要包括网络操作系统、工作站操作系统通信及协议软件、数据库管理系统、网络应用软件和开发工具软件等的选择与安装。

(4)网络安全管理建设。网络安全管理建设主要包括网络管理与安全体系及相应软件系统的组建。

2. 设计原则

(1)充分满足当前各种信息服务的需求，同时为将来的系统扩充留有充分余地。

(2)充分考虑与其他子系统之间的联系。

(3)统一规划，全面设计，做到有根有据、有条有理。

(4)符合 OSI 和 TCP/IP 系统标准。

(5)便于维护和管理。

(6)在保证满足系统需求的前提下，提高系统的性能价格比。

4.5.2 计算机网络工程设计步骤

计算机网络工程设计除了建立网络，还要考虑网络的规划与实施及日后的系统扩展与升级、设备与路线的选择、网络拓扑结构设计，以达到最佳的网络设计。

1. 需求分析

(1)用户业务需求分析。设计者应根据用户的意图来设计网络，需要了解用户想解决什么问题。以某高校的校园网为例，该网络应该方便快捷，能够充分利用 Internet、国家信息网、教育网、全国高校互联网上的各种信息，实现资源共享，并能够为在校区学生提供丰富的多媒体教学手段，实现高质高效的教学目标。学生可以方便地进行交流和探讨，教师和学校领导可以方便地发布教学信息和教务通知，能够更好地办公，从而使网络一体化。总的来说，用户需要的校园网是一个典型的面向未来的信息化、自动化的，集娱乐、教学、办公于一体的，具备多媒体综合业务发展需求的园区网络。

(2)网络环境需求分析。校园网的建设对网络的要求必须严格，以便为学校营造积极向上的学习氛围，因此，校园网要满足的基本条件如下：能够方便快捷地访问互联网络，访问学校虚拟网络及对外交流；能够实现远程教育，并能够共享信息资源；能够畅通无阻地发布电子邮件和电子公告；方便教师授课及办公、学生学习交流；方便进行网络安全管理。

(3)网络扩展性需求分析。网络扩展性能需要考虑到学校每年不断增加的学生人数，校园网的负担主要体现在网络带宽的需求量，因此，考虑到学校日后的规模，应将校园网的带宽增加一倍，以便日后校园网的正常使用与管理。

(4)安全性需求分析。现在的互联网具有多元化的网络应用及复杂的网络环境，充斥着各种各样的信息。为了保证校园网能够正常稳定地工作，不会因为网络病毒和黑客的攻击而瘫痪，使学校遭受损失，一套高性能的硬件防火墙及一款功能全面的杀毒软件必不可少。主机房应保证通风、干燥，电源需安全、可靠。电源布线设计要与网络设计同时考虑。电源安装、布线要符合国家标准。路由器、交换机、服务器都应该采用目前的主流产品。操作系统尽量采用安全性较高的网络操作系统，并进行必要的安全配置，关闭一些不常用却有存在安全隐患的系统服务功能和端口。网络操作系统、网络服务器软件等可能存在一些安全漏洞，应当及时对其进行补丁程序升级，提高其安全性。

(5)发展需求分析。设计者不仅要考虑网络中当前的用户，还应当为网络保留至少三年的可扩展能力，从而保证网络能够满足用户增长的需要。

2. 网络拓扑结构设计

网络拓扑结构可以按 OSI 参考模型分为互相独立的三部分——物理层、数据链路层和网络层。

(1)第一层(物理层)网络拓扑结构设计。物理层缆线是网络拓扑结构设计中最重要的组成部分之一。第一层网络拓扑结构设计包括所用缆线的类型设计(典型的铜线和光缆)和整个网络的布线结构设计。

①第一层的传输介质包括 5 类及以上非屏蔽双绞线和光缆。

②星形拓扑结构。配线间有水平交叉连接配线架，用来连接水平缆线和第二层局域网交换机端口。局域网交换机的上行端口直接与以太网第三层路由器相连。

③扩展星形拓扑结构。网络连接的距离超过了标准限制(100 m)时，通常要设置一个以上的布线间，较低一级的布线间称作中间配线设备(IDF)，它通过垂直电缆(或称主干电缆)和主配线设备(MDF)相连。

(2)第二层(数据链路层)网络拓扑结构设计。第二层网络设备主要用于进行流量控制、错误检测和减少网络拥塞。最常见的第二层网络设备有网桥和二层交换机，第二层网络设备决定了冲突域和广播域的大小。

(3)第三层(网络层)网络拓扑结构设计。第三层网络设备用于对网络分段，并允许段间以 IP 地址为基础进行通信。例如，路由器等第三层网络设备，将局域网作为独立的物理和逻辑上的网络进行互连。

3. 设备选型

设计者要具备多方面的知识，包括对新技术的深刻理解、对新产品的广泛关注及对应用需求的准确把握。

目前主要的网络设备厂商有 Cisco、3COM、IBM、Bay Network、Cabietron、HP、D-LINK 等。通常，建议在同一网络系统中最好选择相同品牌的网络设备，以方便网络的管理和维护。

对应网络应用三层结构的核心层、汇聚层和接入层，交换机可分为中心交换机、骨干交换机和桌面交换机。根据交换机所工作的协议层，交换机可分为第二层交换机、第三层交换机和第四层交换机。

(1)交换机选择。工作站的数量和处理速度、拟采用的网络技术和传输介质是选择不同档次的交换机的重要因素。

①端口类型。目前，网络的传输介质基本以超 5 类及以上类型的非屏蔽双绞线为主，对于采用光纤的网络，必须考虑与光纤相连的交换机有无光纤端口。

②端口配置。交换机包含的端口数量和支持的端口类型，即端口配置必须保证连接工作站的数量和所达到工作站的带宽能够满足用户的要求。

③交换容量。交换容量又称为背板带宽或交换带宽，是交换机接口处理器或接口卡和数据总线间所能吞吐的最大数据量。交换容量表明了交换机总的数据交换能力，单位为吉比特/秒(Gbit/s)，一般的交换机的交换容量从几吉比特/秒到上百吉比特/秒不等。

④交换机应易于管理和控制，可以方便地设置 VLAN 和主干端口等。交换机有三种配置管理方法，即本地管理、远程管理和通过第三方平台管理。

⑤交换机应具备较强的升级和扩展能力。交换机的底座类型有固定化、模块化和混合化 3 种。其中，模块化交换机具备较强的升级和扩展能力。

(2)路由器选择。路由器的性能由吞吐量、时延和路由计算能力等指标体现。

①类型。根据性能和价格，路由器可分为低端、中端和高端 3 类。低、中端路由器，其信息吞吐量一般在几千万至几十亿比特/秒，低端路由器是许多局域网用户首先考虑的品种，中端路由器支持的网络协议多、速度快，支持防火墙、包过滤及大量的管理和安全策略，还支持 VLAN。高端路由器，其信息吞吐量均在 100 亿 bit/s 以上，应用于某个行业或者系统的主干网，实现企业级网络的互连。

②接口。常见的路由器至少应包含局域网连口和广域网连口各一个。广域网接口如 RS 232 接口、X. 21 接口、E1/T1 接口、ISDN 接口等。局域网接口主要包括以太网接口(RJ-45)、ATM 接口、令牌环接口、FDDI 接口等。路由器包含的接口多则有更大的扩展余地，对局域网规模的扩展非常方便。

③局域网接口速率。应该选用千兆位交换路由器，这种路由器的光接口速率可以达到 622 Mbit/s、2. 5 Gbit/s，甚至 10 Gbit/s。

④路由协议支持。选择支持多种协议的路由器，可为网络将来的升级节约资金。应检查路由器是否提供对当前广域网协议的支持。

⑤路由器应易于管理和控制。路由器有本地管理、远程登录或远程 Modem 拨号配置 3 种配置管理方法。

⑥路由器的稳定安全与否，直接决定了内部局域网的安全。路由器可以设置访问权限列表，实现防火墙的功能，具有地址转换功能，实现企业内部局域网的网络地址与电信局提供的广域网地址转换，防止非法用户入侵。

(3)网络操作系统选择。在网络应用项目确定后，网络应用软件也就基本选定。对于选择商品化网络应用软件的项目而言，应根据网络应用软件需要的操作系统环境来确定网络操作系统。

网络中常用的操作系统主要是Novell公司的Netware，Microsoft公司的Windows，IBM公司的OS/2、Lan Server、UNIX、Linux。

(4)服务器选配。

①服务器的选择。服务器的选择主要从可靠性、I/O性能等方面考虑。可靠性主要根据服务器采用的技术，如冗余技术，电源、硬盘、内存、CPU、I/O卡总线通道和故障在线修复技术等。I/O性能主要考虑I/O并发操作能力。目前，市场上有很多品牌的微机服务器系统，如IBM、HP等，其主要功能相差并不大。

②服务器资源配置。根据应用需求确定服务器资源配置，主要考虑内存容量、磁盘驱动器控制器标准、磁盘容量及容错方式等。内存的选择必须考虑网络操作系统及应用软件的要求。对于小型磁盘应用可以选择标准的磁盘驱动器控制器T/WIDE SCSI；对于高强度磁盘应用，就应选用FAST/WIDE SCSI－2标准的产品。磁盘容错方式主要有磁盘镜像、磁盘双工和磁盘阵列技术。磁盘镜像使用一个控制器控制两个磁盘，数据要同时写入两个磁盘。磁盘双工是使用两个控制器各控制一个磁盘，即在磁盘冗余的基础上增加控制器冗余。在磁盘阵列中，在任意一个磁盘失效的情况下仍可以保持数据安全有效，冗余度小，其控制器及所用的驱动器的价格都比较高。

4. 服务器功能与应用设计

成功的网络设计关键在于设计者要了解网络对服务器功能和位置的需求。可以将服务器分为企业服务器和工作组服务器两类。企业服务器(如E-mail服务器或DNS服务器)为组织中的每个人提供服务；工作组服务器只为特定的用户群提供如字处理、文件共享等服务。企业服务器要放置在主配线设备间，工作组服务器要放置在距离应用其服务的用户群最近的中间配线设备间，数据流只能通过网络到达中间配线设备，而不会影响网络中的其他用户。

5. 广域网接入设计

将计算机网络接入互联网的方法很多，如公用电话交换网(PSTN)、电视混合同轴电缆光纤网、综合业务数字网(ISDN——异步传输模式ATM、非对称数字线路ADSL)、帧中继(FR)、数字数据网(DDN)等都可以作为接入互联网的手段。DDN速度快但费用高，而PSTN费用低但速度受到限制，选择何种接入手段主要取决于以下几个因素：用户对接入速度的要求、接入计算机或计算机网络与互联网之间的距离、接入后网间的通信量、用户希望运行的应用类型、用户所能承受的接入费用和代价。

6. 网络IP地址规划

(1)制作规划总表。应充分了解网络的拓扑结构和接口互连方式、用户应用类设备分布状况。

(2)规划应用类地址。应用类地址指的是用户终端设备的IP地址，如用户的台式计算机、笔记本电脑，以及提供服务和业务应用的服务器IP地址。应用类地址通常是网络中数目最多的IP地址。

另外，还需从设备互连地址规划、设备网管地址规划和外网地址规划几个方面进行网络 IP 地址规划。内部网络访问外网时会使用 NAT 等技术。以 NAT 技术为例，需要为内部网络用户提供一个公网地址或几个公网地址组成的地址池；对外提供服务的服务器需要使用公网地址，如 WWW、FTP、E-Mail 等服务器所使用的内部私有地址需要转换成公网地址。

4.6 计算机网络工程实例

某大学为了加快校园信息化建设，需要建设一个高性能的、安全可靠的校园网，要求能够实现校园内部各种信息服务功能，实现与教育网的无阻碍连通，并能够与校内各部门进行通信，为学校的科研、教学、管理提供服务。

4.6.1 网络应用需求

不同学校对校园网建设的需求有着明显的不同，大体可分为教学、办公、服务、科研四个方面应用。例如，教学、科研方面的网络设计应考虑稳定、扩展、安全等问题；对于办公、服务等方面的网络，带宽是需要着重考虑的方面。因此，学校应该根据自己的实际情况来考虑校园网的结构及安全问题。

校园网在信息服务与应用方面应具备以下要素：学校主页[学校应建立独立的 WWW 服务器，提供学校主页等服务，包括校情简介、学校新闻、校报(电子报)、招生信息及校内电话号码和电子邮件地址查询等]；文件传输服务[考虑到师生之间共享信息，校园网应提供文件传输服务(FTP)，FTP 服务器上存放各种各样的自由软件和驱动程序，师生可以根据自己的需要随时下载并把它们安装在本机上]；校园网站建设(WWW、FTP、E-mail、DNS、PROXY 代理、拨入访问、流量计费等)；多媒体辅助点播教学兼远程教学(校园网要求具有数据、图像、语音等多媒体实时通信能力，主干网提供足够的带宽和可保证的服务质量，满足大量用户对带宽的基本需要，并保留一定的余量用于突发的数据传输使用，最大限度地减小网络传输的延迟)；校园办公管理；学校教务管理；校园通卡应用；网络安全防火墙；图书管理、电子阅览室；基本的 Web 开发和信息制作平台。

4.6.2 网络性能需求

网络性能需求指标有服务效率、服务质量、网络吞吐率、网络响应时间、数据传输速率、资源利用率、可靠性、性能价格比等。

根据本工程的特殊性，语音点和数据点使用相同的传输介质，即统一使用超 5 类 4 对双绞电缆，以实现语音、数据相互备份的需要。

对于网络主干，数据通信介质全部使用光缆，语音通信主干使用大对数电缆；光缆和大对数电缆均留有余量；对于其他系统数据传输，可采用超 5 类双绞线或专用缆线。

4.6.3 校园网设计原则

(1)先进性原则。校园网以先进、成熟的网络通信技术进行组网，支持数据、语音和视频图像等多媒体应用，采用基于交换的技术代替传统的基于路由的技术，并且能确保网络技术和网络产品在几年内基本满足需求。

(2)开放性原则。校园网的建设应遵循国际标准，采用大多数厂家支持的标准协议及标准接口，从而为异种机、异种操作系统的互连提供便利和可能。

(3)可管理性原则。网络建设的一项重要内容是网络管理，网络建设必须保证网络运行的可管理性。优秀的网络管理将大大提高网络的运行速率，并可迅速简便地进行网络故障的诊断。

(4)安全性原则。信息系统安全问题的中心任务是保证信息网络的畅通，确保授权实体经过网络安全地获取信息，并保证信息完整和可靠。网络系统的每个环节都可能出现安全与可靠性问题。

(5)灵活性和可扩充性原则。在选择网络拓扑结构的同时还需要考虑网络未来的发展，由于网络中的设备不是一成不变的，所以需要添加或删除一些工作站，对一些设备进行更新换代，或变动设备的位置。因此，所选取的网络拓扑结构应该能够容易地进行配置以满足新的需要。

(6)可靠性原则。可靠性对于网络拓扑结构是至关重要的，在局域网中经常发生节点故障或传输介质故障，可靠性高的网络拓扑结构可以使这些故障对整个网络的影响尽可能小。同时，网络应具有良好的故障诊断和故障隔离功能。

4.6.4 网络信息点统计

某所大学联网各楼所在位置及信息点分布情况见表 4-1。

表 4-1 某所大学联网各楼所在位置及信息点分布情况

楼宇	楼层							
	1层	2层	3层	4层	5层	6层	7层	8层
1号楼	2	4	12	10				
2号楼		10						
3号楼	18	29	42	5				
办公楼	17	13	12	18				
图书馆	2	10	13					
5号楼	2	18	10	1				
6号楼	8	8	9	23				
7号楼	4	19	7	4				
研究生楼	6	21	21	21	21			
电子楼	4	8	4	4				
公卫楼		9	6	8	8	9	13	8
合计	501							

4.6.5 网络结构设计

校园网整体可分为核心层、汇聚层、接入层三个层次。为了实现校区内的高速互连，核心层由一个核心节点组成，包括教学区域、服务器群。汇聚层设置在每栋楼上，每栋楼设置一个汇聚节点，汇聚层为高性能"小核心"型交换机，根据各个楼的配线间的数量不同，可以分别采用 1 台或 2 台汇聚层交换机进行汇聚。为了保证数据传输和交换的效率，在各个楼内设置三层楼内汇聚层，楼内汇聚层设备不但分担了核心设备的部分压力，同时提高了网络的安全性。接入层为每个楼的接入交换机，是直接与用户相连的设备。本实施方案从网络运行的稳定性、安全性及易于维护性出发进行设计，以满足用户需求。

4.6.6 设备选型与配置

1. 核心层交换机设备选型

通常将网络主干部分称为核心层。核心层的主要作用是通过高速转发通信，提供可靠的骨干传输结构，因此，核心层交换机应具有更高的可靠性、更好的性能和更大的吞吐量。核心层交换机选择华为 Quidway S9303，核心层交换机位于办公楼，配置两台。华为 Quidway S9303 主要参数见表 4-2。

表 4-2 华为 Quidway S9303 主要参数

交换机类型	路由交换机
应用层级	三层
传输速率/(Mbit · s^{-1})	10/100/1 000
端口结构	模块化
交换方式	存储一转发
背板带宽/(Tbit · s^{-1})	1.2
包转发率/Mpps	540
VLAN 支持	支持
QoS 支持	支持
网管支持	支持
MAC 地址表	16 k
模块化插槽数	3
电源	DC：−38.4～−72 V；AC：90～264 V；典型功耗：＜180 W；整机供电能力：350 W
尺寸/(mm×mm×mm)	442×476×175
质量/kg	15

华为 Quidway S9303 是中小型网络核心交换机的理想选择，适合为政府、学校、企业构建高速、安全、可靠的千兆网络。

2. 汇聚层设备选型

通常将位于接入层和核心层之间的部分称为分布层或汇聚层。汇聚层是多台接入层交换机的汇聚点，它必须能够处理来自接入层设备的所有通信量，并提供到核心层的上行链路，因此，汇聚层交换机与接入层交换机比较，需要更高的性能、更少的接口和更高的交换速率。汇聚层交换机选择华为 CISCO WS-C2960 G-48。整个校园网共用 4 台汇聚层交换机，使用千兆光纤与核心层交换机相连。华为 CISCO WS-C2960 G-48 主要参数见表 4-3。

表 4-3　华为 CISCO WS-C2960 G-48 主要参数

交换机类型	智能交换机
应用层级	二层
内存/MB	64
传输速率/(Mbit·s^{-1})	10/100/1 000
网络标准	IEEE 802.3、IEEE 802.3u、IEEE 802.1x、IEEE 802.1Q、IEEE 802.1p、IEEE 802.1D、IEEE 802.1s、IEEE 802.1w、IEEE 802.3ad、IEEE 802.3z、IEEE 802.3
端口结构	非模块化
端口数量	44
接口介质	10/100BASE-T，10/100/1 000BASE-Tx/SFP
传输模式	全双工/半双工自适应
交换方式	存储－转发
背板带宽/(Gbit·s^{-1})	32
包转发率/Mpps	39
VLAN 支持	支持
QoS 支持	支持
网管支持	支持
网管功能	Web 浏览器，SNMP，CLI
MAC 地址表	8 k
模块化插槽数	4
指示面板	端口状态：连接完整性、禁用、活动、速度、全双工；系统状态：系统、RPS、链路状态、链路双工、链路速度
电源	100～240VAC、50 Hz/60 Hz、1.3～0.8 A
环境标准	工作温度：0～45 ℃；工作湿度：10%～85%(非冷凝)；存储温度：－25～70 ℃；存储湿度：10%～85%(非冷凝)
尺寸/(mm×mm×mm)	328×445×44
质量/kg	5.4

3. 接入层设备选型

通常将网络中直接面向用户连接或访问网络的部分称为接入层。接入层的作用是将终端用户连接到网络，因此，接入层交换机具有低成本和高端口密度特性。接入层交换机选择华为 S1048 和华为 S1216。

(1)接入层交换机的需求量统计情况见表 4-4。

表 4-4　接入层交换机的需求量统计情况

建筑物名称	接入层交换机	建筑物名称	接入层交换机
1 号楼	用 2 台 24 口交换机	办公楼	用 2 台 48 口交换机
2 号楼	用 1 台 24 口交换机	图书馆	用 1 台 48 口交换机
3 号楼	用 1 台 16 口、10 台 48 口交换机	研究生楼	用 3 台 24 口、1 台 48 口交换机
5 号楼	用 2 台 24 口交换机	电子楼	用 1 台 24 口交换机
6 号楼	用 1 台 24 口、1 台 48 口交换机	公卫楼	用 3 台 24 口交换机
7 号楼	用 2 台 24 口交换机	—	—

(2)接入层交换机参数见表 4-5。

表 4-5　接入层交换机参数

交换机类型	网管交换机
应用层级	接入层
传输速率/(Mbit・s^{-1})	10/100/1 000
网络标准	IEEE 802.3、IEEE 802.3u、IEEE 802.3z、IEEE 802.3ab、IEEE 802.3x
端口数量	50
接口介质	10/100BASE-TX：五类双绞线，传输距离 100 m；1 000BASE-LX-SFP：9/125 μm 单模光纤，传输距离 10 km；1 000BASE-ZX-LR-SFP：9/125 μm 单模光纤，传输距离 40 km；1 000BASE-ZX-VR-SFP：9/125 μm 单模光纤，传输距离 70 km；1 000BASE-SX-SFP：50/125 μm 多模光纤，传输距离 550 m
传输模式	全双工/半双工自适应
交换方式	存储一转发
背板带宽/(Gbit・s^{-1})	13.6
包转发率/Mpps	10.1
VLAN 支持	支持
QoS 支持	支持
网管支持	支持
网管功能	支持 Web 网管
MAC 地址表	8 k
模块化插槽数	1

续表

电源	AC100～240 V(50～60 Hz)
环境标准	工作温度：0～40 ℃；工作湿度：20%～85%无凝结
尺寸/(mm×mm×mm)	440×230×44
质量/kg	<4

(3)H3C S1216(24 口)参数介绍见表 4-6。

表 4-6　H3C S1216(24 口)参数

交换机类型	千兆以太网交换机
应用层级	接入层
内存/MB	2
传输速率/(Mbit·s^{-1})	10/100/1 000
网络标准	IEEE 802.3、IEEE 802.3u、IEEE 802.3ab
端口结构	非模块化
端口数量	24
接口介质	10BASE-T：3/4/5 类双绞线，支持最大传输距离 200m；100BASE-TX：5 类双绞线，支持最大传输距离 100m；1 000BASE-T：5 类双绞线，支持最大传输距离 100 m
传输模式	全双工/半双工自适应
交换方式	存储－转发
背板带宽/(Gbit·s^{-1})	32
包转发率/Mpps	23.8
VLAN 支持	不支持
QoS 支持	不支持
网管支持	不支持
MAC 地址表	8 k
电源	输入电压：220 V AC
尺寸/(mm×mm×mm)	330×230×44

4. 路由器

CISCO 7206VXR 路由器基本参数见表 4-7。

表 4-7　CISCO 7206VXR 路由器基本参数

路由器类型	模块化接入路由器
端口结构	模块化
网络协议	IEEE 802.3，SDN；密标准 AH(MD5)，ESP(Null，DES，3DES，ARC4，proprietary fast encoding，＋MD5/HMAC，－MD5)；PPP(PAP，CHAP，LCP，IPCP，MIPPP)

续表

固定的广域网接口	可选广域接口 WIC 卡
固定的局域网接口	10/100BASE-T/TX
其他接口	控制接口 RS-232
内置防火墙	是
QoS	支持
VPN	支持
扩展模块	6
处理器/MHz	225、263 或 350(MIPS RISC)
内存	最大 512 MB
网络管理	Cisco ClickStart，SNMP
适用环境	工作温度：0～40 ℃；工作湿度：10%～90%；存储温度：－20～65 ℃
电源电压/V	1
认证/V	100～240
尺寸/(mm×mm×mm)	431×426×133
质量/kg	22.7

5. 防火墙选型

构建该校园网选用的防火墙是华为赛门铁克(USG3030)，其主要参数见表 4-8。

表 4-8　华为赛门铁克(USG3030)主要参数

类型	企业级防火墙
品牌	华为赛门铁克
并发连接	1 000 000
网络接口	3 个 GE 光电互斥接口，1 个 Con
网络吞吐量/($bit \cdot s^{-1}$)	1 000
安全过滤/($Mbit \cdot s^{-1}$)	400
用户数限	无用户数限制
入侵检测	Dos，DDoS
适用环境	工作温度：0～40 ℃；工作湿度：10%～90%
控制端口	Console 口
其他性能	高性能、高可靠性、功能全面的 VPN 网关，优异的 DoS/DDoS 攻击防范能力，对多种协议进行流量控制，丰富的 NAT 业务能力，灵活、便捷、安全的维护管理，高速日志收集功能
防火墙尺寸/(mm×mm×mm)	420×436×44.4

续表

电源	AC：100～240 V；DC：－48～－6 V
安全标准	FCC，CE
管理	SNMP v1/v2/v3，SSH，RADIUS
质量/kg	6

4.6.7 VLAN 的划分

VLAN 在网络领域得到了广泛应用，尤其在网络管理和网络安全方面起到了不可忽视的作用。采用 VLAN 技术对整个网络进行集中管理，能够容易地实现网络管理。例如，在添加、删除和移动网络用户时，不用重新布线，也不用直接对成员进行配置。

VLAN 提供的安全机制，可以限制用户对安全设备的访问，如限制普通用户对计费服务器、安全交换机等的访问。VLAN 控制广播组的大小和位置，甚至锁定网络成员的 MAC 地址，限制了未经安全许可的用户和网络成员对网络的使用。

1. VLAN 号(ID)的分配规划

(1)VLAN 划分原则：便于管理。

(2)VLAN 划分理念：将几栋楼划分在同一 VLAN，便于操作管理。

2. 具体 VLAN 划分表

具体 VLAN 划分见表 4-9。

表 4-9　具体 VLAN 划分

楼号及名称	VLAN 号
1 号楼	VLAN 10
2 号楼	
3 号楼	
办公楼	VLAN 20
图书馆	
5 号楼	VLAN 30
6 号楼	
7 号楼	
研究生楼	VLAN 40
公共卫生楼	VLAN 50
电子楼	VLAN 60
服务器集群	VLAN 99

4.6.8 IP 地址的分配原则

IP 地址的统一、合理规划及整个网络向 IPv6 的演进是整体分层网络稳定、快速收敛的关键，也是院校园网设计中的重要一环。IP 地址规划的好坏不仅影响网络路由协议算法的效率，更影响网络的性能和稳定及网络的扩展和管理，从而必将直接影响相关新业务的开拓和网络应用的进一步可持续性发展。

分配 IP 地址时应注意使用 VLAN，以充分节约 IP 地址，使路由交换机能够采用聚合进行路由的合并，减小路由表的大小。出口到互联网可以采用 NAT 防火墙进行地址转换实现。校区内接入同一汇聚层交换机的区域建议采用连续 IP 地址段，以便进行路由汇聚。

IP 地址的分配原则如下。

(1)给三层交换机设备互连的点对点 IP 地址分配 1 个 C 类地址，提供足够的扩展性。

(2)考虑到以后的网络扩展规模，二层交换机设备的管理 IP 地址分配 1 个 C 类 IP 地址。

(3)考虑为学校校园网分配若干个 C 类私有地址段。

IP 地址分配见表 4-10。

表 4-10　IP 地址分配表

网络单元	地址段	地址范围	网关	上网方式	IP 地址获取方式
1 号楼：共有 28 个信息点					
1 号楼 1 层	192.168.0.0/28	1～14	192.168.0.1	NAT	DHCP
1 号楼 2 层	192.168.0.16/28	17～30	192.168.0.17	NAT	DHCP
1 号楼 3 层	192.168.0.32/28	33～46	192.168.0.33	NAT	DHCP
1 号楼 4 层	192.168.0.48/28	49～62	192.168.0.49	NAT	DHCP
2 号楼：共有 10 个信息点					
2 号楼 2 层	192.168.1.0/28	1～14	192.168.1.1	NAT	DHCP
3 号楼：共有 94 个信息点					
3 号楼 1 层	192.168.2.0/27	1～30	192.168.2.1	NAT	DHCP
3 号楼 2 层	192.168.2.32/27	33～62	192.168.2.33	NAT	DHCP
3 号楼 3 层	192.168.2.64/26	65～126	192.168.2.65	NAT	DHCP
3 号楼 4 层	192.168.2.128/29	129～134	192.168.2.129	NAT	DHCP
办公楼：共有 60 个信息点					
办公楼 1 层	192.168.3.0/27	1～30	192.168.3.1	NAT	手动分配
办公楼 2 层	192.168.3.32/28	33～46	192.168.3.33	NAT	手动分配
办公楼 3 层	192.168.3.48/28	49～62	192.168.3.49	NAT	手动分配
办公楼 4 层	192.168.3.64/27	65～944	192.168.3.65	NAT	手动分配
图书馆：共有 25 个信息点					
图书馆 1 层	192.168.4.0/29	1～6	192.168.4.1	NAT	DHCP
图书馆 2 层	192.168.4.8/28	9～22	192.168.4.9	NAT	DHCP
图书馆 3 层	192.168.4.24/28	25～38	192.168.4.25	NAT	DHCP

续表

网络单元	地址段	地址范围	网关	上网方式	IP 地址获取方式
5 号楼：共有 31 个信息点					
5 号楼 1 层	192.168.5.0/29	1～6	192.168.5.1	NAT	DHCP
5 号楼 2 层	192.168.5.8/27	9～38	192.168.5.9	NAT	DHCP
5 号楼 3 层	192.168.5.40/28	41～54	192.168.5.41	NAT	DHCP
5 号楼 4 层	192.168.5.56/30	57～58	192.168.5.57	NAT	DHCP
6 号楼：共有 48 个信息点					
6 号楼 1 层	192.168.6.0/28	1～14	192.168.6.1	NAT	DHCP
6 号楼 2 层	192.168.6.16/28	17～30	192.168.6.17	NAT	DHCP
6 号楼 3 层	192.168.6.32/28	33～46	192.168.6.33	NAT	DHCP
6 号楼 4 层	192.168.6.48/27	49～78	192.168.6.49	NAT	DHCP
7 号楼：共有 34 个信息点					
7 号楼 1 层	192.168.7.0/29	1～6	192.168.7.1	NAT	DHCP
7 号楼 2 层	192.168.7.8/27	9～38	192.168.7.9	NAT	DHCP
7 号楼 3 层	192.168.7.40/28	41～54	192.168.7.41	NAT	DHCP
7 号楼 4 层	192.168.7.56/29	57～62	192.168.7.57	NAT	DHCP
研究生楼：共有 90 个信息点					
研究生楼 1 层	192.168.8.0/29	1～6	192.168.8.1	NAT	DHCP
研究生楼 2 层	192.168.8.8/27	9～38	192.168.8.9	NAT	DHCP
研究生楼 3 层	192.168.8.40/27	41～70	192.168.8.41	NAT	DHCP
研究生楼 4 层	192.168.8.72/27	73～102	192.168.8.73	NAT	DHCP
研究生楼 5 层	192.168.8.104/27	105～134	192.168.8.105	NAT	DHCP
电子楼：共有 20 个信息点					
电子楼 1 层	192.168.9.0/29	1～6	192.168.9.1	NAT	DHCP
电子楼 2 层	192.168.9.8/28	9～22	192.168.9.9	NAT	DHCP
电子楼 3 层	192.168.9.24/29	25～30	192.168.9.25	NAT	DHCP
电子楼 4 层	192.168.9.32/29	33～38	192.168.9.33	NAT	DHCP
公共卫生楼：共有 61 个信息点					
公卫楼 2 层	192.168.10.0/28	1～14	192.168.10.1	NAT	DHCP
公卫楼 3 层	192.168.10.16/29	17～22	192.168.10.17	NAT	DHCP
公卫楼 4 层	192.168.10.24/28	25～38	192.168.10.25	NAT	DHCP
公卫楼 5 层	192.168.10.40/28	41～54	192.168.10.41	NAT	DHCP
公卫楼 6 层	192.168.10.56/28	57～70	192.168.10.57	NAT	DHCP

续表

网络单元	地址段	地址范围	网关	上网方式	IP 地址获取方式
公卫楼 7 层	192.168.10.72/28	73～86	192.168.10.73	NAT	DHCP
公卫楼 8 层	192.168.10.88/28	89～102	192.168.10.89	NAT	DHCP
服务器集群	10.8.0.0/28	1～14	10.8.0.1	NAT	手动分配

4.7 局域网组建训练

本节主要学习小型局域网组建，实训项目如下：双机互连、WLAN 组网、小型局域网组建与管理。学生通过实训环节理解各种类型局域网的体系机构和网络协议，熟悉网络设备的使用及配置，具备局域网的方案设计能力及局域网组建能力。

局域网组建训练

4.7.1 双机互连

在家庭和小型办公室中，为了方便资源共享，通常将两台计算机直接连接，以构成最小规模的网络。因此，将两台计算机连接在一起，组成一个最小规模的局域网，用来共享文件、联机玩游戏、共享打印机等外设，甚至共享调制解调器上网就成为应用中的焦点，这就是所说的“双机互连”，如图 4-2 所示。

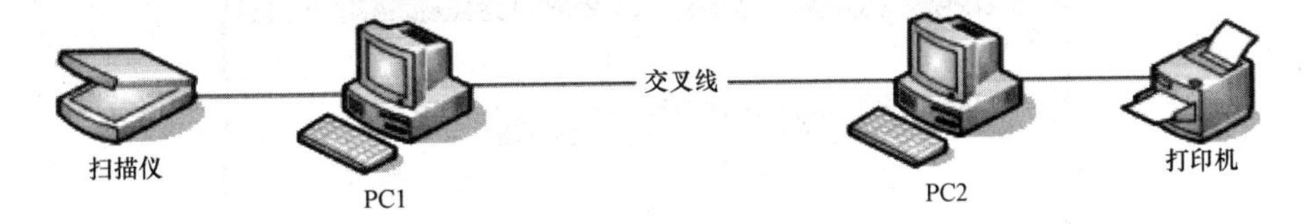

图 4-2 双机互连

使用非屏蔽双绞线制作的跳线，经过网卡直接将两台计算机互连，组建最简单的对等局域网，实现资源共享。此网络中没有专用服务器，每台计算机地位平等，既可充当服务器，又可充当客户机。

使用双绞线连接时，两机所配的网卡必须带有 RJ-45 接口。双机互连应使用交叉网线，按照一端为白橙、橙、白绿、蓝、白蓝、绿、白棕、棕，另一端为白绿、绿、白橙、蓝、白蓝、橙、白棕、棕的原则制作跳线。

在双机互连中，TCP/IP 需要进行设置。设置之前，应确认网卡已经和 TCP/IP 进行绑定，可以通过网络属性中的网卡属性进行选择；若绑定后不起作用，则删除网卡和协议重新进行安装。设置 TCP/IP，也就是为网卡分配 IP 地址。

安装网卡和协议后，还需要检测网络能否正常工作。进入命令行模式后输入“ping 127.0.0.1”，如果可以 ping 通则说明 TCP/IP 正常。两台计算机要想正常通信，需要统一的“语言”——协议。默认情况下 Windows 都安装了 TCP/IP，因此不用单独安装。如果不小心删除了 TCP/IP，可以通过相关操作安装 TCP/IP。

实训内容：Alice 的计算机想与 Bob 的计算机实现双机互连并进行通信，Alice 的 IP 地址为 192.168.10.10，Bob 的 IP 地址为 192.168.10.20，如图 4-3 所示。

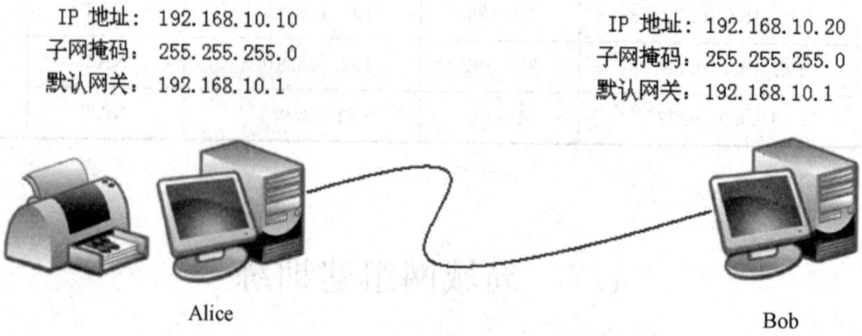

IP 地址：192.168.10.10
子网掩码：255.255.255.0
默认网关：192.168.10.1

IP 地址：192.168.10.20
子网掩码：255.255.255.0
默认网关：192.168.10.1

Alice

Bob

图 4-3　实训内容示意

操作步骤如下。

(1)选择或制作正确的网线，通过网线连接两台计算机。观察网卡指示灯，判断连接是否正常，如果不正常，检测网线，排除故障，直到连接正常。

(2)分别在两台计算机添加 Internet 协议(TCP/IP)，正确设置 IP 地址，如图 4-4 所示。

(3)使用 ping 命令检测两台计算机的连通性。

执行“开始”→“运行”命令，输入“cmd”命令，弹出命令符窗口。输入“ping”命令，ping 本机网卡 IP 地址，例如“ping 192.168.10.10”，检测本机网络配置是否正常，ping 另一台计算机的 IP 地址，检测网络配置是否正常。

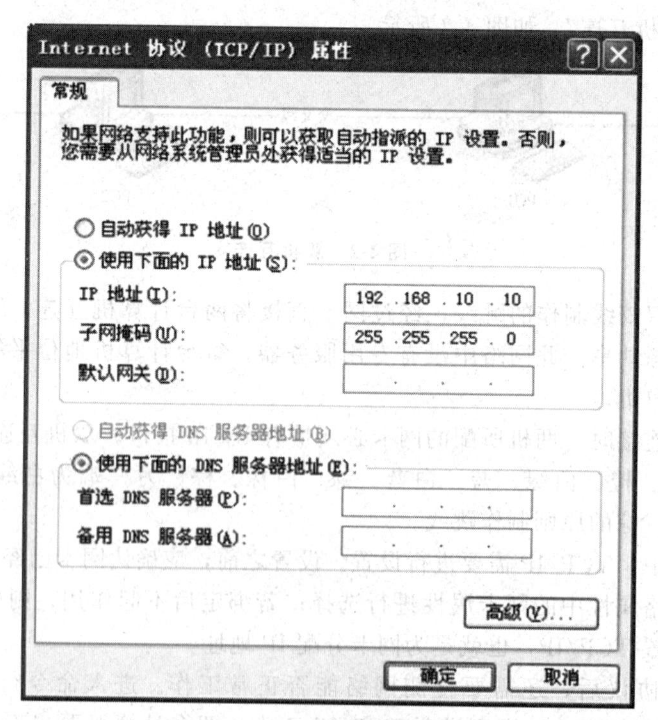

图 4-4　设置 IP 地址

检测 Alice→Bob 的连通性：ping 192.168.10.20，如图 4-5(a)所示。

检测 Bob→Alice 的连通性：ping 192.168.10.10，如图 4-5(b)所示。

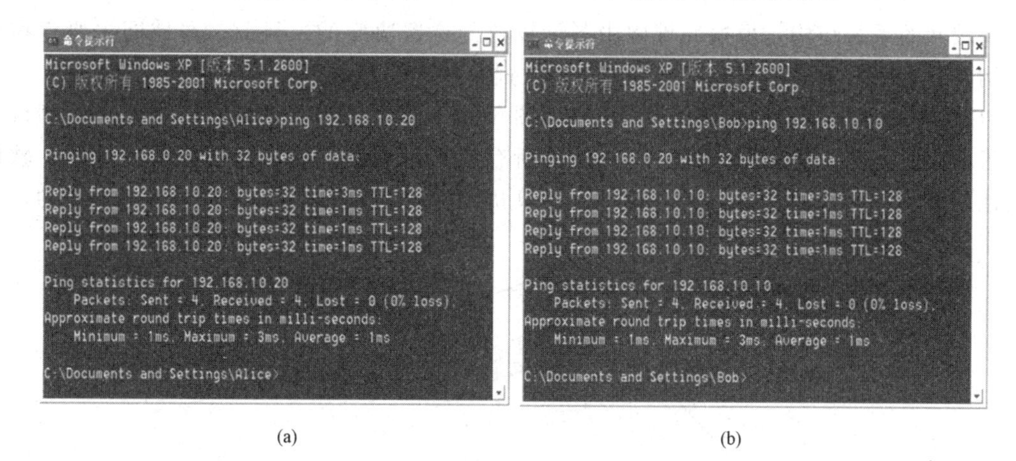

(a) (b)

图 4-5　检测连通性

(a)检测 Alice→Bob 的连通性；(b)检测 Bob→Alice 的连通性

Alice 向 Bob 发送 Hello 信息“net send Bob Hello，this is Alice”，如图 4-6 所示。

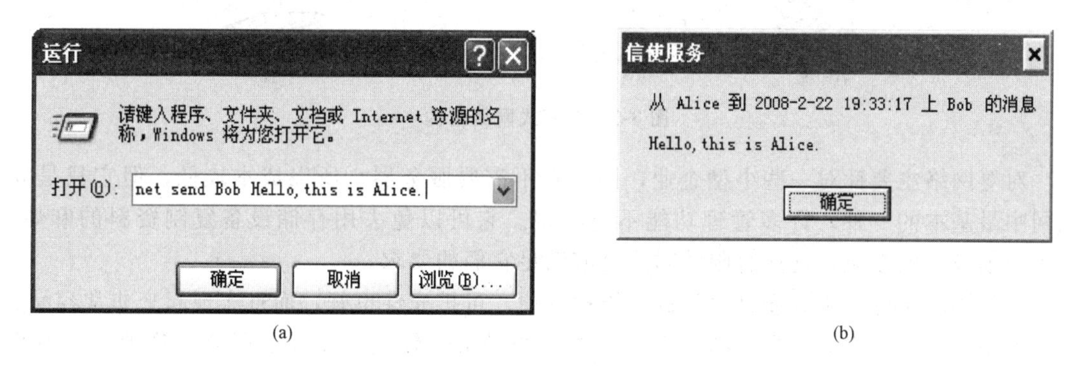

(a) (b)

图 4-6　信使服务

(a)Alice；(b)Bob

1. 实训目的

(1)掌握 Windows 环境下对等网络设置方法、相关网络协议、网络组件安装和设置方法。

(2)了解对等网络结构的选择。

(3)掌握测试对等网络的方法。

2. 实训要求和课时

(1)完成有线局域网组建。

(2)局域网测试通过。

(3)5 人一组，以 2 课时完成。

3. 实训设备、材料和工具

交换机或集线器、网卡；带有 RJ-45 接口的以太网卡、网络电缆；双绞线(直通线和交叉线、RJ-45 接头)；计算机，等等。

4. 知识准备

局域网的系统结构是根据局域网中各计算机的位置决定的。目前，局域网主要存在两种结构，分别为对等式网络结构和客户机/服务器(Client/Server，C/S)结构。

(1)对等式网络结构。对等式网络结构(图 4-7)不需要专用服务器，对等网中的每台计算机可以同时是客户机和服务器。网络中的所有计算机可以直接访问网络中的数据、软件和其他网络资源。换而言之，网络中每台计算机与其他连网的计算机是对等(peer)的，它们没有层次的划分。

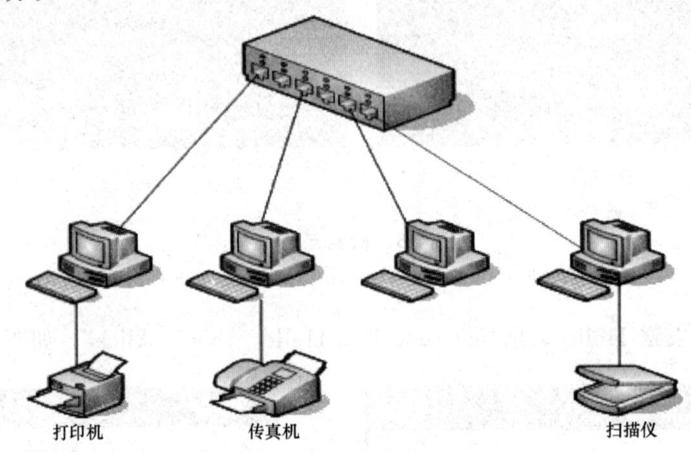

图 4-7　对等式网络结构

对等网络主要针对一些小型企业，因为它不需要服务器，所以成本较低，但它只是局域网中最基本的一种，许多管理功能不能实现。它可以免去用存储设备复制资料的麻烦，对于规模较小的企业，这些有限的功能足够满足它们的要求。

对等网络架构简单，而且价格低，维护方便，可扩充性也好，而且实现起来非常容易。

但是，对等网络也存在一些缺点，如数据的保密性较差、文件采用分散管理等，因此对等网络主要适用于一些计算机布局较为集中、数量少于 10 台的小型办公网络，如一般办公室文件设备共享的场合。

(2)客户机/服务器结构。在客户机/服务器结构的网络中，计算机划分为服务器和客户机，如图 4-8 所示。它引入了层次结构，以适应网络规模增大所需的各种支持功能设计。客户机/服务器结构主要应用于大中型企业，它可以实现数据共享，对财务、人事等工作进行网络化管理，还提供了强大的 Internet/Intranet Web 信息服务等，能有效地使用资源。它需要一台或多台高档服务器，因此成本较高，管理也较为困难；但对于企业而言，它的功能对企业的业务工作带来了极大的方便，这远远超过了对它的投资。

客户机/服务器结构主要适用于数据处理量很大的大型网络，如酒店、大型商场、银行、税务局、Internet 服务器等。

5. 实训步骤

(1)连接计算机与交换机。实训室中已经将连接所用的双绞线制作好，并铺设完毕，但未连接。实训时，在交换机的机柜中，将每组的 8 台计算机与相应的交换机连接，即将与每台计算机相连网线的 RJ-45 插头与交换机后面的 RJ-45 插座连接。原则上可以任意顺序连接，一般以近顺序连接。

操作步骤如下。

(1)执行“开始”→“运行”命令，在“运行”对话框中输入“cmd”并按 Enter 键。

①输入“ipconfig”并按 Enter 键，将显示本机已配置的 IP 地址、子网掩码和默认网关。

②输入“ipconfig/all”并按 Enter 键，还可以看到包括主机名、网卡 IP 地址和各种服务器 IP 地址等内容，如图 4-9 所示。

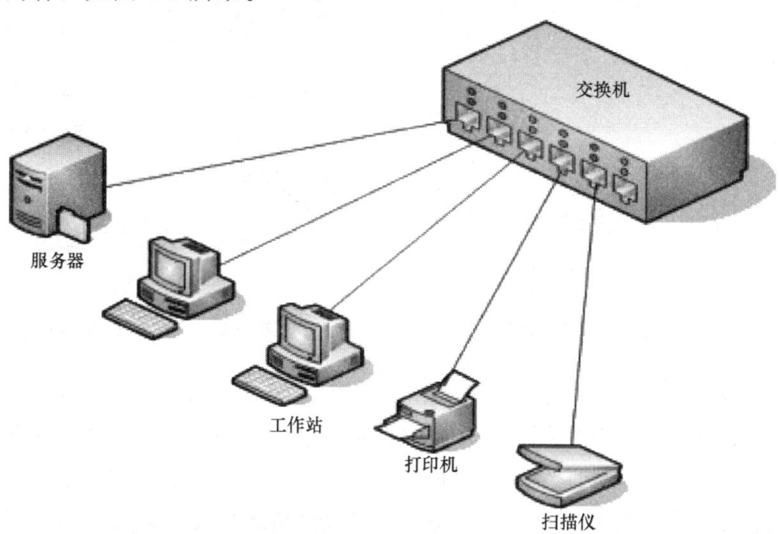

图 4-8　客户机/服务器结构

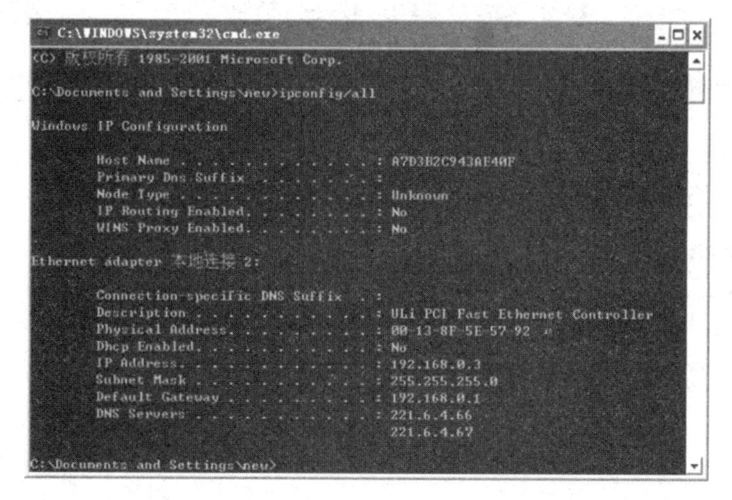

图 4-9　用“ipconfig/all”命令显示网络配置

(2)配置网络标识。更改网络标识(计算机名)的目的是使计算机名有一定意义并便于记忆与使用。操作步骤如下。

①用鼠标右键单击“我的电脑”图标，在出现的快捷菜单中执行“属性”命令。

②在弹出的“系统特性”对话框中单击“网络标识”选项卡，如图 4-10 所示，再单击“属性”按钮。

③在弹出的“标识更改”对话框中可以更改网络标识，即计算机名，最后单击“确定”按钮，如图 4-11 所示。

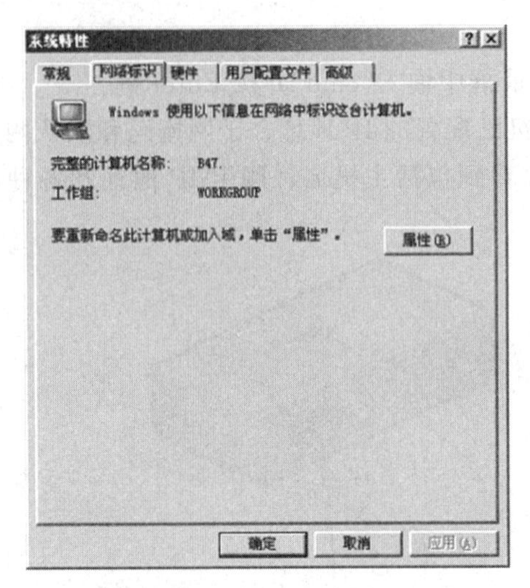

图 4-10 “网络标识”选项卡

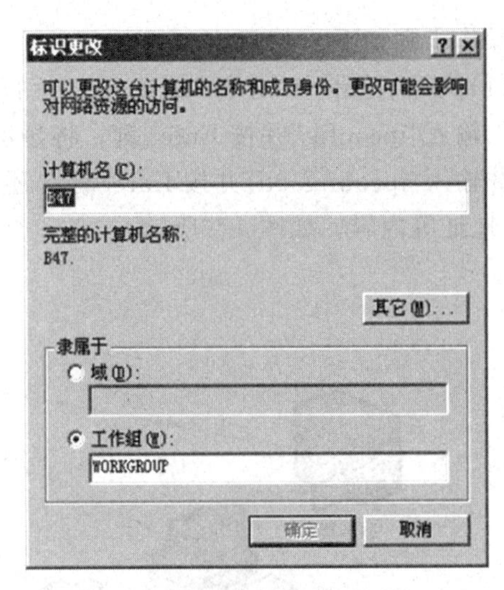

图 4-11 “标识更改”对话框

(3)配置网络协议与 IP 地址。一般使用 TCP/IP。配置 TCP/IP 的方法如下。

①执行“开始”→“设置”→“控制面板”→“网络和拨号连接”命令，或者用鼠标右键单击“网上邻居”图标，再执行“属性”命令，即可弹出“网络和拨号连接”对话框，如图 4-12 所示。不同的系统有不同的打开方式，总之，只要打开“网络与拨号连接”对话框即可。

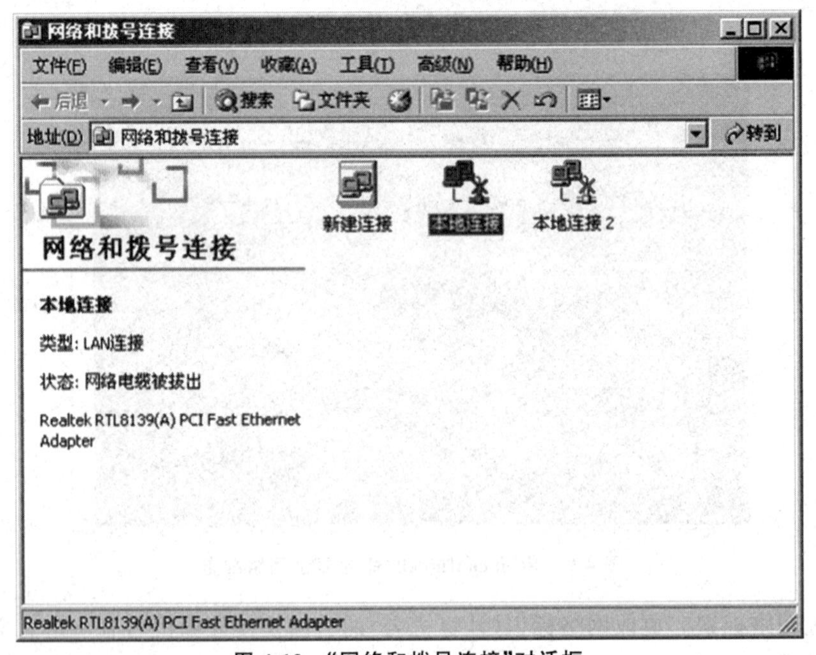

图 4-12 “网络和拨号连接”对话框

②用鼠标右键单击“本地连接”图标，在弹出的快捷菜单中执行“属性”命令，弹出“本地连接属性”对话框，如图 4-13 所示。

③在“常规”选项卡中，在“此连接使用下列项目”列表框中勾选“Internet 协议(TCP/IP)”复选框，再单击“属性”按钮，即可弹出“Internet 协议(TCP/IP)属性”对话框，如图 4-14 所示。

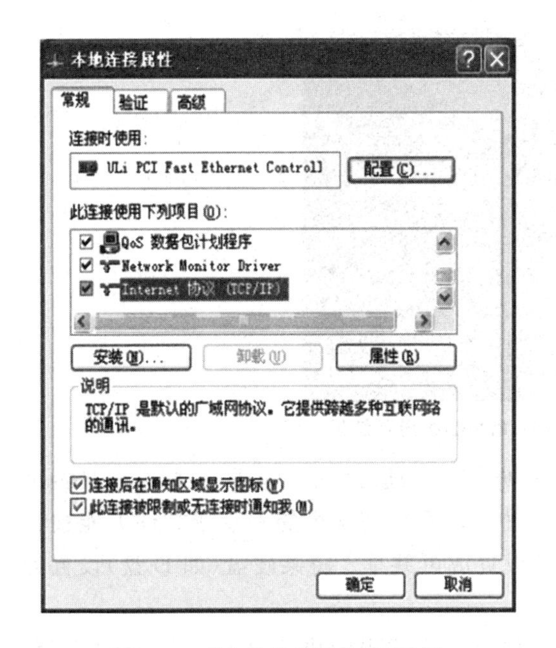

图 4-13 “本地连接属性”对话框

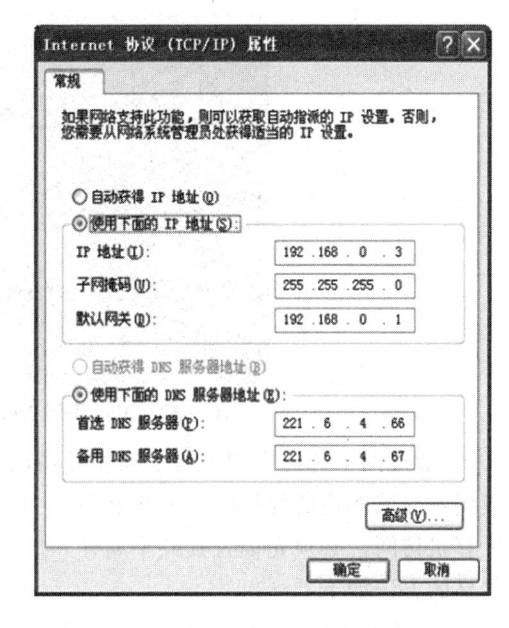

图 4-14 “Internet 协议(TCP/IP)属性”对话框

④将计算机的 IP 地址分别设置成 192.168.0.1～192.168.0.8 中的一个，一定要保证 8 台计算机的 IP 地址各不相同。子网掩码和默认网关保持不变，或者根据需要设置。在实际应用中，子网掩码是根据网络号自动确定的，而默认网关一般是指本局域网唯一网关的 IP 地址。

⑤设置完毕，单击“确定”按钮，即完成了协议与 IP 地址的配置。

(4)用 ping 命令检测网络的连通性。执行“开始”→“运行”命令，在“运行”对话框中输入“ping 192.168.0.00＊”，检测本机与其他计算机的连通性。命令中的“＊”代表 1～8 中的一个。对本机和其他计算机均可使用该命令。

图 4-15 所示是输入“ping 192.168.0.003”命令示意。

图 4-16 所示是输入“ping 192.168.0.003”命令后，连接正确即 ping 通的显示结果。

图 4-15 输入“ping 192.168.0.003”命令示意

图 4-16 ping 通 192.168.0.003 的显示结果

图 4-17 所示是输入“ping 192.168.0.002”命令后，连接失败即 ping 不通的显示结果。

图 4-17　ping 不通 192.168.0.002 的显示结果

(5)通过网上邻居实现主机之间相互访问。在桌面上，通过“网上邻居”图标查看是否可以找到本局域网内的计算机并实现相互访问。请注意，要想使本机的硬盘或文件夹能被其他计算机访问，必须先设置其共享属性，即将其设置成可共享。将某硬盘(如 D 盘)设置为可共享的方法如下。

①在“我的电脑”界面中用鼠标右键单击 D 盘图标，在弹出的快捷菜单中执行“属性”命令，弹出“本地磁盘(D:)属性”对话框，在该对话框中选择“共享”选项卡，如图 4-18 所示。

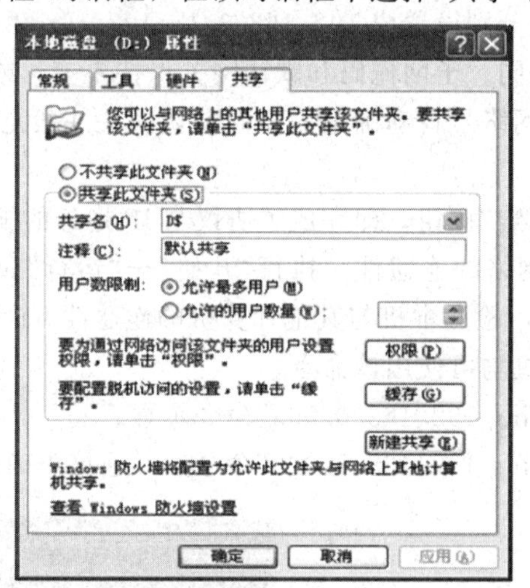

图 4-18　“本地磁盘(D:)属性”对话框“共享”选项卡

②单击“共享此文件夹”单选按钮，输入共享名、确定共享人数、设置共享权限之后，单击“确定”按钮即可。

4.7.2　WLAN 组网

1. 实训目的

(1)掌握无线网卡的安装与配置。

(2)掌握无线 AP 的安装与设置。

2. 实训要求和课时

(1)安装及配置无线网卡。

(2)安装与设置无线 AP。

(3)5 人一组，2 课时完成。

3. 实训设备、材料和工具

两台装有 Windows 操作系统的计算机、两块无线网卡(带有驱动)或安装有无线网卡的笔记本电脑、一根制作好的直通 UTP 双绞线、一把十字螺钉旋具。

4. 知识准备

无线局域网逐渐在现代化办公空间中流行，简单无线局域网的结构如图 4-19 所示。通俗地说，无线局域网就是在不采用传统缆线的同时，提供传统有线局域网的所有功能，无线局域网所需要的基础设施不需要再埋在地下或隐藏在墙里，无线局域网能够随着人们的需要移动或变化。无线局域网正是解决异种布线系统中需要某种特殊网线的一种途径。无线局域网能够在传统有线网络不能传输数据的地方传输数据。从理论上讲，无线介质一般应用于难以布线的场合或远程通信。

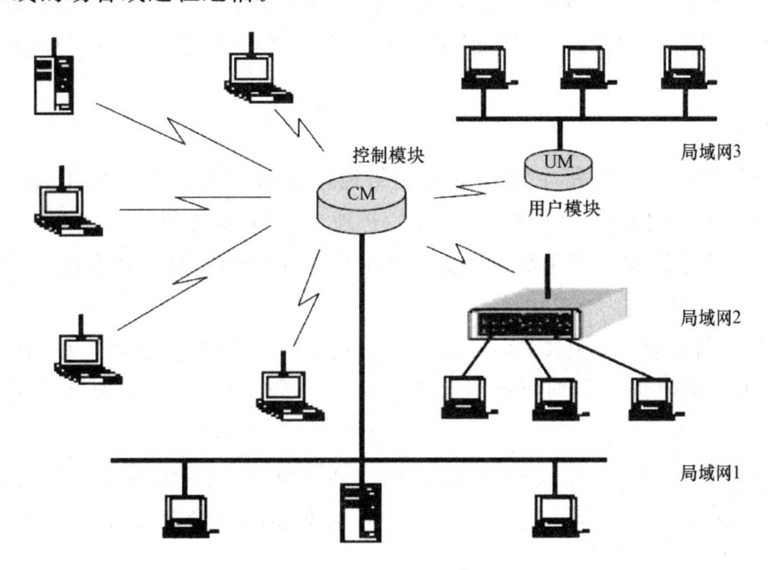

图 4-19　简单无线局域网的结构

无线局域网具有传统局域网无法比拟的灵活性。无线局域网的通信范围不受环境条件的限制，最大传输范围可达到几十千米。此外，无线局域网的抗干扰性强、保密性好。在计算机局域网中，无线接入技术是继光缆后迅速崛起的一项新技术，具有广阔的发展和应用前景。

5. 实训步骤

(1)给无线 AP 接通电源，进行快速而简单安装(所有硬件都支持即插即用)。

(2)使用 Web 配置工具对无线 AP 进行相关配置(以华为的 WA1006e 无线 AP 为例)。

①制作一根直通 UTP 双绞线。

②利用制作好的双绞线用于配置主机与 WA1006e 无线 AP 连接，给主机分配一个与 WA1006e 无线 AP 的 IP 地址(WA1006e 无线 AP 的默认 IP 地址是 192.168.0.50，子网掩码是 255.255.255.0)在同一子网范围内的静态 IP 地址。例如，分配静态 IP 地址 192.168.0.2、子网掩码 255.255.255.0。

③打开 Web 浏览器，并输入 WA1006e 无线 AP 的 IP 地址，然后在打开的登录窗口中输入默认的 User Name(admin)和 Password(WA1006e)，单击“确定”按钮。

④进行相关配置，包括环境变量配置、网络和安全配置。

(3)安装了无线网卡及其驱动程序的计算机利用无线网络安装向导安装无线局域网。

(4)完成以上工作后，通过 ping 工具测试网络的连通性。

(5)将无线 AP 接入有线局域网，使无线局域网和有线局域网连通，并接入 Internet。

4.7.3 小型局域网组建与管理

服务器配置是指根据企业的实际需求，针对安装有服务器操作系统的设备进行软件或硬件的相应设置、操作，从而满足企业的业务活动需求。

1. 任务描述

在服务器上创建 DNS 服务器，建立域名与 IP 地址表。在服务器上安装 IIS 组件，并新建网站，实现客户端访问网站，新建 FTP 站点。在服务器上创建 DHCP 服务器，客户端自动获取 IP 地址。

2. 知识准备

(1)域名系统(DNS)。在每个需要进行网络通信的节点设备中，除 IP 地址外，还可以有一个参考名称。这使网络用户有了一个比 IP 地址更加容易记住的字母组合进行数据通信。DNS 的作用就是将这个字母组合映射到其实际的物理 IP 地址或者把一段 IP 地址翻译为字母组合。

(2)动态主机配置协议(DHCP)。DHCP 为网络中的资源进行动态 IP 地址分配。如果没有 DHCP，则网络管理员必须手动为每个在网络中的主机分配 IP 地址，难以对 IP 地址进行统一管理。

(3)对于网络中操作系统的监控。校园网的数据中心在应用服务器上安装了各种应用以提供业务支撑。此外，还有额外的服务器上装有网络和用户管理应用(如 DNS、Active Directory、DHCP 等)。

为了保证服务器上业务程序的健壮性，需要不间断地监控其资源(如内存、磁盘空间、缓存、CPU 等)的使用情况，以确定影响服务器性能的问题所在。除了服务器外，还要求对客户端设备进行监控以保证终端用户的体验。

(4)常用的监控技术和协议。

①采集网络中各种设备及节点数据，这些数据包括运行信息、当前性能状态、健康状况等。

②监控软件必须能够采集、处理、以一种或多种可视化的格式化界面展示这些数据。且能够在出现问题时对用户预警。

③网络信息的收集有助于更好地管理和控制网络，在系统宕机前识别造成问题的可能原因并快速解决。

总之，连续不断的网络监控有助于创建高性能、持续优化的网络环境。

下面是一些常用的网络监控技术，这些技术用于网络监控数据。

①ping。ping 是一个用于 IP 网络主机地址可达性和可用性的网络测试管理工具。从

ping 的结果可以确定网络主机活动与否。此外，它还可以监控到达目标主机的传输时间和丢包率。

②简单网络管理协议(SNMP)。SNMP 是一个用于监控主机与被监控主机交换数据信息的协议。这是管理监控网络运用最广泛的一个协议，它包括以下组件。

a. 托管设备：支持 SNMP 的网络节点。

b. 代理：属于监控软件的一部分。代理有权限访问 MIB(管理信息库)并允许网络管理系统(NMS)对 MIB 的读取和写入。

c. NMS：通过代理使用 SNMP 命令对系统进行监控和控制管理设备的应用程序。

NMS 通过轮询和使用自陷(trap)收集 SNMP 数据送至托管设备。自陷是指主动将被监控设备的事件信息发送到 NMS 以供分析。

MIB 是设备管理信息的相关数据结构库。MIB 映射出的 OID(对象标识符)是被监控设备信息的实际标识符。

③系统日志(Syslog)。系统日志是设备在 IP 网络中发送事件通知消息的记录。系统日志可以用于系统管理及安全审查。系统日志被多种设备类型所支持，包括打印机、路由器及防火墙。

④合理的利用脚本。在网络中有些 NMS 不能进行监控或 NMS 不支持的特定功能需要监控时，网络管理员就可以使用脚本。脚本由一些常用命令组成，如 ping、netstat、lynx、snmpwalk 等，这些命令被大多数网络设备支持，可以进行配置更改、信息收集和任务计划执行。在操作系统上可以使用 Bash、Perl、Python 等脚本语言作为网络管理员的工具。

3. 实训步骤

(1)安装活动目录。执行“开始”→“运行”命令，在“运行”对话框中输入“dcpromo”命令，如图 4-20 所示，即可弹出“Active Directory 安装向导”对话框，如图 4-21 所示。

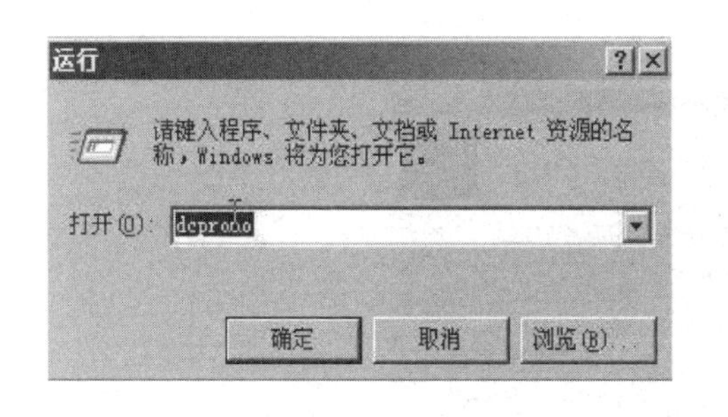

图 4-20　运行“dcpromo”命令

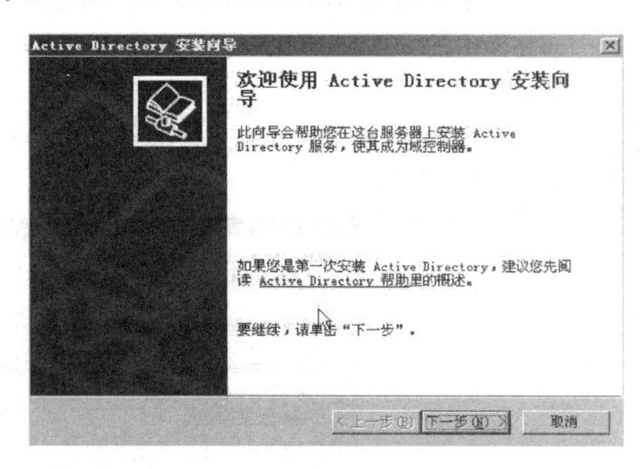

图 4-21　“Active Directory 安装向导”对话框

①在弹出的“欢迎使用 Active Directory 安装向导”窗口中，单击“下一步”按钮。

②在弹出的“操作系统兼容性”窗口中，单击“下一步”按钮，如图 4-22 所示。

③在弹出的“域控制器类型”窗口中，单击“新域的域控制器”单选按钮，单击“下一步”按钮，如图 4-23 所示。

④在弹出的“创建一个新域”窗口中，单击“在新林中的域”单选按钮，单击“下一步”按钮，如图 4-24 所示。

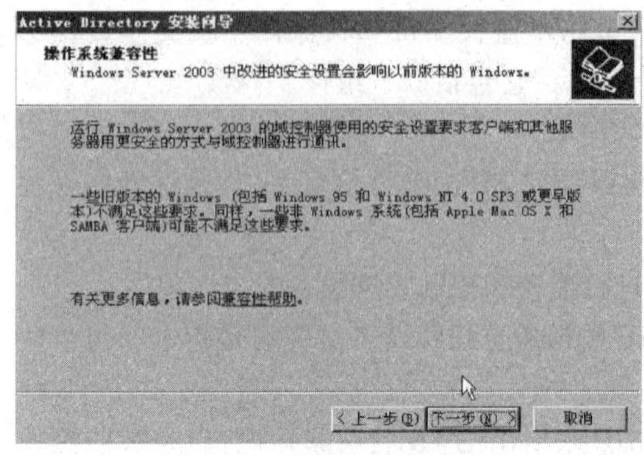

图 4-22　操作系统兼容性

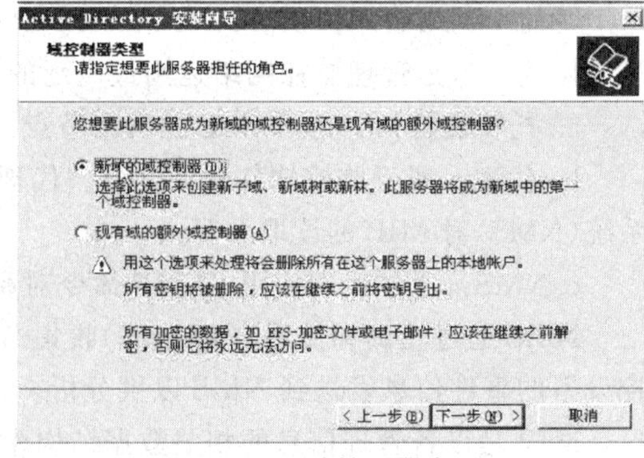

图 4-23　域控制器类型

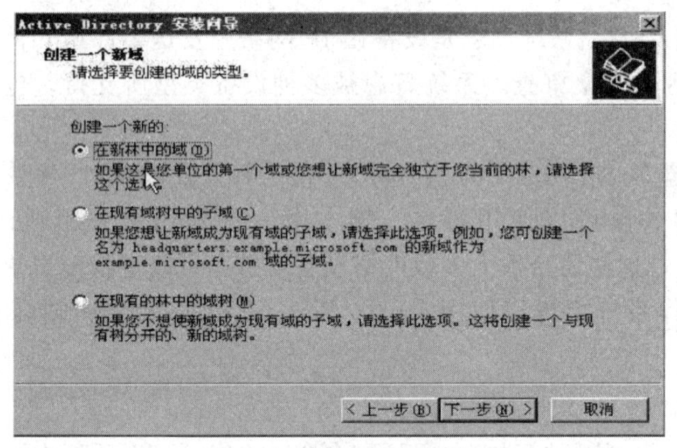

图 4-24　创建一个新域

⑤在弹出的“新建域名”窗口中，输入要创建的域的域名，单击“下一步”按钮。

⑥在弹出的“域 NetBIOS 名”窗口中，输入域的 NetBIOS 名，单击“下一步”按钮，向导会自动创建。

⑦在弹出的“数据库和日志文件文件夹”窗口中，保持默认位置即可，单击“下一步”按钮，如图 4-25 所示。

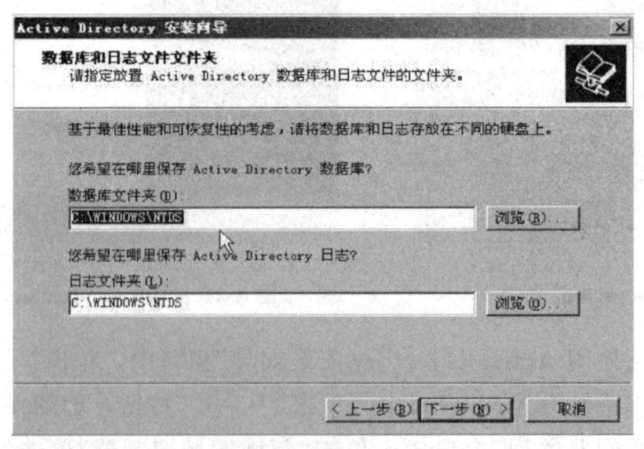

图 4-25　“数据库和日志文件文件夹”窗口

⑧在弹出的“共享的系统卷”窗口中，保持默认位置即可，单击“下一步”按钮，如图 4-26 所示。

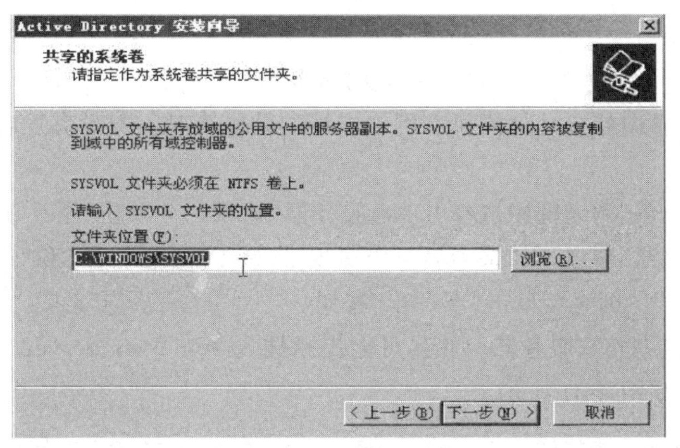

图 4-26　共享的系统卷

⑨如果当前设置的 DNS 无法解析，会出现“DNS 注册诊断”窗口，可以单击第二个单选按钮，把本机设置成 DNS 服务器，单击“下一步”按钮，如图 4-27 所示。

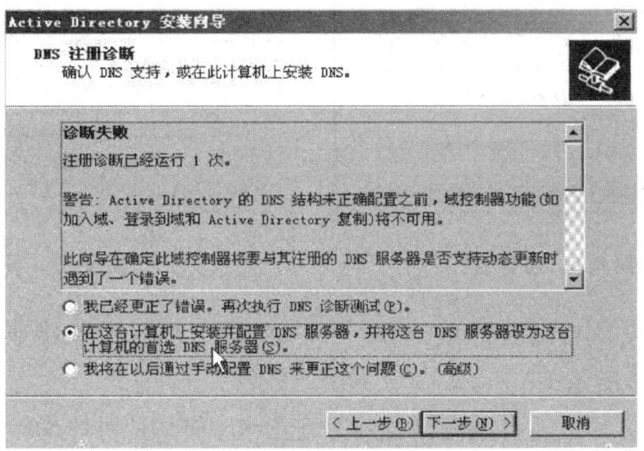

图 4-27　“DNS 注册诊断”窗口

⑩在弹出的“权限”窗口中，保持默认选项即可，单击“下一步”按钮，如图 4-28 所示。

⑪出现要输入目录还原模式的管理员密码，此密码用于“目录服务还原模式”下，单击“下一步”按钮，如图 4-29 所示。

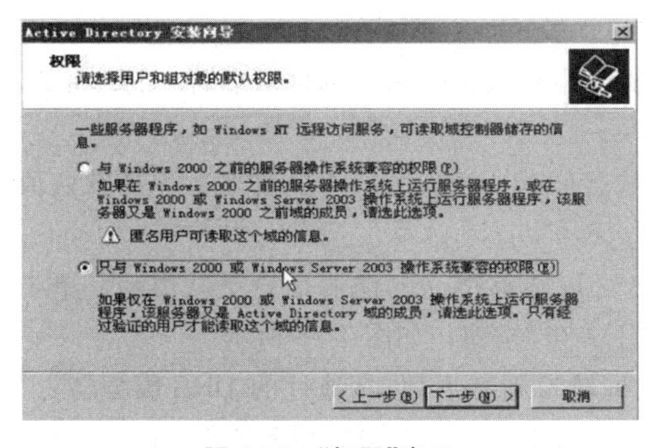

图 4-28　“权限”窗口

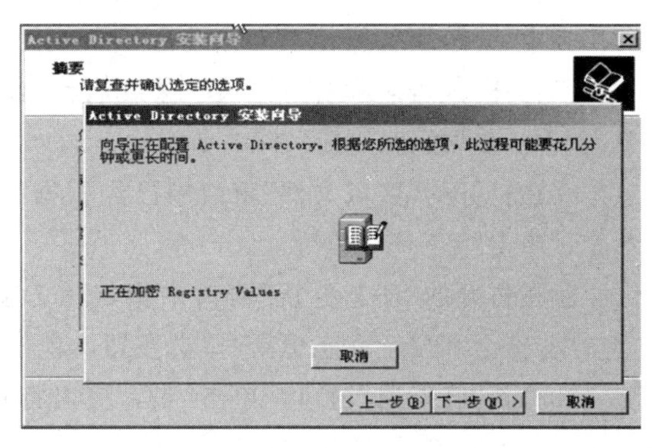

图 4-29　“摘要”窗口

⑫提示设置密码，设置密码后，提示插入安装光盘，插入安装光盘后，提示重启，重启后即安装完毕。

(2)安装 DNS。

①执行“开始”→“管理工具”→“配置您的服务器向导”命令，在打开的窗口中依次单击“下一步”按钮，配置向导自动检测所有网络连接的设置情况，若没有发现问题则进入“服务器角色”窗口。

②在“服务器角色”列表框中选择“DNS 服务器”选项，并单击“下一步”按钮，如图 4-30 所示。打开“选择总结”窗口，如果列表框中出现“安装 DNS 服务器”和“运行配置 DNS 服务器向导来配置 DNS”，则直接单击“下一步”按钮。

③向导开始安装 DNS 服务器，并且可能提示插入 Windows Server 2003 的安装光盘或指定安装源文件，如图 4-31 所示。

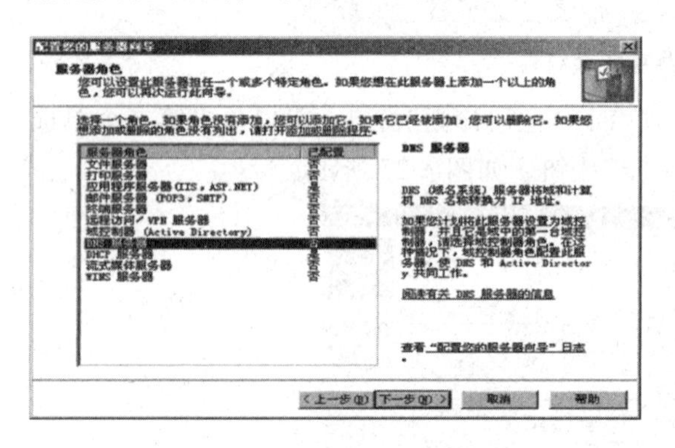

图 4-30 “服务器角色”向导窗口

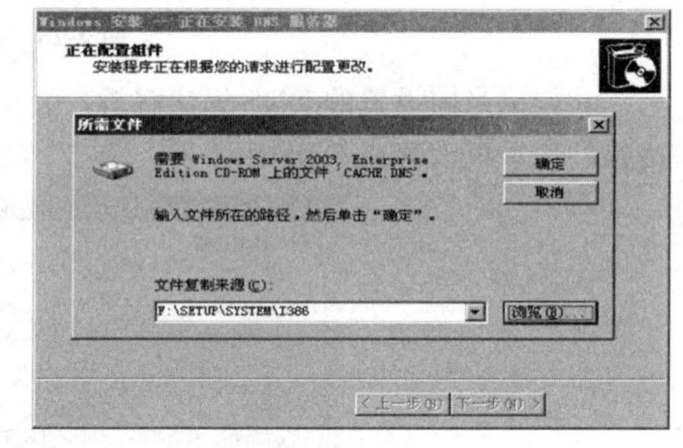

图 4-31 开始安装 DNS

④因为本服务器默认自动获得 IP 地址、自动获得 DNS 服务器地址，所以提示使用静态 IP 地址，如图 4-32 所示。

⑤单击“确定”按钮，自动打开网络连接，配置相应的 IP 协议属性。

⑥配置完毕，关闭 IP 属性对话框后，在自动弹出的“配置 DNS 服务器向导”对话框中单击“下一步”按钮，打开“选择配置操作”窗口。在默认情况下适合小型网络使用的“创建正向查找区域”单选按钮处于被选中状态，如图 4-33 所示。

⑦打开“主服务器位置”窗口，单击“这台服务器维护该区域”单选按钮，将该 DNS 服务器作为主 DNS 服务器使用，并单击“下一步”按钮，如图 4-34 所示。

⑧打开“区域名称”窗口，在“区域名称”编辑框中输入公司信息的区域名称“xhl. com”，单击“下一步”按钮，如图 4-35 所示。

⑨在打开的“区域文件”窗口中已经根据区域名称默认填入了一个文件名。保持默认值不变，单击“下一步”按钮。

⑩在打开的“动态更新”窗口中指定该 DNS 区域能够接受的注册信息更新类型。单击“允许非安全和安全动态更新”单选按钮，单击“下一步”按钮，如图 4-36 所示。

⑪打开“转发器”窗口，单击“是，应当将查询转发到有下列 IP 地址的 DNS 服务器上”按钮。在 IP 地址编辑框中键入 ISP(或上级 DNS 服务器)提供的 DNS 服务器 IP 地址，单击“下一步”按钮，如图 4-37 所示。

图 4-32　IP 地址设置

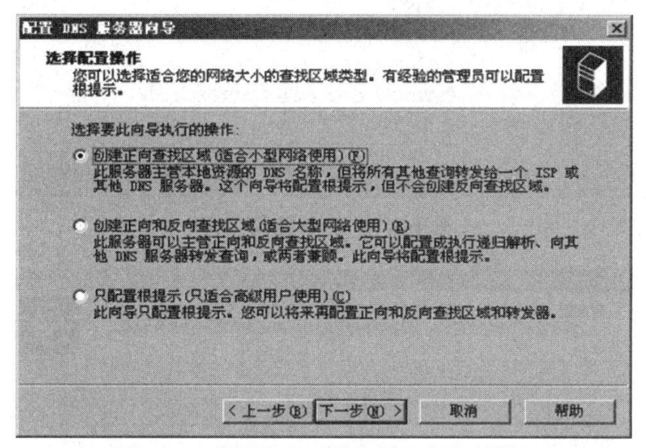

图 4-33　“配置 DNS 服务器向导”对话框

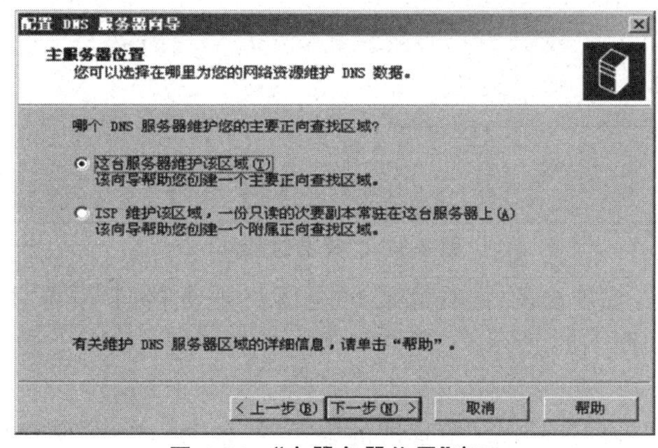

图 4-34　“主服务器位置”窗口

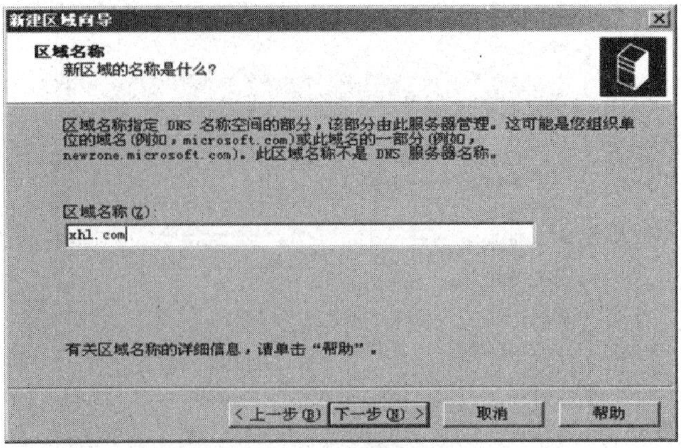

图 4-35 “区域名称”窗口

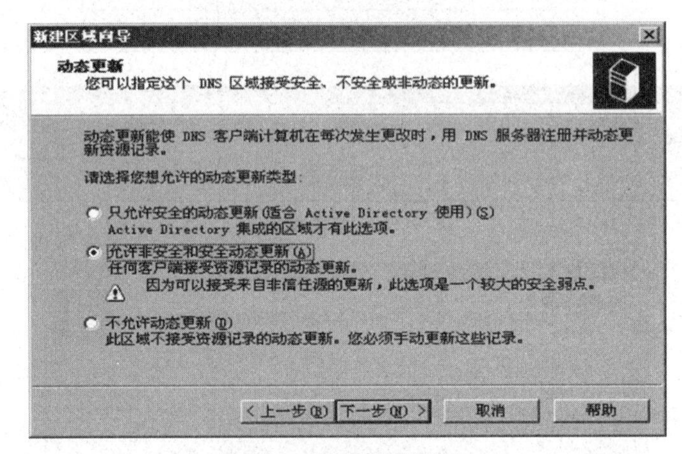

图 4-36 “动态更新”窗口

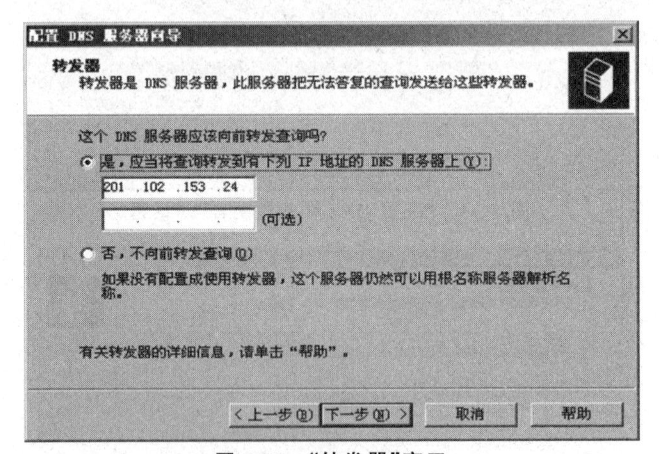

图 4-37 “转发器”窗口

⑫收集完信息后，在弹出的“正在完成配置 DNS 服务器向导”窗口中单击“完成”按钮，完成 DNS 的安装，如图 4-38 所示。

(3)安装 DHCP。

①执行“开始”→“管理工具”→“管理您的服务器”命令，弹出“管理您的服务器”对话框，如图 4-39 所示。

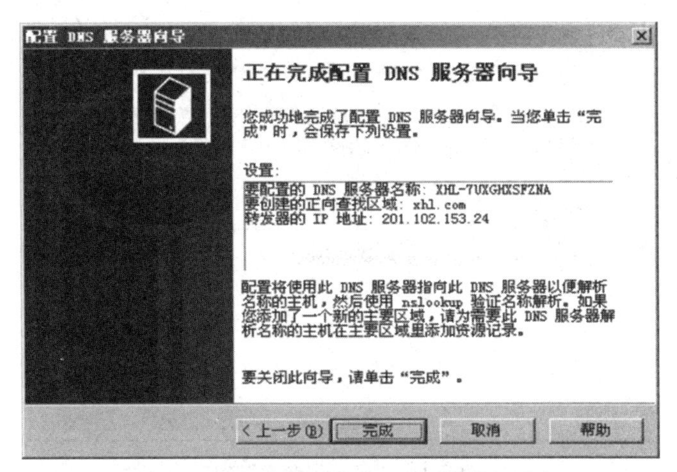

图 4-38 “正在完成配置 DNS 服务器向导”窗口

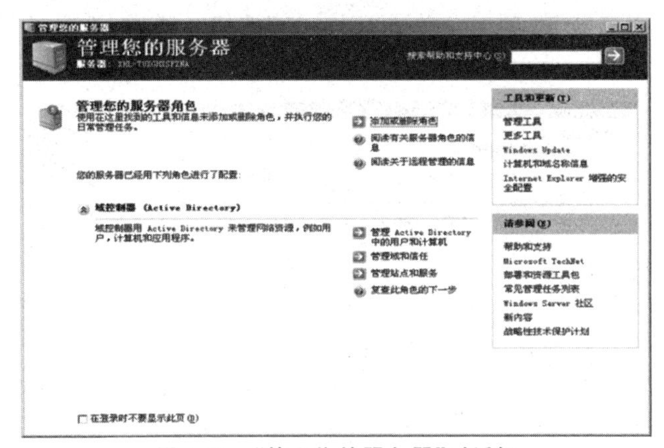

图 4-39 “管理您的服务器”对话框

②单击中间顶端的“添加或删除角色”链接。在“预备步骤”窗口中显示向导进行所必须做的准备步骤，如图 4-40 所示。

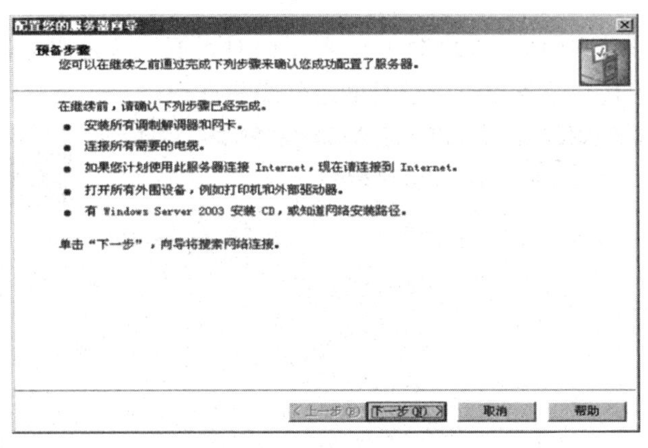

图 4-40 “预备步骤”窗口

③单击“下一步”按钮，在“服务器角色”窗口的列表框中显示当前服务器中各角色的配置情况，找到“DHCP 服务器”选项，可以看到当前没有配置成 DHCP 服务器角色，如图 4-41 所示。

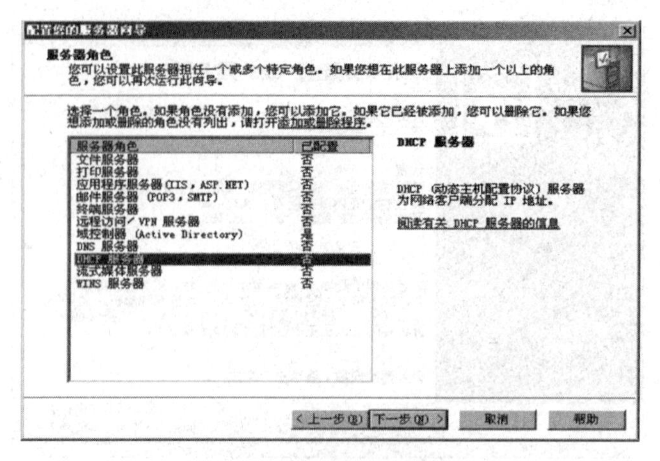

图 4-41 “服务器角色”窗口

④选择“DHCP 服务器”选项后，单击“下一步”按钮，弹出“选择总结”窗口，如图 4-42 所示。

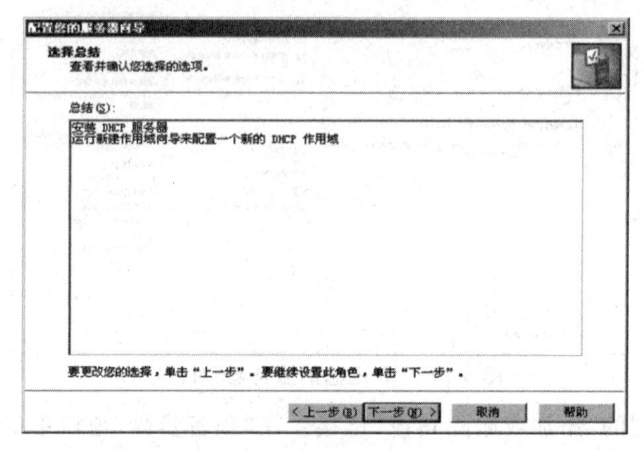

图 4-42 “选择总结”窗口

⑤直接单击“下一步”按钮，弹出图 4-43 所示的对话框。这是服务器安装组件的进程对话框，它显示安装 DHCP 服务器时所进行的组件安装进程。

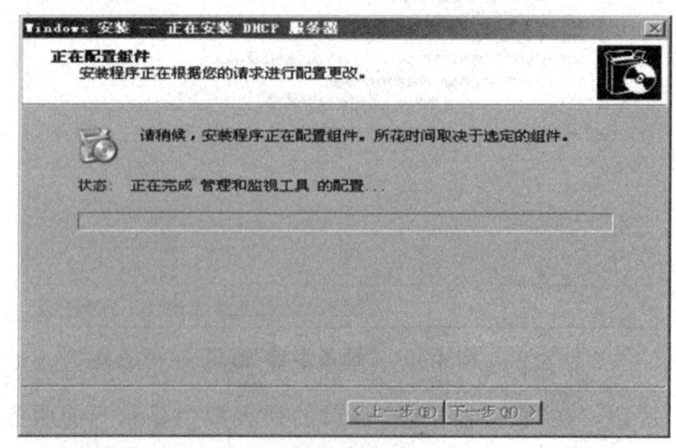

图 4-43 安装 DHCP 服务器时所进行的组件安装进程

⑥组件安装完成后，系统自动打开“新建作用域向导”对话框，如图 4-44 所示。单击“下一步”按钮，弹出图 4-45 所示的“作用域名”窗口，在该窗口中要求输入一个新建作用域的名称。

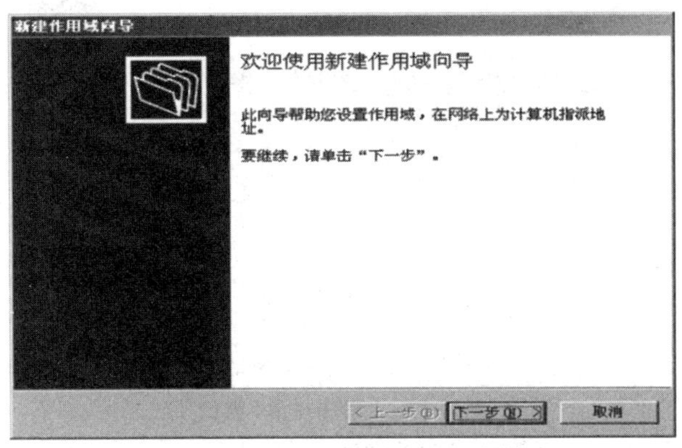

图 4-44 “新建作用域向导”对话框

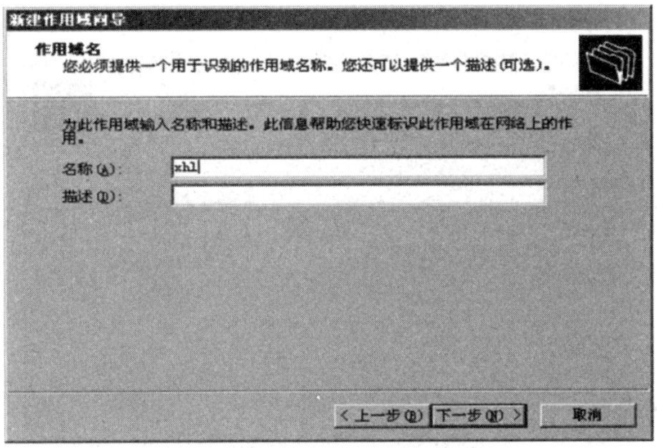

图 4-45 “作用域名”窗口

⑦单击“下一步”按钮，即可弹出图 4-46 所示的“IP 地址范围”窗口。在该窗口中要求输入子网的起始和结束 IP 地址(192.168.1.65～192.168.1.120)，并在下面的“长度”和“子网掩码”框中设置该子网 IP 地址中用于“网络 ID”+“子网 ID”的位数和子网的子网掩码。通过前面的配置介绍可知，该子网使用 26 位网络 ID/子网 ID，子网掩码为255.255.255.192。

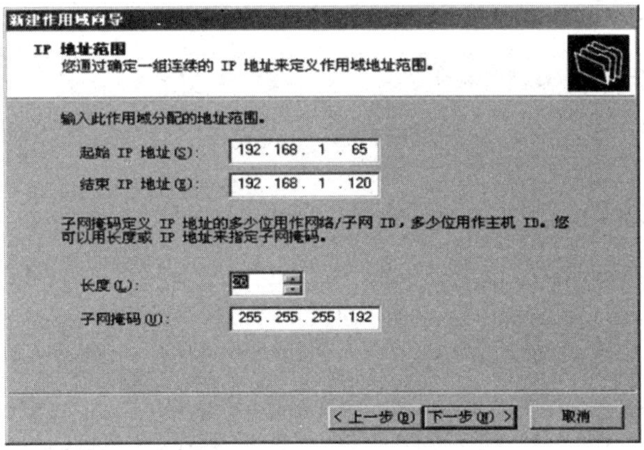

图 4-46 “IP 地址范围”窗口

⑧单击“下一步”按钮，即可弹出图 4-47 所示的“添加排除”窗口，在该窗口中要求指定要排除的 IP 地址。

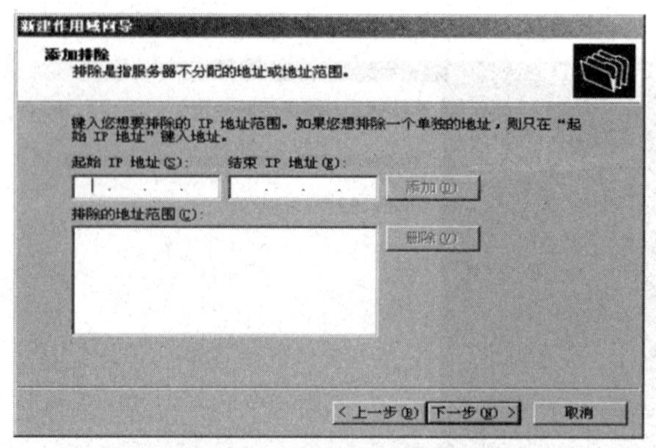

图 4-47 “添加排除”窗口

⑨单击“下一步”按钮，即可弹出图 4-48 所示的“租约期限”窗口，在该窗口中要求指定这些 IP 地址一次使用的期限，通常不用配置。

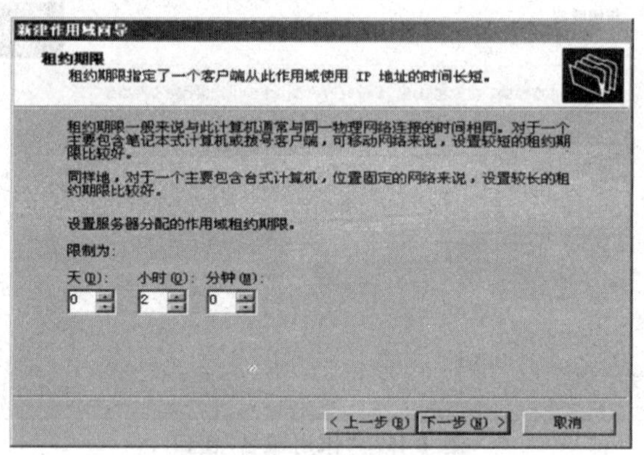

图 4-48 “租约期限”窗口

⑩单击“下一步”按钮，即可弹出图 4-49 所示的“激活作用域”窗口。在该窗口中要求选择是否现在激活 DHCP 作用域。

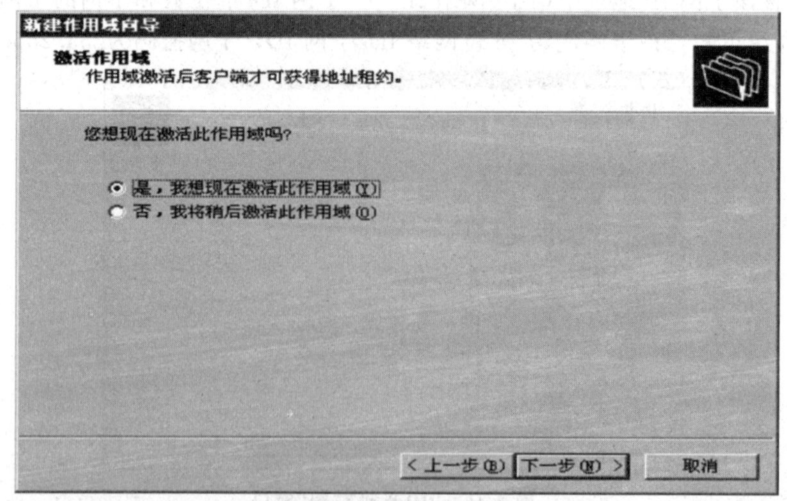

图 4-49 “激活作用域”窗口

⑪单击“下一步”按钮，将弹出“正在完成新建作用域向导”窗口，如图 4-50 所示。单击“完成”按钮后返回“管理您的服务器”对话框。随后系统即弹出“向导完成”对话框，单击“完成”按钮即完成 DHCP 服务器角色配置。

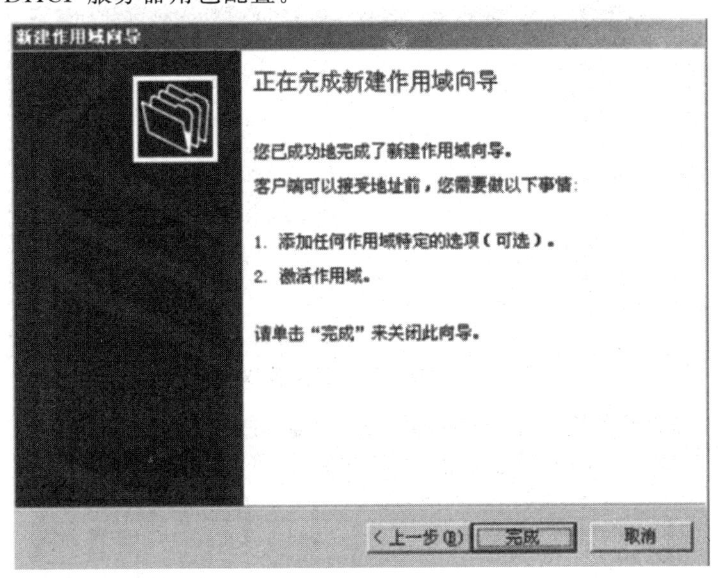

图 4-50 “正在完成新建作用域向导”窗口

(4)安装配置 IIS。打开“控制面板”，单击启动“添加/删除程序”链接，在弹出的“添加/删除程序”对话框中单击“添加/删除 Windows 组件”按钮，在“Windows 组件向导”对话框中勾选“应用程序服务器”复选框，如图 4-51 所示。单击“下一步”按钮，即可弹出“应用程序服务器”对话框，如图4-52 所示。在该对话框中勾选“Internet 信息服务(IIS)”复选框，单击“确定”按钮，在弹出的“Internet 信息服务(IIS)”对话框中勾选“SMTP Service”和“文件传输协议(FTP)服务”复选框，如图 4-53 所示。单击“下一步”按钮，按照向导指示，完成 IIS 的安装。

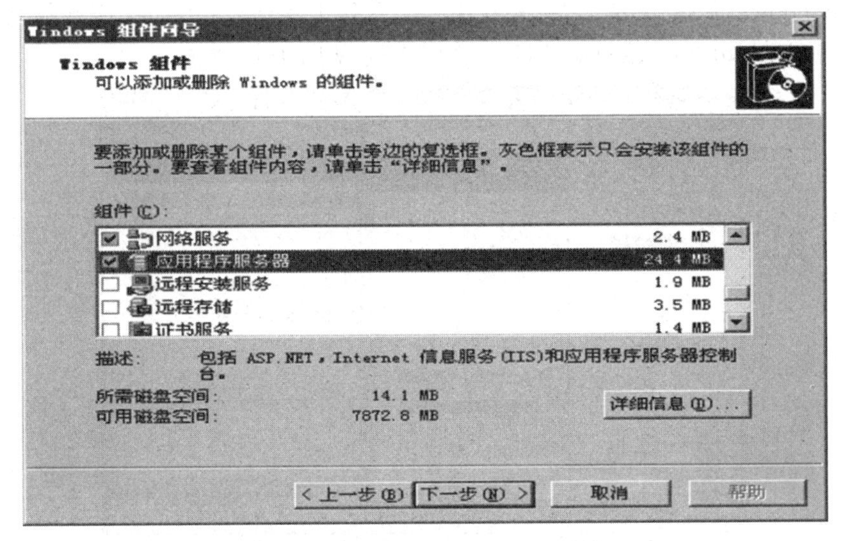

图 4-51 “Windows 组件向导”对话框

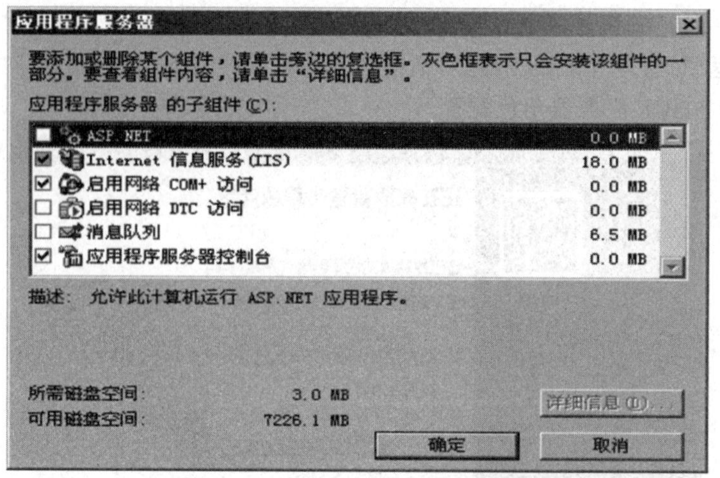

图 4-52 “应用程序服务器”对话框

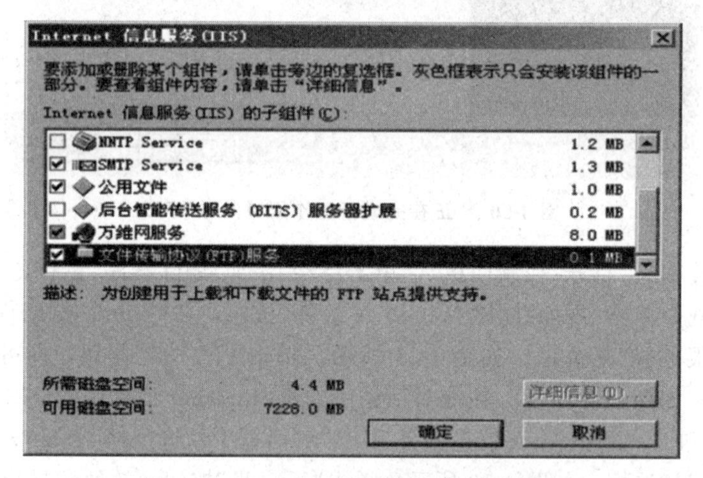

图 4-53 “Internet 信息服务(IIS)”对话框

执行 Windows“开始”菜单→“所有程序”→“管理工具”→“Internet 信息服务(IIS)管理器”命令即可启动“Internet 信息服务(IIS)管理器”，如图 4-54 所示。

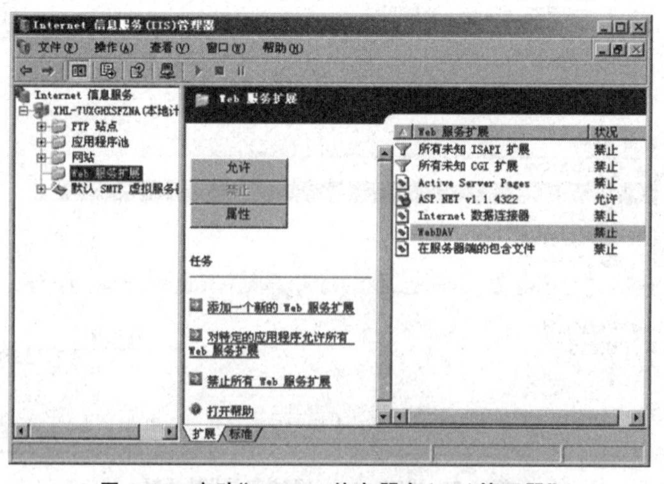

图 4-54 启动“Internet 信息服务(IIS)管理器”

4.8 基于 Cisco Packet Tracer 模拟器的局域网组建实训

4.8.1 主机 IP 地址配置及网络命令使用

1. 实训目的

(1)根据规定的要求为主机以太网接口配置 IPv4 地址。

(2)掌握交叉双绞线在双机互连中的应用。

(3)掌握 ping 测试命令，测试并检查 IP 地址配置。

(4)思考网络实施过程并整理成文档。

2. 实训场景

在 Cisco Packet Tracer 模拟器中按照拓扑图创建一个双机互连网络环境。首先根据拓扑图(图 4-55)布线，然后使用地址表(表 4-11)提供的 IP 地址为主机配置地址。测试网络是否能正常工作。

图 4-55 拓扑图

表 4-11 地址表

设备	接口	IP 地址	子网掩码	默认网关
PC1	网卡	192.168.1.8	255.255.255.0	192.168.1.1
PC2	网卡	192.168.1.9	255.255.255.0	192.168.1.1

3. 实训任务与步骤

任务 1：网络布线。

构建一个类似图 4-55 所示拓扑结构的网络。选择正确类型的缆线连接两个主机。

回答以下问题。

(1)应该使用什么类型的缆线将两台主机上的以太网接口互连?

(2)所选择的缆线两端线序分别是什么?

A 端________；

B 端________。

任务 2：配置主机的 IP 地址。

步骤 1：使用 IP 地址 192.168.1.8/24 和默认网关 192.168.1.1 配置主机 PC1。

步骤 2：使用 IP 地址 192.168.1.9/24 和默认网关 192.168.1.1 配置主机 PC2。

任务 3：测试连通性。

步骤 1：在 PC1 上，是否能够使用“ping 192.168.1.9”命令 ping 通 PC2?

步骤 2：在 PC2 上，是否能够使用“ping 192.168.1.8”命令 ping 通 PC1？

步骤 3：在 PC2 上，是否能够使用“ping 192.168.1.9”命令 ping 通自己？

步骤 4：在 PC2 上，是否能够使用“ping 127.0.0.1”命令 ping 通自己？

任务 4：思考。

如果将 PC1 和 PC2 之间的缆线换成直连缆线，任务 3 中的 ping 命令是否能 ping 通？

4.8.2 局域网组建(含无线局域网组建)

1. 实训目的

(1)掌握局域网拓扑结构，包括无线局域网。

(2)根据规定的要求为主机 PC2～PC10 的以太网接口配置 IPv4 地址。

(3)掌握无线 AP 的使用方法。

(4)根据规定的要求为主机 PC11～PC13 的无线以太网接口配置 IPv4 地址。

(5)掌握 ping 命令，测试并检查 IP 地址配置。

(6)思考网络实施过程并整理成文档。

2. 实训场景

在 Cisco Packet Tracer 模拟器中按照拓扑图创建局域网(含无线局域网)网络环境。首先根据图 4-56 所示的拓扑图布线，为 PC11～PC13 安装无线网卡，然后使用地址表(表 4-12)提供的 IP 地址为主机配置 IP 地址。测试网络是否能正常工作。

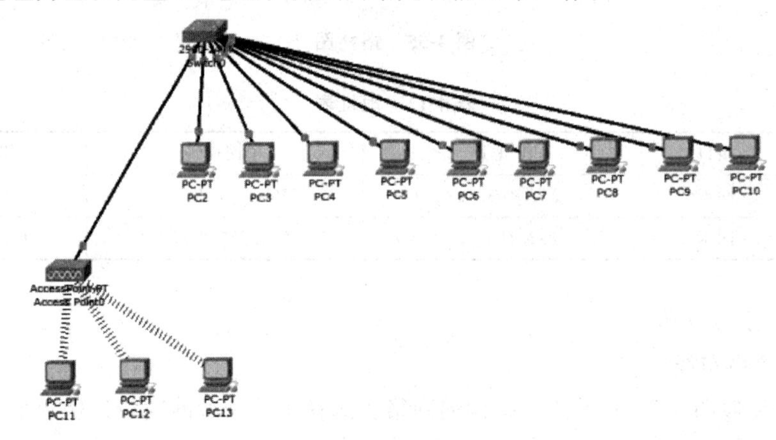

图 4-56 拓扑图

表 4-12 地址表

设备	接口	IP 地址	子网掩码	默认网关
PC2	网卡	192.168.1.2	255.255.255.0	192.168.1.1
PC3	网卡	192.168.1.3	255.255.255.0	192.168.1.1
PC4	网卡	192.168.1.4	255.255.255.0	192.168.1.1
PC5	网卡	192.168.1.5	255.255.255.0	192.168.1.1
PC6	网卡	192.168.1.6	255.255.255.0	192.168.1.1
PC7	网卡	192.168.1.7	255.255.255.0	192.168.1.1

续表

设备	接口	IP 地址	子网掩码	默认网关
PC8	网卡	192.168.1.8	255.255.255.0	192.168.1.1
PC9	网卡	192.168.1.9	255.255.255.0	192.168.1.1
PC10	网卡	192.168.1.10	255.255.255.0	192.168.1.1
PC11	无线网卡	192.168.1.11	255.255.255.0	192.168.1.1
PC12	无线网卡	192.168.1.12	255.255.255.0	192.168.1.1
PC13	无线网卡	192.168.1.13	255.255.255.0	192.168.1.1

3. 实训任务与步骤

任务 1：网络布线。

构建一个类似图 4-55 所示拓扑结构的网络。选择合适的交换机、无线 AP、PC 构建包含无线局域网的局域网络。

回答以下问题

为 PC11～PC13 安装无线网卡时应该注意什么？

任务 2：配置主机上的 IP 地址。

步骤 1：使用 IP 地址 192.168.1.8/24 和默认网关 192.168.1.1 配置主机 PC1。

步骤 2：使用 IP 地址 192.168.1.9/24 和默认网关 192.168.1.1 配置主机 PC2。

任务 3：测试连通性。

步骤 1：测试交换机 S1 下 PC2 能否 ping 通 PC9。

步骤 2：测试 AP1 下 PC11 能否 ping 通 PC13。

步骤 3：测试 PC2 上能否使用“ping 192.168.1.12”命令 ping 通 PC12，检验无线网络与有线网络的连通性。

任务 4：思考。

总结组建局域网的步骤。

4.8.3 基本静态路由配置

1. 实训目的

(1)根据拓扑图进行网络布线。

(2)清除启动配置并将路由器重新加载为默认状态。

(3)在路由器上执行基本配置任务。

(4)配置并激活串行接口和以太网接口。

(5)测试并检验配置。

(6)配置静态路由。

(7)记录网络实施方案。

2. 实训场景

在 Cisco Packet Tracer 模拟器中按拓扑图创建类似的网络。首先根据图 4-57 所示的拓扑图布线，进行使网络通畅所需的初始路由器配置，然后使用地址表(表 4-13)提供的 IP 地址为网络设备分配 IP 地址。完成基本配置之后，测试网络设备之间的连通性。首先测试直连设备之间的连通性，然后测试非直连设备之间的连通性。要使网络主机之间能够实现端到端通信，必须在路由器上配置静态路由，因此要配置主机之间通信所需的静态路由。每添加一条静态路由后，观察路由表，查看路由表是如何发生变化的。

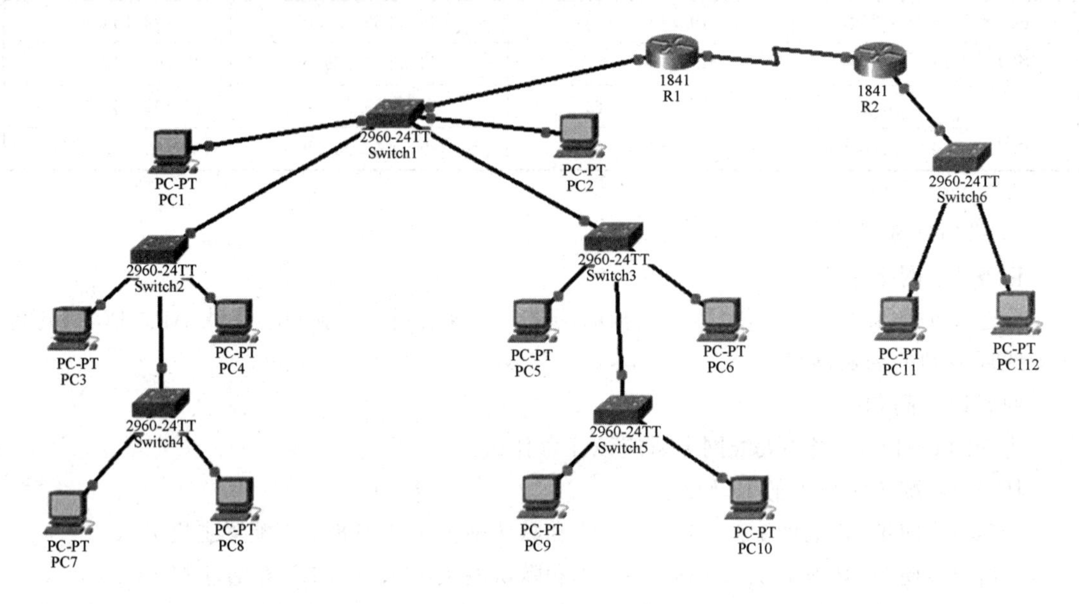

图 4-57　拓扑图

表 4-13　地址表

设备	接口	IP 地址	子网掩码	默认网关
R1	Fa0/0	192.168.1.1	255.255.255.0	
	S0/0/0	192.168.2.1	255.255.255.0	
R2	Fa0/0	192.168.3.1	255.255.255.0	
	S0/0/0	192.168.2.2	255.255.255.0	
PC1	网卡	192.168.1.111	255.255.255.0	192.168.1.1
PC2	网卡	192.168.1.2	255.255.255.0	192.168.1.1
PC3	网卡	192.168.1.3	255.255.255.0	192.168.1.1
PC4	网卡	192.168.1.4	255.255.255.0	192.168.1.1
PC5	网卡	192.168.1.5	255.255.255.0	192.168.1.1
PC6	网卡	192.168.1.6	255.255.255.0	192.168.1.1
PC7	网卡	192.168.1.7	255.255.255.0	192.168.1.1
PC8	网卡	192.168.1.8	255.255.255.0	192.168.1.1
PC9	网卡	192.168.1.9	255.255.255.0	192.168.1.1
PC10	网卡	192.168.1.10	255.255.255.0	192.168.1.1
PC11	网卡	192.168.3.11	255.255.255.0	192.168.3.1
PC12	网卡	192.168.3.12	255.255.255.0	192.168.3.1

3. 实训任务与步骤

任务 1：构建一个类似图 4-56 所示拓扑结构的网络。

步骤 1：首先构建左侧 Switch1 下的局域网络 1，再构建右侧 Switch6 下的局域网络 2。测试好连通性后，使用路由器把 LAN1 和 LAN2 两个局域网互连。

步骤 2：将 DCE 串口电缆连接到 R1 的 s0/0/0，将另一端连接至 R2 的 s0/0/0。

步骤 3：将 S1 的 Fast Ethernet 接口连接至 R1 的 Fast Ethernet 接口。

步骤 4：将 S6 的 Fast Ethernet 接口连接至 R2 的 Fast Ethernet 接口。

任务 2：配置 PC1～PC12 的以太网接口 IP 地址。

任务 3：测试连通性。

步骤 1：测试交换机 Switch1 下任意两台 PC 能否 ping 通。

步骤 2：测试 Switch6 下两台 PC 能否 ping 通。

任务 4：清除配置并重新加载路由器。

步骤 1：建立与路由器 R1 的终端会话。

步骤 2：进入特权执行模式。

```
Router>enable
Router#
```

步骤 3：清除配置。

```
Router#erase startup-config
```

步骤 4：重新加载配置。

```
Router#reload
```

步骤 5：在路由器 R2 上重复步骤 1～4。

任务 5：对路由器 R1 进行基本配置。

步骤 1：建立与路由器 R1 的 HyperTerminal 会话。

步骤 2：进入特权执行模式。

```
Router# configure terminal
Router(config)#
```

步骤 3：执行以下路由器基本配置命令。

```
Router(config)# hostname R1//将路由器名称配置为 R1
R1(config)# no ip domain-lookup//禁用 DNS 查找
R1(config)#enable secret class//配置执行模式口令为 class
R1(config)# line console 0//配置控制台口令为 cisco
R1(config-line)# password cisco
R1(config-line)# login
R1(config-line)# exit
R1(config)#
R1(config)# line vty 04//为虚拟终端线路配置口令为 cisco
R1(config-line)# password cisco
R1(config-line)# login
R1(config-line)# exit
```

R1(config)#

步骤 4：配置 FastEhternet0/0 接口。

R1(config)# interface fastethernet 0/0

R1(config-if)# ip address 192.168.1.1 255.255.255.0

R1(config-if)# no shutdown

步骤 5：配置 Serial0/0/0 接口。

R1(config)# interface serial 0/0/0

R1(config-if)# ip address 192.168.2.1 255.255.255.0

R1(config-if)# clock rate 64000

R1(config-if)# no shutdown

步骤 6：返回特权执行模式。

R1(config-if)# end

R1#

步骤 7：保存 R1 配置。

R1# copy running-configstartup-config

任务 6：对路由器 R2 进行基本配置。

步骤 1：对 R2 重复任务 5 中的步骤 1～3。

步骤 2：配置 FastEhternet0/0 接口。

R2(config)# interface fastethernet 0/0

R2(config-if)# ip address 192.168.3.1 255.255.255.0

R2(config-if)# no shutdown

步骤 3：配置 Serial0/0/0 接口。

R2(config)# interface serial0/0/0

R2(config-if)# ip address 192.168.2.2 255.255.255.0

R2(config-if)# no shutdown

步骤 4：返回特权执行模式。

R2(config-if)# end

R2#

步骤 5：保存 R2 配置。

R2# copy running-config startup-config

任务 7：检验并测试配置。

步骤 1：使用“show ip route”命令检验路由表中包含哪些路由并记录。

R1：________；

R2：________。

步骤 2：测试连通性。

连接到 R1 的主机 PC1 能否 ping 通其默认网关?

连接到 R2 的主机 PC11 能否 ping 通其默认网关?

步骤 3：测试路由器 R1 和 R2 之间的连通性。

在路由器 R1 上，是否能够使用“ping 192.168.2.2”命令 ping 通 R2?

在路由器 R2 上，是否能够使用“ping 192.168.2.1”命令 ping 通 R1?

步骤 4：思考。

尝试从连接 R1 的主机 PC1ping 连接 R2 的主机 PC11，能否 ping 通?

尝试从连接 R1 的主机 PC1ping 路由器 R2，能否 ping 通?

尝试从连接 R2 的主机 PC11ping 路由器 R1，能否 ping 通?

这些 ping 命令会全部失败，为什么?

任务 8：使用下一跳地址配置静态路由。

步骤 1：R1(config)# ip route 192.168.3.0255.255.255.0192.168.2.2

步骤 2：查看路由表，验证新添加的静态路由条目。

R1# show ip route

步骤 3：R2(config)# ip route 192.168.1.0255.255.255.0192.168.2.1

步骤 4：查看路由表，验证新添加的静态路由条目。

R2# show ip route

步骤 5：使用 ping 命令测试主机 PC1 和 PC11 之间的连通性。

在主机 PC1 上是否能 ping 通 PC11?

模块小结

本模块主要介绍计算机网络的系统组成；主干网、子网、以太网的相关标准；各种网络体系结构，如客户机/服务器模型、对等网络等；网络安全的基本概念，包括加密、防火墙、身份验证等；两台计算机之间的信息传递；组建局域网的过程；有线局域网、无线局域网接入 Internet 的过程。最终，完成校园网设计综合实训。

习题

1. 主干网通常具有哪些特点?
2. 目前使用的网络接入技术有哪些? 它们分别适用于何种场合?
3. 两台计算机直接连接所用双绞线有哪些特点?
4. 如何进行两台计算机之间的信息传递?
5. 写出组建局域网的过程。
6. 写出组建无线局域网的过程。
7. 写出将有线局域网、无线局域网接入 Internet 的过程。
8. 简述 DNS 服务器的功能。
9. 简述 DHCP 的定义与作用。

模块5　综合布线系统设计

知识目标

(1)熟悉综合布线系统设计的步骤。

(2)掌握综合布线系统中工作区、水平干线、垂直干线、管理间、设备间、进线间、建筑群等子系统的设计方法。

能力目标

(1)具备编制综合布线系统设计方案的能力。

(2)具备应用绘图软件绘制综合布线系统施工图的能力。

素质目标

(1)培养学生资料收集、整理的能力。

(2)培养学生的沟通能力及团队协作精神。

(3)培养学生分析问题、解决问题的能力。

(4)培养学生的规范意识。

(5)培养学生的项目总结和汇报能力。

在智能建筑的设计、规划过程中，所建的信息通道对内要适应不同应用的网络互连设备、主机、终端及外设的要求，以构成灵活的拓扑结构，有足够的扩展能力；对外要与Internet相连，组成全方位的信息互访系统，既要建立一个适应当前信息处理需要的内部应用与服务局域网，又要充分考虑到信息系统未来的发展趋势。设计综合布线系统时应优先考虑保护人和设备不受电击与火灾危害，严格按照规范考虑照明电线、动力电线、通信线路、暖气管道、冷热空气管道、电梯之间的距离、绝缘线、裸线及接地与焊接，之后才能考虑线路的走向及美观程度。

综合布线系统设计的内容包括工作区子系统、配线子系统(包括管理间子系统及水平干线子系统)、垂直干线子系统、设备间子系统、建筑群子系统、进线间子系统和管理子系统七个部分。综合布线系统设计应与建筑设计同步进行，以便建筑设计能综合考虑综合布线系统的进线间、设备间、管理间和弱电竖井的位置。

5.1 综合布线系统设计的步骤及要求

综合布线系统设计应符合《综合布线系统工程设计规范》(GB 50311—2016)的规定。综合布线系统应采用开放式网络拓扑结构，应能支持语音、数据、图像、多媒体等业务信息传递，支持电话及多种计算机数据系统，还应能满足会议、电视、安防、建筑设备监控等系统的需要。

设计优良的综合布线系统具备“设备与线路无关”的特点，能为建筑内办公自动化、楼宇设备自动化提供统一的信息化基础通道；具备高可靠性，能保证信息网的正常运行；具备高度的灵活性，能根据内部通信应用系统的具体要求跳接成不同的网络拓扑形式；同时，如遇到网络信息点的接入和废弃变化，可方便实现改接。综合布线系统的设计应具备高可靠性、兼容性、开放性、灵活性，同时，具备设备技术先进性和经济性等优点。

对于一个综合布线系统工程，用户总是有自己的使用目的和需求，因此，设计人员应认真详细地了解工程项目的实施目标和要求，根据工程项目范围进行设计。综合布线系统设计步骤一般分为用户需求分析、获取建筑物平面图、系统结构设计、布线路由设计、编制综合布线施工设备材料清单等步骤。

5.1.1 用户需求分析

用户需求分析包括确定系统业务范围、确定系统的类型、确定系统各类信息点接入要求等。要根据用户建筑物的特点，仔细分析综合布线系统所应具备的功能。其主要工作是确定综合布线工程的建筑物的数量、各建筑物的信息点数量及分布的情况、建筑物的管理间和设备间的位置、建筑群的中心机房的位置；确定工程是否包括计算机信息网络通信、语音通信、视频会议、建筑设备监控等系统，并统计各类系统信息点的分布及数量，确定信息点接入设备的类型、未来预计需要扩展的设备数量、信息点接入的服务范围等。设计时尽量满足用户的网络通信需求。

5.1.2 获取建筑物平面图

尽可能全面地获取工程的相关资料，包括建筑物平面图、结构图。同时，需要对建筑物和施工场地进行勘察，了解建筑物、楼宇之间的网络通信环境与条件，为系统结构设计提供支持。

5.1.3 系统结构设计

系统结构设计的主要工作是提出设计方案，绘制系统总体设计图。通常要对工作区子系统、水平干线子系统、垂直干线子系统、建筑群子系统、进线间子系统等分别进行结构设计。在各子系统结构化、标准化的设计基础上，还应全面考虑满足未来的发展和扩容需要。对于大型工程项目，还可能需要独立、详尽地编制系统设计报告。需要注意的是，在《综合布线系统工程设计规范》(GB 50311—2016)中增加了进线间的配置设计。进线间配置设计应该注意建筑群主干电缆和光缆、公用网和专用网电缆、光缆及天线馈线等室外缆线进入建筑物时，应在进线间终端转换成室内电缆、光缆，并在缆线的终端处由多家电信业务经营者设置入口设施。入口设施中的配线设备应按引入的电缆、光缆容量配置，满足接入业务及多家电信业务经营者缆线接入的需求。

5.1.4 布线路由设计

布线路由设计主要是确定水平干线子系统、垂直干线子系统缆线和建筑物之间缆线的走向、敷设方式和管槽的材料等。

布线路由设计主要考虑缆线的选择、路由设计及敷设方式。在配线子系统中缆线应采用非屏蔽或屏蔽 4 对对绞电缆，在需要时也可以采用室内多模和单模光纤。配线子系统根据工程提出的近期和远期终端设备的设置要求、用户性质、网络构成，以及实际需要确定建筑物各层需要安装信息插座模块的数量与其位置，配线应留有余地。干线子系统所需要的电缆总对数和光纤总芯数应满足工程实际需要，并留有适当的备份容量。主干缆线应设置电缆与光缆并互相作为备份路由。干线系统主干缆线应选择较短的、安全的路由。主干电缆应采用点对点方式，中间也可采用分支递减终接。

5.1.5 编制综合布线施工设备材料清单

依据系统设计方案，合理选用标准化定型布线产品，并编制综合布线施工准备材料清单。以开放式为基准，选用的布线产品要与多数厂家产品、设备兼容。传输介质、接续设备宜选用经过国家认证、质量检验机构鉴定合格、符合国家有关技术标准的定型产品。在一个综合布线系统中应使用同一种标准的产品，以便施工管理和维护，保证系统的性能和质量。

5.2 综合布线系统设计的内容

5.2.1 工作区子系统的设计

工作区子系统由信息插座模块(TO)到终端设备处的连接缆线及适配器组成。用户的终端设备(TE)连接到信息插座模块上。工作区要有足够的空间以容纳用户和终端设备。信息插座是水平电缆与连接工作区设备的电缆之间的连接点。建筑内根据总办公面积的大小、等级、用途，需要划分为若干个工作区。一个独立的需要设置终端设备的区域宜划分为一个工作区，为人们提供语音、数据等多种服务。典型的工作区子系统示意如图 5-1 所示。

工作区子系统设计的主要任务是确定工作区面积、确定信息点的数量。信息点是指各类电缆或光缆终接的信息插座模块，安装在信息面板上，嵌在信息插座中，如图 5-2 所示。

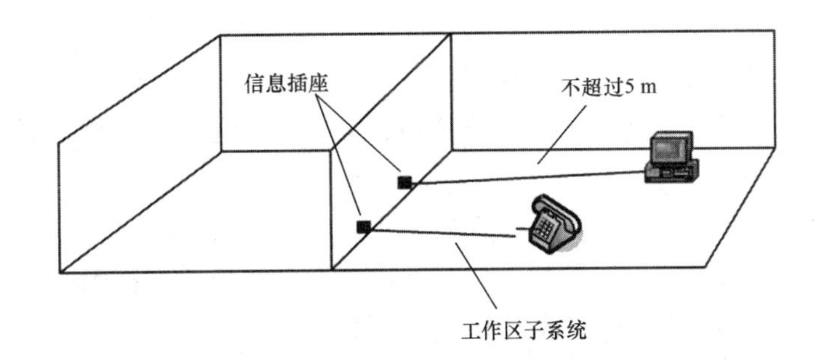

图 5-1　典型的工作区子系统示意

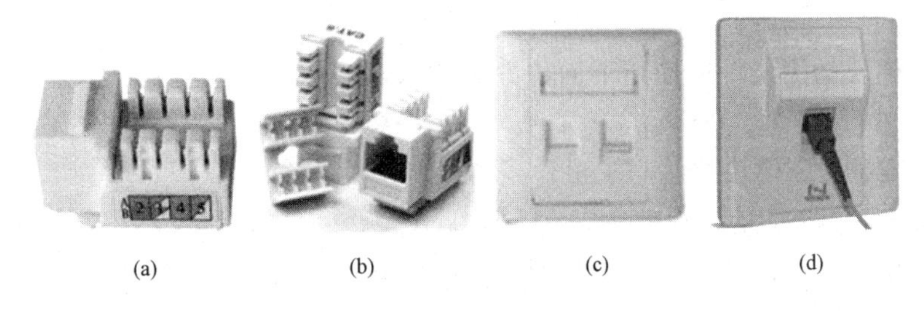

(a)　(b)　(c)　(d)

图 5-2　信息插座模块

(a)5 类信息插座模块；(b)6 类信息插座模块；(c)电缆双口面板；(d)光纤单口面板

在综合布线系统中，4 对非屏蔽双绞线电缆端接于工作区内的 8 针模块化插座。在一个综合布线工程中，只采用一个信息插座模块标准(或 T568-A 或 T568-B)，不可混用。信息插座模块标准的选用是在设计中应考虑的问题，在施工中需要按设计选用的标准严格按色顺序打线。

1. 工作区的设计要点

工作区子系统的概念和设计原则

具体设计工作区时，首先要确定工作区的面积和信息点数，大致估算出每个楼层的信息点数；其次将所有楼层的信息点数累加，计算出整个大楼的信息点数。在设计工作区时，通常要考虑以下几个方面。

(1)工作区内线槽的敷设要合理、美观。

(2)工作区的信息插座可分为暗埋式和明装式两种方式。暗埋式的信息插座底盒嵌入墙面；明装式的信息插座底盒直接在墙面上安装。用户可根据实际需要选用不同的安装方式，以满足不同的需要。通常，新建建筑物采用暗埋方式安装信息插座，已有的建筑物增设综合布线系统，则采用明装方式安装信息插座。信息插座底盒如图 5-3 所示。

(a)　(b)　(c)

图 5-3　信息插座底盒

(a)暗装式；(b)明装式；(c)地面方形

(3)信息插座要设计在距离地面 30 cm 以上。

(4)信息插座与计算机设备的距离应保持在 5 m 范围内。

(5)每个工作区至少配置 2 个 220 V 交流电源插座。信息插座与电源插座间距不得小于 20 cm。

(6)网卡接口类型要与缆线接口类型保持一致。

(7)所有工作区所需要的信息模块、信息插座和面板的数量要准确。

(8)RJ-45 水晶头的需求量一般使用下面的方法计算：

$$m=n\times 4\times(1+15\%)$$

式中 m——RJ-45 水晶头的总需求量；

n——信息点的总量；

信息插座模块的用量一般使用下面的方法计算：

$$m=n\times(1+3\%)$$

式中 m——信息插座模块的总需求量；

n——信息点的总量。

面板有一口、二口、四口等不同类型，可以根据实际需求计算购买量。

2. *确定工作区的面积*

每个工作区的服务面积，应根据建筑物的应用功能做具体的分析后确定。具体的工作区面积需求可参照表 5-1 的规定。

表 5-1 工作区面积划分

建筑物类型及功能	工作区面积/m^2
网管中心、呼叫中心、信息中心等终端设备较为密集的场地	3～5
办公区、住宅	5～10
会议、会展	10～60
商场、生产机房和娱乐场所	20～60
体育场馆、候机室和公共设施区	20～100
工业生产区	60～200
注：1. 如果终端设备的安装位置和数量无法确定，或使用场地为大客户租用并考虑自行设置计算机网络，工作区的面积可按区域(租用场地)面积确定。 2. 对于 IDC 机房(数据通信托管业务机房或数据中心机房)，可按生产机房中每个机架的设置区域考虑工作区面积。此类项目涉及数据通信设备安装工程设计，应单独考虑实施方案。	

每个工作区的信息点数可根据建筑物的功能和网络构成来确定。办公建筑工作区面积划分与信息点配置见表 5-2。

表 5-2 办公建筑工作区面积划分与信息点配置

项目	办公建筑	
	行政办公建筑	通用办公建筑
每个工作区面积/m^2	办公：5～10	办公：5～10
每个用户单元区域面积/m^2	60～120	60～120

续表

<table>
<tr><td colspan="2" rowspan="2">项目</td><td colspan="2">办公建筑</td></tr>
<tr><td>行政办公建筑</td><td>通用办公建筑</td></tr>
<tr><td rowspan="2">每个工作区信息插座类型与数量</td><td>RJ-45</td><td>一般：2个，政务：2个～8个</td><td>2个</td></tr>
<tr><td>光纤到工作区 SC 或 LC</td><td>2个单工或1个双工或根据需要设置</td><td>2个单工或1个双工或根据需要设置</td></tr>
<tr><td colspan="4">注：商店建筑和旅馆建筑、文化建筑和博物馆建筑、观演建筑、体育建筑和会展建筑、医疗建筑、教育建筑、交通建筑、金融建筑、住宅建筑、通用工业建筑工作区面积划分与信息点配置均可参照《综合布线系统工程设计规范》(GB 50311—2016)条文说明</td></tr>
</table>

各楼层每个房间的工作区和信息点数量的计算公式如下

$$W_{nm}=\frac{S_{nm}}{S_b}$$

$$T_{nm}=W_{nm}\times\Delta T$$

式中　W_{nm}——第 n 层第 m 个房间的工作区数量，取整数；

S_{nm}——第 n 层第 m 个房间的面积；

S_b——一个工作的面积；

T_{nm}——第 n 层第 m 个房间的信息点数量，取整数；

ΔT——一个工作区内的信息点数量。

将每个房间的信息点数量标注在楼层平面图中，以便绘制综合布线平面图。每层楼的信息点数量等于该层楼各房间的信息点之和，整栋楼的信息点数量等于各楼层信息点数量的总和。

3. 工作区适配器的选用

工作区适配器的选用宜符合下列原则。

(1)设备的连接插座应与连接电缆的插头匹配，不同的插座与插头之间应加装适配器。

(2)在连接使用信号的数/模转换，光、电转换，数据传输速率转换等相应的装置时，采用适配器。

(3)对于网络规程的兼容，采用协议转换适配器。

(4)各种不同的终端设备或适配器均安装在工作区的适当位置，并应考虑现场的电源与接地。

4. 列出各楼层信息插座统计表

将各楼层的信息点数量、信息插座模块及面板的数量以表格的形式进行统计，见表 5-3，以便确定系统布线方案和编制设备材料表。

表 5-3　各楼层信息插座统计

楼层	语音插座/个	数据插座/个	信息插座模块/个	双孔面板个数
1F				
2F				
……				

续表

楼层	语音插座/个	数据插座/个	信息插座模块/个	双孔面板个数
nF				
总计				

【例 5-1】 某办公楼综合布线工程的二层平面图中有面积为 20 m² 的办公室 13 间，是一般工作区，计算该层数据的信息点数量。

解： 每个工作区面积 S_b 取 10 m²，计算每个办公室的工作区数量。

$$W_{nm}=\frac{S_{nm}}{S_b}=\frac{20}{10}=2$$

一般工作区信息插座类型为 RJ-45，数量 ΔT 取 2，计算二层数据的信息点数量。

$$T_{nm}=W_{nm}\times\Delta T=13\times 2=26$$

5.2.2 水平干线子系统的设计

水平干线子系统主要实现工作区的信息插座与管理间子系统的连接，包括工作区与楼层配线间之间的所有电缆、信息插座、插头、端接水平传输介质的配线架、跳线架、跳线缆线及各种附件等。水平干线子系统多采用星形拓扑结构，每个工作区的信息插座都有一条独立的线路与楼层管理间配线架连接。水平干线子系统示意如图 5-4 所示。

水平干线子系统基本结构和设计原则

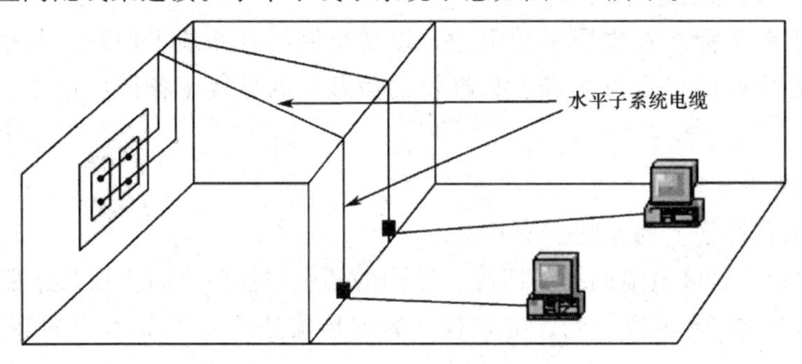

图 5-4 水平干线子系统示意

1. 水平干线子系统的设计要点

(1)确定线路走向。

(2)确定缆线、线槽、线管的数量和类型。

(3)确定电缆的类型和长度。

(4)确定吊杆或托架的数量。

(5)语音点、数据点互换时，应考虑语音点的水平干线缆线同数据点缆线类型一致。

2. 确定线路的走向

一般由用户、设计人员、施工人员到现场，根据建筑物的物理位置和施工难易度来确定信息插座的数量与类型，电缆的类型和长度一般在总体设计时便已确定。但考虑到产品质量和施工人员的误操作，缆线要有冗余。

水平干线子系统缆线的走向及布线方式应该根据用户的需求和建筑物的结构特点，从线路最短、造价最低、施工方便、布线规范等几个方面综合考虑。水平干线子系统缆线宜采用在楼板内、墙体内穿管或在吊顶内设置桥架敷设。

电缆槽道的布线方式采用金属线槽或桥架，通常悬挂在楼道吊顶上方的区域或安装在吊顶内，由管理间引出的缆线先沿金属线槽或桥架敷设，再穿镀锌钢管或阻燃PVC管沿墙暗敷至墙上的信息插座，如图5-5(a)所示；或者先引到集合点(CP)，再从集合点引出走地面金属线槽后引至地面，如图5-5(b)所示；埋管布线方式是利用SC管、PVC管等穿楼板或沿墙内暗敷，这种布线方式目前主要用于住宅楼，如图5-5(c)所示；当缆线在地面布放时，可以选用地板下线槽、高架活动地板等方式布线，如图5-5(d)所示。

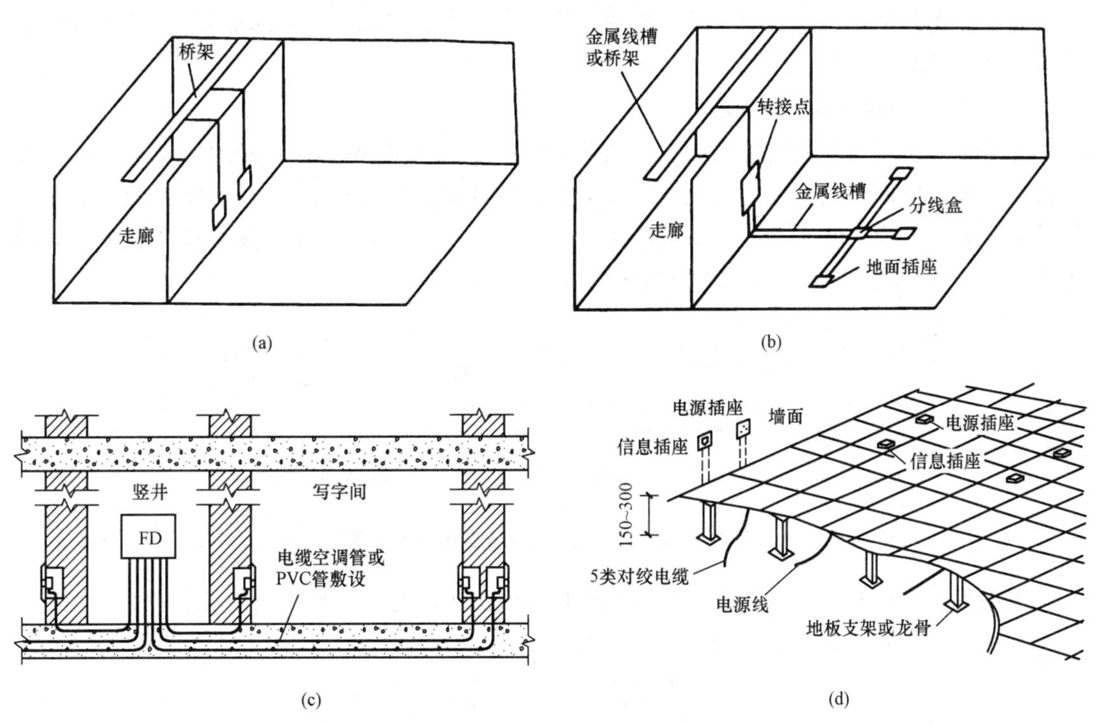

图5-5 水平干线子系统布线方式

(a)先走桥架再走支管的布线方式；(b)先走桥架再走地面金属线槽的布线方式；
(c)埋管布线方式；(d)高架活动地板布线方式

敷设缆线时应远离高温和电磁干扰的地方，管线的弯曲半径应满足表5-4的要求。

表5-4 管线敷设弯曲半径

缆线类型	弯曲半径	缆线类型	弯曲半径
2芯或4芯水平光缆	＞25 mm	4对屏蔽电缆	不小于电缆外径的8倍
其他芯数和主干光缆	不小于光缆外径的10倍	大对数主干电缆	不小于电缆外径的10倍
4对非屏蔽电缆	不小于电缆外径的6倍	室外光缆、电缆	不小于缆线外径的10倍
注：当缆线采用电缆桥架布放时，桥架内侧的弯曲半径不应小于300 mm。			

3. 缆线的选择

水平干线子系统缆线的选择，要根据建筑物内具体信息点的类型、容量、带宽和传输速率来确定。一般来说，可选用非屏蔽或屏蔽 4 对对绞电缆，必要时应选用阻燃、低烟和低毒等电缆；在需要时也可采用室内多模或单模光缆。在水平干线子系统中，常采用以下三种缆线。

(1)100 W 非屏蔽双绞线电缆。

(2)100 W 屏蔽双绞线电缆。

(3)62.5/125 μm 多模光纤光缆。

目前，对于数据信息点多采用 6 类非屏蔽双绞线电缆；对于电磁干扰严重的场合可采用屏蔽对绞电缆。在采用 62.5/125 μm 多模光纤光缆时，从管理间至每一个工作区水平光缆宜按 2 芯光缆配置。光纤至工作区域满足用户群或大客户使用时，光纤芯数至少应有2 芯备份，按 4 芯水平光缆配置。

4. 缆线长度的计算

配线子系统设计是决定综合布线系统设计优劣的重要内容，首先必须保证所有水平布线长度不超过标准规定长度。配线子系统(水平)信道长度示意如图 5-6 所示。配线子系统信道的最大长度为 100 m，其中水平缆线的长度不大于 90 m。一端工作区设备连接跳线不大于 5 m，另一端管理间或设备间的跳线不大于 5 m。

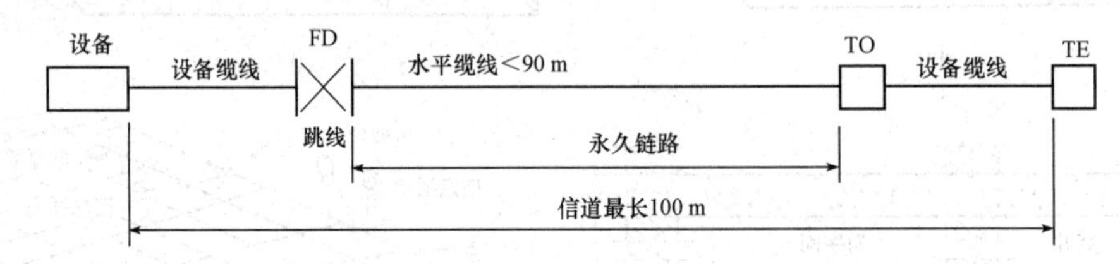

图 5-6 配线子系统(水平)信道长度示意

当采用集合点时，集合点配线设备与楼层配线架 FD 之间水平缆线的长度应大于 15 m。

水平干线子系统缆线长度的计算公式为

$$L_n = \left(\frac{D+S}{2} \times 1.1 + \text{预留量}\right) \times T$$

$$L = \sum l_n$$

$$N = L/305$$

式中 L_n——本层水平缆线的平均长度；

L——整幢楼的水平缆线总长度；

D——本层离配线间最远的信息点长度；

S——本层离配线间最近的信息点长度；

预留量——水平缆线接入楼层管理间和工作区用于端接检测和变更的预留长度，可取 6～15 m；

T——本层的信息点总数；

N——整幢楼需用 305 m/箱的电缆箱数，取整数。

【例 5-2】 某办公楼二层有 52 个信息插座，设有一个 FD，最近和最远信息点水平布置如图 5-7 所示，楼层高为 3 m，水平缆线先走吊顶内桥架再走支管到信息插座，信息插座为暗敷设。试计算该楼层的水平缆线长度和电缆箱数。

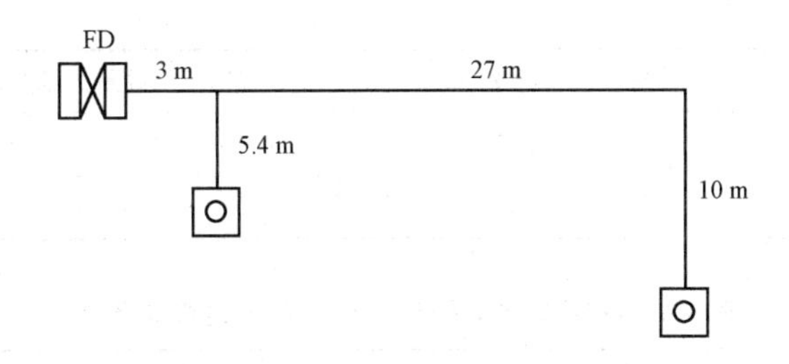

图 5-7　最近和最远信息点水平布置

解：$L_n=\left(\frac{D+S}{2}\times 1.1+\text{预留量}\right)\times T$

$=[(3+3+27+10+3+3+3+5.4+3)\times 1.1\div 2+10]\times 52$

$=2\ 247.44(\mathrm{m})$

$N=L/305=2\ 247.44/305=7.37$

取 8 箱。

5. 确定槽、管的规格和数量

在实际工程中，综合布线系统主干和水平缆线传输通道包括除消防弱电电缆外的所有弱电缆线。因此，在选择水平布线桥架或金属线槽规格时，要综合考虑计算机系统、有线电视系统、安全防范系统及建筑设备监控系统等的弱电缆线。布放在管与线槽内的管径及截面利用率应根据不同类型的缆线作不同的选择，管内穿放大对数电缆或 4 芯以上光缆时，直线管路的管径利用率应为 50%～60%，弯管路的管径利用率应为 40%～50%，管内放 4 对对绞电缆或 4 芯光缆时，截面利用率应为 30%～40%，布放缆线在线槽内的截面利用率应为 40%～60%。

固定桥架或金属线槽的支架，水平敷设时可每 1.5～3 m 安装一个支架，垂直敷设时按不大于 2 m 安装一个支架。计算总数时根据桥架或金属线槽的长度确定。常用线槽内布放缆线的最大条数可参照表 5-5。常用线管内布放缆线的最大条数可参照表 5-6。

表 5-5　线槽规格型号与容纳双绞线最大条数

线槽/桥架类型	线槽/桥架规格/mm	容纳双绞线最大条数	截面利用率/%
PVC	20×10	2	30
PVC	25×12.5	4	30
PVC	30×16	7	30
PVC	39×18	12	30
金属、PVC	50×22	18	30
金属、PVC	60×30	23	30
金属、PVC	75×50	40	30
金属、PVC	80×50	50	30
金属、PVC	100×50	60	30
金属、PVC	100×80	80	30

续表

线槽/桥架类型	线槽/桥架规格/mm	容纳双绞线最大条数	截面利用率/%
金属、PVC	150×75	100	30
金属、PVC	200×100	150	30

表 5-6　线管规格型号与容纳的双绞线最大条数

线管类型	线管规格/mm	容纳双绞线最大条数	截面利用率/%
PVC、金属	16	2	30
PVC	20	3	30
PVC、金属	25	5	30
PVC、金属	32	7	30
PVC	40	11	30
PVC、金属	50	15	30
PVC、金属	63	23	30
PVC	80	30	30
PVC	100	40	30

根据电线间位置及水平配线、缆线走向等，在平面图上画出管路、线槽、桥架等，标出管路、线槽、桥架等的规格，并标出所穿缆线的根数。

5.2.3　管理间子系统的设计

《综合布线系统工程设计规范》(GB50311—2016)中楼层管理间属于配线子系统，被称为管理间，行业中也称为配线间。管理间是提供水平缆线和主干缆线相连接的场所。管理间子系统示意如图 5-8 所示。

管理间子系统概念和划分原则

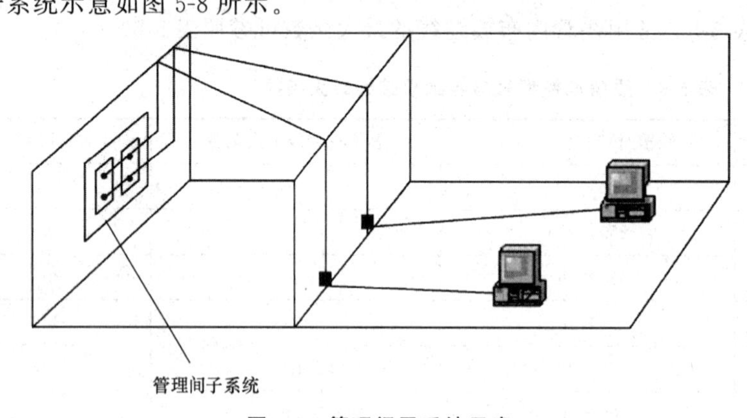

图 5-8　管理间子系统示意

管理间设计和工程技术

1. 管理间子系统的设计步骤

(1)管理间位置及数量的确定。

(2)管理间设备的选择。

(3)网络系统设备的选择。

2. 管理间位置及数量的确定

管理间最理想的位置是位于楼层平面的中心，这样更容易保证所有水平缆线不超过规定的最大长度 90 m，如果楼层平面面积较大，水平缆线的长度超出最大限值 90 m，就应该考虑设置两个或更多个管理间。在通常情况下，管理间的面积不应小于 5 m^2，如覆盖的信息插座超过 400 个或安装的设备较多时应适当增加房间面积。

管理间安装落地式机柜时，机柜前面的净空不小于 800 mm，后面的净空不小于 600 mm，便于施工的维修。安装壁挂式机柜时，安装高度一般不小于 1.8 m。

3. 管理间子系统的连接器件

管理间子系统安装的连接器件包括机柜、配线架、交换机和配线设备等。配线架主要用于缆线端接，主要有 110 型配线架、RJ-45 模块化配线架、光纤配线架。

(1)110 系列配线架。110 型配线架主要用于语音配线系统。图 5-9 所示为 100 对110 型配线架和 5 对、4 对卡接模块。

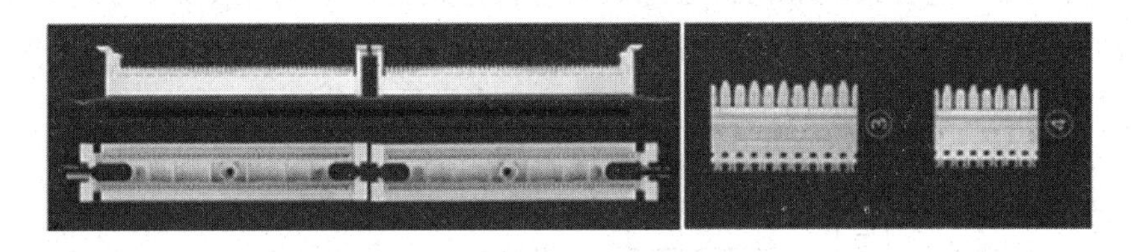

图 5-9　110 型配线架及卡接模块

(2)RJ-45 模块化配线架。RJ-45 模块化配线架主要用于网络综合布线系统，它根据传输性能的要求，分为 5 类、超 5 类、6 类等。RJ-45 模块化配线架前端面板为 RJ-45 接口，可通过 RJ-45 软跳线连接到交换机等网络设备，RJ-45 模块化配线架后端是 110 型连接器，可以端接水平干线子系统缆线或干线缆线。RJ-45 模块化配线架后端的连接器都有清晰的色标，以方便按色标顺序端接。RJ-45 模块化配线架一般宽度为 19 英寸(1 英寸＝2.54 cm)，高度为 1 U(1 U＝44.45 mm)。图 5-10 所示为 RJ-45 模块化配线架后端和前端。

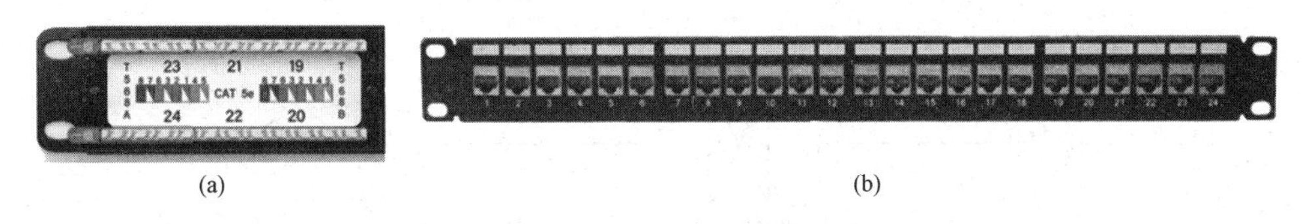

(a)　　(b)

图 5-10　RJ-45 模块化配线架

(a)RJ-45 模块化配线架后端；(b)RJ-45 模块化配线架前端

(3)光纤配线架。光纤配线架一般为机架式，适合直接安装在 19 英寸机柜内，如图 5-11 所示。在建筑物的综合布线系统中，光纤配线架安装在设备间和管理间的机柜内。常用光纤配线架的规格一般为 8 口、12 口、16 口、24 口、48 口等多种接口，按接口又可分为 SC 口、ST 口、LC 口等规格。光纤配线架的正面一般安装有光纤耦合器，光纤耦合器两端都可以插入光纤接头，两个光纤接头可以在光纤耦合器内准确对接，实现两根光纤的光路准确连通。常用光纤耦合器有 SC-SC 型耦合器、ST-ST 型耦合器等。

图 5-11　光纤配线架

4. 网络系统设备的选择

网络系统设备的选择步骤如下。

(1)确定楼层配线架(FD)的配线方案。楼层配线架的配线方案如图 5-12～图 5-14 所示。前两种方案均属于互连方式，交换机通过跳线直接连接到水平侧配线架，是一种优化的配线方式。目前，综合布线系统多采用图 5-13 所示的方案。图 5-14 所示是光纤配线方案，整个信道都使用光缆，随着目前用户对带宽的需求，全光纤网得到了一定的应用。

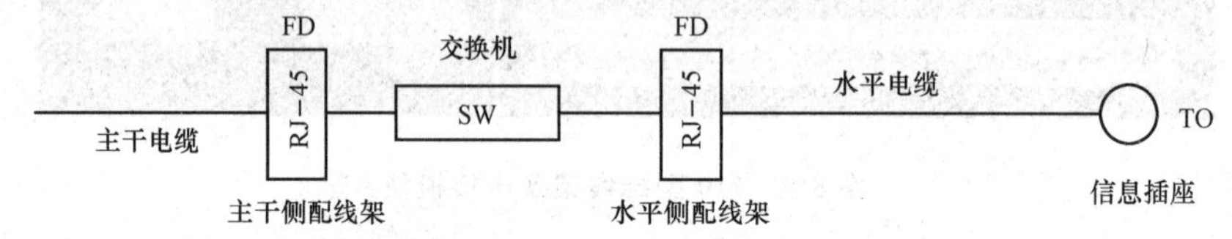

图 5-12　楼层配线架的配线方案一

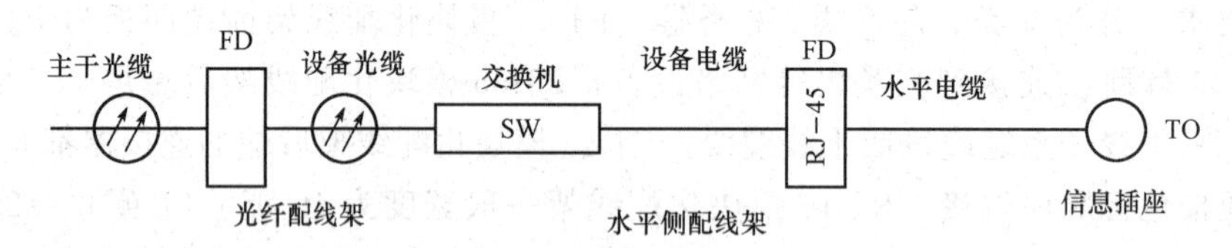

图 5-13　楼层配线架的配线方案二

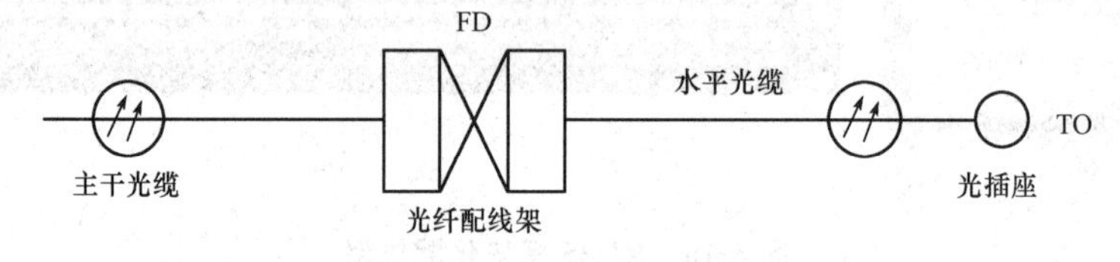

图 5-14　光纤配线方案

(2)确定楼层配线架、跳线及交换机的型号、规格和数控设备及材料的型号和产品资料。配线架和跳线的数量与交换机和配线架的配线方案有关。下面以楼层配线架的配线方案二为例说明计算方法。

①交换机的规格和数量的确定。交换机的选型不属于综合布线系统设计内容，但配线架及跳线的选择与交换机相关。因此，要确定交换机的数量和端口数。24 口交换机在工程中较常用。当管理间使用几个独立的交换机时，可以使用堆叠技术将几个独立的交换机组成一个交换机群。交换机群数不大于 4 个。每个交换机群的总端口数控制在 96 口以内。当主干缆线用光缆时，采用带光端口的交换机，否则需要光纤收发器将光信号转换成电信号

再接入交换机。

交换机的数量＝$T/24$（取整数）

交换机群的数量＝$T/96$（取整数）

式中，T——该管理间所服务的所有信息插座数量。

交换机的端口数要有一定的备用量。

【例 5-3】 某管理间管理的计算机插座有 110 个，应选用多少个交换机？

解： 使用 24 口的交换机时，交换机的数量＝110/24＝4.58 个，取 5 个。

②水平侧配线架数量的确定。RJ-45 模块化配线架包括 RJ-45 模块和配线架。RJ-45 模块化配线架通常为 24 口。RJ-45 模块有 5 类、超 5 类、6 类、7 类等类型。

水平侧 RJ-45 模块化配线架数量的配置原则如下：

RJ-45 模块化配线架的数量＝$T/24$（取整数）

式中，T——该管理间所服务的所有信息插座数量。

如 110 个数据信息插座应用配置 5 个 24 口的 RJ-45 模块化配线架。

③主干侧配线架数量的确定。主干侧配线架无论是用光纤配线架还是用 RJ-45 模块化配线架，都有两种常用配置方法，即最低量配置和最高量配置。当使用最低量配置方法时，每个交换机群设置一个主干端口；当使用最高量配置方法时，每个交换机群设置一个主干端口。

④设备缆线和跳线的选择。管理间采用的各类设备缆线和跳线应按计算机网络设备的使用端口容量和电话交换机的实际容量、业务的实际需求或信息点总数的比例进行配置。水平侧连接交换机的设备缆线根数及 RJ-45 模块化配线架之间的跳线数量与其端接的插座数量相同，每根跳线两端各连接一个 RJ-45 水晶头。跳线材料与水平缆线相同，通用的成品跳线长度有 1 m、2 m、3 m、5 m 等。

5.2.4 干线子系统的设计

垂直干线子系统基本概念和设计原则

干线子系统由设备间子系统与管理间子系统组成，一般采用大对数电缆或光缆，实现设备间主配线架与楼层配线架之间的连接。干线子系统示意如图 5-15 所示。干线子系统是建筑物内综合布线的主干缆线。垂直干线子系统采用星形拓扑结构，实现建筑物设备间与管理间的通信连接。

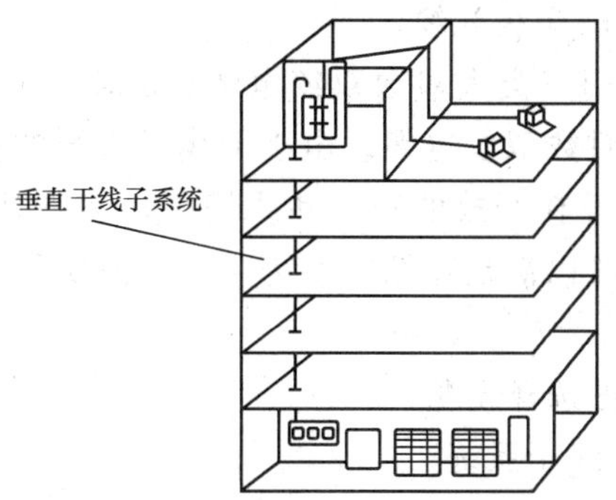

图 5-15　干线子系统示意

1. 干线子系统的设计原则

干线子系统的设计一般应遵循以下基本原则。

(1)干线子系统应为星形拓扑结构，并选择干线缆线最短、最安全和最经济的路由，宜选择带门的封闭型通道敷设缆线。

(2)从楼层配线架开始到建筑群总配线架之间，最多只通过一个配线架。

(3)干线子系统的缆线可采用点对点端接，也可采用分支递减端接，以及电缆直接连接的方法。

(4)当电话交换机和计算机设备设置在建筑物内不同的设备间时，宜采用不同的主干缆线来分别满足语音和数据的需要。

(5)干线子系统在设计施工时，应预留一定的冗余缆线。

(6)在敷设缆线时，对不同的介质缆线要区别对待。敷设光缆时不应该绞结。在室内布线时要走线槽。在地下管道中穿过时要用 PVC 管光缆，需要拐弯时其曲率半径不能小于 30 cm。光缆的室外裸露部分要加镀锌钢管保护，镀锌钢管要固定牢固。光缆不要拉得太紧或太松，并要有一定的膨胀收缩量。光缆埋地时要加镀锌钢管保护。敷设双绞缆线时要平直，走线槽不要扭曲，不要拐硬弯。双绞线的两端要标号。室外缆线要加套管，严禁搭接在树干上。

2. 干线子系统的设计步骤

干线子系统既满足当前的需求，又适应未来的发展。通常可按下列步骤进行设计。

(1)确定干线子系统的介质。

(2)确定干线子系统布线路由和接合方法。

(3)确定干线子系统缆线规格和用量。干线子系统缆线的长度可用比例尺在图样上实际测量获得。注意，每段干线子系统缆线长度要有冗余和端接容差。

3. 确定干线子系统缆线的介质

可根据建筑物的楼层面积、建筑物的高度和建筑物的用途来选择干线子系统缆线的介质。一般情况下，干线子系统缆线可选择如下几种介质，它们可单独使用，也可混合使用。

(1)100 Ω 双绞线。

(2)62.5 μm/125 μm 多模光缆。

(3)50 μm/125 μm 多模光缆。

(4)(8.3～10)μm/125 μm 单模光缆。

针对语音传输，一般采用三类大对数双绞电缆(25 对、50 对等)；针对数据和图像传输，采用多模光纤或 6 类大对数双绞电缆。由于干线子系统的价格较高，且发展较快，所以干线子系统缆线通常应敷设在开放的竖井和线槽中，必要时可予以更换和补充。因此，在进行干线子系统设计时一般以满足近期需要为主，根据实际情况进行总体规划，分期分步实施。

在下列场合，应首先考虑选择光缆。

(1)带宽需求量较大的干线子系统。

(2)传输距离较长的干线子系统。

(3)保密性、安全性要求较高的干线子系统。

(4)雷电、电磁干扰较强的场所。

4. 确定干线子系统的布线路由

确定从管理间到设备间的干线子系统路由时，要选择干线段最短、最安全和最经济的路由，在楼内通常有以下两种方法。

(1)电缆孔方法。干线通道中所用的电缆孔是很短的管道，通常用直径为 10 cm 的金属管做成。金属管预埋在混凝土楼板内，金属管高出地面 2.5～10 cm。电缆往往捆在钢绳上，钢绳固定到墙上已铆好的金属条上。当管理间上下都对齐时，一般采用电缆孔方法，如图 5-16 所示。

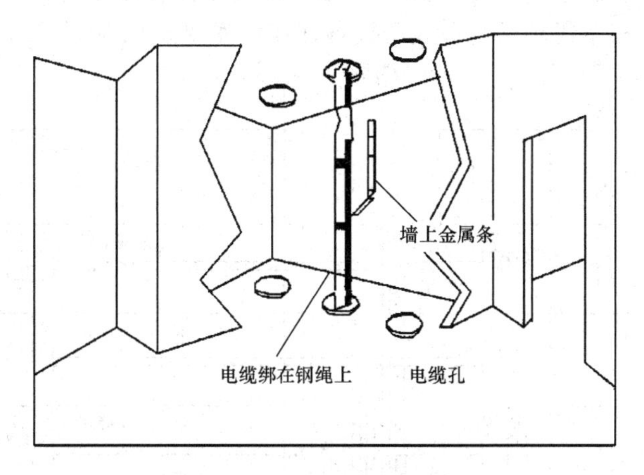

图 5-16　电缆孔方法

(2)电缆井方法。电缆井方法常用于干线通道。电缆井是指在每层楼板上开出方孔，使电缆可以穿过这些电缆井从某层楼伸到相邻的楼层，如图 5-17 所示。电缆井的大小依据所用电缆的数量而定。与电缆孔方法相同，电缆也是捆在或箍在支撑用的钢绳上，钢绳靠墙上金属条或地板三脚架固定。在距离电缆井很近的墙上，立式金属架可以支撑很多电缆。电缆井的选择非常灵活，可以让粗细不同的各种电缆以任何组合方式通过。电缆井方法虽然比电缆孔方法灵活，但在原有建筑物中开电缆井安装电缆造价较高，并且很难防火。如果在安装过程中没有采取措施防止损坏楼板支撑件，则楼板的结构完整性将受到破坏。

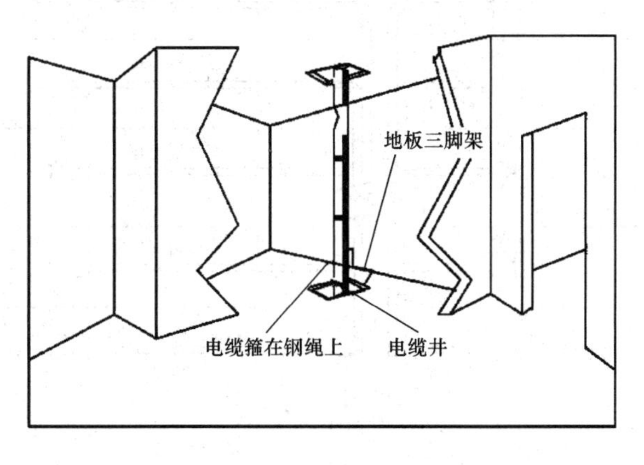

图 5-17　电缆井方法

在多层建筑物中，经常需要使用干线子系统电缆的横向通道才能从设备间连接到垂直干线子系统通道，以及在各个楼层上从二级交接间连接到任何一个管理间。横向布线时需要寻找一个易于安装的方便通道。在进行配线子系统、干线子系统布线时，要注意考虑数据线、语音线及其他弱电系统管槽的共享问题。

5. 干线子系统缆线的接合方法

干线子系统缆线可以直接采用点对点端接。干线子系统的每根缆线直接延伸到楼层管理间的楼层配线架处是最简单、最直接的连接方式。缆线仅到楼层管理间为止，不再向其他地方延伸，其长度取决于所要连接到那个楼层及端接的管理间与设备间之间的距离。其他楼层也依次使用一根干线子系统缆线与设备连接，如图 5-18 所示。

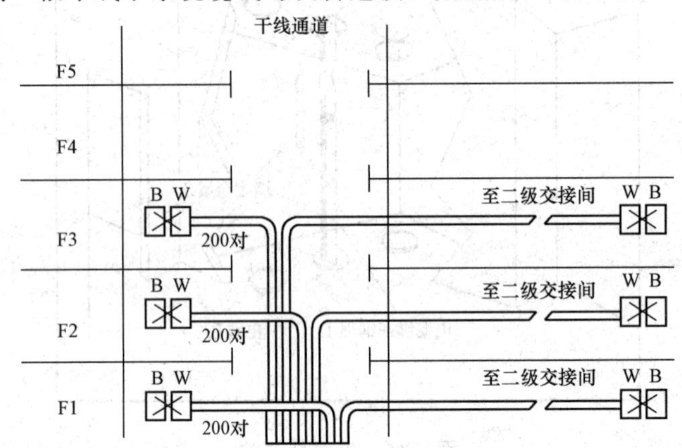

图 5-18　典型的点对点端接方法

点对点端接方法的优点是可以避免使用特大对数电缆，在干线子系统通道中不必使用昂贵的分配接续设备，当敷设的缆线发生故障时只影响一个楼层；其缺点是穿过干线子系统通道的缆线根数较多。

电缆还可使用分支递减终接方法，即用一根大对数线电缆来支持若干个管理间的通信容量，经过电缆接头保护箱分出若干根小电缆，它们分别延伸到相应的管理间，并终接于目的地的配线设备，如图 5-19 所示。

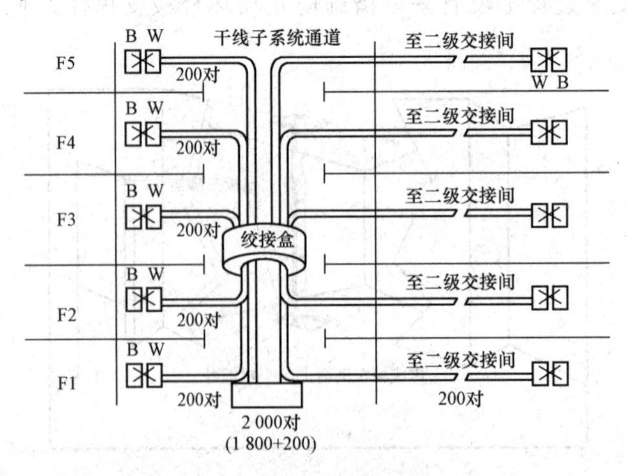

图 5-19　典型的分支递减终接方法

根据设备间、管理间的位置和干线子系统缆线的路由，画出综合布线系统从设备间到信息插座的草图，在图中标注缆线的类型、规格及根数，然后进行干线子系统缆线用量计算。

6. 确定干线子系统缆线的规格和用量

从设备间到各管理间干线子系统缆线用量的计算公式为

每个管理间的干线子系统缆线用量＝[每根缆线长度＋预留长度]×根数

式中　预留长度——干线子系统缆线在设备间和管理间的端接预留长度，电缆取 1～2 m，光缆取 6～10 m。

干线子系统所需要的电缆总对数和光纤总芯数应满足工程的实际需求，并留有适当的备份容量。电缆与光缆互相作为备份路由。干线子系统电缆和光缆所需的容量应符合以下规定。

(1)对于语音业务，大对数电缆的对数应按每个电话 8 位模块通用插座配置 1 对线，并在总需求线对的基础上预留约 10%的备用线对。例如，某个管理间端接 100 个语音插座需配置 110 对线，可选用 5 根 25 对或 3 根 50 对大对数电缆。

(2)对于数据业务，当干线采用 4 对双绞线时，按一个交换机或交换机群配 1 根双绞线考虑，备用量按每个交换机群备用 1 根双绞线考虑。当使用多模或单模光缆时，按每个主干端口按 2 芯光纤考虑，光纤需求量为 4 芯，其中 2 芯光纤为备份。光缆的根数可根据光缆芯数确定，例如，所需光缆芯数为 12 芯，可用两根 6 芯光缆，也可以用 3 根 4 芯光缆，但同一工程中宜用相同芯数的干线子系统光缆。

(3)当工作区至管理间的水平光缆延伸至设备间的光配线设备(BD/CD)时，干线子系统光缆的容量应包括所延伸的水平光缆的容量在内。

(4)建筑物与建筑群配线设备处各类设备缆线和跳线的配备与配线子系统的配置设计相同。

【例 5-4】 已知某办公楼第 2 层有 60 个计算机网络信息点，各信息点要求接入速率为 1 000 Mbit/s，另有 45 个电话语音点，而且第 6 层楼层管理间到楼内设备间的距离为 60 m，请确定该建筑物第 6 层的垂直干线子系统缆线类型及线对数。

解：(1)60 个计算机网络信息点要求该楼层应配置 3 台 24 口交换机，通过 4 芯光缆连接到建筑物的设备间。每 48 个信息插座配 2 芯光纤，备用 2 芯，共计从 6 层向设备间敷设 2 根 66 m 4 芯光缆。

(2)40 个电话语音点，按每个语音点配 1 个线对的原则，电缆应为 45 对。根据语音信号传输的要求，配备 1 根 3 类 50 对非屏蔽大对数电缆。

5.2.5 设备间子系统的设计

设备间位于一栋建筑的中心，一般选择在建筑的水平面与垂直面的中心位置。它是综合布线系统的总控中心、总机房，是建筑内网络设备的放置点，也是建筑对外进行信息交流的中心枢纽。

设备间的作用是将设备间的缆线、连接器和相关支撑硬件等各种公用系统设备互连起来，因此也是线路管理的集中点。对于综合布线系统，设备间主要安装建筑物配线设备、电话和计算机等设备，引入设备也可以合装在一起。

设备间子系统基本概念和
设计原则 1

设备间子系统基本概念和
设计原则 2

1. 设备间子系统的设计要求

(1)一般规定。

①设备间的位置及大小应根据设备数量、规模和最佳网络中心等因素综合考虑确定。

②在设备间内安装的建筑群总配线架干线侧容量应与干线子系统缆线的容量一致。设备侧的容量应与设备端口容量一致或与干线侧配线设备容量一致。

③建筑群总配线架与电话交换机及计算机网络设备的连接方式与配线子系统的缆线连接方式一致。

④设备间内的所有总配线设备应用色标区别各类用途的配线区。

⑤建筑物的综合布线系统与外部通信网连接时，应遵循相应的接口标准，预留安装相应接入设备的位置，同时要有接地装置。

(2)设备间的设计规定。设备间的设计应符合下列规定。设备间的位置及大小应根据建筑物的结构、综合布线系统规模、管理方式及应用系统设备的数量等方面进行综合考虑，择优选取。一般来说，设备间应尽量建在建筑平面及综合布线系统干线综合体的中间位置。在高层建筑中，设备间也可以设置在 1、2 层。确定设备间位置时可以参考以下设计规范。

①设备间的位置应尽量建在建筑物平面及其干线子系统的中间位置，并考虑干线子系统缆线的传输距离和数量，也就是应布置在综合布线系统对外或内部连接各种通信设备或信息缆线的汇合集中处。

②设备间的位置应尽量靠近引入通信管道和电缆井(或上升房或上升管槽)处，这样有利于网络系统互相连接，且距离较近。要求网络接口设备与引入通信管道处的间距不宜超过 15 m。

③设备间的位置应便于接地装置的安装。尽量减少总接地线的长度，这有利于减小接地电阻值。

④设备间应尽量远离高低压变配电、电动机、X 射线、无线电发射等有干扰源存在的场地，也应尽量远离强振源(水泵房)、强噪声源、易燃(厨房)、易爆(油库)和高温(锅炉房)等场所。在设备间的上面或靠近设备间处，不应有卫生间、浴池、水箱等设施或房间，以确保通信安全可靠。

⑤设备间的位置应选择在内外环境安全、客观条件较好(如干燥、通风、清静和光线明亮等)和便于维护管理(如为了有利于搬运设备，宜邻近电梯间，并要注意电梯间的大小和其载重限制等细节)的地方。

⑥设备间的使用面积不仅要考虑所有设备的安装面积，还要考虑预留工作人员管理操作的地方。设备间内应有足够的设备安装空间，其使用面积不应小于 10 m^2，该面积不包括程控用户交换机、计算机网络设备等设施所需的面积在内。

在一般情况下，综合布线系统的配线设备和计算机网络设备采用 19 英寸标准机柜安装。机柜内可以安装光纤配线架、RJ-45 模块化配线架、交换机、路由器等。如果一个设备间以 10 m^2 计，则大约能安装 5 个 19 英寸的机柜。

(3)设备间的工艺要求。设备间的工艺要求较多，主要有以下几点。

①设备间梁下净高不应小于 2.5 m，采用外开双扇门，门宽不应小于 1.5 m。

②综合布线系统有关设备对温度、湿度的要求可分为 A、B、C 三级，设备间的温度与湿度指标也可参照这三个级别进行设计，见表 5-7。

表 5-7　设备间的温度与湿度指标

项目指标级别	A 级		B 级	C 级
	夏季	冬季		
温度/℃	22±4	18±4	12～30	8～35
相对湿度/%	40～65	35～70	30～80	20～80
温度变化率/(℃·h)	<5 要不凝露		<5 要不凝露	<15 要不凝露

③设备间内应保持空气清洁，防止有害气体(如氯、碳水化合物、硫化氢、氮氧化物、二氧化碳等)侵入，并应有良好的防尘措施，尘埃含量限值宜符合表 5-8 的规定。

表 5-8　设备间允许的尘埃含量限值

灰尘颗粒的最大直径/μm	0.5	1	3	5
灰尘颗粒的最大浓度/(粒子数·m^{-3})	1.4×10^7	7×10^5	2.4×10	1.3×10^5

④为了方便工作人员在设备间内操作设备和维护相关的综合布线器件，设备间内必须安装具有足够照明度的照明系统，并配置应急照明系统。设备间内在距离地面 0.8 m 处，水平面照度不应低于 200 lx。照明分路应控制灵活，操作方便。

⑤设备间的噪声应小于 70 dB。如果长时间在 70～80 dB 噪声的环境中工作，不但影响工作人员的身心健康和工作效率，还可能造成人为的噪声事故。

⑥电磁场干扰。根据综合布线系统的要求，设备间无线电干扰的频率应在 0.15～1 000 MHz 范围内，噪声不大于 120 dB，磁场干扰场强不大于 800 A/m。

⑦供电系统。设备间供电电源应满足的要求如下。

频率：50 Hz。

电压：380 V/220 V。

相数：3 相 5 线制或 3 相 4 线制/单相 3 线制。

设备间内供电可采用直接供电和不间断供电相结合的方式。

注意：我国规定，单相电源的三孔插座与相电对应关系为正视其右孔接相(火)线，左孔接中性(零)线，上孔接地线。

2. 数据中心的设计要求

数据中心是各类信息的中枢，在信息系统中占有重要地位，它包括信息系统中的绝大部分的信息资产。一个企业网络的各种专用和通用服务器、大量的数据资源、主干路由器、主干交换机、防火墙、UPS等都安置在数据中心。同时，它也是数据中心管理维护人员长期工作的地方。数据中心工程是一个集电工、电子、建筑装饰、暖通净化、计算机网络、弱电控制、消防等多学科、多领域的综合工程，并涉及网络工程、综合布线系统等专业技术的工程。机房对供配电方式、空气净化、安全防范及防静电、防电磁辐射、抗干扰、防水、防雷防火、防潮、防鼠诸多方面给予高度重视，以确保计算机系统长期正常运行工作。

有关数据中心重点讨论以下内容。

(1)数据中心等级。我国将数据中心等级分为A、B、C三级，ANSI/TIA可分为1、2、3、4级。《数据中心设计规范》(GB 50174—2017)规定，数据中心可根据使用性质、管理要求及场地设备故障导致电子信息系统运行中断在经济和社会上造成的损失或影响程度，分为A、B、C三级。

①A级为容错型，在系统需要运行期间，其场地设备不应因操作失误、设备故障、外电源中断、维护和检修而导致电子信息系统运行中断。

②B级为冗余型，在系统需要运行期间，其场地设备在冗余能力范围内，不应因设备故障而导致电子信息系统运行中断。

③C级为基本型，在场地设备正常运行情况下，应保证电子信息系统运行不中断。

(2)数据中心的布局要求。数据中心的位置要有利于人员进出和设备搬运。

(3)设备间内所有设备应有足够的安装空间，其中包括计算机主机、网络连接设备等。机架前后至少留有1.2 m的空间，以方便设备的安装、调试及维护。

(4)数据中心工程的组成。数据中心(机房)工程是一项复杂的系统工程。具体包括数据中心装修工程、数据中心动力供配电系统工程、数据中心空调新风系统工程、消防系统工程、弱电工程、屏蔽系统工程等。

(5)数据中心的发展趋势。近年来，随着云计算技术的发展和网络应用的普及，数据中心由小规模、封闭式、单一功能向大规模、开放式、多功能方向发展，具体表现在工程技术方面和管理方面。

(6)数据中心布线的物理设计。数据中心布线的物理设计主要考虑以下四个因素。

①每台服务器的多网络连接要求——有些要用铜缆，有些要用光纤。

②网络交换机更高端口密度要求。

③不同厂商和协议对存储拓扑的要求。

④为满足更高速度需求而不断变化的网线标准，要事先确定在每个机柜中安装多少网线，以及服务器接入整合交换机的尺寸和价格。

(7)数据中心网络布线方法。数据中心网络布线是支持业务需求的基石，是数据中心基础设施的环节之一，因此要关注数据中心网络布线。数据中心网络布线所使用的铜缆最低类别规定为6类，光缆类别规定为万兆多模OM3、OM4或者单模。

(8)云计算的数据中心的要求。云计算是随着处理器技术、虚拟化技术、分布式存储技术、宽带互联网技术和自动化管理技术的发展而产生的，云计算应用是在网络上而不是在本机上运行，这种转变将数据中心放在网络的核心位置，而所有应用需要的计算能力、存储、带宽、电力都由数据中心提供。这对云计算的数据中心提出了以下要求。

①面积大。云计算数据中心的面积非常大。

②密度高。云计算是一种集中化的部署方式，要在有限空间内支持高负载、服务器等

高密度。

③扩展灵活快速。“云”的规模可以动态伸缩，满足应用和用户规模增长的需要。云计算数据中心必须具有良好的伸缩性，同时，为了节省投资，最好能边成长边投资。

④运维成本低。由于云计算是收费服务，所以必然存在市场与竞争，如要想在市场竞争中胜出，云计算服务必须具有良好的性价比。因此，好的云计算数据中心必须是低运维成本的数据中心。

⑤自动化资源监控和测量。云计算数据中心应是 24 h×7 无人值守、可远程管理的，这种管理涉及整个数据中心的自动化运营，它不仅要监测与修复设备的硬件故障，还要实现从机房风水电环境、服务器和存储系统到应用的端到端基础设施的统一管理。

⑥可靠性高。云计算要求其提供的云服务连续不中断，“云”使用了数据多副本容错、计算节点同构可互换等措施来保障云服务的高可靠性，使用云计算比使用本地计算机更可靠。因此，对云计算数据中心提出了高可靠性的要求。

云计算数据中心环境设计的要点见表 5-9。

表 5-9　云计算数据中心环境设计的要点

序号	要求	规划对策
1	面积大	1. 采用高压供电和高压发电机系统； 2. 采用水冷中央空调设计
2	密度高	1. 采用冷热通道封闭方案； 2. 抬高架空地板到 800～1 000 mm； 3. 机柜采用液体冷却； 4. 采用航天制冷一就近制冷方式
3	扩展灵活快速	1. 采用各种标准化的组件； 2. 采用模块化设计； 3. 集装箱式数据中心
4	运维成本低	1. 采用自然冷却制冷； 2. 采用备用机组水蓄冷，削峰填谷； 3. 采用直流供电； 4. 采用智能照明系统； 5. 放置在低土地和能源成本的地区； 6. 采用其他绿色节能技术
5	自动化资源监控和测量	1. 采用数据中心资产监控系统，监控各类资源的情况； 2. 机房环境和 IT 系统统一监控； 3. 采用自动化应用软件
6	可靠性高	1. 数据多副本容错； 2. 计算节点同构可互换

5.2.6 数据中心项目案例

近年来，在金融、保险、大型连锁、政府、网站服务等行业中涌现出大量的数据中心建设项目，数据中心具有高密度、高带宽、结构化、预连接、易扩展和智能绿色等特点。标准全系列数据中心解决方案得到各行业客户的广泛关注，满足了客户要求。

数据中心综合布线系统设计分析

下面以某地方税务局数据中心项目为例，简单介绍数据中心的需求、设计、产品选型、工程经验等方面的知识。图 5-20 所示为数据中心布局示意。

图 5-20 数据中心布局示意

1. 数据中心的需求

数据中心要求支持计算机网络系统、视频语音通信系统的连接，满足不同系统的需求。系统模块化程度高，可实现电子化管理。各类布线点数符合发展规模需求的预留量，并方便扩容施工。具体需求如下。

(1)建议采用 6 类布线系统、OM3 万兆多模光纤布线系统。

(2)每个机柜按 32 个电缆点布置。

(3)列头柜至总配线柜布置主干光缆，芯数按照流量需求决定，采用双路由冗余结构，并且以一定电缆作为备份。

(4)所有光纤产品建议采用高密度的 IBM ACS 整合式光纤连接系统(FIT)。

(5)配线管理系统需要满足以下要求。

①设计有柜内跳线管理机制，以方便管理跳线，使跳线整洁。

②各种接口统一，电缆统一采用 RJ-45 网络接口，光纤统一采用双工 LC 小型接口。

③采用方便的互通互连手段，使各柜内可能发生的业务关系清楚。

④满足配线习惯，如电信配线习惯、网络配线习惯等。

数据中心设计建议考虑耐火性，可采用低烟无卤缆线。当发生火灾时该种缆线具有阻燃作用，可避免火势顺缆线蔓延。低烟，不会使火场中的人员窒息；无毒，不会使火场中的人员中毒；无腐蚀，不会造成设备腐蚀，保持良好性能，既满足国标的要求，又具有实际的防火意义。

2. 数据中心的设计

综合布线系统的结构和网络体系结构的关系十分密切，网络体系结构基本确定后，综合布线系统的结构才能确定。建议数据中心根据结构化布线的需求分为下列几大区域。

(1)网络区：网络区为整个数据中心的核心交换层、汇聚层、网络安全层，负责内部和外部的连接。

(2)PC服务器区：按需求每柜布置24/32根UTP，列头柜中的汇聚层交换机通过万兆多模光缆连接总配线区(Main Distribution Area，MDA)的汇聚层端口区。

(3)小型机区：小型机通过光缆连接至地盒，然后通过地盒连接至存储交换设备。

(4)总配线区：本项目的总配线区分为LAN部分和SAN部分建设。LAN主配线架可设置在网络区，可分为网络设备端口区、小型机端口区、汇聚层交换机端口区、大楼端口区(大楼MDF)等。SAN主配线架设置在网络区，可分为小型机端口区、存储设备端口区、存储交换设备端口区等。

3. 产品选型

(1)电缆部分。为了将数据中心建设成一个方便、标准、灵活、开放的综合布线系统，采用星形拓扑结构，从核心交换区到其他区域中的各个机柜的配线都采用6类低烟无卤电缆，布置为十字骨架结构，以保证传输性能。

(2)电缆模块。采用免打线安装的6类非屏蔽模块，与6类非屏蔽电缆匹配使用，在90 m标准永久链路实际测试中余量在7 dB以上，特别是在小于15 m的短链路上更能体现优异的传输性能，非常适合数据中心的实际需求，如图5-21所示。

图5-21 免打线安装的6类非屏蔽模块

(3)光缆部分。总配线区与各设备分别用主干光缆连接，服务器、交换机和存储交换设备之间通过光缆配线架进行跳线连接。主干光缆连接和跳线连接采用预端接光缆。预端接光缆安装移动方便，可以实现数据中心的快速布线，如图5-22所示。

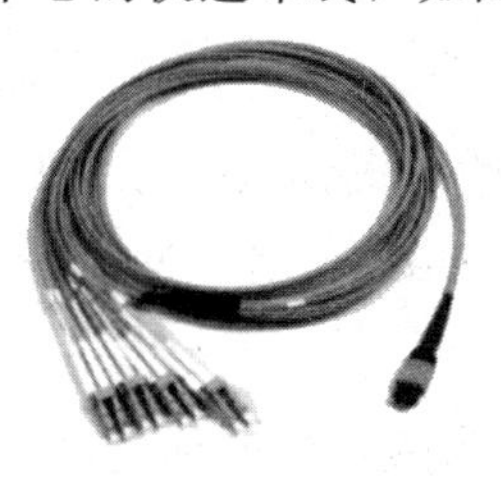

图5-22 预端接光缆

(4)光纤配线架部分。光纤配线架采用标准19英寸高配线能力的高密度配线架，光纤配线架采用抽屉式模块化结构，在安装时，只要拉出抽屉，将预端接光缆卡上即可，安装快速、便捷。光纤配线架带有标签插槽，方便标签纸的保护及管理，如图5-23所示。

图 5-23　光纤配线架

4. 工程经验

(1)顶层设计、分步建设。数据中心设计应从全局的视角出发，设计总体技术架构，并对整体架构的各方面、各层次、各类使用角色进行统筹考虑和设计，保障数据中心建设的科学性、实用性、长效性。抓住顶层设计，结合资源情况做好分阶段计划，做到一步一个台阶，是数据中心项目建设与应用成功的关键。

(2)标准先行、支撑为重。按照统一规划、分步进行的实施原则，以先立标准，后建系统的思路，保障数据中心的数据和信息标准化、权威性，在现有业务系统建设基础上，进一步对数据中心需求进行分析，详细分析数据中心建设要求，全面准确地打造先进、智能、高效的数据中心。

(3)需求为纲、创新为举。在掌握需求的基础上，要用创新的思维考虑数据中心及业务系统的设计，保障数据中心和业务系统满足当前及未来业务发展的需要。只有一手抓需求、一手抓创新，才能使数据中心建设生机勃勃，保障信息化应用的长效性。

(4)专家指导、强强合作。在项目建设过程得到行业专家的指导，提出改进意见，可以使项目建设少走很多弯路，取得显著的效果。与有行业经验的信息化公司紧密合作是项目成功的重要方式。

(5)数据管理流程化、标准化。数据管理流程包括各类数据管理，数据质量把控，数据接口申请、审批、执行等一系列流程，最终将数据送入各业务端，遵循统一管理、统一核定、统一开放的原则，使大数据更易于管理员掌控，更好地对大数据进行资源整合，避免了资源信息浪费。同时，数据安全也得到有效的保障，使数据存储具有高可靠性、数据访问具有高效性。

数据中心综合布线系统设计实例

5.2.7　进线间子系统的设计

进线间主要作为室外电缆、光缆引入楼内的成端与分支及光缆的盘长空间。现在光缆至大楼、至用户、至桌面的应用日益增多，进线间显得尤为重要。

1. 进线间的位置

一般一个建筑物宜设置 1 个进线间，一般提供给多家电信运营商和业务提供商使用，通常设于地下一层。外线宜从两个不同的路由引入进线间，这有利于与外部管道沟通。在不具备设置单独进线间或入楼电、光缆数量及入口设施较少的建筑物中也可以在入口处采用挖地沟的方式或使用较小的空间完成缆线的成端与盘长，入口

进线间和建筑群子系统基本概念和设计原则

设施则可安装在设备间(最好是单独设置场地)，以便进行功能区分。

2. 进线间的面积

进线间涉及许多不确定因素，如管孔数量、缆线容量和数量及设备的安装等，故难以对其统一提出具体面积要求，可根据建筑物实际情况，并参照通信行业和国家的现行标准进行设计，一般应以满足缆线的布放路由和成端的位置、光缆的盘留空间、充气维护设备的安装、室外缆线金属部件的就近接地和配线设施的安装容量等条件来测算进线间的面积。进线间的面积应按进线间的进入管道最终容量及入口设施的最终容量设计。同时，应考虑多家电信业务经营者安装入口设施的面积要求。

3. 进线间的管孔数量及配置

进线间缆线入口处的管孔数量应满足建筑物之间、外部接入业务及多家电信业务经营者缆线接入的需求，并应留有不少于 4 孔的余量。

进线间与建筑物红外线范围内的人孔或手孔采用管道或通道的方式互连。建筑群主干电缆和光缆、公用网和专用网电缆和光缆及天线馈线等室外缆线进入建筑物时，应在进线间端接转换成室内电缆、光缆，并在缆线的端接处为多家电信业务经营者配置入口设施。入口设施中的配线设备应按引入的电缆、光缆容量配置。电信业务经营者在进线间设置安装的入口配线设备应与建筑群配线设备之间敷设相应的连接电缆、光缆，实现路由互通。缆线类型与容量应与配线设备一致。

4. 进线间的设计

进线间宜靠近外墙和在地下设置，以便于缆线引入。进线间的设计应符合下列规定。

(1)进线间应防止渗水，宜设有抽排水装置。

(2)进线间应与综合布线系统的垂直竖井沟通。

(3)进线间应采用相应防火级别的防火门，门向外开，宽度不小于 1 m。

(4)进线间应设置防有害气体措施和通风装置，排风量按每小时不小于 5 次排风容积计算。

(5)进线间安装配线设备和信息通信设施时，应符合相关设备设施的安装设计要求。

(6)与进线间无关的管道不宜通过进线间。

5. 进线间入口管道处理

进线间入口管道的所有布放缆线和空闲的管孔应采用防火材料封堵，做好防水处理。

5.2.8 建筑群子系统的设计

建筑群子系统由连接多个建筑物之间的主干缆线、建筑群配线设备及其设备缆线和跳线组成，实现建筑群之间的网络通信。建筑群子系统是智能化建筑群内的主干传输线路，也是综合布线系统的骨干部分。

1. 建筑群子系统的设计要点及步骤

(1)确定敷设现场的特点。包括确定整个工地的大小、工地的界限、建筑物总数等。

(2)确定电缆系统的一般参数。包括确认起点、端接点位置，涉及的建筑物及每座建筑物的层数，每个端接点所需的双绞线的对数，有多个端接点的每座建筑物所需的双绞线总对数等。

(3)确定建筑物的电缆入口。对于现有建筑物，要确定各入口管道的位置、每座建筑物有多少入口管道可供使用及入口管道数目是否满足系统的需要。如果入口管道不够用，则要确定在移走或重新布置某些电缆时是否能腾出某些入口管道或应该另行安装多少入口管道。

(4)确定明显障碍物的位置。包括确定土壤类型、电缆的布线方法、地下公用设施的位置、拟订的电缆路由沿线的各个障碍物位置或地理条件，从而确定对管道的要求等。

(5)确定主电缆路由和备用电缆路由。包括确定可能的电缆结构、所有建筑物是否共用某根电缆、在电缆路由中哪些位置需要获准后才能通过，从而选定最佳路由方案等。

(6)选择所需电缆的类型和规格。包括确定电缆长度、画出最终的结构图、画出所选定电缆路由的位置和挖沟详图、确定入口管道的规格、选择每种设计方案所需的专用电缆。

(7)确定每种方案所需的劳务成本。包括确定布线时间、计算总时间、计算每种设计方案的成本(用总时间乘以当地的工时费以确定成本)。

(8)确定每种方案的材料成本。包括确定电缆成本、所有支持结构的成本、所有支撑硬件的成本等。

(9)选择最经济、最实用的方案。把每种方案的劳务成本加在一起，得到每种方案的总成本，比较各种方案的总成本，选择成本较低的方案，但要确定比较经济的方案是否有重大缺点，以致抵消了其经济上的优势。

2. 建筑群子系统的布线方法

建筑群子系统的布线方法有以下四种。

(1)架空电缆布线。架空电缆布线通常只应用于有现成电线杆，对电缆的走线方式无特殊要求的场合。这种布线方法造价较低，但影响环境美观且安全性和灵活性不足。这种布线方法要求用电线杆将电缆在建筑物之间悬空架设，一般先架设钢丝绳，然后在钢丝绳上挂放电缆。

进线间和建筑群子系统设计步骤和方法

架空电缆通常穿入建筑物外墙上的U形钢保护套，然后向下(或向上)延伸，从电缆入口进入建筑物内部。电缆入口的孔径一般为50 mm。建筑物到最近处的电线杆的距离应小于30 m。建筑物的电缆入口可以是穿墙的电缆孔或管道，一般建议另设一根同样口径的备用管道，如果架空电缆的净空有问题，则可以使用天线杆型电缆入口。天线杆的支架一般不应高于屋顶1 200 mm。如果超过此高度，就应使用拉绳固定。通信电缆与电力电缆的间距应遵守当地有关部门的规定。

(2)挖沟直埋电缆布线。进行挖沟直埋电缆布线时，首先根据选定的布线路由在地面上挖沟，然后将电缆直接埋在沟内。直埋电缆除穿过基础墙的那部分有保护管外，其余部分直埋于地下，没有保护管，如图5-24所示。直埋电缆通常应埋在距离地面0.8 m以下的地方，或按照当地城管等部门的有关规定施工。如果在同一土沟内埋入了通信电缆和电力电缆，则应设置明显的共用标志。

(3)管道系统电缆布线。管道系统电缆布线就是将直埋电缆设计与管道设计结合在一起，当考虑建筑群管道系统时，还要考虑接合井。在建筑群管道系统中接合井的平均间距为180 m，以方便人员维护。接合井可以是预制的，也可以是现场浇筑的。此外，安装时至少应预留1～2个备用管孔，以供扩充之用。

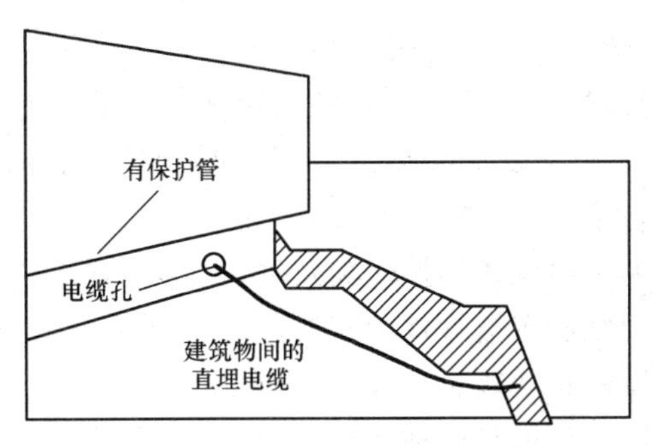

图 5-24　挖沟直埋电缆布线示意

(4)隧道内电缆布线。在建筑物之间通常有地下通道，大多用于供暖供水，利用这些通道来敷设电缆不仅成本低，而且可以利用原有的安全设施。例如，考虑到暖气泄漏等因素，安装电缆时应与供气、供水、供暖的管道保持一定的距离，将电缆安装在尽可能高的地方，可根据民用建筑设施的有关条件进行施工。

四种建筑群子系统布线方法的优、缺点见表 5-10。

表 5-10　四种建筑群子系统布线方法的优、缺点

方法	优点	缺点
管道系统电缆布线	提供最佳机械保护，任何时候都可敷设，扩充和加固都很容易，保持建筑物的外貌	挖沟、开管道和入孔的成本很高
挖沟直埋电缆布线	提供某种程度的机械保护，保持建筑物的外貌	挖沟成本高，难以安排电缆的敷设位置，难以更换和加固
架空电缆布线	如果有电线杆，则成本最低	没有提供任何机械保护，灵活性、安全性差，影响建筑物美观
隧道内电缆布线	保持建筑物的外貌，如果有隧道，则成本最低、安全	热量或泄漏的热气可能损坏缆线，可能被水淹

5.2.9　管理子系统的设计

1.《综合布线系统工程设计规范》(GB 50311—2016)对技术管理的规定

(1)对设备间、管理间、进线间和工作区的配线设备、缆线、信息点等设施，应按一定的模式进行标识和记录，并应符合下列规定。

①综合布线系统工程宜采用计算机进行文档记录与保存，简单且规模较小的综合布线系统工程可按图纸资料等纸质文档进行管理。文档应做到记录准确、及时更新、便于查阅，文档资料应实现汉化。

②综合布线系统的电缆、光缆、配线设备、终接点、接地装置、管线等组成部分均应给定唯一的标识符，并应设置标签。标识符应采用统一数量的字母和数字等标明。

③电缆和光缆的两端均应标明相同的标识符。

④设备间、管理间、进线间的配线设备宜采用统一的色标区别各类业务与用途的配线区。

⑤综合布线系统工程应制订系统测试的记录文档内容。

(2)所有标签应保持清晰，并应满足使用环境要求。

(3)综合布线系统工程规模较大及用户有提高综合布线系统维护水平和网络安全的需要时，宜采用智能配线系统对配线设备的端口进行实时管理，显示和记录配线设备的连接、使用及变更状况，并应具备下列基本功能。

①实时智能管理与监测布线跳线连接通断及端口变更状态。

②以图形化显示界面浏览所有被管理的布线部位。

③管理软件提供数据库检索功能。

④用户远程登录对系统进行远程管理。

⑤管理软件对非授权操作或链路意外中断进行实时报警。

(4)综合布线系统相关设施的工作状态信息应包括设备和缆线的用途、使用部门、组成局域网的拓扑结构、传输信息速率、终端设备配置状况、占用器件编号、色标、链路与信道的功能和各项主要指标参数及完好状况、故障记录等，还应包括设备位置和缆线走向等内容。

2. 综合布线系统的标识

《综合布线系统工程设计规范》(GB 50311—2016)强调管理，要求对设备间、管理间和工作区的配线设备缆线、信息插座等设施按照一定的模式进行标识和记录。电缆和光缆的两端应采用不易脱落和磨损的不干胶条标明相同的编号。TIA/EIA-606 标准对综合布线系统各个组成部分的标识管理做了具体的要求。综合布线系统使用三种标识，即电缆标识、场标识和插入标识。

(1)电缆标识。电缆标识主要用来标明电缆的来源和去处，在用电缆连接设备前在电缆的起始端和终端都应做好电缆标识。电缆标识由背面为不干胶的白色材料制成，可以直接贴到各种电缆表面，其规格尺寸和形状根据需要确定。

(2)场标识。场标识又称为区域标识，一般用于设备间、配线间和二级交接间的管理器件上，以区别管理器件连接缆线的区域范围。它也是由背面为不干胶的材料制成的，可以贴在设备的平整表面上。

(3)插入标识。插入标识一般用于管理器件上，如 110 型配线架、光纤配线架等。插入标识是硬纸片，可以插在 1.27 cm×20.32 cm 的透明塑料夹里。每个插入标识都用色标指明所连接电缆的发源地，这些电缆端接于设备间和管理间的管理场。对于插入标识的色标，不同颜色的配线设备应采用相应的跳线进行连接。色标的规定及应用场合应符合下列要求。

①橙色：用于分界点，连接入口设施与外部网络的配线设备。

②绿色：用于建筑物分界点，连接入口设施与建筑群的配线设备。

③紫色：用于与信息通信设施 PBX、计算机网络、传输等设备连接的配线设备(一级主干)。

④白色：用于连接建筑物内主干缆线的配线设备(二级主干)。

⑤灰色：用于连接建筑物内主干缆线的配线设备

⑥棕色：用于连接建筑群主干缆线的配线设备。

⑦蓝色：用于连接水平缆线的配线设备。

⑧黄色：用于报警、安全等其他线路。

⑨红色：预留备用。

通过不同色标可以很好地区别各个区域的电缆，方便管理子系统的线路管理工作，如图 5-25 所示。

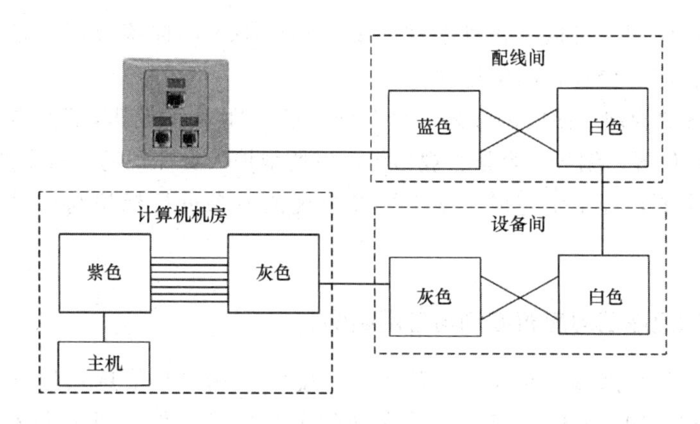

图 5-25　综合布线系统色标

综合布线系统使用的区分不同服务的标识的色标见表 5-11。

表 5-11　综合布线系统标识的色标

色标	设备间	配线间(管理间)	二级交接间
蓝	设备间至工作区或用户终端的线路	配线间至工作区的线路	交换间至工作区的线路
橙	网络接口、多路复用器引来的线路	来自配线间多路复用器的输出线路	来自配线间多路复用器的输出线路
绿	来自电信局的输入中断线或网络接口的设备侧	—	—
黄	交换机的用户引出线或辅助装置的连接线路	—	—
灰	—	至二级交接间的连接电缆	来自配线间的连接电缆端接点
紫	来自系统公用设备(如程控交换机或网络设备)的连接线路	来自系统公用设备(如程控交换机或网络设备)的连接线路	来自系统公用设备(如程控交换机或网络设备)的连接线路
白	干线电缆和建筑群间的连接电缆	来自设备间干线电缆的端接点	来自设备间干线电缆的端接点
红	预留备用		

3. 综合布线系统的标识管理

综合布线系统应在缆线、通道、设备间、端接硬件和接地等需要管理的各个部分设置标签，分配由不同长度的编码和数字组成标识符，以表示相关的管理信息。

(1)标识符可由数字、英文字母、汉语拼音或其他字符组成，综合布线系统内同类型的器件与缆线的标识符应具有相同的特征(相同数量的字母和数字等)。

(2)标签的选用应符合以下要求。

①选用粘贴型标签时，缆线应采用环套型标签，标签在缆线上至少应缠绕一圈或一圈半，配线设备和其他设施应采用扁平型标签。

②标签衬底应耐用，可适应各种恶劣环境；不可将民用标签应用于综合布线系统，插入型标签应设置在明显位置，固定牢固。

综合布线系统的管理应使用色标来区分配线设备的性质，标识按性质排列的接线模块标明端接区域、物理位置、编号、容量、规格等，以便维护人员在现场一目了然地加以识别。

管理的功能主要在施工中完成，施工人员按规范要求进行标识与记录，在设计中可不用考虑。

5.2.10 信息点端口对应表编制与应用实例

综合布线系统信息点端口对应表，就是记录配线架端口与信息点位置对应关系的二维表，它是施工安装、测试验收和日常运维必备的主要技术文件，用于永久链路、信道正确连接，端口定位和故障查找与维修等。信息点端口对应表必须在工程施工之前编制完成。下面引入真实工程项目来介绍信息点端口对应表的实际应用。

1. 项目简介

西元科技园占地22亩(1亩≈666.667 m^2)，建筑面积为12 000 m^2，建设一栋研发楼和两栋厂房，设计信息点562个，该项目信息点均已开通使用。

下面以研发楼一层为例，介绍信息点端口对应表在实际工程中的编制与应用案例。图5-26所示为研发楼一层网络综合布线施工图。在图中可以看到，研发楼一层设计有1个管理间，位于建筑物的竖井内，编号为网络机柜F12，同时设计了3个分管理间，每个分管理间设计有1个网络机柜，分别位于101室的网络机柜F13、106室的网络机柜F14和110室的网络机柜F11，共计有4个网络机柜。

在图5-26中，“ꟷ”符号代表信息插座底盒，每个底盒配置1个双口网络面板，安装有2个模块，也就是2个信息点，分别为1个网络模块、1个语音模块，研发楼一层信息点总数合计为190个。

2. 编制信息点端口对应表

编制研发楼一层分管理间网络机柜F11涉及的信息点端口对应表的过程如下。

(1)文件名称正确。该信息点端口对应表包括西元科技园研发楼一层分管理间网络机柜F11管理的信息点，因此，把文件命名为“西元科技园研发楼一层分管理间网络机柜F11信息点端口对应表”(以下简称F11端口对应表)，见表5-12。从图5-26中可以看到，表5-12的F11端口对应表信息点编号涉及的房间为103室部分信息点、108室、110室、112室、114室全部信息点。

(2)设计表格。

第一步：设计表头。表头一般应包括项目名称、建筑物名称、楼层、文件编号等信息，见表5-12。

第二步：确定表格列数量。每个永久链路都有多次端接，每个端接点都应该有设备编号和端接位置编号，并且占用1列，具体有机柜编号、110型配线架编号、110型配线架连接块下层编号、110型配线架连接块上层编号、光纤配线架编号、光纤配线架端口编号、信息插座底盒编号/端口编号、信息点类型、房间编号等，我们把这些端接点分别设置为1列，就确定了表格列数量，见表5-12。

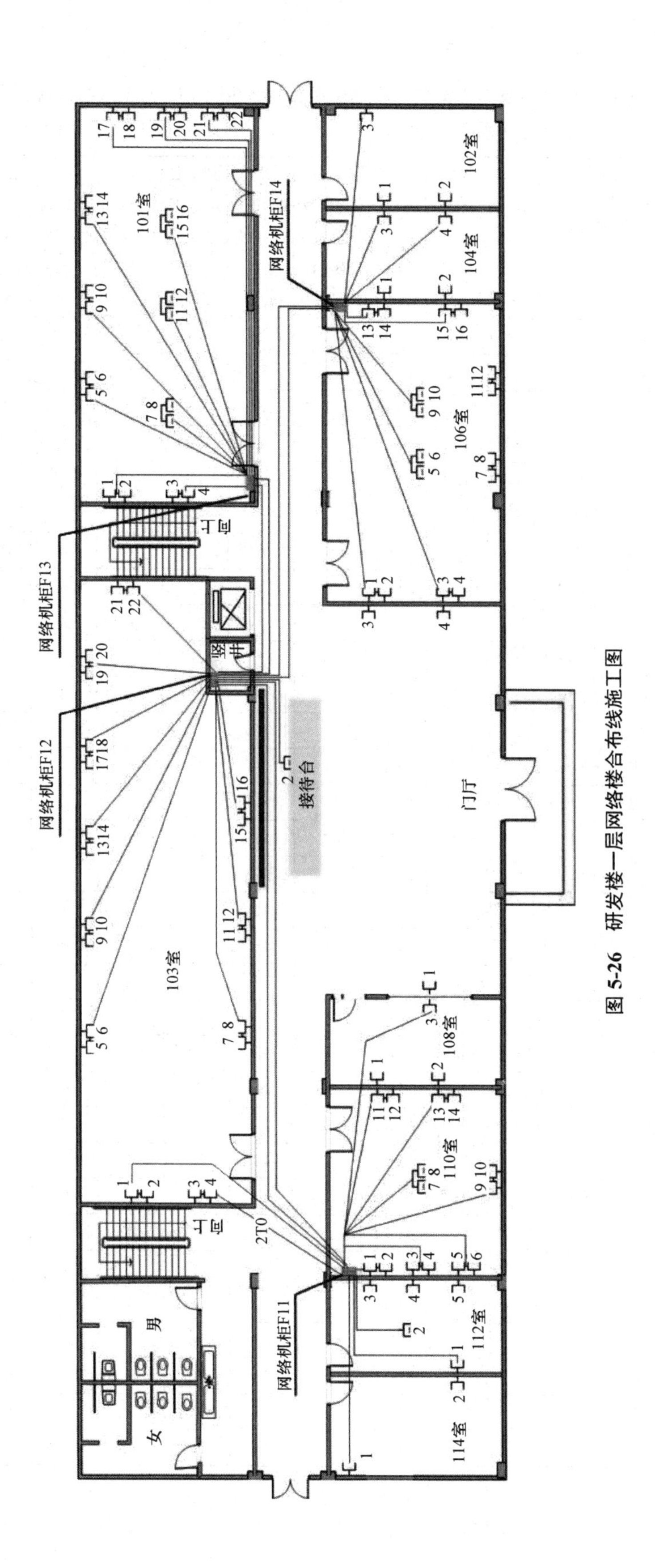

图 5-26 研发楼一层网络楼合布线施工图

表 5-12　西元科技园研发楼一层分管理间网络机柜 F11 信息点端口对应表

项目名称：西元科技园　　建筑物名称：研发楼　　楼层：一楼 FD11 机柜　　文件编号：XY－01－1－1

序号	信息点编号	机柜编号	110 型配线架编号	110 型配线架连接块下层编号	110 型配线架连接块上层编号	光纤配线架编号	光纤配线架端口编号	信息插座底盒编号/端口编号	信息点类型	房间编号
1	FD11－1－1－18－1－1－1Z－TO－103	FD11	1	1	18	1	1	1Z	TO	103
2	FD11－1－2－12－0－0－1Y－TP－103	FD11	1	2	12	0	0	1Y	TP	103
3	FD11－1－3－18－0－0－2Z－TO－103	FD11	1	3	18	0	0	2Z	TO	103
4	FD11－1－2－78－0－0－2Y－TP－103	FD11	1	2	78	0	0	2Y	TP	103
5	FD11－1－4－18－0－0－3Z－TO－103	FD11	1	4	18	0	0	3Z	TO	103
6	FD11－1－5－12－0－0－3Y－TP－103	FD11	1	5	12	0	0	3Y	TP	103
7	FD11－1－6－18－0－0－4Z－TO－103	FD11	1	6	18	0	0	4Z	TO	103
8	FD11－1－5－78－0－0－4Y－TP－103	FD11	1	5	78	0	0	4Y	TP	103
9	FD11－1－7－18－0－0－1Z－TO－108	FD11	1	7	18	0	0	1Z	TO	108
10	FD11－1－10－56－0－0－1Y－TP－108	FD11	1	10	56	0	0	1Y	TP	108
11	FD11－1－8－18－1－2－11Z－TO－110	FD11	1	8	18	1	2	11Z	TO	110
12	FD11－1－10－12－0－0－11Y－TP－110	FD11	1	10	12	0	0	11Y	TP	110
13	FD11－1－9－18－1－3－12Z－TO－110	FD11	1	9	18	1	3	12Z	TO	110
14	FD11－1－10－78－0－0－12Y－TP－110	FD11	1	10	78	0	0	12Y	TP	110
15	FD11－1－11－18－1－4－2Z－TO－112	FD11	1	11	18	1	4	2Z	TO	112
16	FD11－1－12－12－0－0－2Y－TP－112	FD11	1	12	12	0	0	2Y	TP	112
17	FD11－1－13－18－1－5－2Z－TO－108	FD11	1	13	18	1	5	2Z	TO	108
18	FD11－1－16－56－0－0－2Y－TP－108	FD11	1	16	56	0	0	2Y	TP	108
19	FD11－1－14－18－1－6－13Z－TO－110	FD11	1	14	18	1	6	13Z	TO	110
20	FD11－1－16－12－0－0－13Y－TP－110	FD11	1	16	12	0	0	13Y	TP	110
21	FD11－1－15－18－1－7－14Z－TO－110	FD11	1	15	18	1	7	14Z	TO	110
22	FD11－1－16－78－0－0－14Y－TP－110	FD11	1	16	78	0	0	14Y	TP	110
23	FD11－1－17－18－1－8－1Z－TO－114	FD11	1	17	18	1	8	1Z	TO	114
24	FD11－1－18－15－0－0－1Y－TP－114	FD11	1	18	15	0	0	1Y	TP	114
25	FD11－1－19－18－1－9－3Z－TO－108	FD11	1	19	18	1	9	3Z	TO	108
26	FD11－1－20－12－0－0－3Y－TP－108	FD11	1	20	12	0	0	3Y	TP	108
27	FD11－1－21－18－1－10－1Z－TO－MT	FD11	1	21	18	1	10	1Z	TO	MT
28	FD11－1－20－78－0－0－1Y－TP－MT	FD11	1	20	78	0	0	1Y	TP	MT
29	FD11－1－22－18－1－11－9Z－TO－110	FD11	1	22	18	1	11	9Z	TO	110
30	FD11－1－23－12－0－0－9Y－TP－110	FD11	1	23	12	0	0	9Y	TP	110
31	FD11－1－23－18－1－12－10Z－TO－110	FD11	1	23	18	1	12	10Z	TO	110
32	FD11－1－23－78－0－0－10Y－TP－110	FD11	1	23	78	0	0	10Y	TP	110

编制人：王涛　审核人：艾康　审定人：王公儒

编制单位：西安开元电子实业有限公司 时间：2020 年 11 月 4 日

(3)编制表格。

第一步：填写机柜编号。鉴于本表中信息点全部位于 F11 机柜，因此“机柜编号”栏全部填写“F11”。

第二步：填写 110 型配线架编号。FD11 机柜共有 58 个信息点，设计有 2 个 110 型配线架，把这两个 110 型配线架分别命名为 1，2，因此“110 型配线架编号”栏，根据信息点对应的 110 型配线架编号填写。

第三步：填写 110 型配线架连接块下层编号。如图 5-27 所示，110 型配线架端接有 24 个 4 对连接块，对 4 对连接块进行编号(1，2，3，…，23，24)，连接块下层与信息点对应，因此，“110 型配线架连接块下层编号”栏填写对应的连接块下层编号。

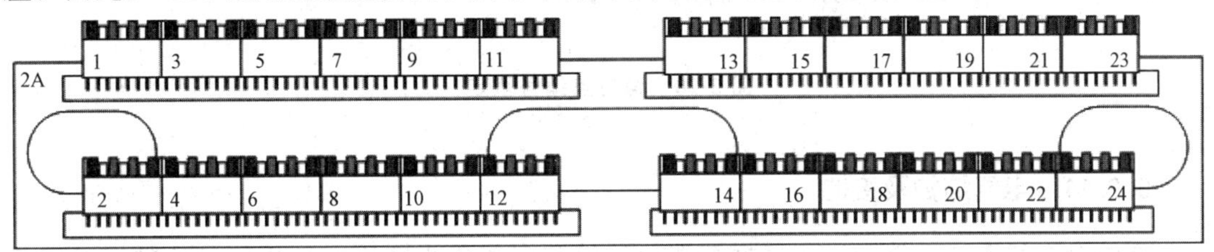

图 5-27　连接块下层编号

第四步：填写 110 型配线架连接块上层编号。为了便于区分网络与语音，110 型配线架连接块上层按照端接线芯进行编号。

双绞线电缆的 8 芯全部端接在 18 号，则编号填写“18”，表示 110 型配线架连接块上层 1～8 芯全部端接在 18 号连接块。

语音只端接 2 芯，例如，信息插座语音模块端接蓝、白蓝，即 4，5 线芯，则编号填写“45”，表示 110 型配线架连接块上层只端接 4、5 两芯。

第五步：填写光纤配线架编号。FD11 机柜设计有 1 个 24 口光纤配线架，将该光纤配线架命名为“1”，因此，“光纤配线架编号”栏填写“1”，如果未端接至光纤配线架，则填“0”。

第六步：填写光纤配线架端口编号。光纤配线架出厂时，每个端口都丝印有编号，每个端口对应 1 个信息点，因此，“光纤配线架端口编号”栏依次填写数字 1，2，3，…，23，24。

第七步：填写信息插座底盒编号/端口编号。如图 5-28 所示，每个房间内有多个信息插座底盒，每个信息插座底盒都具有编号，一般按照顺时针方向，从 1 开始编号。信息插座底盒安装有双口面板，安装 2 个信息模块，为了区分这 2 个信息点，以方便施工人员识别，一般采用汉语拼音的字头，左边用“Z”，右边用“Y”，也可以使用英文字头。

例如，108 室 1 号信息插座左边信息点编号为“1Z”。

第八步：填写信息点类型。双口面板安装有 1 个网络模块、1 个语音模块，即一个网络信息点、一个语音信息点。网络信息点使用“TO”表示，语音信息点使用“TP”表示。

第九步：填写房间编号。如图 5-28 所示，网络机柜 F11 涉及的房间为 103 室、108 室、110 室、112 室、114 室，因此，在“房间编号”栏填写对应的房间编号数字。

第十步：填写信息点编号。完成第一至九步后，按照编号规定，完成信息点端口对应表。上述每个编号之间使用“－”连接。

第十一步：填写编制人和单位等信息。端口对应表下面必须填写“编制人”“审核人”“审定人”“编制单位”“时间”等信息，见表 5-12。

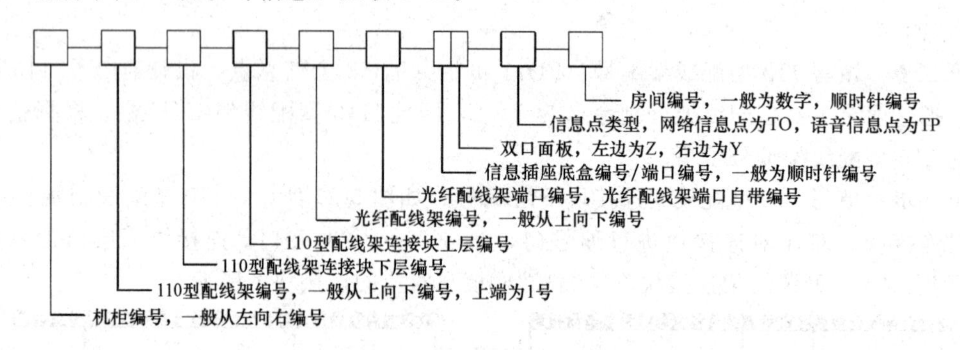

图 5-28　信息点编号规定

5.2.11　电气防护及接地

在综合布线系统设计中，应根据智能化建筑和智能化小区所在环境的具体情况及建设单位的要求进行具体的调查，选用相应的电磁干扰防护措施。

(1)随着各种类型的电子信息系统在建筑物内的大量设置，各种干扰源会影响综合布线系统缆线的传输质量与安全。综合布线系统缆线与其他管线之间要保持一定的距离，以有效地降低电磁干扰。综合布线系统缆线与电力电缆之间的最小间距见表 5-13，综合布线系统管线与其他管线的间距见表 5-14。

表 5-13　综合布线系统缆线与电力电缆的最小间距

类别	与综合布线接近状况	最小间距/mm
380 V 电力电缆 ＜2 kV·A	与缆线平行敷设	130
	有一方在接地的金属槽盒或钢管中	70
	双方都在接地的金属槽盒或钢管中	10[注]
380 V 电力电缆 2～5 kV·A	与缆线平行敷设	300
	有一方在接地的金属槽盒或钢管中	150
	双方都在接地的金属槽盒或钢管中	80
380 V 电力电缆 ＞5kV·A	与缆线平行敷设	600
	有一方在接地的金属槽盒或钢管中	300
	双方都在接地的金属槽盒或钢管中	150

注：双方都在接地的槽盒中，是指两个不同的线槽，也可在同一线槽中用金属板隔开，且平行长度不大于 10 m

表 5-14　综合布线系统管线与其他管线的间距　　mm

其他管线	最小平行净距	最小垂直交叉净距
防雷专设引下线	1 000	300
保护地线	50	20

续表

其他管线	最小平行净距	最小垂直交叉净距
给水管	150	20
压缩空气管	150	20
热力管(不包封)	500	500
热力管(包封)	300	300
燃气管	300	20

(2)综合布线系统应远离高温和电磁干扰的场地，根据环境条件选用相应的缆线和配线设备或采取防护措施，并应符合下列规定。

①当综合布线区域内存在的电磁干扰场强低于 3 V/m 时，宜采用非屏蔽电缆和非屏蔽配线设备。

②当综合布线区域内存在的电磁干扰场强高于 3 V/m，或用户对电磁兼容性有较高要求时，可采用屏蔽布线系统和光缆布线系统。

③当综合布线路由上存在干扰源，且不能满足最小净距要求时，宜采用金属导管和金属槽盒敷设，或采用屏蔽布线系统及光缆布线系统。

④当局部地段与电力线或其他管线接近，或接近电动机、电力变压器等干扰源，且不能满足最小净距要求时，可采用金属导管或金属槽盒等局部措施加以屏蔽处理。

光缆布线系统具有最佳的防电磁干扰性能，既能防电磁泄漏，也不受外界电磁干扰影响，在电磁干扰较严重的情况下，是比较理想的防电磁干扰布线系统。在满足电气防护各项指标的前提下，光缆布线系统还应满足技术先进、经济合理、安全适用的设计原则，可根据工程的具体情况，进行合理选型及配置。

(3)在建筑物管理间、设备间、进线间及各楼层信息通信竖井内均应设置局部等电位联结端子板。

(4)综合布线系统应采用建筑物共用接地的接地系统。当必须单独设置系统接地体时，其接地电阻不应大于 4 Ω。当综合布线系统的接地系统中存在两个不同的接地体时，其接地电位差不应大于 1 V。

(5)配线柜接地端子板应采用两根不等长度，且截面面积不小于 6 mm^2 的绝缘铜导线接至就近的等电位联结端子板。

(6)屏蔽布线系统的屏蔽层应保持可靠连接、全程屏蔽，在屏蔽配线设备安装的位置应就近与等电位联结端子板可靠连接。

(7)综合布线系统电缆采用金属管槽敷设时，管槽应保持连续的电气连接，并应有不少于两点的良好接地。

(8)当缆线从建筑物外引入建筑物时，缆线的金属护套或金属构件应在入口处就近与等电位联结端子板连接。

(9)为防止雷击瞬间产生的电流与电压通过电缆引入建筑物布线系统，对配线设备和通信设施产生损害，甚至造成火灾或人员伤亡的事件，当电缆从建筑物外面进入建筑物时，应选用适配的信号线路浪涌保护器。

5.2.12 管理间的优化设计

管理间通常指楼层配线间，俗称弱电间。它是一个特别重要的子系统，但往往是智能化工程领域最容易忽略的部分。下面通过配电系统及其监测、管理间内环境优化及监测、机柜中的缆线敷设规划三个层面讲述管理间的优化设计。

管理间的优化设计

《建筑智能化系统运行维护技术规范》(JGJ/T 417—2017)中明确规定，管理间的日常维护宜每周进行一次。日常维护应包括下列工作。

(1)检查管理间内各设备的电源质量、设备外壳接地情况。

(2)检查管理间的通风、照明、温度、湿度及门锁锁闭功能，使其满足设备的工作要求。

(3)整理管理间缆线，确保缆线整齐、无松脱、无断裂、无氧化、标识清晰。

(4)检查设备散热风扇。

(5)设备清洁维护，杂物清除。

1. 配电系统及其监测

管理间中的配电系统可采用集中式UPS或独立式/分布式UPS。在管理间UPS设计选型中，最好采用具有通信接口的UPS，它可以接入监控网络，将监控信息或电池组监控信息接入运营平台。配电箱进线处设置智能电表，选用有通信接口、带电源监测功能的配电单元(PDU)。图5-29所示为管理间配电系统及其监测架构，其可以将整个管理间的配电系统运行状态接入运维的体系，如此便可以实现对管理间用电量和电能质量的监测。

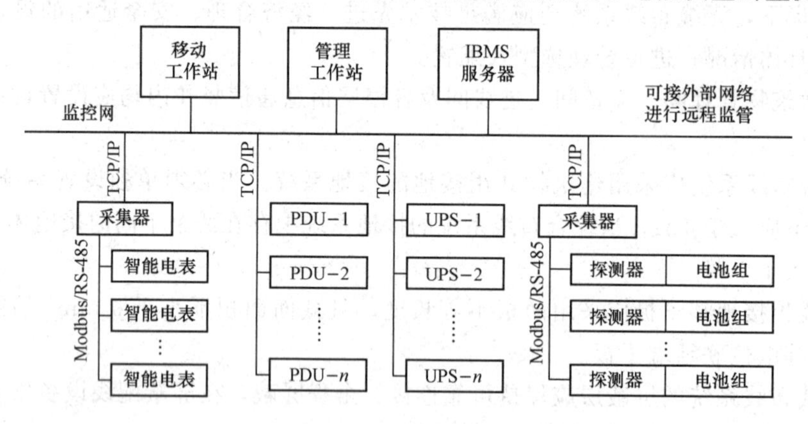

图5-29 管理间配电系统及其监测架构

2. 管理间内环境优化及监测

管理间内环境可分为内部照明、通风空调、安全防范三个方面。

(1)管理间的内部照明。一般来说，只是在管理间内部布设一个灯，这种设计的结果是管理间内部的照度达不到机房和配电区域的需要。图5-30所示为按照所有规范对于网络机柜布置的要求、管理间的大小要求等设计的最理想的模型。其中，管理间宽2 m，深2.5 m，中间放了一台600 mm×600 mm的机柜，右侧是垂直桥架和水平桥架，左边是配电箱，一般采用 T8 直管荧光灯或吊灯。

①存在问题：灯具正下方区域满足照度要求，但是照度不均匀，机柜后侧照度不足，机柜内部的照度完全不够。灯具安装位置不便于人员在其中进行作业，会出现人影遮挡现象。

②优化方案：在管理间左、右侧壁各安装一盏壁装荧光灯管，安装高度为 2.5 m，灯光可基本覆盖整个管理间。在机柜内部安装一些荧光灯管，或者结合行程开关，实现开门灯亮、关门灯灭。

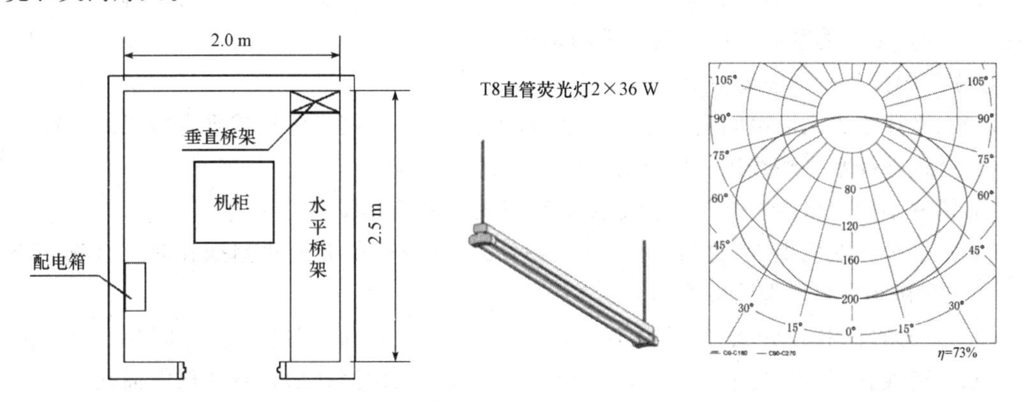

图 5-30　管理间模型

(2)管理间的通风空调。《综合布线系统工程设计规范》(GB 50311—2016)规定：管理间室内温度应保持为 10～35 ℃，相对湿度应保持为 20%～80%。在实际工程中并不是所有的管理间都要设置空调，可根据综合布线系统规模、网络设备的数量进行配置。配有空调的管理间宜具备室内温湿度监测功能，应有空调冷凝水排水设施。

图 5-31 所示为某项目管理间示意，其内部涉及 4 个网络，分别是内网、专网、外网、设备网，配置了 UPS 配电箱和 1.5 P 壁挂空调，管理间的空间看起来满足了要求，但是它有一个很不利的因素，即机房中通过了一个通风空调的风管，上面有水暖井，这部分的温度无法保障，因此配置了 1.5 P 壁挂空调。

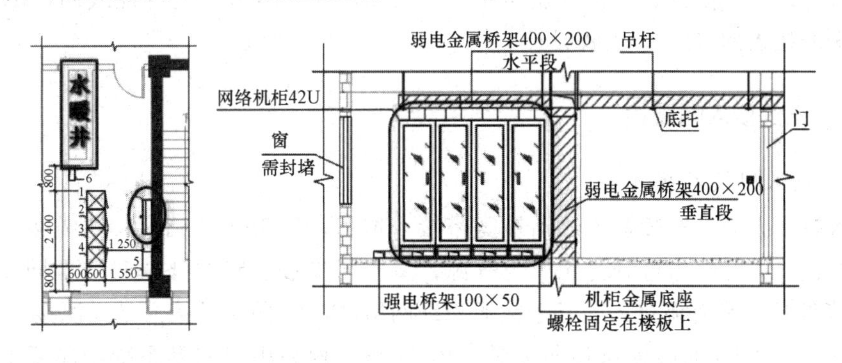

图 5-31　某项目管理间示意

(3)管理间的安全防范。

①消防。管理间着火的原因，一是电气线路故障；二是静电；三是设备老化故障；四是可燃装修材料；五是杂乱堆放易燃物品。一般住宅系统没有有源设备，可以不设置消防

联动设备或灭火设备。一些大型的管理间要根据其中有源设备的数量和规模，选择合适的灭火设施，如手提式灭火器。

②安防。一是对室内的图像实时监视；二是防止违规进入；三是非法入侵报警。设计了门禁系统的管理间不宜采用电磁锁、阳极锁，而应采用阴极锁，断电开锁。同时，运维期间应能自动记录管理间入口开启和关闭的时间。

3. 机柜中的缆线敷设规划

管理间的设计没有做好会导致整个施工做不好，也会导致运维人员对于缆线规划感到困扰。设计是施工的基础，施工是运维的基础。

在施工图设计阶段需要注意以下几点。

(1)水平线槽进入弱电间后尽量平直地(避免拐弯)引向网络机柜或垂直桥架的位置。

(2)合理选择水平缆线进入网络(配线)机柜的方式。

(3)了解不同规格的网络机柜能端接水平缆线的最佳根数。

(4)水平缆线在机柜一侧捆扎时，宜选用立式 PDU；在机柜两侧捆扎时，宜选用横式 PDU。注意机柜内强弱缆线隔离。

(5)缆线的捆扎：先每 6 根做捆扎，再 24 根(4 捆)做捆扎，捆扎间隔宜为 250～300 mm，缆线拐弯两处加捆扎。与配线架接口处宜 2 根做捆扎后，再 6 根做捆扎。

在设计时要深入思考和计算，保证在施工阶段不会出现以下情况。

(1)没有规划好布线方式，缆线杂乱、理不清。

(2)布线方式规划得很好，捆扎也较合理，但没有注意强弱电分离，没有考虑机柜后面的设备和空间，导致后盖板盖不上。

5.3 光纤接入网工程设计

光通信系统具有高带宽、低衰减、抗电磁和射频干扰等优点，光通信系统的应用环境已扩展至智能楼宇、园区、工矿企业和住宅小区建设等。本节以光纤配线网(ODN)为主要对象讨论光纤接入网(OAN)工程设计。

5.3.1 光纤接入网概述

1. 光纤接入网技术演进

在接入技术方面，窄带接入逐渐被宽带接入取代，实现光纤到家；铜缆接入已逐渐被光缆接入取代。光纤接入可分为无源与有源，基于同步数字制式(SDH)或准同步数字制式(PDH)的光纤接入是有源接入，基于无源光纤网络(PON)的光纤接入是无源接入。PON 具有独特的优点：PON 能够提供透明宽带；PON 是一种多用户共享系统，即多个用户共享同一个设备、同一条光缆和同一个光分路器，因此成本低；与有源光纤网络相比，PON 的安装、开通和维护运营成本大为降低，系统更可靠、更稳定。因此，光纤接入网正在大量应用 PON。目前，有 APON(使用 ATM 技术)、EPON(使用 PON 的以太网)、GPON(千兆无源光纤网络)三种 PON。APON、EPON 和 GPON 都是 TDM-PON。APON 由于承载效率较低及在ATM层上适配和提供业务复杂等缺点，现在已淡出人们的视线。EPON存在两大致命的缺陷，即带宽利用率低和难以支持以太网之外的业务。GPON虽然能克服上述缺点，但上、下行均工作在单一波长，各用户通过时分方式进行数据传输。这种在单一波长上为每个用户分配时隙的机制，既限制了每个用户的可用带宽，又浪费了光纤自身的可用带宽，不能满足不断出现的宽带网络应用业务的需求。在这种背景下，人们提出了WDM-PON的技术构想。WDM-PON能克服上述各种PON的缺点。近年来，随着WDM器件价格的不断下降和WDM-PON技术本身的不断完善，将WDM-PON应用于通信网络已成为可能。相信，随着时间的推移，将WDM技术引入光纤接入网将是下一代光纤接入网发展的必然趋势。

2. 光纤接入网的构成

一个本地接入网系统可以是点到点系统，也可以是点到多点系统；可以是有源的，也可以是无源的。图5-32所示为光纤接入网的典型结构，它可适用于光纤到家(Fiber to the Home，FTTH)、光纤到楼(Fiber to the Building，FTTB)和光纤到路边(Fiber to the Curb，FTTC)。

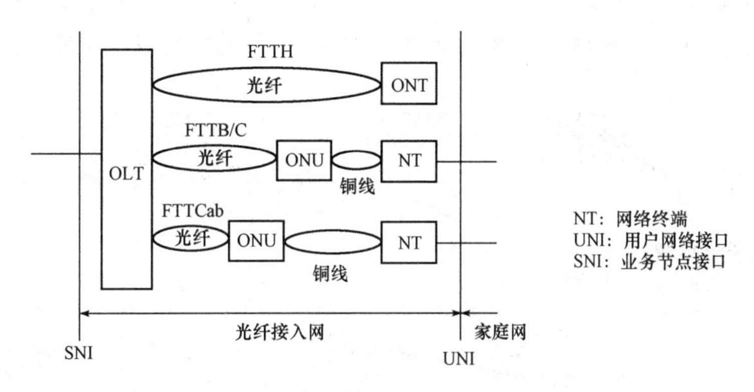

图5-32 光纤接入网的典型结构

FTTB和FTTH的不同点仅在于业务传输的目的地不同，前者是业务到楼，后者是业务到家。FTTH是指将光网络单元安装在企业用户或家庭用户处，在光纤接入系列中，除光纤到桌面(Fiber to the Desktop，FTTD)外，它是最靠近用户的光纤接入网应用类型。与此对应，FTTB的终端称为光网络单元(ONU)，FTTH的终端称为光网络终端(ONT)。它们都是光纤的终结点。

在FTTH系统中没有户外设备，网络结构及运行更简单。光纤接入网光电器件技术的进步和批量化生产将加速终端成本和每条线路费用的降低，因此，FTTH是光纤接入网的发展趋势。

PON接入网的参考结构如图5-33所示。该结构由光线路终端(OLT)、ONU、ODN、光缆和系统管理单元组成。ODN将OLT的光功率均匀地分配给与此相连的所有ONU，这些ONU共享一根光纤的容量。

从综合布线系统的发展趋势来看，《综合布线系统工程设计规范》(GB 50311—2016)将光纤到用户单元通信设施建设专列一个组成部分进行了规范要求。光纤接入网在智能化弱电系统中作为基础设施，近年来得到了快速发展。光纤接入网通常由OLT、ODN和ONU

组成。其中，ODN 是其重要组成部分，它覆盖了各类建筑物、建筑园区的建筑红线范围内的配线系统。

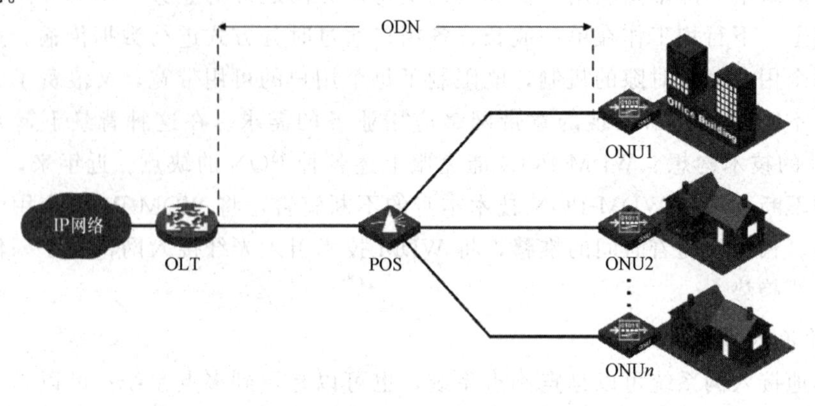

图 5-33　PON 接入网的参考结构

在《宽带光纤接入工程设计规范》(YD 5206—2014)中，常把 ODN 光缆线路从端局(电信业务汇聚点)到 ONU 分成主干段、配线段、引入段、入户段几个分段，如图 5-34 所示。这些光缆线路叠加在一个平面(通信管道或通信杆路)上，从而构成一个复杂的光纤接入网。

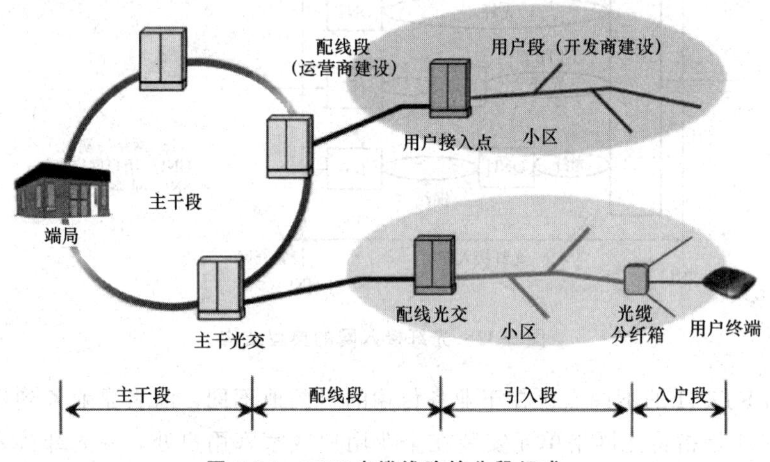

图 5-34　ODN 光缆线路的分段组成

(1)主干段。主干段是指从端局到主干光缆交接箱(简称光交)及主干光交间的光缆线路。光交是光缆的接口设备，可对进入箱体的光缆纤芯接续、分歧和调度。主干段的组网结构一般采用环形拓扑结构，也可以采用树形拓扑结构。无论是环形拓扑结构还是树形拓扑结构，每个主干光交内都有部分(或全部)纤芯可直达端局，因此，主干光交也称为一级光交。

(2)配线段。配线段是指从主干光交到配线光交及配线光交间的光缆线路。配线段的组网结构可以是树形拓扑结构或环形拓扑结构。配线光交一般服务于微网格，如住宅小区、商务楼宇等。因此，配线光交也称为小区光交、楼宇接入光交。

配线光交成端的纤芯只能直达主干光交，若要连接到端局，则必须通过主干光交跳接光纤跳接，因此，配线光交也称为二级光交。需要注意的是，ODN 光缆线路中光交的级数越少越好，一般不宜超过 2 级。

(3)引入段和入户段。引入段是指从配线光交到光缆分纤箱，以及光缆分纤箱之间的光缆线路，其组网结构主要是树形拓扑结构。入户段是指从用户单元信息配线箱至用户区域内信息插座模块之间的光缆线路。可以将引入段和入户段统称为用户段，其所用光缆称为用户光缆。用户光缆是相对于电信业务经营者的光缆而言的。

ODN 包含了位于电信运营商的接入点或用户接入点和终端设备光信息输出端口之间的所有光缆、光纤跳线、设备光缆、光纤连接器件、敷设的管道及安装配线设备的场地，如 ODF 架、光交。

5.3.2 ODN 光缆线路设计

在光纤到用户单元通信设施建设中，用户接入点是光纤到用户单元工程的一个特定逻辑点，一般设置在配线光交位置。光纤到用户单元通信设施建设需要以用户接入点为界面，电信业务经营者和建筑物建设方各自承担相关的工程量。因此，在 ODN 光缆线路设计中，用户接入点的设置是至关重要的。

光纤到用户单元通信设施的构成情况较为复杂，建设规模也各不相同，关键是依据用户接入点的位置来设计 ODN 光缆线路。

1. 用户接入点的设置

(1)每个 ODN 所辖用户单元数量宜为 70～300 个。

(2)用户接入点的设置地点应依据不同类型的建筑形成的 ODN 及所辖用户密度和数量来确定，并应符合下列规定。

①单栋建筑物的 ODN。当建筑物有多个楼层及若干个用户单元时，若以整栋建筑物作为 1 个独立配线区，则用户接入点可以设置于该建筑物综合布线系统设备间或通信业务机房内，但要注意电信业务经营者应有独立的设备安装空间，如图 5-35 所示。

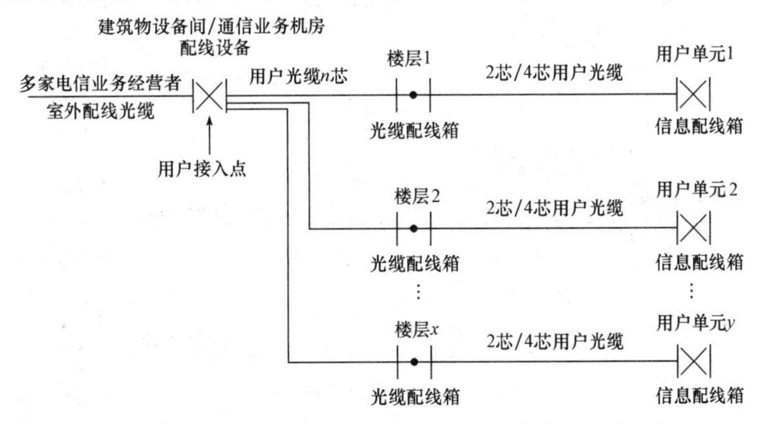

图 5-35　用户接入点设置于单栋建筑物的综合布线系统设备间或通信业务机房内

对于智能住宅小区内的多层建筑物，若楼层在 10 层以下，用户数量相对较少，通常为 1 梯 2～4 户/层，每单元总住户数在 40 户以下，也就是说单栋建筑物内用户单元数量不大于 30 个(高配置)或 70 个(低配置)，则用户接入点可设置于建筑物的进线间或综合布线系统设备间或通信业务机房内，用户接入点应采用设置共用光缆配线箱的方式，但电信业务经营者应有独立的设备安装空间，如图 5-36 所示。

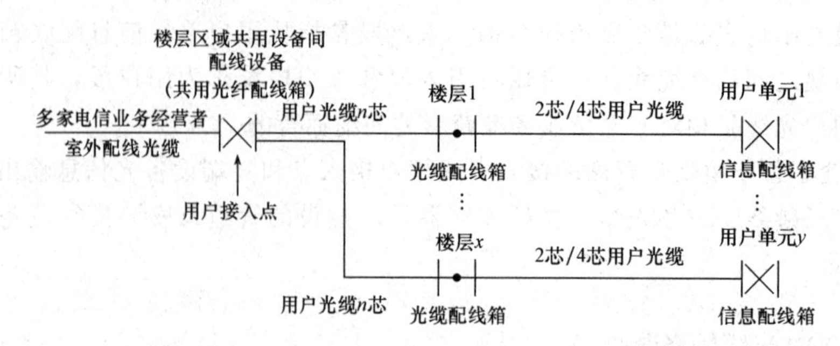

图 5-36　用户接入点设置于进线间或综合布线系统设备间或通信业务机房内

大型园区可建设多个 ODN，小型园区可只建设 1 个 ODN。每个 ODN 的中心位置设置光交。缆交容量按照大于"用户单元数＋光交接入光缆芯数"的原则选用。在实际项目中，对于智能住宅小区，通常将多个单元楼作为一个 ODN，每个 ODN 的覆盖住户数控制在光交容量以内。

②大型建筑物或超高层建筑物的 ODN。对于具有一定规模的园区或大型智能住宅小区，需要依据实际情况，将大型建筑物或超高层建筑物划分为多个 ODN，用户接入点应按照用户单元的分布情况均匀地设于建筑物不同区域的楼层设备间内。大型建筑物或超高层建筑物的特点是一般在 10 层以上，甚至可高达 30 层。每层用户单元数较多，用户单元总数大，但楼内一般拥有完善的竖井和管道设施，用户接入点可以设置在建筑物楼层区域共用设备间内，如图 5-37 所示。

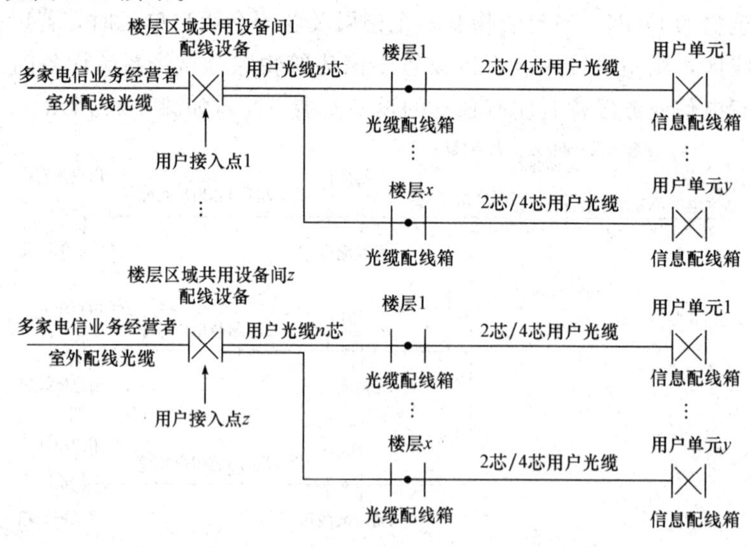

图 5-37　用户接入点设置于建筑物楼层区域共用设备间内

在实际部署中，对于大型建筑物或超高层建筑物，可将每单元楼或多栋楼作为一个 ODN，每个 ODN 的用户单元数控制在 300 个左右(可根据具体情况设置)。在每个 ODN 集中设置光交，其容量按照大于"用户单元数＋光交接入光缆芯数"的原则选用。在光交内放置光分路器，采用一级集中分光。

③建筑群内的 ODN。由多栋建筑物形成的建筑群，其用户单元多、覆盖范围广，可以

将建筑群组成 1 个 ODN，把用户接入点设置于建筑群物业管理中心机房或综合布线系统设备间或通信业务机房内，但应让电信业务经营者具有独立的设备安装空间，如图 5-38 所示。

虽然可以将整个建筑群作为一个 ODN，但在实际部署中，一般将整个建筑群划分为若干个 ODN，每个 ODN 覆盖 100 户左右。若建筑群内的建筑物较为分散，也可以在 ODN 中心位置(如路边、绿化带等)集中设置光交，并在光交内放置光分路器，采用一级集中分光。

对于用户数较多的建筑群园区，可在园区内设置 OLT 机房。原则上用户单元数大于 1 000 个且附近 1 km 左右无进线间的，可设置 OLT 机房；将整个园区划分为 1 个或多个 ODN，每个 ODN 设置 1 个或多个室外光交，可集中设置光分路器。

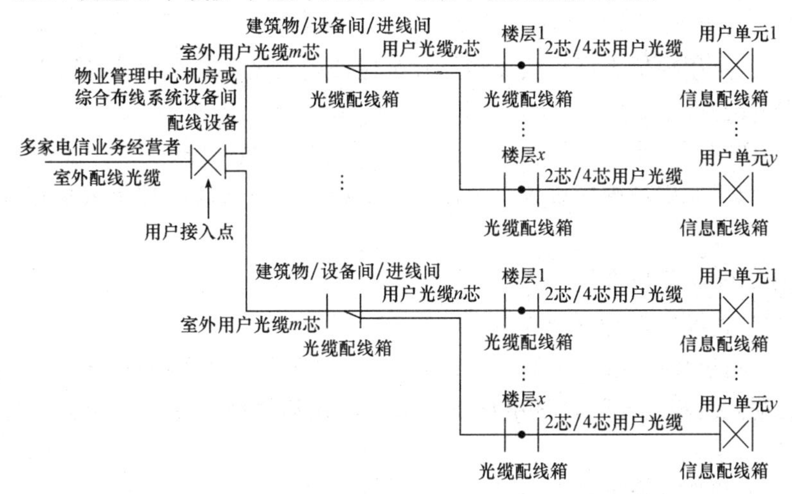

图 5-38　用户接入点设置于建筑群物业管理中心机房或综合布线系统设备间或通信业务机房内

2. 用户接入点的配置原则

(1)建筑红线范围内敷设配线光缆所需的室外通信管道管孔与室内管槽的容量、用户接入点处预留的配线设备安装空间及设备间的面积均应满足不少于 3 家电信业务经营者通信业务接入的需要。

(2)光纤到用户单元所需的室外通信管道与室内配线管网的导管与槽盒应单独设置，管槽的总容量与类型应根据光缆敷设方式及终期容量确定，并应符合下列规定。

①地下通信管道的管孔应根据敷设的光缆种类及数量选用，宜选用单孔管、单孔管内穿放子管及栅格式塑料管。

②每条光缆应单独占用多孔管中的一个管孔或单孔管内的一个子管。

③地下通信管道宜预留不少于 3 个备用管孔。

④配线管网导管与槽盒尺寸应满足敷设的配线光缆与用户光缆数量及管槽利用率的要求。

(3)用户光缆采用的类型与光纤芯数应根据光缆敷设的位置、方式及所辖用户单元数量计算，并应符合下列规定。

①用户接入点至用户单元信息配线箱的光纤与光缆应根据用户单元对通信业务的需求及配置等级确定，配置应符合表 5-15 的规定。

表 5-15　光纤与光缆配置

配置	光纤/芯	光缆/根	备注
高配置	2	2	考虑光纤与光缆的备份
低配置	2	1	考虑光纤的备份

②楼层光缆配线箱至用户单元信息配线箱之间应采用 2 芯光缆。

③用户接入点配线设备至楼层光缆配线箱之间应采用单根多芯光缆，光纤容量应满足用户光缆总容量需要，并应根据光缆的规格预留不少于 10%的余量。

(4)用户接入点外侧光纤模块类型与容量应按引入建筑物的配线光缆的类型及光缆光纤芯数配置。

(5)用户接入点用户侧光纤模块类型与容量应按用户光缆的类型及光缆光纤芯数的 50%或工程实际需要配置。

(6)设备间面积不应小于 10 m^2。

(7)每个用户单元区域内应设置 1 个信息配线箱，并应安装在柱子或承重墙上不被变更的建筑物部位。

3. 缆线与配线设备的选择

(1)光缆光纤选择应符合下列规定。

①用户接入点至楼层光纤配线箱(分纤箱)之间的室内用户光缆应采用 G. 652 光纤。

②楼层光缆配线箱(分纤箱)至用户单元信息配线箱之间的室内用户光缆应采用 G. 657 光纤。

(2)室内外光缆选择应符合下列规定。

①室内光缆宜采用干式、非延燃外护层结构的光缆。

②室外管道至室内的光缆宜采用干式、防潮层、非延燃外护层结构的室内外用光缆。

(3)光纤连接器件宜采用 SC 和 LC 类型。

(4)用户接入点应采用机柜或共用光缆配线箱，配置应符合下列规定。

①机柜宜采用 600 mm 或 800 mm 宽的 19 英寸标准机柜。

②共用光缆配线箱体应满足不少于 144 芯光纤的终接要求。

(5)用户单元信息配线箱的配置应符合下列规定。

①信息配线箱应根据用户单元区域内信息点数量、引入缆线类型、缆线数量、业务功能需求选用。

②信息配线箱箱体尺寸应充分满足各种信息通信设备摆放、配线模块安装、光缆终接与盘留、跳线连接、电源设备和接地端子板安装及业务应用发展的需要。

③信息配线箱的选用和安装位置应满足室内用户无线信号覆盖的需求。

④当超过 50 V 的交流电压接入箱体内电源插座时，应采取强弱电安全隔离措施。

⑤信息配线箱内应设置接地端子板，并应与楼层局部等电位端子板连接。

4. 用户接入点的传输指标

用户接入点用户侧配线设备至用户单元信息配线箱的光纤链路全程衰减限值在 1 310 nm 波长窗口时，采用 G. 652 光纤时为 0. 36 dB/km，采用 G. 657 光纤时为 0. 38～0. 4 dB/km；光纤接头损耗系数，采用热熔接方式时为 0. 06 dB/个，采用冷接方式时为

0.1 dB/个。

在典型场景下，光缆长度在 5 km 以内时，分光比应采用 1∶64，最大全程衰减不大于 28 dB。“光纤链路”只是体现 PON 中 OLT 至 ONU 全程光纤链路中的其中一段，即用户接入点光纤连接器件通过用户光缆至用户单元信息配线箱一端的光纤连接器件。在一般情况下，用户光缆的长度不会超过 500 m。

5.3.3 光纤主干的设计与施工

1. 光纤主干系统的结构

目前，光纤网络主要采用分层星形结构，光纤网络可分为二级：第一级是网络中心，为中心节点，布置了网络的核心设备，如路由器、交换机、服务器，并预留了对外的通信接口；第二级是各配线间的交换机。在楼内设置光纤主干作为数据传输干线，从核心层延伸到二级节点，并在分配线间端接。二级交换机可以采用以太网或快速以太网交换机，它向上与网络中心的主干交换机连接，向下直接与服务器和工作站连接。

根据上述光纤网络结构，将整个结构大体分为主干部分和水平部分两级。主干部分的星形结构中心在一层弱电接入房，辐射向各个楼层，介质分别使用光纤和大对数双绞线。水平部分的星形结构中心在楼层配线间，由配线架引出水平双绞线到各个信息点。在星形结构的中心均为管理子系统，通过两点式的管理方式实现整个综合布线系统的连接、配置及灵活的应用。

此外，光纤网络根据客户要求可能被设计为几个需要物理分隔的网段(如外网、办公网、管理网、弱电网等)。同样，综合布线系统也须根据应用将布线物理隔离。

对于现代化办公大楼来讲，IP 电话被越来越多地运用到实际工作中。对于综合布线系统来说，IP 电话的信息传输同样由光纤主干承担，而无须架设传统的大对数电缆。对于某些仍然需要采用模拟传输方式的设备(如传真机)，可以通过网关设备将其转换为 TCP/IP 方式，如图 5-39 所示。

2. 光纤主干产品的选型设计

首先需要确定项目中数据量的需求，从而确定光纤主干产品的类型。

要确定光纤网络的信息量及带宽，首先要根据用户需求大致计算出信息点数量。假设在同一时间，有 50%的信息点被使用，而每个用户将占用 20 Mbit/s 的带宽，那么根据信息点的数量，就可以得到当前弱电间信息主干的带宽需求量。根据求得的数据量，可以得到所需敷设光纤的芯数。值得注意的是，在综合布线系统光纤主干的设计中，光纤主干系统最好应考虑进行 100%冗余备份。

接下来应确认光纤类型及数量。

(1)根据光纤敷设位置确定光纤类型，如室内、室外、室内外、铠装等。

(2)根据传输距离、传输速度等确定采用多模(OM1/OM2/OM3)或单模光纤。

(3)根据接插件需求确定 LC、SC 或 ST 等光纤连接器类型。

(4)根据布线结构及现场情况确定光纤长度。

长度＝(距主配线架的层数×层高＋弱电井到主配线架的距离＋端接容限)
×每层需要的光纤数

注意：光纤的端接长度大于 10 m。

(5)根据防火要求，确定光纤外皮是否为低烟无卤材质。

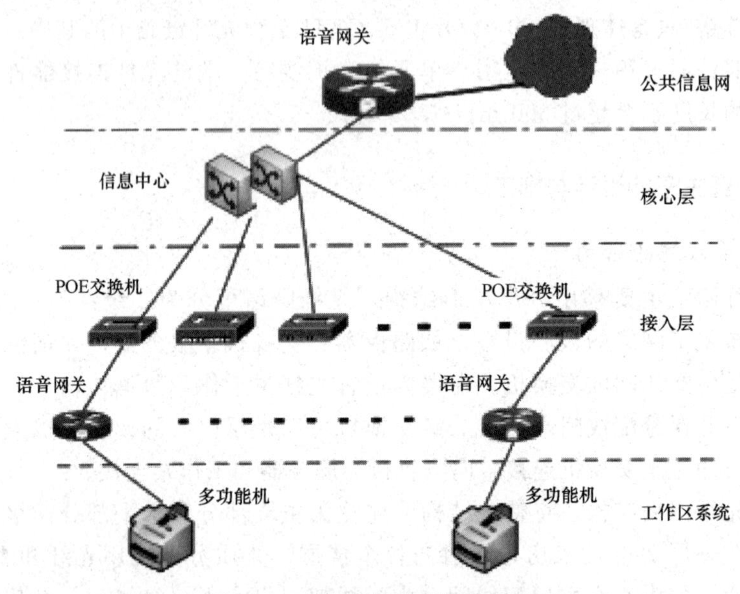

图 5-39 办公大楼模拟信号传输

3. 数据机房光纤的设计

在大楼数据机房或数据中心中，应参考 TIA-942 协议，在数据机房或数据中心中设立 MDA。网络设备、服务器及在大楼 MDF 汇总的光纤，再次在机房或数据中心内汇聚到 MDA。通过 MDA 之间的光纤跳线，完成设备之间的跳接。

MDF 到设备机柜之间建议采用相对固定的预连接光缆，避免设备之间直接跳线造成跳线混乱和在设备上经常插拔跳线的情况。

可在 MDA 采用高密度的配线架，产品结构采用模块化结构。光纤主干采用预连接的光缆，不需要现场端接，系统扩容时，只需直接端接预连接光缆的光纤连接器。光纤主干采用 MPO 的光纤连接器，直接插接模块，以节约整体安装时间，以方便数据机房或数据中心的维护。

4. 光纤主干的施工

由于光纤主干的重要性和脆弱性，施工时应尽量小心，有以下几个注意要点。

(1)局域网光缆布线指导思想：要求具有隐蔽性且美观，同时不能破坏各建筑物的结构，再利用现有空间避开电源线路和其他线路，现场对光缆进行必要和有效的保护。

(2)光缆施工具体分为光纤布线、光纤熔接、光纤测试。

(3)光纤布线应由专业施工人员组织完成，布线时应尽量拉直光纤。

(4)管内穿放 4 芯以上光缆时，直线管路的管径利用率应为 50％～60％，弯管路的管径利用率应为 40％～50％。

(5)拐弯角度不能小于或等于 90°，以免造成纤芯损伤。

(6)在光纤两头要制作标记。

(7)光纤安装的转弯半径为缆线外径的 10 倍，安装完成后长时间放置时的转弯半径为缆线外径的 15 倍。

(8)应选择合适的光纤熔接机及测试仪器，由专业的有经验的操作人员进行精细熔接。

(9)完工后应做光纤测试，形成文档，光纤测试的结果必须符合以下的标准：1 000 Mbit/s 的链路损耗必须在 3.2 dB 以下；100 Mbit/s 的链路损耗必须在 13 dB 以下。

5.4 设计方案编制

设计方案是综合布线系统各组成部分的设备选型及配置方案，它比设计说明更详细地阐述了综合布线系统工作区、配线子系统(包含水平干线子系统和管理间子系统)、垂直干线子系统、设备间子系统及进线间的设备配置与配置原则。设计方案也是投标文件的核心内容之一。以下是两个工程的设计方案实例。

5.4.1 综合办公大楼综合布线系统设计

某综合办公大楼综合布线系统设计

某综合办公大楼，有地上九层、地下一层。地下一层为车库。地上一层至九层是办公楼。整个综合布线系统由工作区、水平干线子系统、管理间子系统、垂直干线子系统、设备间子系统和进线间构成。综合布线系统按《综合布线系统工程设计规范》(GB 50311—2016)超 5 类布线系统标准设计，信息传输种类主要是语音和数据。整个综合布线系统根据数据可分为办公业务内、外网两个综合布线系统。

1. 工作区

工作区包括所有用户实际使用区域，共设有 740 个信息点。其中，外网数据点 340 个、内网数据点 190 个、语音点 210 个。工作区的跳线如下：内网数据跳线用超 5 类屏蔽 4 对双绞线，外网数据点和语音点用超 5 类非屏蔽 4 对双绞线。为了满足办公环境信息高速传输要求，外网数据点和语音点采用超 5 类非屏蔽信息插座模块。由于用户要求内网业务要有较高的保密性，因此内网数据点采用超 5 类屏蔽信息插座模块。信息插座全部采用暗敷设，安装高度为距离地面 0.3 m。所有信息插座的安装应与电源插座协调，位置可根据实际情况适当调整。信息插座面板使用国标双口面板，语音或数据需要单独使用的信息点选用单口信息插座面板。工作区信息点的配置原则如下。

(1)语音点：一般办公室、设备房、管理用房、休息室、会议室等房间配置 1 个语音点，领导办公室及财务室等房间配置 1～2 个语音点。

(2)数据点：根据用户的要求，领导办公室配置内、外网数据点各 1 个；用户未提出明确要求的，按房间使用功能，以 10 m^2 为一个工作区，每个工作区配置 2～3 个数据点。

2. 配线子系统

(1)管理间。由于各楼层的信息点数量不多，所以采用几层共用一个管理间的设计方案，分别在一、三、五、八层各设置一个管理间。一层管理间的服务范围是地下一层和地上一、二层；三层管理间的服务范围是三、四层；五层管理间的服务范围是五、六层；八层管理间的服务范围是七、八、九层。管理间具有跳线管理功能，使水平区内各数据点和语音点可以灵活组合互换。管理间的语音配线架在主干侧全部用 110 型配线架，水平侧则用 24 口 RJ-45 型非屏蔽配线架，跳线用非屏蔽超 5 类 4 对双绞线；数据配线架主干侧采用 12 口 SC 型光纤配线架，在水平侧，内网采用屏蔽配线架，外网采用非屏蔽配线架，都是 24 口 RJ-45 型超 5 类配线架。设备光缆用 SC-SC 多模光纤，设备电缆采用两端带 RJ-45 连接器的超 5 类 4 对双绞线，内网采用屏蔽线，外网用非屏线。网络设备采用 24 口带光端口的交换机组成交换机群，各管理间的配线设备和网络设备均安装在 19 英寸标准机柜中，机柜采用落地式安装方式。

(2)水平干线子系统缆线配线。水平干线子系统的缆线由建筑物各管理间至各工作区之间的电缆构成。办公业务内网数据点的水平缆线采用超 5 类 4 对屏蔽双绞线布线，外网数据点和语音点的水平缆线采用超 5 类 4 对非屏蔽双绞线布线，都留有一定的备用量。

水平干线子系统缆线先走金属线槽沿走廊布线，再穿 PVC 管沿墙或楼板暗敷设到房间内的信息插座。内、外网水平干线子系统分管敷设，在线槽内分类绑扎。

3. 垂直干线子系统

垂直干线子系统主要是将建筑物内的总配线架与各分配线架连接起来。考虑最佳性价比，在设计中使用光缆+大对数铜缆的星形拓扑结构。语音部分的配置全部采用三类 25 对电缆，按每个语音点配置 1 对电缆设计，并考虑一定的备用量。数据主干线采用 4 芯多模室内光缆，从一层计算机机房主配线架引到各管理间的楼层配线架可支持 1 Gbit/s 的传输速率，足以适应办公自动化和通信自动化等高速网络传输发展的需求。垂直干线子系统在弱电竖井内沿金属线槽明敷设。

4. 设备间子系统

本工程总配线架、电话和网络交换设备暂定放在一层的辅助设备间。语音总配线架采用 110 型配线架；数据总配线架采用 12 口 SC 型光纤配线架，并配置有 2 台千兆核心路由交换机。设备安装在 19 英寸标准机柜中。建筑群之间的主干光纤和大对数缆线从室外引入建筑物，即从室外手孔各穿 1 根 SC80 管埋地暗敷设到地下一层，然后沿金属线槽引到该层弱电井，再从弱电井走金属线槽上引到一层的设备间。

5.4.2 民航机场航站楼综合布线系统设计

民航机场航站楼综合布线系统设计

1. 民航机场航站楼综合布线需求分析

航站楼及配套建筑综合布线系统是民航机场建设的一项重要基础工程，不但为民航机场信息弱电系统提供基础支持，而且为与外部通信数据网络的连接提供了有力支持。其主要需求如下。

(1)满足主干万兆、水平千兆、光纤到桌面的网络传输要求。

(2)主干满足与电信及航站楼、ITC(信息指挥中心)、GTC(停车楼)、UMC(市政实施管理中心楼)的连接。

(3)兼容不同厂家、不同品牌的网络设备。

(4)为航站楼的核心网、离港网、无线网、行李网、安检网、POS 系统网、安防网、广播网、办公网络提供集成网络平台。

(5)水平干线系统采用非屏蔽 6 类双绞线。

2. 民航机场航站楼综合布线系统设计说明

(1)民航机场航站楼综合布线系统宜采用星形拓扑结构，按模块化设计，由建筑群子系统、设备间子系统、垂直子系统、管理间子系统、水平干线子系统、工作区构成。所有与计算机网络相连的布线硬件一般均为光纤或6类产品。

由于航站楼横向跨度巨大，所以需要设置多个管理间，以缩短水平缆线的距离。航站楼的一级管理间(PCR)设置在航站楼的垂直底部，水平中部位置，二级管理间(DCR)则分布在等面积的区域内，用以管理三级管理间(SCR)，三级管理间则分布在航站楼的各个区域内，以方便水平干线子系统的管理。此外，针对弱电系统，还应设有功能用房，如指挥中心、安防控制室、运行控制室、楼宇控制室、行李控制室、消防控制室、机电控制室、旅客服务中心、外场管理中心等。

三级管理间设计原则如下。

①保证三级管理间到末端的路由长度不大于90 m。

②二层、三层小间尽量在首层小间的垂直上方。

③小间的上方尽量避免是卫生间。

④小间尽量在强电间附近布置。

(2)建筑群子系统设计。建筑群子系统由连接各建筑物的缆线组成，所需的硬件包括电缆、光缆和防止电缆的浪涌电压进入建筑物的电气保护设备等。

航站楼的建筑群大致包括航站楼本身、停车楼、信息指挥大楼、市政实施管理中心楼及机场物流中心楼等。根据信息化建设的要求，各建筑物之间的信息交流是必不可少的。因此，各建筑物全部采用光缆连接，以实现信息的高速交换。

(3)垂直干线子系统设计。垂直干线子系统由设备间和楼层配线间之间的连接缆线组成。缆线一般为大对数双绞线电缆或多芯光缆，两端分别端接在设备间和楼层管理间的配线架上。

航站楼综合布线系统数据传输主干采用单模万兆光缆敷设，符合10 Gbit/s以太网标准IEEE 802.3ae，语音主干采用三类大对数非屏蔽双绞线。

由于航站楼内的信息交换非常频繁，而且数据流量相当大，所以信息主要通道的设计显得更为重要，不但要保证信息传输的畅通，而且要考虑到民航业务的飞速发展所带来的信息量的膨胀。因此，主干的设计要考虑到大量的冗余。

(4)水平干线子系统设计。航站楼综合布线水平干线子系统应满足千兆以太网需求，支持基于电缆的千兆以太网标准IEEE 802.3ab，同时，满足基于电缆的以太网供电传输标准IEEE 802.3af。水平缆线采用非屏蔽低烟无卤6类双绞线。登机桥远端及其他超过90 m的缆线采用室内2芯多模光缆。

①航站楼综合布线系统水平信息点按应用系统分为以下几种。

a. 通用信息点：集成、离港、OA、商业。

b. 航显、时钟、BA、安防等。

c. 外部联检单位。

d. 航空公司。

e. 其他驻场单位。

②航站楼综合布线系统水平信息点按类别分为以下两种。

a. 6类信息点：TO。

b. 光纤信息点：FO。

(5)工作区设计。作为航站楼的基础网络平台，综合布线系统不但要满足日常办公及通信业务需要，还要对航站楼的核心网、离港网、无线网、行李网、安检网、POS系统网、安防网、广播网、办公网络提供支撑。因此，在设计工作区时要充分考虑以下问题。

①用户单位的需求及各系统的需求。

②点位分布的密度、安装位置应该能满足应用系统的要求，并有一定的冗余，以便于使用与维护。

③对于大开间办公区、商业区、柜台集中的区域，宜采用CP箱方式，结合内装修进行二次布线。CP箱可适当预留光纤信息点。

④尽量少使用地插和单孔插座，对于重要的应用如航显、时钟点应进行"1+2"备份。

⑤对于特殊需要的用户或超长区域，可以选择光纤信息点和6A类信息点(万兆)。

(6)设备间子系统。设备间是建筑物中用于安装进出线设备、进行综合布线及其应用系统管理和维护的场所，它将中央MDF与各种不同设备互连起来。航站楼设备间即数据和语音总配线间。

相应的配线架包括光纤配线架、数据配线架、语音配线架、电子配线架。

(7)管理间子系统设计。管理间子系统由各分管理间配线架及相关接插跳线等构成，采用交连和互连等方式，实现信息点与各子系统之间的连接和管理，维护人员可以在配线连接硬件区域调整或重新安排线路路由，而无须改变工作区用户的信息插座，从而实现了综合布线的灵活性、开放性和扩展性。

管理间子系统是整个配线系统的关键单元，为了使网络系统建成后能正常运行、扩展灵活、维护方便，在设计中考虑将每个配线间的配线架分为两组，一组连接水平双绞线电缆，另一组连接垂直缆线。配线架的管理以表格对应方式进行，根据房间号、部门单元等信息，记录布线的路线并加以标识，以方便维护和管理。

5.5 综合布线系统设计实训

5.5.1 实训目的

通过综合布线系统设计实训，学生熟练掌握综合布线系统设计的步骤、内容及规范，巩固、深化和扩展所学的知识，提高综合运用知识的能力。

5.5.2 实训内容及要求

根据任课教师所给的某工程建筑平面图及相关资料进行综合布线系统设计。

1. 设计方案及计算书

(1)设计方案的内容及要求。设计方案的内容包括设计依据、设计概况、工程特点、设计说明和主要设计数据。编写设计方案要求文字通顺，简明扼要，清晰准确。

(2)计算书的内容及要求。计算书的内容包括水平缆线计算、干线缆线计算，以及信息插座、配线架、理线架、机柜等设备选择及计算。计算力求简洁，可适当列表。

2. 施工图

施工图包括图纸目录(A4 图纸)、材料表(A4 图纸)、综合布线系统图(1∶100、A1 图纸)、综合布线平面图(1∶150、A1 图纸)

3. 交图要求

交纸质设计草图及电子文档。

5.5.3 实训步骤

参考前述设计步骤。

图纸可参见综合布线平面图。

综合布线平面图

模块小结

综合布线系统的设计内容包括工作区、管理间子系统、干线子系统、建筑群子系统、设备间子系统、进线间等部分的设计。

工作区设计的主要内容是信息插座数量、选型及安装方式的确定。每个工作区信息点数量可根据用户需求、建筑物的功能和网络构成来确定

管理间子系统设计的主要内容包括管理间位置及数量的确定、配线设备及计算机网络设备的选择。

干线子系统设计的主要内容包括介质、布线路由、缆线规格及用量的确定。

建筑群子系统设计的主要内容是缆线的路由、类型、敷设方式及数量的确定。

设备间子系统设计的主要内容是设备间的位置和设备选型的确定。

进线间设计的主要内容是进线间的位置、面积、缆线入口管数量的确定。

本模块还介绍了数据中心、光纤接入网等相关知识。

习题

1. 简述综合布线系统设计的一般步骤。

2. 如何确定信息插座的数量和类型?

3. 如何计算配线子系统中水平双绞线的长度?

4. 已知某五层楼的标准层信息插座为 200 个，其最近的信息插座到管理间的距离为 10 m，最远的信息插座到配线间的距离为 50 m。需要订购多少箱电缆(每箱电缆长度为 305 m)?

5. 建筑物内干线子系统布线有哪几种方法? 配线子系统布线有哪几种方法?

6. 如何确定设备间的位置?

7. 建筑群子系统宜用什么布线方法?

8. 参观你所在院校中采用综合布线系统构建的校园网，试画出综合布线平面图。

模块6　综合布线施工技术

知识目标

(1)掌握工作区信息插座的安装与端接；掌握机柜和配线设备的安装与端接。
(2)掌握综合布线工程项目中建筑物内水平布线、主干布线的管槽安装施工。
(3)了解光缆布线施工的一般要求，完成光缆的接续和端接。
(4)了解建筑群光缆布线施工的技术要点；了解建筑群地下管道施工的基本情况。

能力目标

(1)具备使用管槽安装施工工具的能力。
(2)具备综合布线工程项目中建筑物内水平布线、主干布线的管槽安装施工能力。
(3)具备电缆布线施工的常用工具使用能力。
(4)具备工作区信息插座的安装与端接以及机柜和配线设备的安装与端接能力。
(5)具备光缆的接续和端接能力。

素质目标

(1)培养学生收集、整理资料的能力。
(2)培养学生制订、实施工作计划的能力。
(3)培养学生自我检查和判断的能力。
(4)培养学生项目总结和汇报的能力。
(5)培养学生的沟通能力及团队协作精神。
(6)培养学生勇于创新、敬业乐业的工作作风。
(7)培养学生的质量意识、安全意识及规范意识。

无论电缆系统还是光缆系统，施工过程对传输系统的性能影响都很大，施工结果要求达到相应的性能指标。综合布线工程施工一般包括施工准备、安装施工、测试调试和竣工验收四个步骤。

6.1 综合布线施工准备

6.1.1 施工准备的内容

综合布线系统经过调研、工程设计，确定施工方案后，接下来即进行工程实施，而工程实施的第一步是施工准备。在施工准备阶段，主要有硬件准备与软件准备两项工作。

1. 硬件准备

硬件准备就是备料，即针对不同的工程的不同需求，准备所需的施工材料与施工设备。

施工材料主要包括光缆、对绞电缆、信息插座、信息插座模块、配线架、服务器、稳压电源、集线器、交换机和路由器等。同时，需要不同规格的塑料线槽、PVC 线管、蛇皮管和自攻螺钉等布线材料。

施工设备包括用于建筑施工、空中作业、切割成形、弱电施工和网络布线的专用工具及器材设备。

(1)电工工具。在施工过程中常常需要使用电工工具，如各种型号的螺钉旋具、各种型号的钳子、各种电工刀、榔头、电工胶带、万用表、试电笔、长短卷尺和电烙铁等。

(2)穿墙打孔工具。在施工过程中需要用一些穿墙打孔工具，如冲击电钻、切割机、射钉枪、铆钉枪、空气压缩机和钢丝绳等，主要用于线槽、线轨、管道的定位和加固及电缆的敷设和架设。

(3)架空走线相关工具及器材。架空走线所需的相关工具及器材有膨胀螺栓、水泥钉、保险绳和脚架等。

(4)网络布线专用工具。网络布线需要一些用于连接同轴电缆、对绞电缆和光纤的专用工具，如剥线钳、网线钳、打线钳等。

(5)测试仪。用于不同类型的光纤、对绞电缆和同轴电缆的测试仪，既可以是功能单一的工具，也可以是功能完备的集成测试工具，如 FLUKE 测试仪。还有一些专用仪器用于进行系统的全面检查与测试，如进行协议分析等。

(7)其他工具。还需要准备透明胶带、白色胶带、各种规格的不干胶标签、彩色笔、高光手电筒、捆扎带、牵引绳索、卡套和护卡等。

2. 软件准备

软件准备也非常重要，主要工作包括以下几项。

(1)设计综合布线系统施工图，确定综合布线路由。

(2)制订施工进度表。施工进度要留有适当的余地，因为在施工过程中随时可能发生意想不到的事情，需要协调解决。

(3)向工程单位提交的开工报告。

(4)工程项目管理，主要指部门分工、人员培训和施工前的动员等。

6.1.2 综合布线施工常用工具

综合布线施工常用工具有许多种，按其用途可分为电缆布线系统安装工具、光缆布线系统安装工具。

1. 电缆布线系统安装工具

(1)网线钳。网线钳(又称为压线钳)如图 6-1 所示。它具有剪线、剥线和压线三种用途。在选购网线钳时一定要注意种类，因为针对不同的线材有不同规格的网线钳。制作以太网对绞电缆通常使用图 6-2 所示的剥线钳。

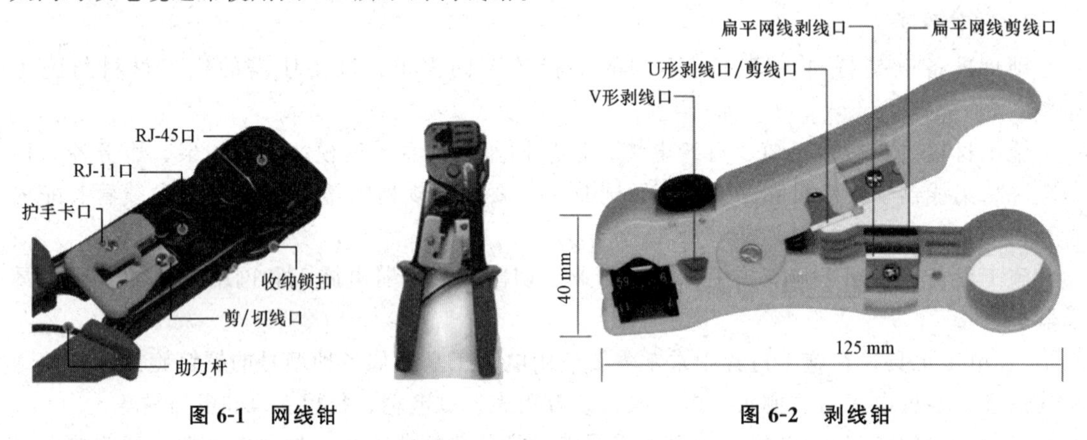

图 6-1　网线钳　　　　图 6-2　剥线钳

(2)打线钳。信息插座与信息插座模块是嵌套在一起的。网线的卡入需要使用一种专用的卡线工具，称为打线钳，如图 6-3 所示。其中，图 6-3(a)所示是两款单线打线钳，图 6-3(b)所示是一款多对打线钳，多对打线钳通常用于配线架网线芯线的安装。

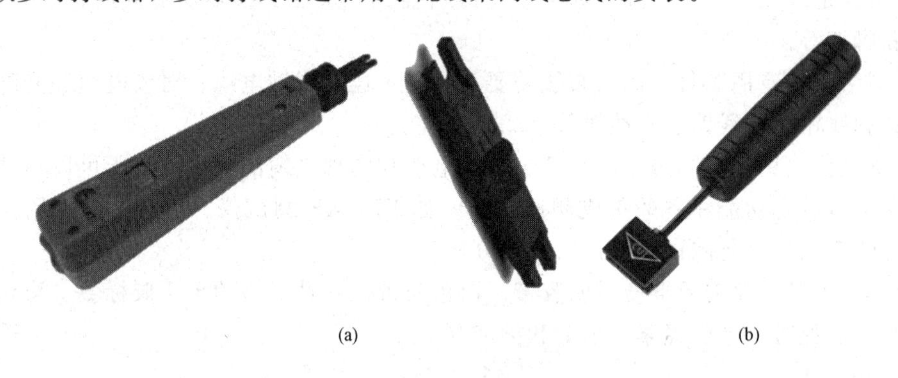

图 6-3　打线钳

(a)单线打线钳；(b)多对打线钳

(3)打线保护装置。由于将网线的 4 对芯线卡入信息插座模块的过程比较费力，容易划伤施工人员的手，故人们设计开发了一种打线保护装置，可以方便地将网线卡入信息插座模块，还起到保护作用。图 6-4 所示为两款打线保护装置。

(4)穿线器。穿线器主要用于墙壁下缆线牵引，如图 6-5 所示。穿线器具有省时、省力、提高工效等优点，可用于电缆和塑料子管的布放，使用时可先将钢丝或铁线带入，然后用钢丝或铁线牵引电缆入管。

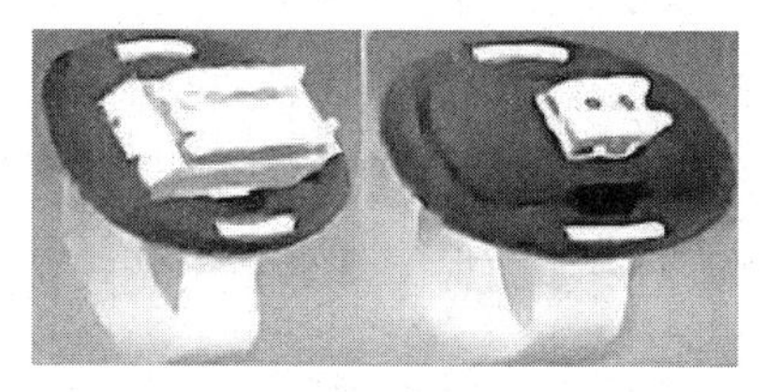

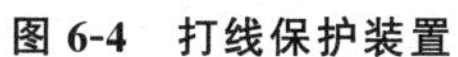

图 6-4 打线保护装置

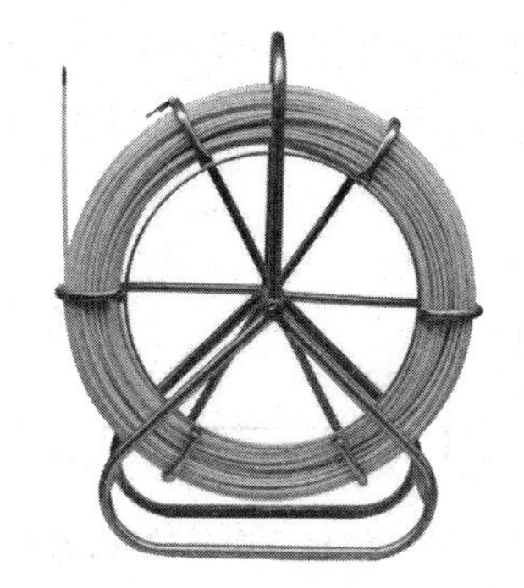

图 6-5 穿线器

2. 光缆布线系统安装工具

在光缆施工过程中，一般需要如下工具：光缆牵引设备，光纤剥线钳，光纤固化加热炉，光纤接头压接钳，光纤切割器，光纤熔接机，光纤研磨盘，组合光纤工具及各种类型，各种接头的光纤跳线等。为了便于使用，通常将光纤布线系统安装工具放置在一个多功能工具箱中。图 6-6 所示为一个光纤施工工具箱，箱内工具包括光纤剥线钳、钢丝钳、大力钳、尖嘴钳、组合套筒扳手、内六角扳手、卷尺、活动扳手、组合螺钉批、蛇头钳、微型螺钉批、综合开缆刀、简易切割刀、镊子、清洗球、记号笔、剪刀、开缆刀和酒精泵瓶等。

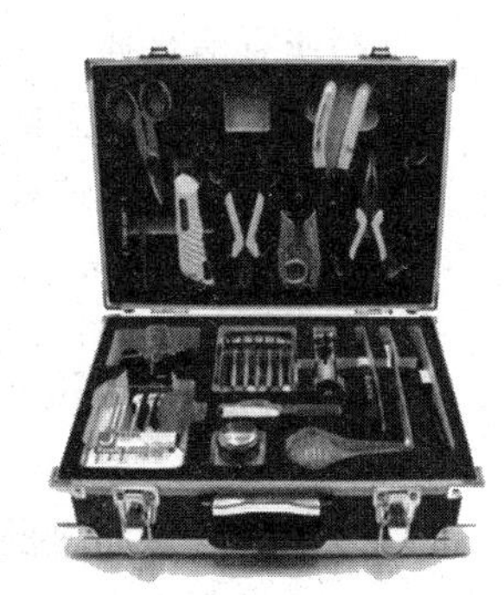

图 6-6 光纤施工工具箱

6.2 工作区布线与安装

工作区是从信息插座端延伸至用户终端之间的部分，它将用户终端和通信网络连接起来。从信息插座到终端设备的连接通常使用两端带 RJ-45 水晶头的插接软线。

6.2.1 工作区信息插座及信息插座模块的安装

信息插座的安装可分为嵌入式和表面安装式两种。用户可以根据实际需要选择不同的安装方式。在通常情况下，新建建筑物采用嵌入式信息插座，已有建筑物增设综合布线系统则采用表面安装式信息插座。

1. 信息插座的安装

每个工作区至少配置一个信息插座，对于难以再增加信息插座的工作区，要至少安装两个分离的信息插座。每条对绞电缆需要终接在工作区的一个 8 脚(针)的模块化插座(插头)上。

工作区的终端设备(如电话机、打印机和计算机)可用对绞电缆直接与工作区内的每个信息插座连接。因此，工作区布线要求相对简单，以便于移动、添加和变更设备。

对于 RJ-45 水晶头连接器与 RJ-45 信息插座，它们与 4 对对绞电缆的接法主要有两种：一种是 ANSI/TIA/EIA 568-A 标准，另一种是 ANSI/TIA/EIA 568-B 标准，通常采用

ANSI/TIA/EIA 568-B 标准。信息插座的一般连接方法为在终端(工作站)将带有 8 针的 RJ-45 连接器插入网卡，而将跳线的 RJ-45 连接器连接到信息插座上。信息插座与终端的连接形式如图 6-7 所示。

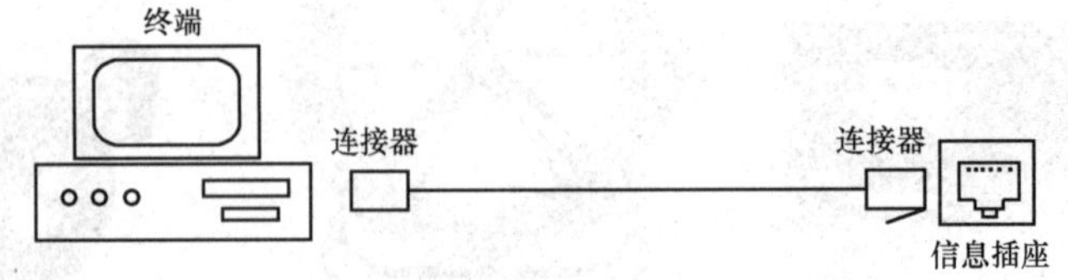

图 6-7 信息插座与终端的连接形式

2. 信息插座的安装要求

安装信息插座时应注意以下几点。

(1)所有信息插座按标准进行卡接。

(2)安装在地面上的信息插座应采用防水和抗压接线盒。

(3)安装在墙面或柱子上的信息插座底盒、多用户信息插座盒及集合点配线箱体的底部距离地面的高度一般为 30 cm。

(4)每个工作区至少应配置一个 220 V 交流电源插座，以便有源终端设备使用。

(5)信息插座安装完毕后应立即依照平面图在面板上做好编号。

6.2.2 信息插座模块的压接技术

信息插座模块是信息插座的核心(图 6-8)，也是终端(工作站)与水平干线子系统连接的接口，因此，信息插座模块的压接技术直接决定了高速通信网络系统能否正常运行。

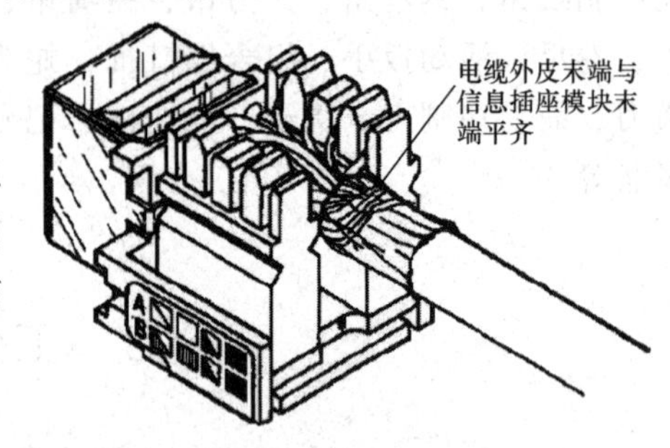

图 6-8 信息插座模块

1. 信息插座模块与 RJ-45 水晶头的压线方式

信息插座模块与信息插座配套使用，信息插座模块安装在信息插座中，一般通过卡位实现固定。实现网络通信的一个必要条件是信息插座模块的正确安装。信息插座模块与 RJ-45 水晶头压接线序如图 6-9 所示。

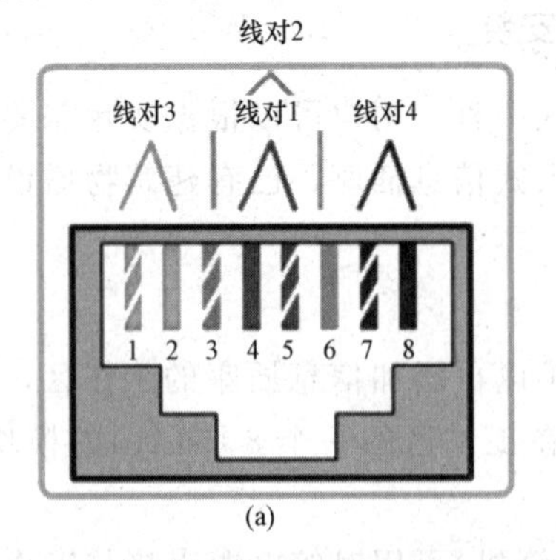

(a)

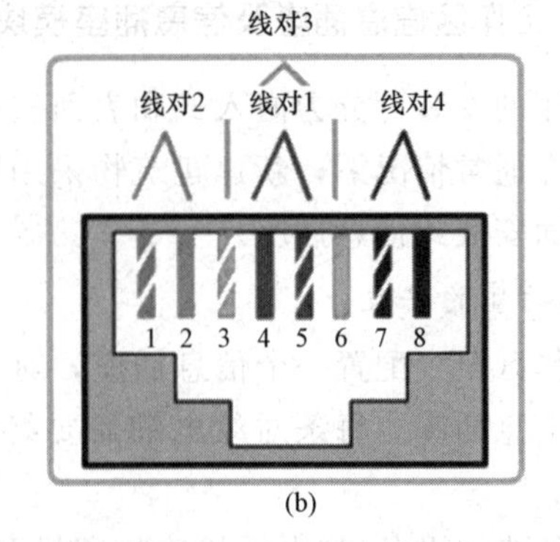

(b)

图 6-9 ANSI/TIA/EIA 568-A 和 568-B 标准信息插座模块 8 针引线/线对安排正视图

(a)ANSI/TIA/EIA 568-A；(b)ANSI/TIA/EIA 568-B

注：ANSI/TIA/EIA 568-A 从左至右线序为白绿、绿、白橙、蓝、白蓝、橙、白棕、棕；
ANSI/TIA/EIA 568-B 从左至右线序为白橙、橙、白绿、蓝、白蓝、绿、白棕、棕

在同一个综合布线系统工程中，需要统一使用一种连接方式，一般使用 ANSI/TIA/EIA 568-B 标准制作连接线、插座和配线架。

对于模拟式语音终端，行业的标准做法是将触点信号和振铃信号置入对绞电缆的两个中央导线(4 对对绞线电缆的引针 4 和 5)。剩余的引针分配给数据信号和配件的远地电源线使用。引针 1、2、3 和 6 传送数据信号，即将 4 对对绞电缆中的线对 1-2、3-6 相连；引针 7-8 直接连通，并留作配件电源之用。

2. 信息插座模块的压接

目前，信息插座模块产品的结构基本类似，只是排列位置有所不同。有的面板标注有对绞线电缆颜色标号，与对绞线电缆压接时，只要将颜色标号配对就能够正确压接。

打线工艺是信息插座模块压接的关键。用户端的信息插座模块打线要求完全等同于配线架端的要求，一是严格控制开捻长度，二是严格控制解绕长度。信息插座模块是引起串扰的最重要因素。对绞线电缆终接时，每对对绞线应保持扭绞状态，扭绞松开长度对于 3 类电缆不应大于 75 mm，对于 5 类电缆不应大于 13 mm，对于 6 类及 6 类以上类别的电缆不应大于 6.4 mm。

在信息插座模块上有两排跳线槽，每个槽口都标有颜色，与对绞线电缆的每条线一一对应。打线时先把对绞线电缆的一头剥去 2～3 cm 的绝缘层，然后将线头分开，把线头放在相应的各槽口中，用手将线按下；然后将打线工具的刃口向外，放在槽口上，垂直槽口用力按下，听到“咔嗒”一声即可。注意：对绞线电缆的颜色要与槽口标识的颜色一致，如图 6-10 所示。

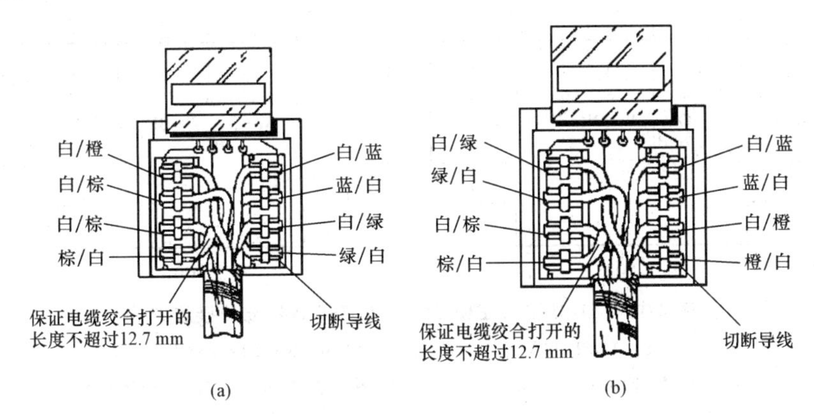

图 6-10 信息插座模块线序

(a)568-A 线序示例；(b)568-B 线序示例

3. 信息插座模块压接的注意事项

(1)对绞线电缆是成对相互扭绞在一处的，按一定距离扭绞的导线可提高抗干扰能力，减小信号的衰减，压接时逐对拧开放入与信息插座模块对应的端口。

(2)在对绞线电缆压接处不能扭绞、撕开，并防止有断线的伤痕。

(3)使用压线工具压接时，要压实，不能有松动的地方，如图 6-11 所示。

(4)对绞线电缆解扭长度不能超过规定。

6.2.3 对绞线电缆与 RJ-45 水晶头的连接

要使对绞线电缆能够与网卡、集线器和交换机等设备相连，还需要 RJ-45 水晶头。RJ-45 水晶头的前端有 8 个压接片触点，如图 6-12 所示。对绞线电缆与 RJ-45 水晶头的连接部位是链路中很容易产生串扰的位置，需要格外注意。

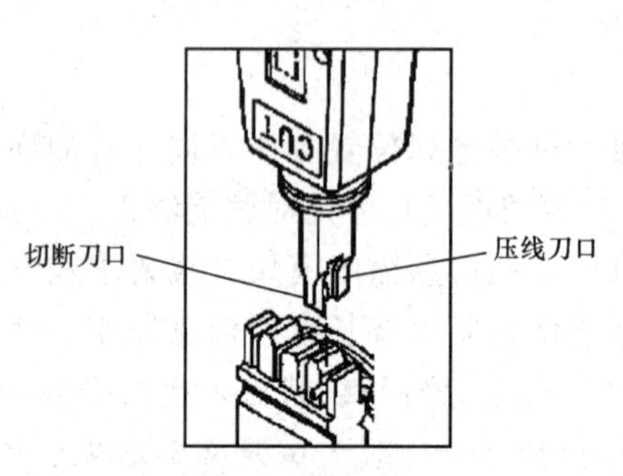

图 6-11 信息插座模块压接

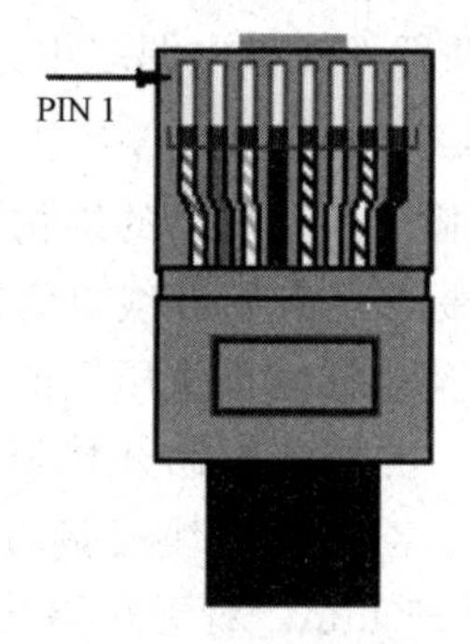

图 6-12 RJ-45 水晶头

1. 对绞线电缆与 RJ-45 水晶头的连接方式

ANSI/TIA/EIA 568-A 与 568-B 标准的接线方式如图 6-13 所示，需要注意的是，无论采用哪种方式，都必须与信息插座模块所采用的方式相同。

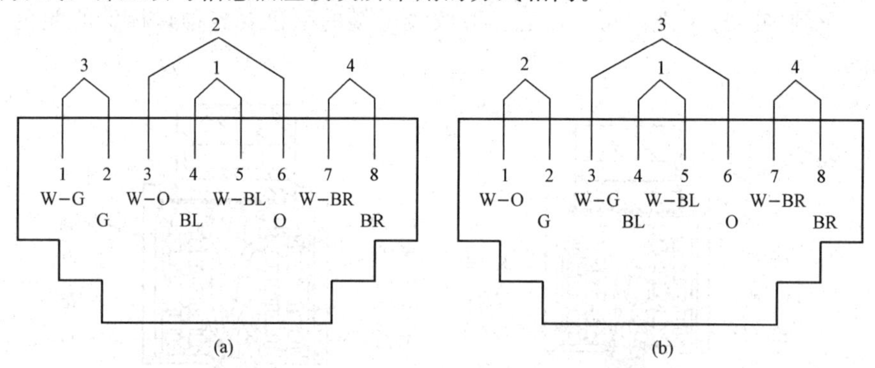

图 6-13 ANSI/TIA/EIA 568-A 与 568-B 标准的接线方式

(a)ANSI/TIA/EIA 568-A；(b)ANSI/TIA/EIA 568-B

G(Green)—绿；BL(Blue)—蓝；BR(Brown)—棕；W(White)—白；O(Orange)—橙

ANSI/TIA/EIA 568-A 接线方式比较适合住宅线路的升级和重新安装，因为它的线对 1 和线对 2 的导线连接方式与 USOC 完全相同；而 ANSI/TIA/EIA 568-B 接线方式是最常用的接线方式，特别是在商用通信网络的安装中更是如此。在此以 ANSI/TIA/EIA 568-B 接线方式为例简述如下。

(1)将对绞线电缆套管自端头剥去大约 20 mm，露出 4 对线。

(2)定位对绞线以使它们的顺序号为 1-2、3-6、4-5、7-8。为防止插头弯曲时对套管内的线对造成损伤，导线应并排排列至套管内至少 8 mm，形成一个平整部分，平整部分之后的交叉部分呈椭圆形状态。

(3)为绝缘导线解纽，使其按正确的顺序平行排列，导线 6 是跨过导线 4 和 5 的，在套管中不应有未扭绞的导线。

(4)导线端面应平整，避免毛刺影响性能，导线经修整后距离套管的长度为14 mm，从线头开始，至少(10±1)mm之内导线之间不应有交叉，导线6应在距套管4 mm之内跨过导线4和5。

(5)将导线插入RJ-45水晶头，导线在RJ-45水晶头端部能够见到铜芯，套管内的平坦部分应从插塞后端延伸直至初张力消除，套管伸出插塞后端至少6 mm。

2. 对绞线电缆RJ-45水晶头连接的注意事项

对绞线电缆与RJ-45水晶头的连接属于一种操作性工作，经过实践很快就能掌握。将对绞线电缆与RJ-45水晶头进行连接时，应按对绞线电缆色标顺序排列，不要有差错，并用网线钳压实。

6.2.4 屏蔽模块的端接

在综合布线工程中，屏蔽布线是保证传输质量和传输效率的基础。屏蔽模块的端接是指对绞线电缆的屏蔽层与屏蔽模块壳体之间的端接过程，分为屏蔽层端接和4对对绞芯线与屏蔽模块内8芯对绞芯线端接两个部分。

1. 屏蔽层端接

对绞线电缆与屏蔽模块端接时应满足《综合布线系统工程验收规范》(GB/T 50312—2016)的要求：对绞线电缆的屏蔽层与连接器件屏蔽罩应通过紧固器件可靠接触，对绞线电缆屏蔽层应与连接器件屏蔽罩360°圆周接触，接触长度不宜小于10 mm。屏蔽层不应用于受力的场合。对绞线电缆的屏蔽层与屏蔽模块的屏蔽层端接的方法取决于对绞线电缆的种类，而更多的是取决于屏蔽模块的结构。屏蔽层端接方法大体上可分为以下三种。

(1)在芯线端接前完成屏蔽层端接。将屏蔽对绞线电缆按照要求处理后，把屏蔽层(SF/UTP、S/FTP、SF/FTP的丝网层，F/UTP、U/FTP、F/FTP的铝箔，以及汇流导线)插入或固定在屏蔽模块壳体的尾部，确保屏蔽层之间完全导通，然后进行芯线端接。

(2)在芯线端接后完成屏蔽层端接。将对绞线电缆按照要求处理后，再进行芯线端接，然后将屏蔽层固定在屏蔽模块壳体的尾部，确保屏蔽层之间完全导通。

(3)在芯线端接的同时完成屏蔽层端接。将对绞线电缆按照要求处理后，根据屏蔽模块的说明书进行芯线端接，同时完成屏蔽层(SF/UTP、S/FTP、SF/FTP的丝网层，F/UTP、U/FTP、F/FTP和F2TP的铝箔，以及汇流导线)与屏蔽模块壳体之间的端接，并确保屏蔽层之间完全导通。

2. 4对对绞芯线与屏蔽模块内8芯对绞芯线端接

4对对绞芯线与屏蔽模块内8芯对绞芯线端接应遵循《综合布线系统工程验收规范》(GB/T 50312—2016)的要求，基本方法如下。

(1)根据ANSI/TIA/EIA 568-A或568-B的色标，将蓝、橙、绿、棕色线对分别卡入相应的卡槽，最好不要破坏各线对的绞合度。用手或专用工具将各线对卡到位，采用工具(斜口钳或剪刀)将多余的线对剪断，手动或采用专用工具，屏蔽将模块的其他部件安装到位。

(2)芯线端接的打线规则在整个综合布线工程要求统一，不能混用。

(3)在剪断多余线对的同时将屏蔽模块卡接到位。

(4)注意检查端接点附近是否有丝网或铝箔。如果有则全部清除，以免造成芯线对地短路。

3. 屏蔽模块端接后的收尾工作

在屏蔽模块端接完成后，应做好以下各项收尾工作。

(1)将屏蔽模块壳体合拢，并固定对绞线电缆及对绞线电缆中的接地线。

(2)将屏蔽模块安装到面板或配线架上，整理缆线。

(3)将屏蔽模块插入面板或配线架的模块孔。

(4)安装面板时应注意双绞线电缆的弯曲半径不要过小，否则测试容易失败。

(5)安装配线架时应注意屏蔽模块与配线架接地汇流排之间良好接地。

6.3 水平干线子系统的安装施工

水平干线子系统是楼层内部由管理间到用户信息插座的最终信息传输信道，即在同一个楼层中的布线系统。水平干线子系统分布于智能建筑的各个角落，相对垂直干线子系统而言，一般安装得比较隐蔽。对水平干线子系统的缆线进行维护和更换，会影响建筑物内用户的正常工作，严重时还会中断用户通信。由此可见，水平干线子系统的管路敷设、缆线选择是综合布线施工的重要组成部分。

6.3.1 水平干线子系统布线路由选择

水平干线子系统设计实例和工程技术

当研究和设计水平干线子系统时，需要考虑与设施相关的一些问题，如家具安装的类型、办公室的物理结构和整体建筑结构。建筑物结构类型可以影响安装缆线时采用的组合方法；办公区域的类型可以决定信息插座的种类。配线电缆路由可以根据办公室的结构确定。

在设计路由时需全面掌握建筑物的组成结构，以确定楼层管理间与工作区之间水平干线子系统缆线分布的最佳路径，但并不一定是最短路径。

如果在所选路径中存在供电线路，还要了解低压电缆与高压电缆之间应保持的最小间距。通信缆线路径与供电线路、设备之间的最小间距需要遵循国家标准。熟悉布线过程中需要掌握的结构和规定之后，便可以开始场地调查，确定经济的布线路由。布线和固定缆线束的方法根据所选路由的环境和结构组成确定。

一般应以水平缆线沿主要走廊和办公通道捆扎布线为原则设计布局，使缆线由楼层电信间延伸至整个工作区。这样布线尽管缆线的长度增加了，但有利于安装者采用更有效的布线方法，减少对用户日常工作的影响。从审美的角度考虑水平干线子系统布线路由时，大部分用户往往比较关心美观问题，因此需要考虑缆线至信息插座的配线部分的布线美观问题。

6.3.2 水平干线子系统布线安装

水平干线子系统布线安装主要涉及线槽和线管内缆线的布放，其管路安装工作量比例较高。因此，在布线之前要仔细阅读建筑物图样，了解建筑物的土建结构、强电和弱电路径，以便恰当处理水平干线子系统布线与建筑物电路、水路、气路和电气设备的直接交叉或路径冲突等问题。

水平干线子系统布线方案比较多，主要有预埋管线布线、地面金属线槽方式布线、格形楼板线槽与沟槽相结合布线、吊顶内布线、顶棚内布线、网络地板布线及墙面明装线槽布线等。

1. 预埋管线布线

所谓预埋管线布线，就是将金属管或阻燃高强度 PVC 管直接预埋在混凝土地板或墙体中，并由电信间向各信息插座辐射，如图 6-14 所示。这种方式具有节省材料、配线简单和技术成熟等特点。其局限性在于建筑楼板的厚度可能不够，因此，预埋在楼板中的暗管内径宜为 15～25 mm，一般多选用 Φ20 mm 的管子；墙体中间的暗管内径不宜超过 50 mm。同一根管道宜穿 1 条缆线，若管道直径较大，同一管道中允许最多布放 5 根缆线。

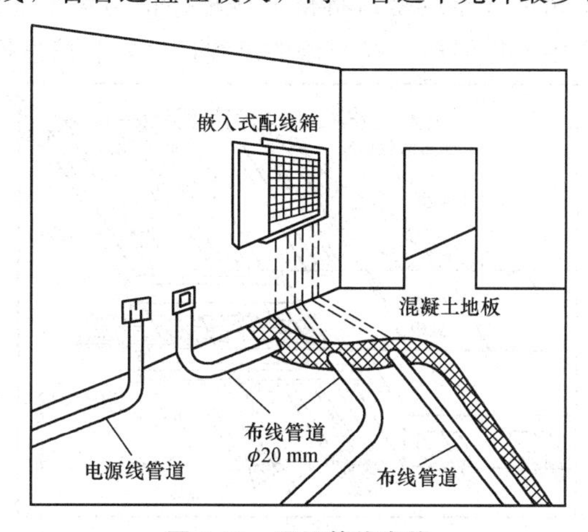

图 6-14　预埋管线布线

当光缆与电缆同管敷设时，应在预埋暗管内预置塑料子管，将光缆敷设在子管内，使光缆和电缆分开布放。子管的内径应为光缆外径的 1.5 倍。

预埋管线布线一般用于房间小或信息点较少的地方。实践经验证明，信息点较多时，预埋管线布线法就不适宜了，可以采用地面金属线槽方式布线。

2. 地面金属线槽方式布线

地面金属线槽方式布线是为了适应智能建筑弱电系统日趋复杂，出线口位置变化不定的趋势而推出的一种新型布线方式。所谓地面金属线槽方式，就是将长方形的线槽安装在现浇楼板或地面垫层中，每隔 4～8 m 拉一个过线盒或出线盒(在支路上出线盒起分线盒的作用)，直到信息点出口的出线盒，如图 6-15 所示。

地面金属线槽有单槽、双槽、三槽和四槽之分，分为 50 mm×25 mm、70 mm×25 mm、100 mm×25 mm 和 125 mm×25 mm 等多种规格，可根据建筑情况合理选用。

对于明敷的线槽或桥架，通常采用胶粘剂粘贴或螺钉固定。当线槽(桥架)水平敷设时，应整齐平直，直线段的固定间距不大于 3 m，一般为 1.5～2.0 m。当线槽(桥架)垂直敷设时，应排列整齐，横平竖直，紧贴墙体，间距一般宜小于 2 m。

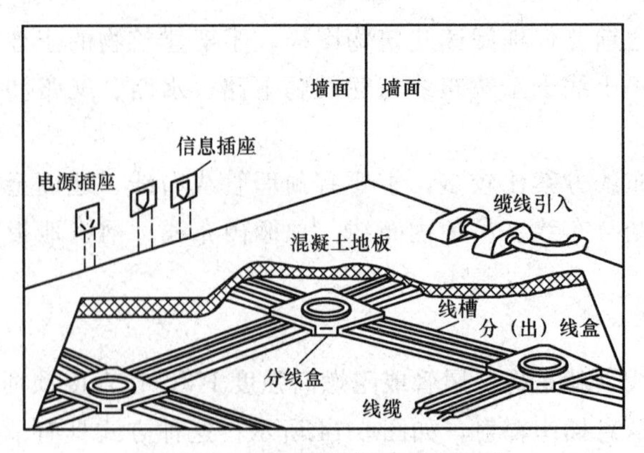

图 6-15　地面金属线槽方式布线

3. 格形楼板线槽与沟槽相结合布线

格形楼板线槽与沟槽相结合布线是指将格形楼板线槽与沟槽连通成网，沟槽内缆线为干线布线路由，分束引入各预埋线槽，在线槽的出线口处安装信息插座，如图 6-16 所示。

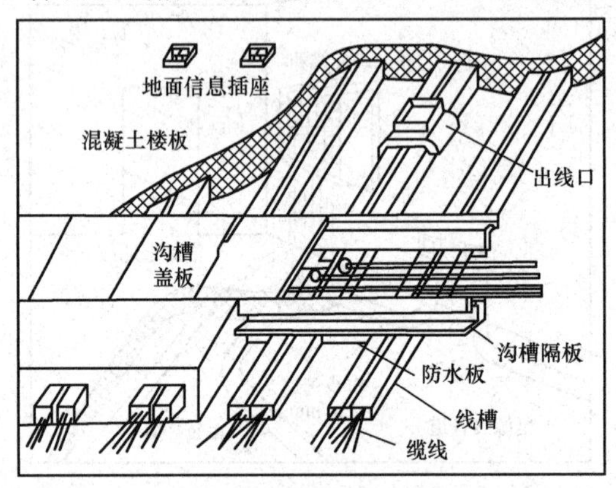

图 6-16　格形楼板线槽和沟槽相结合布线

不同种类的缆线分槽或同槽分室(用金属板隔开)布放。一般线槽高度不超过 25 mm，宽度不大于 600 mm，主线线槽宽度宜在 200 mm 左右；支线线槽宽度不小于 70 mm。沟槽的盖板采用金属材料，以方便开启；盖板面不得凸出地面；盖板四周和通信引出端(信息插座)出口处，应采取防水和防潮措施，以保证通信安全。这种方式适用于大开间或需打隔断的场所。

4. 吊顶内布线

吊顶内布线是指先走吊顶线槽、管道，再走墙体内暗管的布线方式，常用于大型建筑物或布线系统较复杂的场所，如图 6-17 所示。通常，将线槽放在走廊的吊顶内，到房间的支管适当集中在检修孔附近。由于一般楼层内总是走廊最后吊顶，所以综合布线施工不影响室内装修，且走廊在建筑物的中间位置，布线平均距离最短。这种布线方式一般作为地面走线的补充方式，适用于公共建筑物。

5. 顶棚内布线

在顶棚内敷设缆线时，宜用金属管道或硬质阻燃 PVC 管予以保护。图 6-18 所示是在顶棚内设置集合点(转接点)的分区布线方式。这种方式通过集合点将缆线布至各信息插座，适用于大开间工作环境。集合点一般设在维修孔附近，以便于更改与维护。集合点与楼层电信间的距离应大于 15 m，其端口数不应超过 12 个。对于楼层面积不大、信息点不多的一般办公室和家居布线情况，可不设置集合点，在顶棚内直接从电信间将对绞线电缆布放至各信息插座，以消除来自缆线中混合信号的干扰。

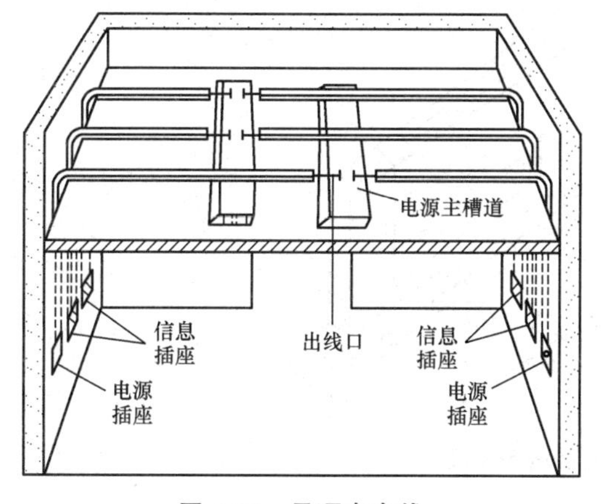

图 6-17 吊顶内布线

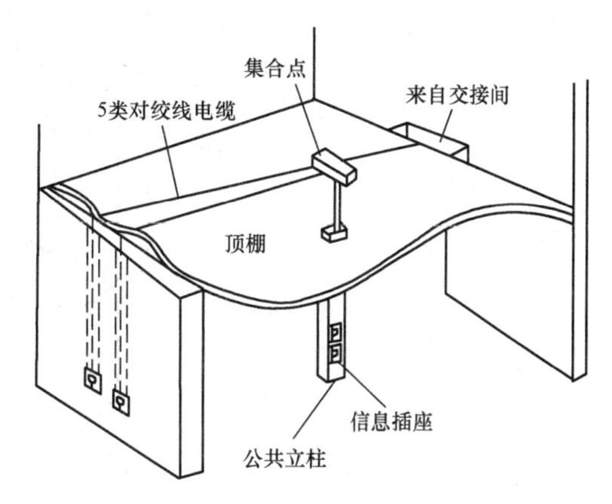

图 6-18 顶棚内布线

6. 网络地板布线

网络地板是基于架空地板方式发展起来的大面积、开放性地板。网络地板布线从下至上由网络状阻燃地板、线路固定压板和线路三大部分组成，可铺设地毯。各种线路可以任意穿连到位，保证地面美观。在网络地板布线中，由电信间出来的缆线走线槽到地面出线盒或墙上的信息插座。采用这种方式布线，强、弱电线槽要分开，每隔 4～8 m 或转弯设置一个分线盒或出线盒，如图 6-19 所示。

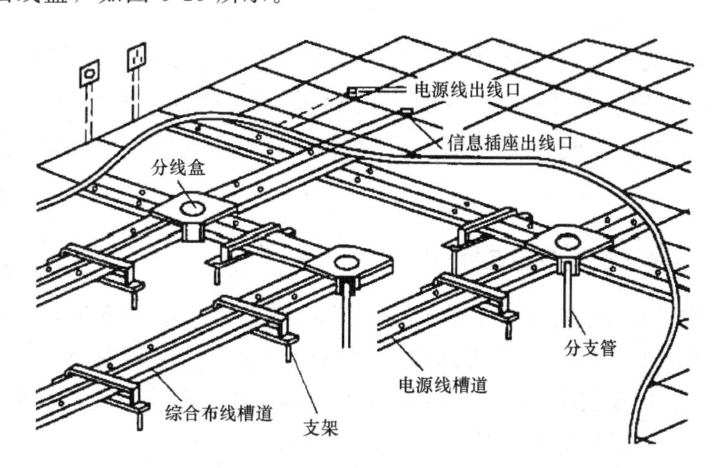

图 6-19 网络地板布线

网络地板布线适用于普通办公室和家居布线的情况。网络地板布线会减小房间净空高度，一般用于计算机机房布线，信息插座和电源插座一般安装在墙面，必要时也可安装在地面或桌面。网络活动地板内的净空高度应不小于 15 cm，当活动地板内作为通风系统的风道使用时，活动地板内的净空高度应不小于 30 cm，活动地板块应具有抗压、抗冲击和阻燃性能。

7. 墙面明装线槽布线

水平干线子系统墙面明装线槽布线是指由管道或线槽、缆线交叉穿行的接线盒、电源和出线盒及其配件组成墙面布线系统，如图 6-20 所示。

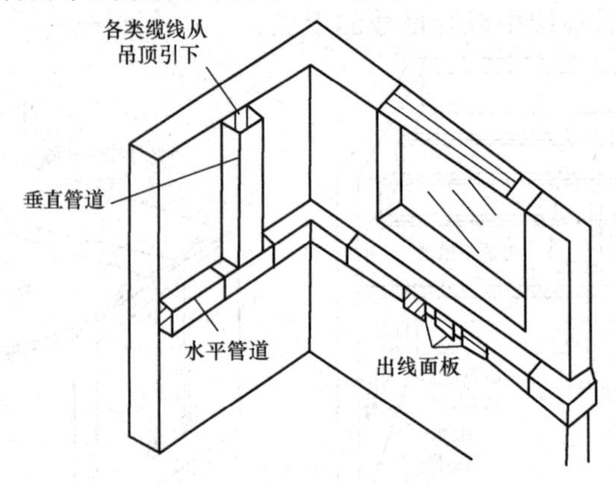

图 6-20　墙面明装线槽布线

墙面明装布线时宜使用 PVC 线槽，此类线槽拐弯处的曲率半径容易保证。安装线槽时，首先在墙面测量并且标出线槽的位置，在建工程以 1 m 线为基准，保证水平安装的线槽与地面或楼板平行，垂直安装的线槽与地面或楼板垂直，没有可见的偏差。拐弯处宜使用 90°弯头或三通，线槽端头安装专门的堵头。

6.4　垂直干线子系统的安装施工

垂直干线子系统的安装施工是综合布线工程中的关键部分。典型的通信网络公用设备，如 PBX 和用户服务器都是通过垂直干线子系统进行延伸连接的。更重要的是，一条配线路径发生故障，可能只影响一个或几个用户；一条垂直干线发生故障，则可能影响几百个用户。

垂直子系统设计
实例和工程技术

6.4.1　垂直干线子系统路由选择

ANSI/TIA/EIA 568-B 标准建议垂直干线子系统采用分层星形拓扑结构，并标示可选用安装的、能提供高保密性和可靠性的管理间到管理间缆线敷设线路。在通常情况下，这种星形拓扑结构可通过配线架配置实现。

当调查垂直干线子系统的最佳路由时，需要研究并考虑设施和建筑群的各个方面。因此，需要调查并全面掌握垂直干线子系统布线将要使用的路由和专用通信间，如现有垂直干线的数量，有哪些电缆孔或线槽、管道可供使用，是否埋入了干线管道系统，它们是否含有牵引线，是否有电缆桥架等。

布线走向应选择缆线最短、最经济，可确保人员安全的路由。一般建筑物有封闭型和开放型两大类通道，宜选择带门的封闭型通道敷设缆线。封闭型通道是指一连串上下对齐的电信间，每个楼层都有一个电信间，电缆竖井、电缆孔、管道和托架等穿过这些房间的地板层。每个电信间通常还有一些便于固定缆线的设施和消防装置。

6.4.2 垂直干线子系统的布线安装

综合布线系统中的垂直干线子系统并非一定是垂直布置的。它是建筑物内的主干通信系统。在某些特定环境中，如在低矮而又宽阔的单层平面的大型厂房中，垂直干线子系统就是平面布置的，它同样起着连接各配线间的作用。而在大型建筑物中，垂直干线子系统可以由两级甚至多级组成。因此，垂直干线子系统可分为垂直干线布线和水平干线布线两种安装形式。

1. 垂直干线布线安装

垂直干线是在从建筑物底层直到顶层垂直电缆竖井内敷设的通信线路。垂直干线布线安装可采用电缆孔和电缆竖井两种方法，如图 6-21 所示。电缆孔在楼层电信间浇筑混凝土时预留，并嵌入直径为 100 mm、楼板两侧分别高出 25～100 mm 的钢管；电缆竖井是预留的长方孔。各楼层电信间的电缆孔或电缆竖井应上下对齐。缆线应分类捆箍在梯架线槽或其他支架上。

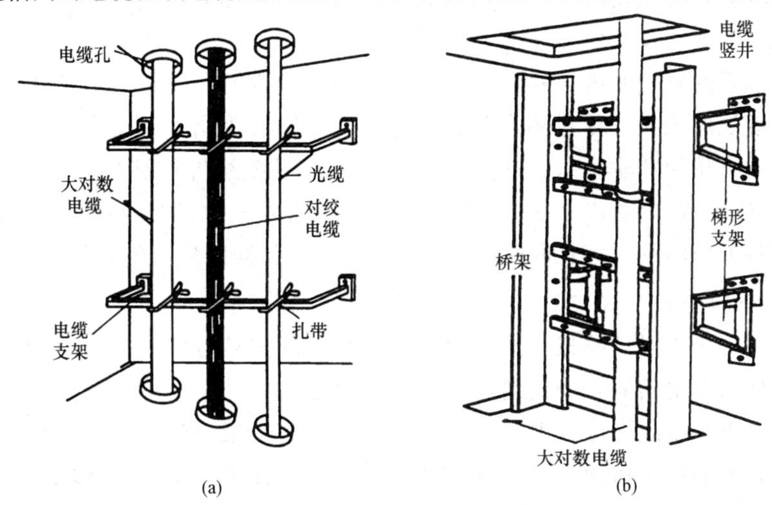

图 6-21 垂直干线布线安装

(a)电缆孔方法；(b)电缆竖井方法

电缆桥架内缆线垂直敷设时，在缆线的顶端，每间隔 1.5 m 处应将缆线固定在桥架的支架上；水平敷设时，在缆线的首、尾、转弯及每间隔 3～5 m 处进行固定。电缆桥架与地面保持垂直，不应有倾斜现象，其垂直度偏差应不超过 3 mm。

电缆竖井中缆线穿过每层楼板的孔洞宜为矩形或圆形。矩形孔洞尺寸不宜小于 30 cm×10 cm，圆形孔洞处应至少安装 3 根圆形钢管，管径不宜小于 10 cm。

2. 水平干线布线安装

水平干线布线安装可以采用桥架线槽、管道托架敷设方式，如图 6-22 所示。水平桥架和线槽安装的左、右偏差应不超过 5 mm，距离地面的架设高度宜在 2 m 以上。在吊顶内安装时，线槽和桥架顶部距吊顶上的楼板或其他障碍物应不小于 30 mm，如为封闭型线槽，则其槽盖开启需有一定垂直净空，要求应有 80 mm 的操作空间，以便槽盖开启和盖合。

桥架和线槽采用吊装或支架安装方式时，要求吊装或支架件与桥架和线槽保持垂直，形成直角，各个吊装件应保持在同一直线上安装，安装间隔均匀整齐，牢固可靠，无倾斜和晃动现象。

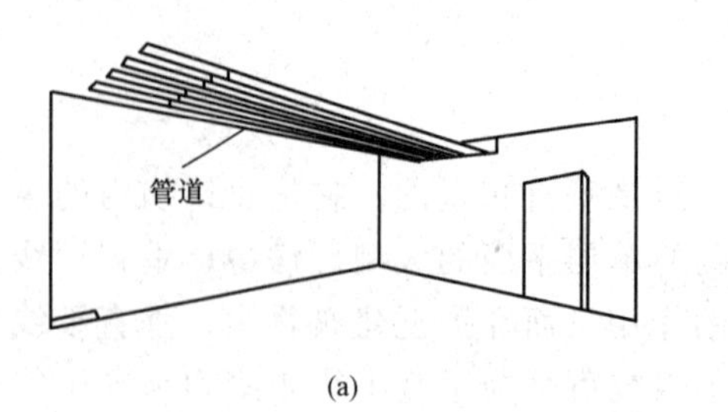

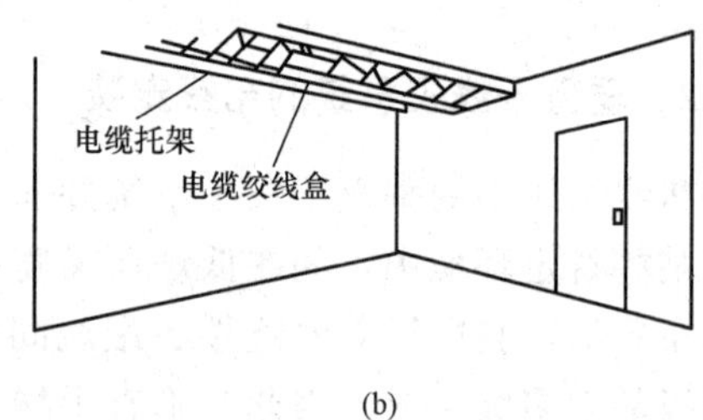

图 6-22　水平干线布线安装

(a)托拿方法；(b)管道方法

沿着墙壁安装水平桥架和线槽时，在墙上埋设的支持铁件位置应水平一致，安装牢固可靠，支持铁件间距均匀，安装后的桥架和线槽应整齐一致，其水平度偏差每米应不超过 2 mm。

桥架和线槽穿越楼板或墙壁洞孔时，应加装木框保护。缆线敷设完毕后，除用盖板盖严桥架和线槽外，还应用密封的防火堵料封好洞口，木框和盖板的颜色应与地板或墙壁的颜色协调一致。

主干缆线敷设在弱电井内，移动、增加或改变比较容易。布放在线槽内的缆线可以不捆扎，但槽内缆线应顺直，尽量不交叉、不溢出。在缆线进出线槽部位、转弯处应绑扎固定。在水平、垂直桥架和垂直线槽中敷设缆线时，应对缆线进行绑扎。4 对对绞线电缆以 24 根为一束，25 对或 25 对以上主干对绞线电缆、光缆及其他信号电缆应根据缆线的类型、缆径和缆线芯数分束绑扎。绑扎间距不宜大于 1.5 m，扣间距应均匀、松紧适度。

3. 干线缆线的端接

干线缆线可采用点对点端接，这最简单、最直接的连接方法，它将每根干线缆线直接延伸到指定的楼层和电信间。分支递减端接是用足以支持若干个电信间或若干楼层通信容量的一根大容量干线缆线，经过缆线接头保护箱分出若干根小缆线，然后分别延伸到每个电信间或楼层，并端接于目的地的连接方法。另外，垂直干线子系统布线及缆线终接时应注意以下几点。

(1)缆线在终接前，必须核对缆线标识内容是否正确。

(2)缆线中间不应有接头；缆线终接处必须牢固、接触良好。

(3)对绞线电缆与连接器件连接时应认准线号、线位色标，不得颠倒和错接。

(4)网络线一定要与电源线分开敷设，可以与电话线及电视缆线放在一个线管中。在布线拐角处不能将缆线折成直角，以免影响传输性能。

(5)网络设备需分级连接，主干缆线是多路复用的，不可能直接连接到用户端设备，因此不必安装太多缆线。如果主干距离不超过 100 m，则当网络设备主干高速端口选用 RJ-45 时，可以采用单根 8 芯 5c 类或 6 类对绞线电缆作为通信网络主干缆线。

6.5　电缆敷设

电缆敷设工作在综合布线系统安装施工中占有非常重要的地位，而高性能铜线的连接往往具有更高的技术难度和要求，因此需要认真对待电缆敷设工作。

6.5.1 电缆敷设方式

在建筑群子系统中，电缆的敷设方式有管道布线、架空电缆布线和直埋电缆布线等。其中，直埋电缆布线是在地沟中敷设电缆，在综合布线系统中一般不采用。下面讨论管道布线和架空电缆布线两种方式。

进线间和建筑群子系统施工技术

1. 管道布线

在相距较远的两幢建筑物之间往往采用管道布线方法，该方法具有更高的可靠性和易维护性，如图 6-23 所示。

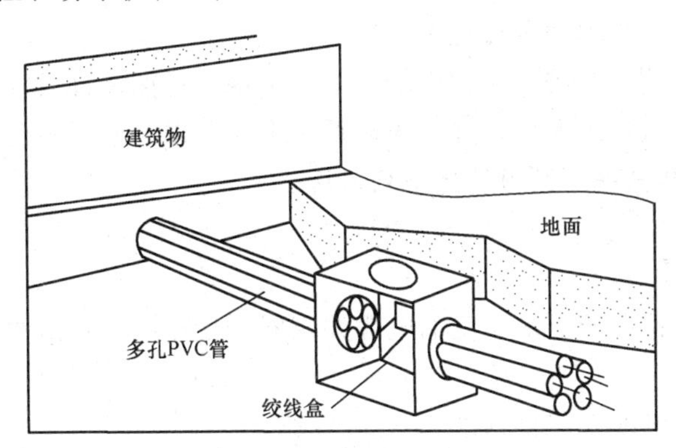

图 6-23　管道布线

为了保证电缆敷设后的安全性，管材和其附件需使用耐腐和防腐材料。地下管道穿过建筑物的基础或墙壁时，如采用钢管，应将钢管延伸到土壤未被扰动的地段。

引入管道应尽量采用直线路由，在电缆牵引点之间不得有两处以上的直角拐弯。管道进入建筑物地下室处，应采取防水措施，以避免水分或潮气进入室内。管道应有向室外倾斜的坡度，坡度一般不小于 0.5%。在室内从引入电缆线的进口处敷设到设备间配线接续设备之间的电缆应尽量缩短，一般应不超过 15 m，并设置明显标志。

2. 架空电缆布线

如果两幢建筑物相隔很近，可以考虑采用架空电缆布线方式。虽然目前在城市建设布线中并不提倡这种方式，但出于成本考虑，在某些距离不远的布线施工中也还可以采用这种方式。

对于建筑群子系统而言，进行户外架空电缆布线施工时，通常采用吊线托挂架空方式，即用钢绞线在两端固定拉接一条吊线，然后每隔一定距离用特制的挂扣将电缆吊挂在钢绞线上，以避免电缆因自身质量下垂。设立的电线杆间隔距离为 30～50 m。钢丝绳上每隔 0.5 m 安装一个挂钩，用于挂放电缆，如图 6-24 所示。

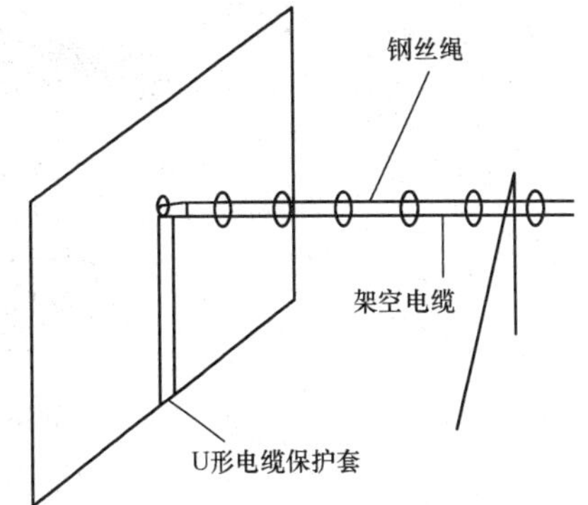

图 6-24　架空电缆布线

实际上，架空电缆布线一般很少用于建筑群通信网络，而更多的用于 CATV、语音电话等网络，因为毕竟这种安装方式不太美观。

6.5.2 电缆的布放

电缆的布放通常采用以下两种方式。

1. 从纸板箱中拉线

一般电缆出厂时都包装在各种纸板箱中。如果纸板箱是常规类型的，则通过使用下列方法能避免电缆缠绕。

(1)撤去有穿孔的撞击块。

(2)将电缆拉出 1 m 长，将塑料塞固定在适当的位置上。

(3)将纸板箱放在地板上，并根据需要放送电缆。

(4)按所要求的长度将电缆割断，需留有适当余量以供终接、扎捆及日后维护。

(5)将电缆滑回到槽中，留数厘米在外，并在末端系一个环，以使末端不滑回槽中。

如果纸板箱的侧面有一个塑料塞，则可使用下列方法。

(1)除去塑料塞。

(2)通过孔拉出数米电缆。

(3)将纸板箱放在地板上，拉出所要求长度的电缆并割断，使电缆滑回到槽中，留数厘米伸在外面。

(4)重新插上塑料塞，固定电缆。

2. 从卷轴或轮上布放电缆

从卷轴或轮上布放电缆的要点如下。

(1)为了使用来自卷轴的电缆，打开纸板箱的顶盖，并将一个有孔的顶盖翻下，使此箱盖上的孔与纸板箱侧面的孔对齐，将一段 2 cm 或 3 cm 长的管子从孔中插入，穿过卷轴，然后穿过对应侧面上的孔，即顶盖翻下来与侧面孔对齐。

(2)较重的电缆需绕在卷轴上，不能放在纸箱中。例如，若同时布放走向同一区域的多 4 对对绞线电缆，可先将电缆安装在滚筒上，然后从滚筒上将它们拉出，如图 6-25 所示。

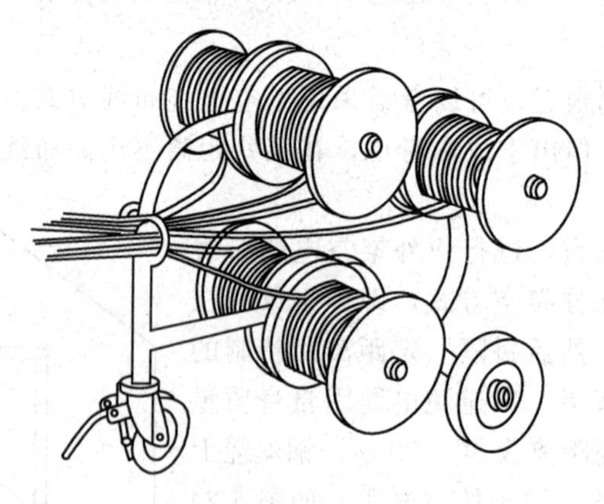

图 6-25 用卷轴布放多条电缆

6.5.3 电缆的牵引

所谓电缆的牵引，就是用一条牵引线或一条软钢丝绳将电缆并牵引穿过墙壁管道、顶棚或地板管道，如图 6-26 所示。电缆的牵引方法不仅取决于要完成作业的类型、电缆的质量和布线路由的难度，还与管道中要穿过电缆的数目有关。在已有电缆的拥挤管道中穿线要比在空管道中穿线难得多。对于不同的电缆，牵引方法也不相同，例如，牵引 4 对对绞线电缆与牵引 25 对双绞线电缆(又有单条及多条之分)的方法不同。电缆的牵引应遵守一条规则：使牵引线与电缆的连接点应尽量平滑。

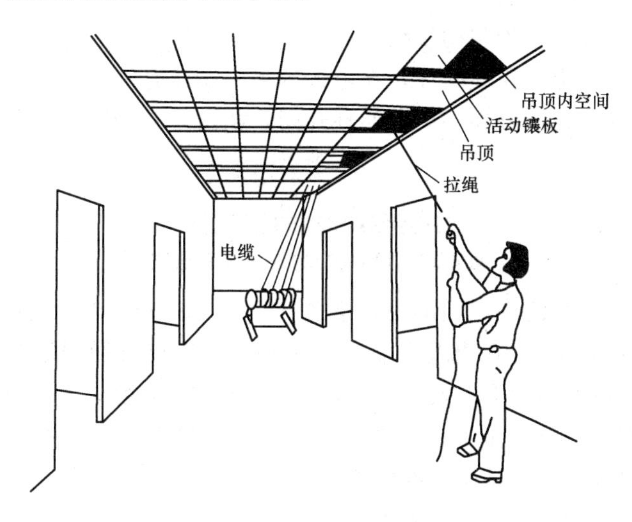

图 6-26　电缆的牵引

1. 牵引 4 对对绞线电缆

标准的 4 对对绞线电缆很轻，通常不要求太多的准备，只要将它们用电工带子与拉绳捆扎在一起就行了。当牵引多条(如 4 条或 5 条)4 对对绞线电缆穿过一条路由时，可使用下列方法。

(1)将多条对绞线电缆聚集成一束，并使它们的末端对齐。

(2)用电工带紧绕在对绞线电缆束外面，在末端外绕长 5～6 cm。

(3)将拉绳穿过电工带缠好的对绞线电缆束，并打好结。

如果在牵引对绞线电缆的过程中连接点散开，则要收回对绞线电缆和拉绳重新制作更牢固的连接。为此，可以采取以下做法。

(1)除去一些绝缘层，暴露出 5 cm 长的裸线。

(2)将裸线分成两条。

(3)将两束导线互相缠绕起来形成一个环。

(4)将拉绳穿过此环并打结，然后将电工带缠到连接点周围，要缠得结实和平滑。

2. 牵引单条 25 对对绞线电缆

牵引单条 25 对对绞线电缆，可使用下列方法。

(1)将对绞线电缆向后弯曲以便形成一个环，环的直径为 15～30 cm，并使对绞线电缆末端与其本身绞紧。

(2)用电工带紧紧地缠在绞好的对绞线电缆上，以加固此环。

(3)把拉绳连接到环上。

(4)用电工带紧紧地将连接点包扎起来。

3. 牵引 25 对或更多对对绞线电缆

牵引 25 对或更多对对绞线电缆可以使用芯套/钩连接，这种连接非常牢固，它能用于牵引几百对对绞线电缆，应按照下列步骤操作。

(1)剥除约 30 cm 的电缆护套，包括导线上的绝缘层。

(2)使用斜口钳将导线切去，留下约 12 根。

(3)将电缆导线分成两个均匀的绞线组。

(4)将两组绞线交叉穿过拉线的环，在电缆的另一端建立一个闭环。

(5)将电缆一端的导线缠绕在一起以使环封闭，如图 6-27 所示。

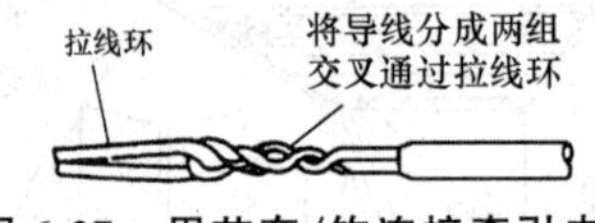

图 6-27　用芯套/钩连接牵引电缆

(6)将电工带紧紧地缠绕在电缆周围，覆盖长度约为 5 cm，然后继续绕上一段。在某些重电缆上装有一个牵引眼，可在电缆上制作一个环，以使拉线能固定在它上面。对于没有牵引眼的重电缆，可以使用一个芯套/钩连接或一个分离的电缆夹。将电缆夹分开并将它缠到拉线上，在分离部分的每一半上有一个牵引眼。当电缆夹已经缠在电缆上时，可同时牵引两个牵引眼，使电缆夹紧紧地保持在电缆线。

4. 电缆牵引时的最大拉力

最大拉力是指电缆可承受的拉力的上限。超出这一极限值会造成电缆外观损伤，从而在综合布线系统终检和认证时会发现痕迹。电缆牵引时的最大拉力如下。

(1)1 根 4 对对绞线电缆为 100 N。

(2)2 根 4 对对绞线电缆为 150 N。

(3)3 根 4 对对绞线电缆为 200 N。

(4)n 根 4 对对绞线电缆为($n\times50+50$)N。

无论多少根对绞线电缆，牵引时的最大拉力不能超过 400 N，牵引速度不宜超过 15 m/min。

现场施工时需要注意以下几点。

(1)电缆路由应比较通畅。

(2)在阻碍电缆的任何位置安装摩擦力适中的电缆导向装置，或安排人员在该位置引导电缆。在外部线路管道安装过程中采用双向联络，以保证牵与馈送电缆的用力协调一致。

(3)在长距离牵引电缆时要配备足够的人力，保证电缆的质量不影响正常的拉力。

(4)当电缆穿过主干管道和电缆槽时，主干管道、电缆槽与电缆接触的表面摩擦会使拉力急剧增加。

从理论上讲，电缆的直径越小，牵引的速度越高。但是，有经验的安装者采取慢速而又平稳的牵引方法，而不是快速地牵引电缆。

5. 电缆布线时的最小弯曲半径

电缆布线时的最小弯曲半径通常又称为布线转弯半径。在多数情况下，不可避免地会有线槽、线管或线轨需要绕行和转角。电缆布线时的最小弯曲半径与电缆牵引时的最大拉力同样重要。

线槽或管道通常已经有许多现成的弯管和各式各样的接头。电缆不能完全按照动力缆线的敷设方法，随便转弯、续接或缠绕打结，其布线时的最小弯曲半径要大于等于自身直径的 20 倍。

6.6 设备间的安装施工

设备间设计实例和施工技术

设备间是连接综合布线系统公共设备的集中区，它通过干线子系统连接至管理子系统。通常，在一个单独的设备间内可以设置一种或多种综合布线系统功能设备。此处仅讨论设备间的配置与布线及配线架、机柜的安装。

6.6.1 设备间的配置与布线

设备间是大楼中数据、语音主干缆线终接的场所，也是来自建筑群的缆线进入建筑物终接的场所，更是各种数据、语音主机设备及保护设施的安装场所，如图 6-28 所示。

由于设备间是安装支持智能建筑或建筑群通信需求主要设备的地点，所以良好的设备间可支持独立建筑或建筑群环境中的所有主要通信设备。设备间可支持专用小交换机、通信网络服务器、计算机、控制器、集线器、路由器和其他支持局域网与广域网连接的设备。另外，设备间还应起外部通信缆线终接点的作用，而就此用途来说，设备间也是放置通信的总接地板的最佳位置。总接地板用于接地导线与接地主干线的连接。设备间在作为建筑通信缆线入口使用的情况下，其布线缆线也可以采用铜缆。

图 6-28　设备间实例

设备间内的布线可以采用地板或墙面内沟槽敷设、预埋管槽敷设、机架布线敷设和活动地板下敷设等方式。图 6-29 所示为机架布线敷设示例。在设备间内如设有多条平行桥架和线槽时，相邻桥架和线槽之间应有一定间距，平行的线槽或桥架的安装水平度偏差应不超过 2 mm。机柜、机架、设备和缆线屏蔽层及钢管和线槽应就近接地，保持良好的连接。当利用桥架和线槽构成接地回路时，桥架和线槽应有可靠的接地装置。另外，所有桥架和线槽的表面涂料层应完整无损，如需补涂油漆，则其颜色应与原漆色基本一致。

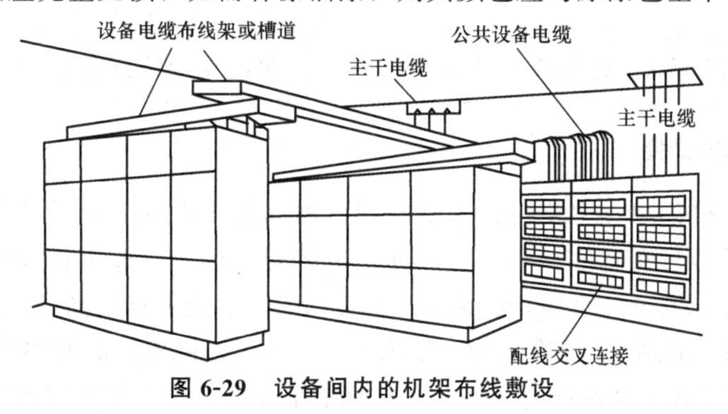

图 6-29　设备间内的机架布线敷设

若采用活动地板下敷设方式，活动地板可在建筑建成后装设。通常，活动地板的高度为 30～50 cm，简易活动地板的高度为 6～20 cm。

6.6.2 配线架的安装

通常，可将配线架分为 MDF 和 IDF，其作用是便于管理人员进行网络管理维护，安装方法大同小异。在此介绍 110 型配线架的安装方法。

大多数对绞线电缆的安装都使用配线板，因此，用到 110 型配线架。110 型配线架既可以用于墙装机柜，也可以用于立式机柜。110 型配线架的底端配合 110 型连接块，可将缆线嵌入打线，此后用 110 型跳线跳接。用于墙装机柜的 110 型配线架提供有腿和无腿的 50 对和 100 对形式可供选择；连接块有 3 对、4 对和 5 对形式可供选择；110 型跳线有 2 对、3 对和 4 对形式可供选择。

110 型配线架的一面是 RJ-45 接口，并标有编号；另一面是跳线接口，也标有编号，这些编号和 RJ-45 接口的编号逐一对应。每一组跳线都标识有棕、蓝、橙和绿的颜色，对绞线电缆的色线要与这些跳线标识的颜色逐一对应，以免接错。

首先用网线钳把对绞线电缆的一头剥去 2～3 cm 的绝缘层，分开 4 组线；再将棕色的线放在 1 号口的棕色跳线槽中，用手将其向下按一下，按照颜色标识依次放好其他线。然后，用打线工具将有刃口的一面朝外放在棕色线上，用力垂直向下按，听到“咔嗒”一声，就表明线已打好。将白棕线放在白棕跳线槽中，用打线工具将其打好。依次打剩下的其他 6 条线。最后用手将线头摘下，这时会发现打线工具的刃口已经将线头切断了，看上去很美观。

在一般情况下，配线架集中安装在交换机、路由器等设备的上方或下方，而不应与之交叉放置，否则缆线可能变得十分混乱。

综上所述，安装配线架及终接时应注意以下几点。

(1)配线架挂墙安装时，下端应高于 30 cm，上端应低于 2 m，且应保证垂直，垂直偏差度不得大于 3 mm。

(2)分配线间配线架采用壁挂式机柜包装，机柜垂直倾斜误差不应大于 3 mm，底座水平误差每平方米不应大于 2 mm。

(3)系统终接前应确认电缆和光缆敷设已经完成，电信间土建及装修工程竣工完成，具备洁净的环境和良好的照明条件，配线架已安装好，核对电缆编号无误。

(4)剥除电缆护套时应采用专用电缆开线器，不得刮伤绝缘层，电缆中间不得发生断接现象。

(5)终接前需准备好配线架终接表，电缆终接依照配线架终接表进行。

6.6.3 机柜的安装

机柜的结构比较简单，主要包括基本框架、内部支撑系统、布线系统和通风系统。一般的标准机柜，其外形有宽度、高度和深度三个常规指标。一般工控设备、交换机和路由器等设计宽度为 48.26 cm(19 in)或 58.42 cm(23 in)，对应的机柜高度一般为 0.7～2.4 m。常见的成品 48.26 cm(19 in)标准机柜高度为 1.2～22 m，机柜的深度约为 50 cm、60 cm 或 80 cm。通常，因安装的设备不同，另有一些机柜是半高、桌上型或墙体式的。

在机柜中，通常一台 48.26 cm(19 in)标准面板设备所需安装高度可用一个特殊单位“U”来表示，大约为 4.445 cm，因此使用标准机柜的设备面板一般都是按 U 的整数倍规格制造的。对于一些非标准设备，大多可以通过附加适配挡板装入 48.26 cm(19 in)机箱并固定。一般来说，机柜内上方安装配线架，下方放置网络交换机或集线器。标准机柜连接分布示例如图 6-30 所示。

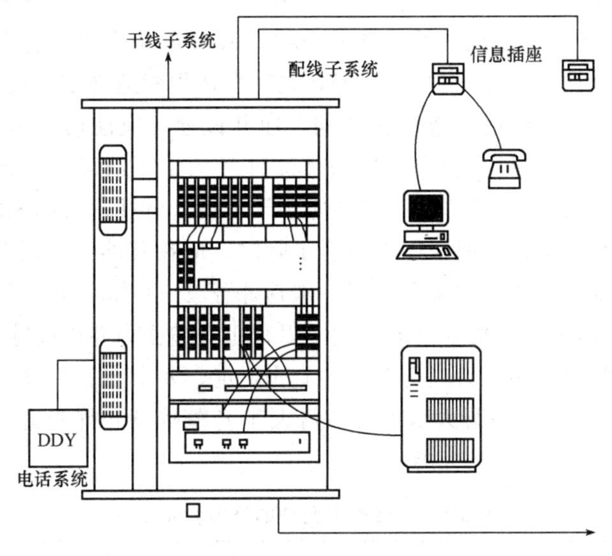

图 6-30 标准机柜连接分布示例

在机柜安装过程中应注意以下几个细节。

(1)机柜安装位置应符合设计要求，机架或机柜前面的净空不应小于 80 cm，后面的净空不应小于 60 cm。壁挂式配线设备底部距离地面的高度不宜小于 30 cm。

(2)底座安装应牢固，应按设计图样的防振要求进行施工。机柜应垂直放置，柜面保持水平。

(3)机台表面应完整、无损伤、螺钉紧固，每平方米表面凹凸度应小于 1 mm；柜内接插件和设备接触可靠，接线应符合设计要求，接线端子的各种标志应齐全，且保持良好。

(4)机柜内配线设备、接地体、保护接地、导线截面和颜色应符合设计要求；机柜应设接地端子，并能良好地接入建筑物接地端。

(5)电缆通常从下端进入(有些设备间也可从上端进入)，并注意穿入后的捆扎，宜将标签进行保护性包扎。电缆宜从机柜两边上升接入设备，当电缆较多时应借助理线架、理线槽等厘清电缆并将标签整理后朝外放置，根据电缆功能分类后进行轻度捆扎。

6.7 光缆工程施工技术

《综合布线系统工程设计规范》(GB 50311—2016)将光纤到用户单元通信设施专列为独立部分进行了规范，由于光纤、光缆的特殊性，其布线技术从理论到实践都与电缆布线技术有着本质的区别。

6.7.1 光缆敷设的基本要求

光缆敷设是一种技术要求高、专业性强的工作。光缆敷设要求按光缆敷设的场地可分为室外光缆敷设要求和室内光缆敷设要求两大类。

1. 室外光缆敷设要求

室外光缆敷设主要用于建筑群子系统的布线，有管道光缆敷设、直埋光缆敷设和架空光缆敷设三种方式，但在实施建筑群子系统布线时多选用管道光缆敷设方式。

(1)试通。敷设光缆前应逐段将管孔清刷干净并试通。应使用专用清刷工具进行清扫，用试通棒进行试通检查。塑料子管内径应为光缆外径的 1.5 倍以上，当在一个水泥管孔中布放两根以上的塑料子管时，其等效总外径应小于水泥管管孔内径的 85%。

(2)布放塑料子管。当穿放两根以上塑料子管时，应在其端头分别做好标记。

(3)光缆牵引长度。光缆一次牵引长度一般应小于 1 000 m。超过该长度时，应采取分段牵引或在中间位置增加辅助机牵引的方式，以减小光缆张力并提高施工效率。

(4)光缆敷设的张力和侧压力应符合表 6-1 的规定。要求布放光缆的牵引力应不超过光缆敷设允许张力的 80%，瞬时最大牵引力不得大于光缆敷设允许张力。主要牵引力应当加在光缆的加强构件上，光纤不能直接承受拉力。

表 6-1　光缆敷设允许的张力和侧压力

光缆敷设方式	充许张力/N		充许侧压力/[N·100 m^{-1}]	
	长期	短期	长期	短期
管道光缆	600	<1 500	300	1 000

(5)预留余量。光缆敷设后，应逐个在人孔或手孔中将光缆放置在规定的托板上，并留有适当余量，以防止光缆过于紧绷。

(6)接头处理。光缆在管道中间的管孔内不得有接头。当光缆在人孔中没有接头时，要求将其弯曲放置在光缆托板上固定绑扎，不得在人孔中间直接通过，否则既影响施工和维护，又容易导致光缆损坏。当光缆有接头时，应采用蛇皮软管或软塑料管等管材进行保护，并放在托板上予以固定绑扎。

(7)封堵与标识。光缆穿放的管孔出口端应封堵严密，以防止鼠类、水分或杂物进入管内。光缆及其接续均应有识别标志，并注明编号、光缆型号和规格等。

2. 室内光缆敷设要求

室内光缆主要用于干线子系统的敷设。水平干线子系统光缆的敷设与双绞线电缆类似，只是光缆的抗拉性能较差，在牵引时需要格外小心，弯曲半径也更大。垂直干线子系统光缆用于连接设备间至各个楼层配线间，一般应安装在电缆竖井中。为了防止下垂或滑落，在每个楼层的槽道上、下端和中间，必须将光缆牢牢地固定住。在通常情况下，可采用尼龙扎带或钢制卡子进行有效的固定，最后还应用油麻封堵材料将建筑物内各个楼层光缆穿过的所有槽洞、管孔的空隙部分堵塞密封，并应采取加堵防火材料等防火措施。

6.7.2 光缆敷设技术

1. 建筑群干线管道光缆的敷设

管道光缆敷设方式就是在管道中敷设光缆，即在建筑物之间或建筑物内预先敷设一定数量的管道，然后用牵引等方法布放光缆。

(1)作业前的准备工作。首先，准备组织技术资料；其次，清理管道和人孔；再次，预放塑料子管；最后，制作光缆牵引头。

制作光缆牵引头是一道非常重要的工序，将直接影响施工的效率和光缆的安全性。对光缆牵引头的基本要求如下：牵引张力应主要加在光缆的加强件芯上(75%～80%)，其余张力加在外保护层上(20%～25%)；缆内光纤不应承受张力；牵引头应具有一般的防水性能，避免光缆端头浸水；牵引头体积(特别是直径)要小。图 6-31 所示是较具代表性的四种不同结构牵引头的制作方法。

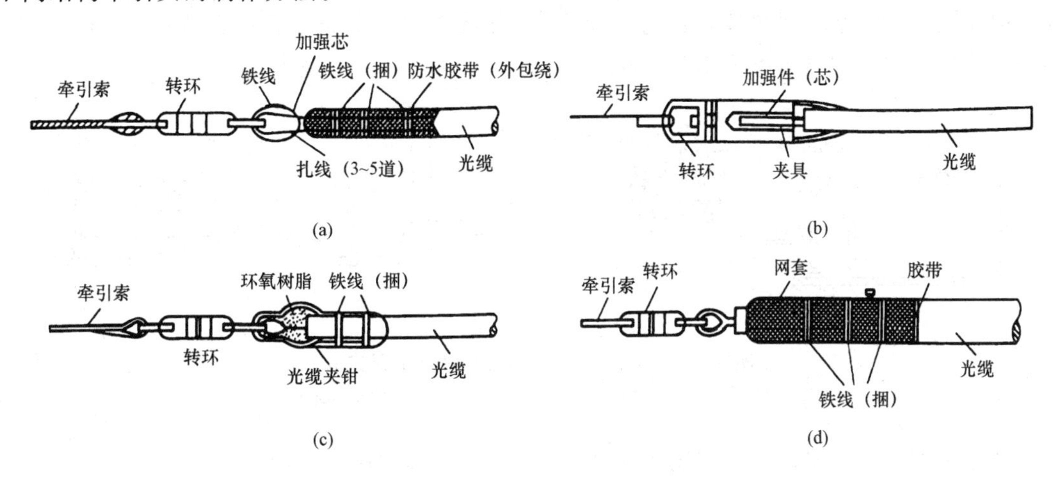

图 6-31　光缆牵引头制作示意

(a)简易牵引头；(b)夹具式牵引头；(c)预置式牵引头；(d)网套式牵引头

另外，吊挂光缆的支点间距不应大于 1.5 m。当同时牵引几根光缆时，每根光缆承受的最大安装张力应降低 20%，牵引速度宜为 10～15 m/min，牵引长度一般不要超过 2 000 m。

(2)管道光缆的布放操作。具体步骤如下。

①预放钢丝绳。通常，管道或子管已有牵引索，一般使用钢丝绳或尼龙绳。机械牵引敷设时，应先在光缆盘处将钢丝绳与管孔内预放的牵引索连接好，另一端将钢丝绳牵引至牵引机位置。

②安装光缆牵引设备。光缆牵引设备的安装需视安装现场的具体情况而定，通常有以下几种情况。

a. 光缆盘放置及光缆引入口处的安装。由光缆拖车或千斤顶支撑于管道入孔一侧，光缆盘一般距离地面 5～10 cm。为了光缆安全起见，在其入口处可采用输送管。图 6-32(a)所示为将光缆盘放置在光缆引入口处近似直线的位置，也可以按图 6-32(b)所示的位置放置。

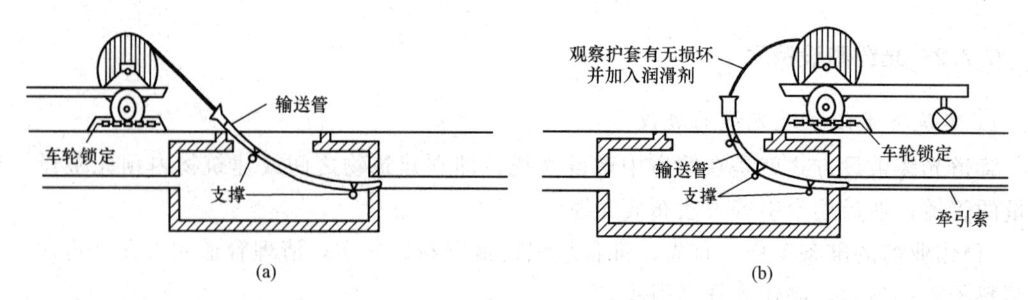

图 6-32　光缆引入口处的安装

(a)将光缆盘放置在光缆引入口处近似直线的位置；(b)将光缆盘放置在光缆引入口处弯弧位置

b. 光缆引出口处的安装。光缆引出口的安装有导引器和滑轮两种方式。采用导引器方式是把导引器和导轮按图 6-33(a)所示的方法安装，应使光缆引出时尽量呈直线，可以把牵引机放在合适的位置。若人孔出口窄小或牵引机无合适位置，则为了避免光缆侧压力过大或摩擦光缆，应将牵引机放置在前边一个人孔(光缆牵引完后再抽回引出人孔)，但应在前一个人孔另安装一副导引器或滑轮，如图 6-33(b)所示。

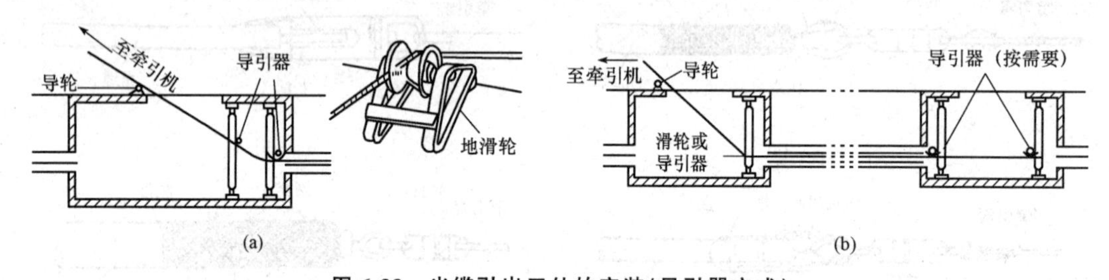

图 6-33　光缆引出口处的安装(导引器方式)

(a)光缆导引器和导轮的安装；(b)在前一个人孔安装一副导引器

若采用滑轮方式安装，基本上与布放普通电缆的方式相同，如图 6-34 所示。

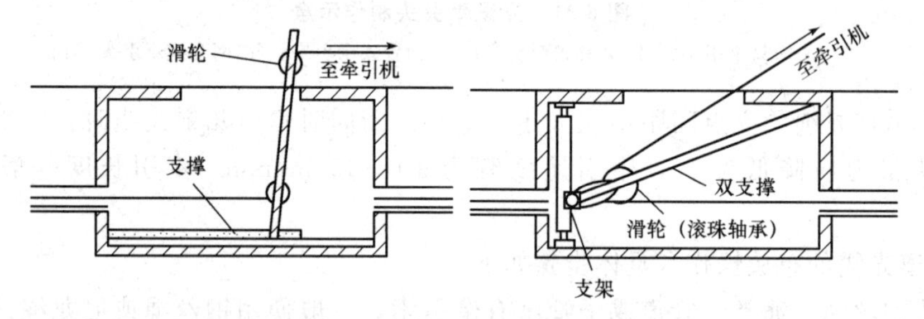

图 6-34　光缆引出口处的安装(滑轮方式)

(3)光缆的牵引。光缆的牵引按照以下步骤进行。

①遵照图 6-31 所示的方法制作合格的牵引头并接至钢丝绳。

②按牵引张力、速度要求开启终端牵引机。

③将光缆引至辅助牵引机位置后，将其按规定安装好，并使辅助机与终端机以同样的速度运转。

④将光缆牵引至接头人孔时，应留足接续及测试用的长度。

光缆盘处要保持松弛的弧度，并留有缓冲的余量，余量不宜过多，以避免光缆出现背扣。为了防止在牵引过程中发生扭转而损伤光缆，在光缆的牵引端头与牵引索之间应加装转环。超长距离布放时，应将光缆盘呈倒 8 字形分段牵引或在中间适当地点增加辅助机，以减小光缆拉力。

(4)人孔内光缆的安装。光缆牵引完毕后，由人工将每个人孔中的余缆用蛇皮软管包裹后沿人孔壁放至规定的托架上，并用绑扎线绑扎后使之固定。人孔内光缆的固定和保护方法如图 6-35 所示。

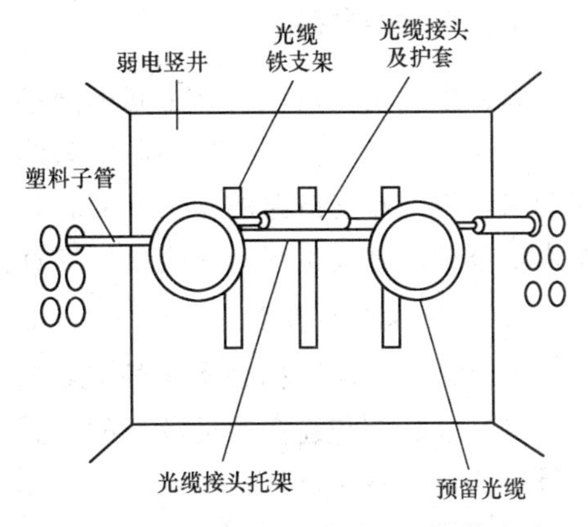

图 6-35　人孔内光缆的固定和保护方法

2. 建筑物内垂直干线光缆的敷设

垂直干线光缆一般敷设在建筑物内专用的弱电竖井内，其敷设方式有向上牵引和向下垂放两种，通常向下垂放比向上牵引容易。

向下垂放敷设垂直干线光缆的施工步骤如下。

(1)在离建筑物顶层设备间的槽孔 1～1.5 m 处安放光缆卷轴，使卷筒在转动时能控制光缆。将光缆卷轴安置于平台上，以便保持在所有时间内光缆与卷筒轴心都是垂直的，放置卷轴时要使光缆的末端在其顶部，然后从卷轴顶部牵引光缆。

(2)转动光缆卷轴，并将光缆从其顶部牵出。牵引光缆时，要符合最小弯曲半径和最大张力的规定。

(3)引导光缆进入敷设好的电缆桥架。

(4)慢慢地从光缆卷轴上牵引光缆，直到下一层的施工人员可以接到光缆并入下一层。

在每层楼均重复以上步骤，当光缆达到底层时，要使光缆松弛地盘在地上。

3. 光缆敷设的注意事项

(1)垂直敷设光缆时，应特别注意光缆的承重问题。为了减小光缆的负荷，一般每隔两层要将光缆固定一次。由光缆的顶部开始，在指定的间隔(如 5～8 m)安装扎带，将干线光缆扣牢在电缆桥架上。

(2)布放光缆时应留有冗余。光缆在设备端的接续预留长度一般为 5～10 m；自然弯曲增加长度为 5 m/km；在弱电竖井中的光缆需要接续时，其预留长度一般应为 0.5～1.0 m。

(3)光缆在弱电竖井中间的管孔内不得有接头。光缆接头应放在弱电竖井正上方的光缆接头托架上，光缆接头预留余线应盘成 O 形圈紧贴人孔壁，用扎线捆扎在人孔铁架上固定，O 形圈的弯曲半径不得小于光缆直径的 20 倍，如图 6-36 所示。

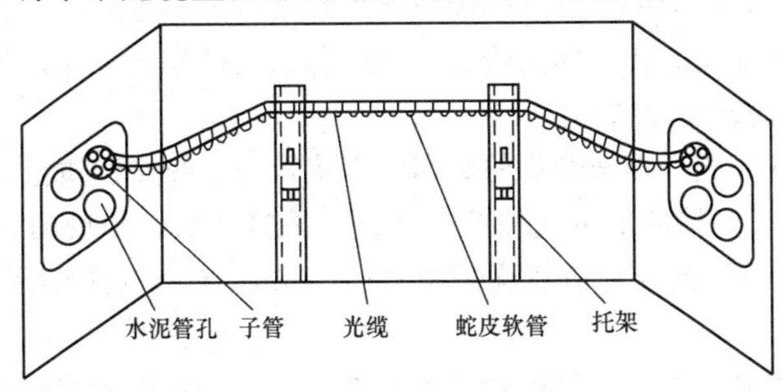

图 6-36　弱电竖井中光缆的接续安装

(4)在建筑物内同一路径上有其他缆线时，光缆与它们平行或交叉敷设应有一定间距，要分开敷设和固定，光缆之间的最小净距应符合设计规定。

6.7.3 光纤接续

光纤接续是指两段光纤之间的连接。在光纤传输系统工程中，当链路距离大于光缆长度、大芯数光缆分支为数根小芯数光缆时，都需要采用低损耗的方法将光纤或光缆相互连接起来，以实现光链路的延长或大芯数光缆的分支应用。光纤接续是光缆敷设中精度最高、技术最复杂的重要工序，其质量好坏直接影响光纤线路的传输质量和可靠性。

1. 光纤接续的类型

(1)熔接方式(又称为永久性光纤连接)。光纤熔接是目前采用较多的一种光纤连接方式，也是成功率和连接质量最高的一种方式。光纤熔接类似尾纤的端接，其主要特点是具有最小的连接衰减(典型值为 0.01～0.03 dB/点)，但需要由专业人员使用专用设备(熔接机)进行操作。

(2)冷接或现场磨接光纤连接器方式(又称为应急性光纤连接)。光纤冷接(也称为机械连接)主要是利用机械固定和化学黏合的方法，将两根光纤固定并黏接在一起，其主要特点是连接快速、成本低等，连接典型衰减为 0.1～0.3 dB/点。光纤冷接只能作为短时间内应急之用。

(3)活动连接方式。活动连接是利用各种光纤连接器件(插头和插座)将光端点与光端点或站点与光缆连接起来的一种方式。这种光纤连续方式灵活、简单、方便和可靠，多用在建筑物内的计算机网络布线中。光纤连接损耗值应符合表 6-2 的规定。

表 6-2 光纤连接损耗值 dB/点

连接类别	多模		单模	
	平均值	最大值	平均值	最大值
熔接	0.15	0.3	0.15	0.3
机械连接	—	0.3	—	0.3

2. 光纤熔接的过程和步骤

(1)开剥光缆，并将光缆固定到盘纤架上。首先使用开缆刀将光缆的黑色外表层去掉(大约去掉 1 m 长)，将光缆固定到盘纤架上或光纤收容箱(图 6-37)内。

(2)清洁光纤。比较普遍的方法是用纸巾蘸取酒精，擦拭清洁每一根光纤。

(3)分纤并穿过热缩管。将不同束管、不同颜色的光纤分开，穿过热缩管。待熔接完成后，可用热缩管保护光纤熔接头。

(4)制备光纤端面。光纤端面制作的好坏将直接影响光纤接续质量，用专用的剥线工具剥去涂覆层，再用蘸了酒精的纸巾或棉花在裸纤上擦拭几次，使用精密光纤切割刀切割光纤。对 0.25 mm(外涂层)光纤，切割长度为 8～16 mm；对 0.9 mm(外涂层)光纤，切割长度只能是 16 mm。

(5)放置光纤。将光纤放在光纤熔接机的 V 形槽中，小心压上光纤压板和光纤夹具，要根据光纤切割长度设置光纤在压板中的位置，并正确放入防风罩，如图 6-38 所示。

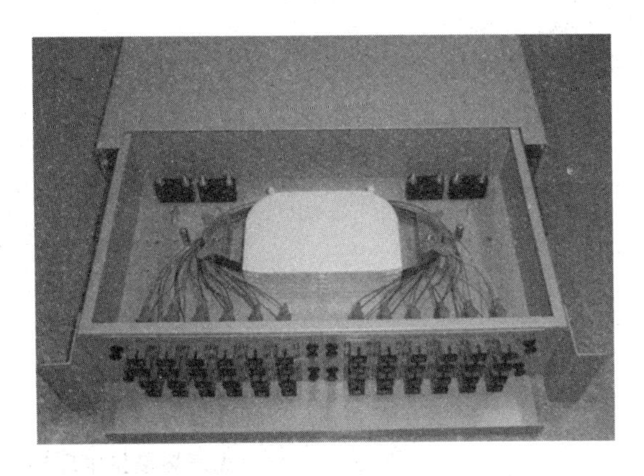

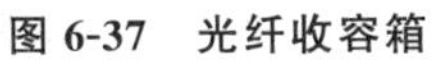

图 6-37　光纤收容箱

图 6-38　放置光纤

(6)熔接光纤。将纤芯固定，按 SET 键开始熔接，如图 6-39 所示。可以从光纤熔接机的显示屏中看到两端纤芯的对接情况。

(7)给光纤加装热缩管。熔接完的光纤纤芯还露在外面，很容易被折断，使用刚刚套上的光纤热缩管进行固定，并在加热器中加热 10 s 左右，如图 6-40 所示。至此完成一根纤芯的熔接工作。

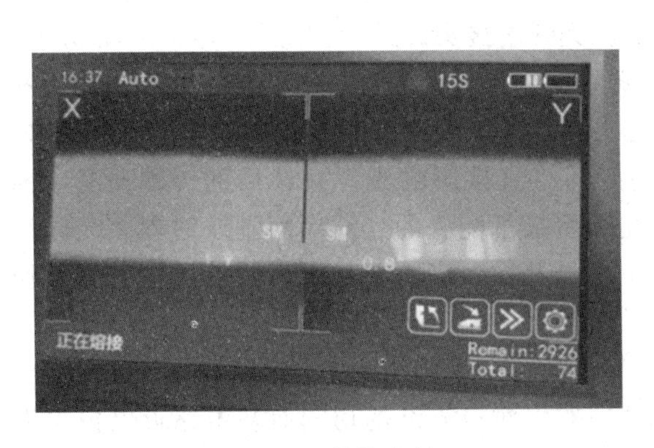

图 6-39　熔接光纤

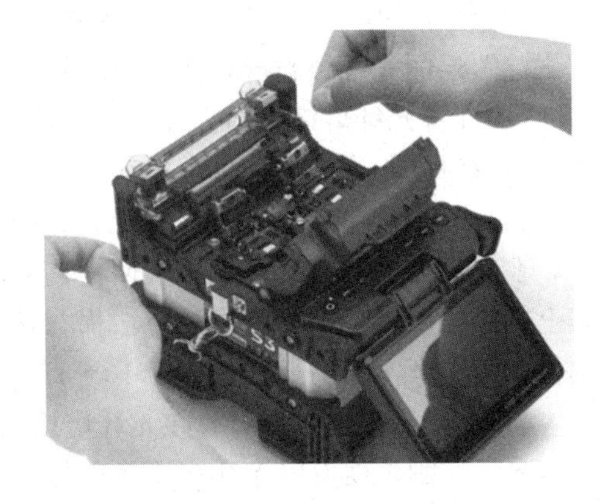

图 6-40　加热光纤热缩管

(8)盘纤并固定。将接续好的光纤盘到光纤收容盘上，固定好光纤、光纤收容盘和光耦合器等，完成光纤熔接工作。

6.7.4　光纤熔接及测试实训

1. 实训目的

(1)熟悉和掌握光缆的种类和区别。

(2)熟悉和掌握光缆工具的使用方法与技巧。

(3)熟悉和掌握光纤跳线的种类。

(4)熟悉光缆耦合器的种类和安装方法。

(5)熟悉和掌握光纤熔接方法与注意事项。

光纤熔接步骤

2. 实训要求和课时

(1)完成光缆两端剥线的。不允许损伤光缆光芯，而且长度合适。

(2)完成光缆熔接实训。要求光纤熔接方法正确，并且光纤熔接成功。

(3)完成光纤在光纤收容盘上的固定。

(4)完成光耦合器的安装。

(5)完成光纤收发器与光纤跳线的连接。

(6)以4课时完成。

3. 实训材料和工具

(1)光纤熔接机。

(2)光纤工具箱。

光纤熔接技术理论

4. 实训步骤

(1)开剥光缆，并将光缆固定到光纤收容箱内。在开剥光缆之前应去除施工时受损变形的部分，使用专用开剥工具将光缆外护套开剥1 m左右。如遇铠装光缆，则用老虎钳将铠装光缆护套中的护缆钢丝夹住，利用钢丝缆线外护套开剥，并将光缆固定到光纤收容箱内，用卫生纸蘸取酒精将光纤擦拭干净后，穿入光纤收容箱。固定钢丝时一定要压紧，不能有松动，否则有可能造成光缆打滚而折断纤芯。

(2)分纤。将光纤分别穿过热缩管。将不同束管、不同颜色的光纤分开，穿过热缩管。剥去涂覆层的光纤很脆弱，使用热缩管可以保护光纤熔接头。

(3)准备光纤熔接机。打开光纤熔接机电源，采用预置的程序进行熔接，并在使用中和使用后及时去除光纤熔接机中的灰尘，特别是夹具、各镜面和V形槽内的粉尘和光纤碎末。

(4)制作对接光纤端面。光纤端面制作的好坏将直接影响光纤接续后的传输质量，因为，在熔接前一定要做好光纤端面。首先用光纤熔接机配置的光纤专用剥线钳剥去光纤纤芯上的涂覆层，再用蘸酒精的清洁棉在裸纤上擦拭几次，用力要适度，然后用精密光纤切割刀切割光纤，切割长度一般为10～15 mm。

(5)放置光纤。将光纤放在光纤熔接机的V形槽中，小心压上光纤压板和光纤夹具，要根据光纤切割长度设置光纤在压板中的位置，一般将对接光纤的切割面基本靠近电极尖端位置。关上防风罩，按SET键即可自动完成光纤熔接。

(6)移出光纤，用加热炉加热热缩管。打开防风罩，从光纤熔接机上取出光纤，将热缩管放在裸纤中间，再放到加热炉中加热。加热时可使用20 mm微型热缩管和40 mm及60 mm一般热缩管，20 mm微型热缩管需加热40 s，60 mm热缩管需加热85 s。

(7)盘纤固定。将接续好的光纤盘到光纤收容盘内，在盘纤时，盘圈的半径越大，弧度越大，整个线路的损耗越小。因此，要保持一定的盘圈半径。

5. 实训报告

按实训报告模板要求，独立完成实训报告。实训报告模板参见附录3。

6.8 综合布线系统的标识与管理

6.8.1 管理子系统的缆线终接

在综合布线系统中，网络应用的变化会导致连接点经常移动、增加或减少。建立管理系统的工作贯穿综合布线系统的建设、使用及维护过程。有效的标识与管理对于综合布线系统具有重要的意义。

1. 管理子系统缆线的终接方式

为了适应对用户移动、增加和变化的管理要求，电信间、设备间中的设备均应采用一定的方式进行连接。常用的连接方式有直接连接、交叉连接、重复连接及混合使用等(与电话电缆的配线方式类似)。图 6-41 所示为直接连接和交叉连接示意。

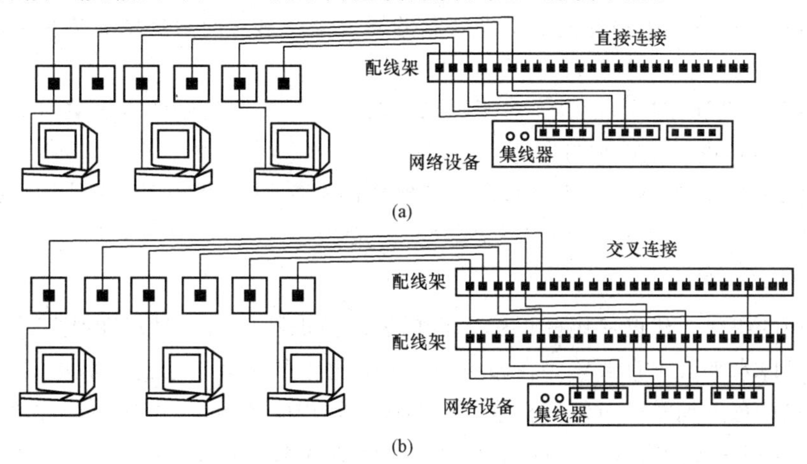

图 6-41　直接连接和交叉连接示意

(a)直接连接；(b)交叉连接

在实际工程中，管理子系统缆线的终接用得最多的是交叉连接方式，具体又细分为单点管理单交连、单点管理双交连和双点管理双交连三种方式。

2. 管理子系统缆线终接的注意事项

当配线和干线进入管理区之后，要在各种配线架(柜)和相应的管理设备上进行终接，配线架(柜)之间通常采用跳接线进行管理。因此，选择合适的配线管理设备，并将其进行良好的连接非常重要。

6.8.2 标识标签的应用

1. 缆线标识的标签类型

对于布线的标记系统来说，标签的材质是关键。ANSI/TIA/EIA 606 标准推荐使用以下两种类型的标签。

一类是专用缆线标签，可直接粘贴缠绕在缆线上。这类标签通常以耐用的化学材料作为基层。一般推荐的专用缆线标签由两部分组成，上半部分是白色的打印涂层，下半部分是透明保护膜。使用时，可以用透明保护膜覆盖打印的区域，起到保护作用。

另一类是套管类标识，如普通套管和热缩管。套管类标识只能在综合布线工程完成之前使用，因为需要从缆线的一端套入并调整到适当位置。对于热缩管，还要使用加热枪使其收缩固定。套管类标识的优势在于紧贴缆线，可以提供最大的绝缘性和永久性，非常适合某些特殊环境的需要，如电力、核工业等行业。

2. 标签的制作

所有需要标识的设施都要有标签。建议按照“永久标识”的概念选择材料，标签的寿命应符合综合布线系统的设计寿命。选择合适的标签后，须考虑如何制作标签。标签的制作有以下几种方式。

(1)使用预先印制的标签。预先印制的标签有文字和符号两种。常见的印有文字的标签包括“DATA(数据)”“VOICE(语音)”和“LAN(局域网)”，其他预先印制的标签包括电话或计算机的符号。

(2)使用手写标签。手写标签要借助特制的标记笔，书写内容灵活、方便，但要特别注意字体工整与清晰。

(3)借助软件设计和打印标签。对于需求量较大的标签，最好的方法莫过于使用软件程序(如 Label Mark)进行设计和打印。

(4)使用手持式标签打印机现场打印。若制作的标签数量较少，可以使用手持式标签打印机现场打印。

3. 标识牌的应用

对于成捆的缆线，建议使用标识牌进行标识。标识牌可以通过尼龙扎带或毛毡带与缆线捆固定，可以水平或垂直放置。在布放缆线时，通常从中间向信息点和配线间两头放线，这时需要对照信息点编号表对每一根缆线的两头做好相应的标记(可先用油性笔在线头上做暂时标记)，并在后续的理线、打线过程中对标记的位置进行适当的调整，得出最终的标记。配线架、机柜、交换机等可在安装好之后对其进行相应的标记。

6.8.3 综合布线系统标识示例

综合布线系统标识与其工程规模及应用特点具有一定的相关性，可以根据综合布线系统的具体构成要求进行标识。综合布线系统标识可以采用辅助中文说明。综合布线系统标识示例(仅表示地址标识)如图 6-42 所示。

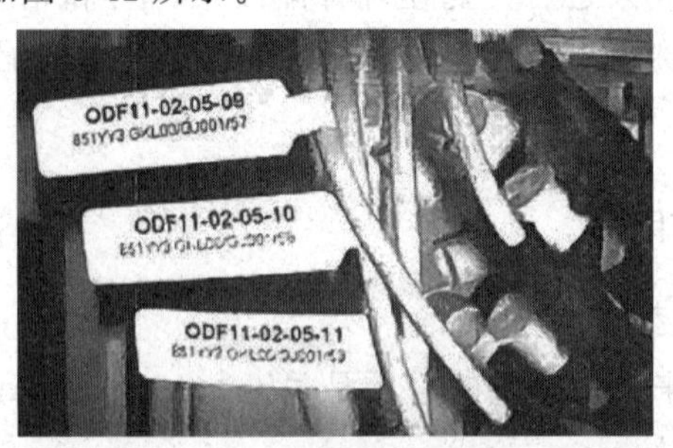

图 6-42　综合布线系统标识示例

6.9 综合布线系统施工实训

6.9.1 PVC 管的安装实训

综合布线国家标准之安装工艺要求

1. 实训目的

(1)掌握 PVC 管的安装和穿线等，熟练掌握水平干线子系统的施工方法。

(2)通过使用弯管器制作弯头，熟练掌握弯管器的使用方法和布线曲率半径的要求。

PVC 管的安装

2. 实训要求与课时

(1)通过安装 PVC 管和穿线等操作，熟练掌握 PVC 管的施工方法。

(2)通过使用弯管器制作弯头，熟练掌握弯管器的使用方法和布线曲率半径的要求。

(3)质量要求：PVC 管安装位置正确，横平竖直，弯曲半径符合要求，接缝小于 1 mm，布线正确，预留长度合理。

(4)4 人一组，以 2 课时完成。

3. 实训设备、材料和工具

(1)网络综合布线工具箱 1 套，包括弯管器、电动起子、穿线器、十字头螺钉旋具、M6X16 十字头螺钉。

(2)网络综合布线实训装置。

(2)Φ20 PVC 塑料管、管接头、管卡若干。

(3)编号标签。

4. 实训步骤

第一步：分组，以 4～5 人为一组进行分工操作。

第二步：准备材料和工具。

第三步：安装管卡。如图 6-43 所示，在需要安装管卡的位置用 M6X16 螺钉固定管卡，螺钉头应该沉入管卡。在实际工程中一般每隔 1 m 安装 1 个管卡。

第四步：安装 PVC 管。两根 PVC 管连接处使用管接头，拐弯处必须使用弯管器制作大拐弯的弯头连接，将 PVC 管安装到管卡内。

(1)准备冷弯管，确定弯曲位置和半径，做出弯曲标记。

(2)将弯管器插入需要弯曲的位置。如果弯曲较长，则在弯管器上绑一根绳子，放到要弯曲的位置。

(3)弯管。两手抓紧放入弯管器的位置，用力弯 PVC 管或使用膝盖顶住被弯曲部位，逐渐撼出所需要的弯度(图 6-44)。

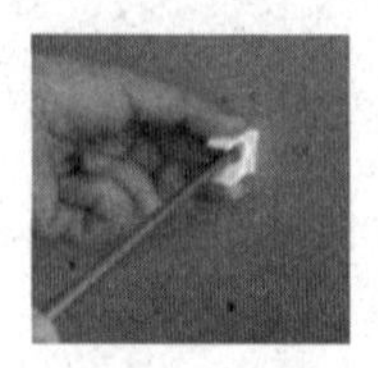

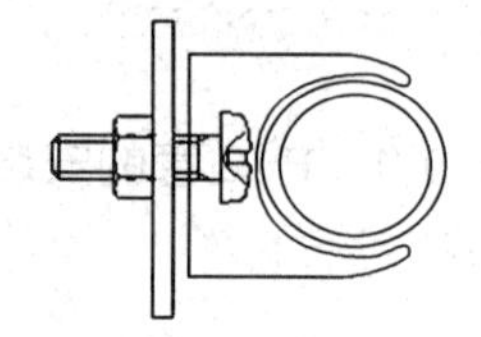

图 6-43　安装管卡

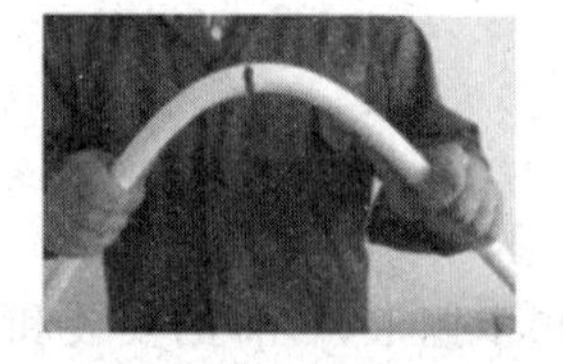

图 6-44　弯管

(4)取出弯管器，安装弯管。

注意：不能用力过猛，以免 PVC 管发生撕裂损坏。

第五步：布线。一般明装布线时，边布管边穿线；暗装布线时，需要先把全部 PVC 管和管接头安装到位，并且固定好，然后从一端向另一端穿线。

5. 实训报告

(1)总结使用弯管器制作弯头的方法和经验。

(2)按实训报告模板要求，独立完成实训报告。实训报告模板参见附录 3。

6.9.2　PVC 线槽的安装实训

1. 实训目的

(1)掌握 PVC 线槽的安装和穿线等，熟练掌握水平干线子系统的施工方法。

(2)通过制作弯头，熟练掌握制作各种 PVC 线槽弯头的方法和要求。

2. 实训要求与课时

PVC 线槽的安装

(1)通过安装 PVC 线槽和布线等操作，熟练掌握水平干线子系统 PVC 线槽的施工方法。

(2)掌握 PVC 线槽、盖板、阴角、阳角、三通的安装方法和技巧。

(3)通过制作弯头，熟练掌握制作各种 PVC 线槽弯头的安装方法和要求。

(4)4 人一组，以 2 课时完成。

3. 实训设备、材料和工具

(1)网络综合布线工具箱 1 套，包括钢锯、线槽剪、登高梯子、编号标签。

(2)网络综合布线实训装置。

(3)宽度为 20 mm 或 40 mm 的 PVC 线槽、盖板、阴角、阳角、三通若干。

4. 实训步骤

第一步：分组，以 4～5 人为一组进行分工操作。

第二步：准备材料和工具。

第三步：根据实训要求和路由，先测量好 PVC 线槽的长度，再使用电钻在 PVC 线槽上开 8 mm 孔，孔位置必须与实训装置安装孔对应，每段 PVC 线槽至少开两个 8 mm 孔。

(1)制作弯曲角。使用直角尺和记号笔在 PVC 线槽上需要转弯的地方画出 45°线，绘制一个直角等腰三角形。

(2)裁剪 PVC 线槽。使用剪刀沿等腰三角形裁剪 PVC 线槽。

(3)弯折。剪裁 PVC 线槽完成后弯折 PVC 线槽，即形成了弯曲角。

(4)制作十字分支。制作十字分支前，使用记号笔在 PVC 线槽开口位置进行标记。

(5)剪裁。使用剪刀剪开开口位置。

(6)安装 PVC 线槽：PVC 线槽裁剪完成后，将分路 PVC 线槽插入开口位置。

(7)安装三通盖板。连接完成后使用三通盖板进行覆盖(图 6-45)。

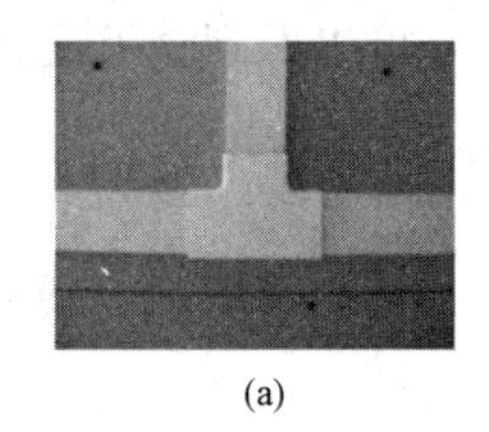
(a)

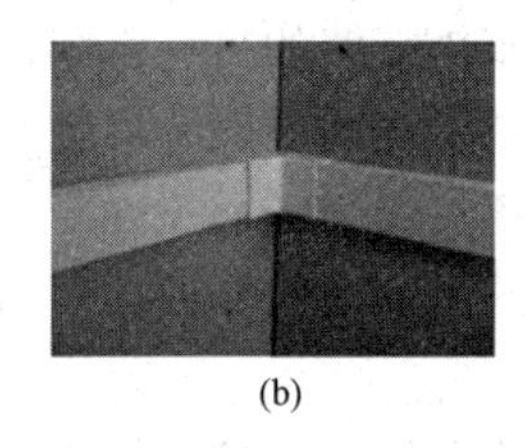
(b)

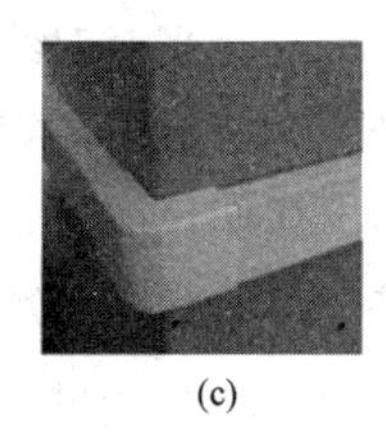
(c)

图 6-45 PVC 线槽连接与覆盖

(a)使用三通连接；(b)使用阴角连接；(c)使用阳角连接

第四步：用 M6×16 螺钉把线槽固定在实训装置上。

第五步：在 PVC 线槽布线，边布线边装盖板，必须做好线标。

5. 实训报告

(1)总结安装弯头、阴角、阳角、三通等 PVC 线槽配件的方法和经验。

(2)按实训报告模板要求，独立完成实训报告。实训报告模板参见附录 3。

6.9.3 牵引布线、信息插座模块端接、面板安装实训

1. 实训目的

(1)掌握牵引线圈的使用并进行缆线的铺设。

(2)掌握信息插座模块端接方法。

(3)掌握面板安装方法。

信息插座模块的端接

2. 实训要求与课时

(1)通过信息插座模块的端接方法，训练和掌握规范施工的能力和方法。

(2)掌握面板的安装方法。

(3)2 人一组，以 2 课时完成。

3. 实训设备、材料和工具

(1)RJ-45 网络模块和 RJ-11 电话模块若干。

(2)信息面板若干。

(3)网络双绞线电缆若干。

(4)十字头螺钉旋具，每组 1 把。

(5)单口打线钳，用于压接 RJ-45 网络模块和 RJ-11 电话模块，每组 1 把。

4. 实训步骤

第一步：分组，以 4～5 人为一组进行分工操作。

第二步：按照图纸要求列出材料和工具清单，准备实训材料和工具。

第三步：安装底盒。首先，检查底盒的外观是否合格，特别检查底盒上的螺钉孔是否正常，只要有一个螺钉孔损坏就坚决不能使用；其次，根据进出线的方向和位置，取掉底盒预设孔中的挡板；最后，按设计图纸位置用 M6X16 螺钉把底盒固定在装置上。

第四步：穿线。具体步骤如下。

(1)放入牵引线：使用牵引线圈，将牵线头穿入 PVC 管。

(2)引出牵引线：当牵引线由布线链路的另一端穿出后，可以看到牵引线金属前端。

(3)固定电缆：将电缆固定在牵引线前端的金属接头上。

(4)进行牵引线回拉准备：准备将牵引线回拉。

(5)回拉牵引线：在布线链路的另一端开始回拉牵引线，直到双绞线电缆随着牵引线一并被拉出为止。

(6)剪线：使用剪线钳对双绞线电缆进行剪线操作，保持一定的双绞线电缆余量用于电缆的端接。

第五步：端接模块，压接方法必须正确，一次压接成功，然后装好防尘盖。具体步骤如下。

(1)根据实训需要，完成工具清单并且领取工具。

(2)剥线。使用剥线器去除双绞线电缆的外表皮，使用剥线器夹住双绞线电缆旋转一圈，剥除外表皮。

(3)选择色标。由于各个厂商对信息插座模块都有其各自的专利，所以其信息插座模块的色标有所不同，具体安装时需要根据信息插座模块上显示的色标进行安装。

(4)打线。根据信息插座模块色标将双绞线电缆卡到信息插座模块的 V 形槽中，使用打线刀进行打线，打线完成后多余的线芯应被打断。

其中，网络模块端接原理如下：利用压线钳的压力将 8 根线逐一压接到网络模块的 8 个接线口中，同时裁剪掉多余的线头。在压接过程中，刀片首先快速划破线芯绝缘护套，与铜线芯紧密接触，实现刀片与线芯的电气连接，这 8 个刀片通过电路板与 RJ-45 接口的 8 个弹簧连接。

(5)成品。打线完成后，线芯应该与信息插座模块 V 形槽内的铜芯充分接触。

第六步：安装面板。安装面板一般应该在端接信息插座模块后立即进行，以保护信息插座模块。安装面板时将信息插座模块卡接到面板接口中。如果双口面板上有网络和电话插口标记，则按照标记位置安装。如果双口面板上没有标记，则宜将网络模块安装在左边，电话模块安装在右边，并且在面板表面做好标记。具体步骤如下。

(1)固定面板。将卡装好信息插座模块的面板用两个螺钉固定在底盒上。要求横平竖直，用力均匀，固定牢固。需要特别注意的是，墙面安装的面板为塑料制品，不能用力太大，以面板不变形为原则。

(2)标记面板。面板安装完毕后立即做好标记，将信息点编号粘贴在面板上。

(3)进行面板保护。在实际工程施工中，安装面板后，还需要修补面板周围的空洞，刷最后一次涂料，因此必须进行面板保护，以防止污染。一般常用塑料薄膜保护面板。

5. 实训报告

(1)总结各种类型信息插座模块的安装方法和经验。

(2)按实训报告模板要求，独立完成实训报告。实训报告模板参见附录 3。

6.9.4 壁挂式机柜和铜缆配线设备安装实训(RJ-45 网络配线架端接实训)

1. 实训目的

(1)通过常用壁挂式机柜的安装，了解机柜的布置原则和安装方法及使用要求。熟悉常用壁挂式机柜的规格和性能。

(2)通过铜缆配线设备的安装和压接实训，了解网络机柜内布线设备的安装方法和使用功能。熟悉常用工具和配套材料的使用方法。

2. 实训要求与课时

铜缆配线设备安装

(1)完成壁挂式机柜的定位。

(2)完成壁挂式机柜墙面固定安装。

(3)完成 RJ-45 网络配线架的安装和压接。

(4)完成理线环的安装和理线。

(5)4～5 人一组，以 2 课时完成。

3. 实训设备、材料与工具

(1)网络综合布线工具箱 1 套，包括单口打线钳、5 对打线钳、登高梯子、编号标签。

(2)壁挂式机柜。

(3)RJ-45 网络配线架、理线环。

(4)网络综合布线实训装置。

4. 实训步骤

在实际工程中，壁挂式机柜一般安装在墙面，高度在 1.8 m 以上。在进行综合布线实训时，可以根据实训设计需要和操作方便，自己设计安装高度和位置。

第一步：分组，以 4～5 人为一组进行分工操作。

第二步：设计机柜内安装设备布局示意，并绘制安装图。

第三步：按照要求列出材料和工具清单，准备实训材料和工具。

第四步：确定机柜内需要安装的设备及其数量，合理安排配线架、理线环的位置，主要考虑缆线端接线路合理、施工和维修方便。

第五步：准备好需要安装的设备，先将网络机柜的门取掉，以方便机柜的安装。

在设计好的位置安装交换机、配线架、理线环等，注意保持设备平齐，螺钉固定牢固，并做好设备编号和标记。

采用地面出线方式时，缆线一般从机柜底部穿入机柜，配线架宜安装在机柜下部。采用桥架出线方式时，缆线一般从机柜顶部穿入机柜，配线架宜安装在机柜上部。缆线从机柜侧面穿入机柜时，配线架宜安装在机柜中部。

配线架应该安装在左、右对应的孔中，水平误差不大于 2 mm，更不允许左、右孔错位安装。

RJ-45 网络配线架的安装步骤如下。

(1)取出配线架和配件。

(2)将配线架安装在机架设计位置的立柱上。

(3)理线。

(4)端接打线。将从网络模块出来的线按 568 B 标准端接在 1、2、3 个端口的网络模块上，做 3 根跳线连接 1、2、3 端口至交换机 1、2、3 端口。

进行网络模块端接时，根据网络模块的结构，按照端接顺序和位置将每对绞线电缆拆开并且端接到对应的位置，每对线拆开绞绕的长度越小越好，不能为了端接方便将线对拆开很长，特别在 6 类、7 类系统端接时这非常重要，直接影响永久链路的测试结果和传输速率。网络模块端接时要求线序正确，压接到位，剪掉端头和牵引线。

(5)做好标记，安装标签。

第六步：安装完毕后，开始理线和压接缆线。将门重新安装到位。

第七步：对机柜进行编号。

注意：在机柜内设备之间的安装距离至少留 1 U 的空间，以便于设备散热。

5. 实训报告

(1)总结壁挂式机柜安装、RJ-45 网络配线架端接的方法和经验。

(2)按实训报告模板要求，独立完成实训报告。实训报告模板参见附录 3。

6.9.5 壁挂式机柜和铜缆配线设备安装实训(110 型跳线架端接实训)

1. 实训目的

(1)通过常用壁挂式机柜的安装，了解机柜的布置原则和安装方法及使用要求。熟悉常用壁挂式机柜的规格和性能。

(2)通过铜缆配线设备的安装和压接实训，了解网络机柜内布线设备的安装方法和使用功能。熟悉常用工具和配套材料的使用方法。

2. 实训要求与课时

(1)完成 110 型跳线架的安装和压接。

(2)4～5 人一组，以 1 课时完成。

3. 实训设备、材料与工具

(1)网络综合布线工具箱 1 套，包括单口打线钳、5 对打线钳、登高梯子、编号标签。

(2)壁挂式机柜。

(3)110 型跳线架、4 对或 5 对卡接模块。

(4)网络综合布线实训装置。

4. 实训步骤

跳线架主要用于语音配线系统。一般采用 110 型跳线架。其安装步骤如下。

第一步：取出110型跳线架和附带的螺钉。

第二步：利用十字螺钉旋具把110型跳线架用螺钉直接固定在网络机柜的立柱上。

第三步：理线。

第四步：按打线标准将从程控交换机上引来的电话线的每个线芯按照顺序压在110型跳线架下层模块端接口中。

第五步：将5对卡接模块用力垂直压接在110型跳线架上，完成下层端接。

第六步：将从电话模块引出的电话线压接在5对卡接模块的相应位置。

第七步：做好标记，安装标签。

5. 实训报告

(1)总结110型跳线架的安装方法和经验。

(2)按实训报告模板要求，独立完成实训报告。实训报告模板参见附录3。

6.9.6 综合布线系统测试

1. 实训目的

掌握网络线路、通信线路的测试方法。

2. 实训要求与课时

(1)完成网络线路、通信线路的测试。

(2)连接两部电话至面板的电话插口上，设置电话号码为801、802，并互相拨打成功。

(3)连接两台计算机至面板的网络插口上，设置其IP地址分别为192.168.0.1、192.168.0.2，并使用ping命令ping通。

(4)以2课时完成。

3. 实训设备、材料与工具

(1)网络综合布线工具箱1套。

(2)电话两部、计算机两台。

(3)测试仪。

(4)网络跳线、电话跳线若干。

4. 实训步骤

第一步：线槽铺设、底盒安装、面板安装、信息插座模块压制完成后，可使用简易的测试仪进行测试，按测试模型图制作RJ-11跳线，将测试仪的远端使用跳线连接到面板上。将测试仪的主机端连接到配线架上，开启电源进行测试，如连接正确，则指示灯将按2、3的顺序闪烁。

第二步：在模块上接入两部电话，安装程控交换机，互相拨打对方电话号码。

第三步：按测试模型图(图6-46)制作RJ-45跳线，将测试仪的远端使用跳线连接到面板的网络模块上。将测试仪的主机端连接到配线架上，开启电源进行测试，如连接正确，则指示灯按1、2、3、4、5、6、7、8的顺序依次点亮。

第四步：在网络模块上接入两台计算机，配置IP地址，执行ping命令。

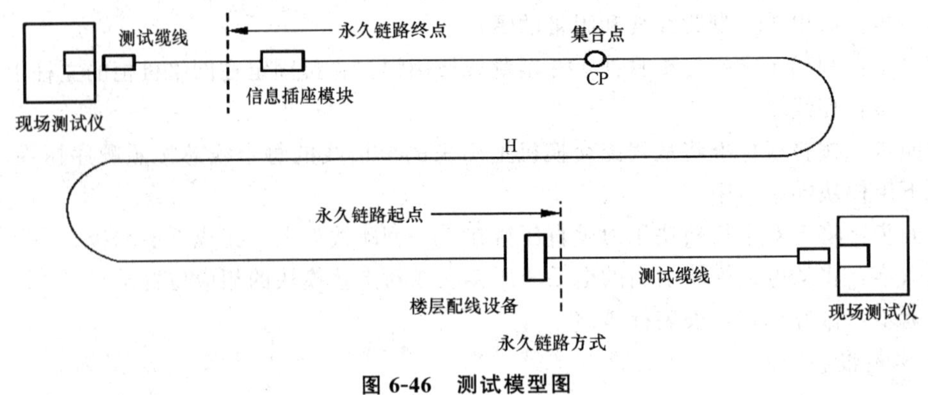

图 6-46　测试模型图

5. 实训报告

(1)总结网络线路、通信线路测试的方法和经验。

(2)按实训报告模板要求，独立完成实训报告。实训报告模板参见附录 3。

6.9.7　全光网链路端接

1. 实训目的

掌握全光网链路端接及测试方法。

2. 实训要求与课时

(1)完成全光网平台搭建。

(2)完成设备安装。

(3)完成网络摄像机调试。

(4)完成设备连线。

(5)以 8 课时完成。

3. 实训设备、材料与工具

CD 核心交换机 1 台、BD 汇聚交换机 1 台、光缆盘线架 2 个、笔记本电脑 1 台、网络摄像机 1 个、光纤收发器 2 个、网络交换机 1 台、手动弯管器 1 个、组合式光纤配线架 4 个、网络配线架 1 个、光纤配线箱 1 台、理线环 4 个、光纤接续盒 1 个、PDU 电源插板 1 个、琴键操作台 1 个、三联 19 寸开放式机架 1 套。

4. 实训步骤

(1)平台搭建。

第一步：安装机架。

第二步：安装孔板。

第三步：安装光缆盘线架。

(2)设备安装。

第一步：安装正面设备。

第二步：安装背面设备。

(3)网络摄像机调试。

第一步：使用一根超五类 568B 线序跳线连接网络摄像机和笔记本电脑，接通电源，网络摄像机进入自检状态。

第二步：设置笔记本电脑的局域网 IP 地址、子网掩码、网关，若不连接至互联网，可不设置 DNS。

第三步：打开 IPCamera 软件，用鼠标右键单击列表中的网络摄像机图标，选择“网络配置”命令进行网络摄像机 IP 地址设置，网络摄像机 IP 地址应与笔记本电脑 IP 地址处于同一子网段。

第四步：打开网络摄像机监控软件，在左侧空白处单击鼠标右键，选择“分组设置”→“新建分组”命令，在下方查找网络摄像机，双击查找到的网络摄像机，在右侧设置其参数，重命名设备名称，用户名为“admin”，密码为空，其余参数不变，单击“添加”按钮将该网络摄像机添加至刚新建的分组中，单击“确定”按钮返回。

第五步：在左侧分组中找到添加好的网络摄像机，双击即可出现监控画面，切换至“控制”选项卡，可在软件中实现对网络摄像机的远程控制。

(4)设备连线。设备安装调试完成后用光纤连接各设备，形成一条“网络摄像机—CD 核心交换机—BD 汇聚交换机—网络交换机—面板—终端计算机”的光纤链路，使网络摄像机与笔记本电脑之间可以互相通信。其连接方式多样，图 6-47 中展示了其中一种可行的连接方式。

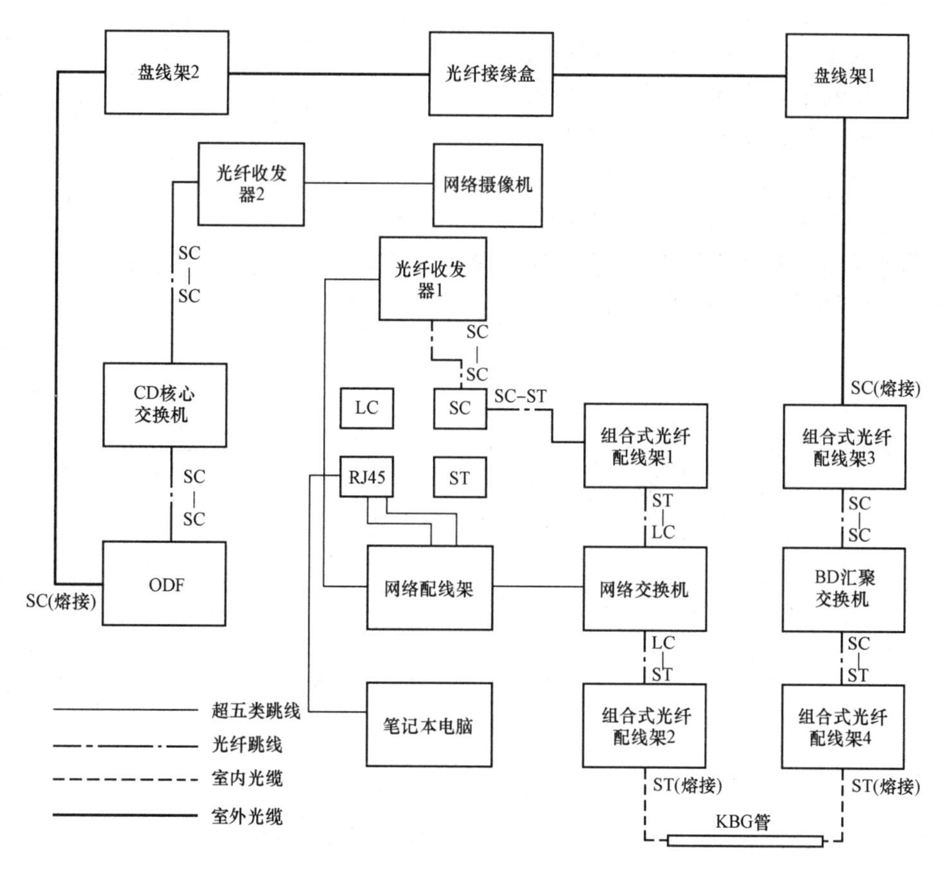

图 6-47　全光网链路端接的一种可行的连接方式

5. 实训报告

按实训报告模板要求，独立完成实训报告。实训报告模板参见附录3。

模块小结

本模块围绕综合布线工程施工过程中的技术要点，重点介绍电缆综合布线施工技术，包括施工基本要求、施工常用工具等。

综合布线工程的组织实施是实践性很强的工作，具有规范性、经验性和工艺性等特点。综合布线施工要根据《综合布线系统工程设计规范》(GB 50311—2016)、《综合布线系统工程验收规范》(GB/T 50312—2016)、《通信管道工程施工及验收标准》(GB/T 50374—2018)等，严格组织实施，并进行精细化工程管理。

习题

1. 综合布线系统工程施工要点有哪些?
2. 压接信息插座模块时应注意哪些事项?
3. 信息插座的安装有哪几种方式?
4. 分别画出T568-A和T568-B线序方式。
5. 水平干线子系统布线有什么要求?有哪些方式?
6. 简述配线架、面板和信息插座模块的作用。
7. 机柜中“1 U”表示什么含义?安装机柜时应注意哪些事项?
8. 敷设时管道光缆应注意哪些事项?
9. 光纤接续主要有哪几种方法?目前常采用哪种方法?
10. 如何对缆线进行正确标识?

模块 7　综合布线系统测试与验收

知识目标

(1)了解综合布线系统测试的基本标准，熟悉综合布线系统测试的基本思路和方法。

(2)掌握综合布线系统测试中电缆传输信测试、光纤传输信道测试和综合布线系统验收的相关知识。

(3)熟悉常用综合布线系统测试仪器的基本功能。

能力目标

(1)具备根据设计方案和验收标准对综合布线系统进行测试和验收的能力。

(2)具备进行方案设计、工程施工、测试、组织验收和鉴定的技能。

(3)能够掌握电缆传输信道测试和光纤传输信道测试的一般方法。

素质目标

(1)培养学生的规范意识和吃苦耐劳、诚信守法、认真负责的职业操守。

(2)促进学生在团队协作、沟通交流方面的素质养成。

(3)增强学生的创新能力和职业可持续发展的能力。

综合布线系统工程的布线项目完成后，就进入综合布线的测试和验收工作阶段，即依照相关的现场电缆/光缆的认证测试标准，采用公认经过计量认可的测量仪器对已布施的电缆和光缆按其设计时所选用的规格、标准进行验证测试和认证测试。依据自 2017 年 4 月 1 日开始实施的《综合布线系统工程验收规范》(GB/T 50312—2016)，综合布线系统测试与验收包含环境检查、器材及测试仪表工具检查、设备安装检验、缆线的敷设与保护方式检验、缆线终接、工程电气测试、管理系统验收、工程验收等内容。作为工程人员，需要具体了解综合布线系统电缆传输信道和光缆传输信道的测试原理，掌握工程施工质量检查、随工检验和竣工验收等工作的技术要求。

7.1　电缆传输信道的测试

7.1.1　概述

综合布线系统的传输性能取决于电缆和光缆特性、连接器、软跳线、交叉跳线等的质量和数量，安装和维护的工艺水平及现场环境情况，必须在综合布线系统工程验收和网络运行调试之前进行电缆和光缆的性能测试。性能测试主要有两个目的：一是提高施工的质量和速度；二是向用户证明他们的投资得到了应有的质量保证。缆线作为信息传递的介质，决定了综合布线系统的质量和传输性能，对于整个网络信息传输至关重要。据统计，局域网故障中有50%来自缆线问题。

在现场环境中衡量综合布线系统是否合格，即能否满足现在和未来系统应用的需求，需要制定一定的测试标准。制定测试标准的意义在于将评判尺度量化，使其具有可操作性，进而易于控制综合布线系统的质量，从而起到检验综合布线系统是否可以可靠、稳定和高效运行的作用。目前，在综合布线系统测试中使用的国际标准主要有EIA/TIA 568和ISO 11801，国内标准主要有《综合布线系统工程设计规范》(GB 50311—2016)和《综合布线系统工程验收规范》(GB/T 50312—2016)。

对于采用了5类以上电缆及相关连接硬件的综合布线系统来说，如果不采用高精度的仪器对其进行测试，很可能在传输高速信息时出现问题。光纤的种类很多，对应用光纤的综合布线系统进行测试也有许多需要注意的问题。测试仪对维护人员和综合布线的施工人员来说必不可少，测试仪的功能具有选择性，根据测试的对象不同，测试仪的功能也不同。例如，现场布线人员希望使用的是操作简单、能快速测试与定位故障的测试仪，而施工监理或工程测试人员需要使用具有权威性的高精度的综合布线认证工具。有些测试需要将测试结果存入计算机，在必要时可绘制出链路特性的分析图，而有些测试只要求将测试结果存入测试仪的存储单元。

从工程的角度来看，综合布线系统测试可分为验证测试与认证测试两类。验证测试由施工人员边施工边测试，以保证所完成的每个连接的正确性，这种测试关注的是综合布线系统的连接性能，并不关注综合布线系统的电气特性；认证测试是指对综合布线系统依照某个标准进行逐项的比较，以确定综合布线系统是否达到全部设计要求，这种测试包括连接性能测试和电气性能测试。

7.1.2 测试链路模型

复永久链路

ANSI/TIA/EIA 568-B.2-1—2002标准指出：综合布线系统测试链路模型分为信道模型(Channel)和永久链路模型(Permanent Link)两种。《综合布线系统工程验收规范》(GB/T 50312—2016)在其附录B“综合布线系统工程电气测试方法及测试内容”中明确规定，各等级的综合布线系统应按照永久链路模型和信息模型进行测试。

1. 信道模型

复永久链路
端接与测试

信道是连接两个应用设备的端到端的传输通道，又被称作用户链路。它包括最长90 m的水平电缆、最长10 m的跳线和设备缆线及最多4个连接器件。信道模型包括连接网络站点、集线器的全部链路。其中用户的末端电缆必须是链路的一部分，必须与测试仪相连。综合布线系统信道模型如图7-1所示。

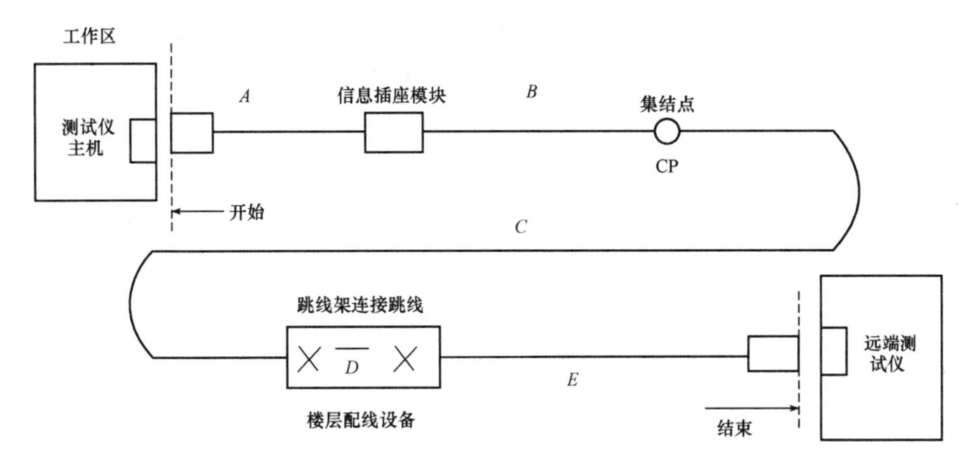

图 7-1　综合布线系统信道模型

A—用户终端连接线；B—用户转接线；C—水平缆线；D—跳线架连接跳线；E—跳线架到通信设备连接线

$$B+C\leqslant 90\ \text{m};\ A+D+E\leqslant 10\ \text{m}$$

2. 永久链路模型(Permanent Link)

永久链路又称为固定链路，是指信息点与楼层配线设备之间的传输线路，它由 90 m 水平电缆及 3 个连接器件组成，可以包括一个 CP 链路(不包括现场测试仪插接线和插头)，以及两端各 2 m 长的测试电缆，测试长度为 90 m。所谓 CP 链路，是指楼层设备与集结点(CP)之间的含有各端连接器件的永久性链路。综合布线系统永久链路模型如图 7-2 所示。

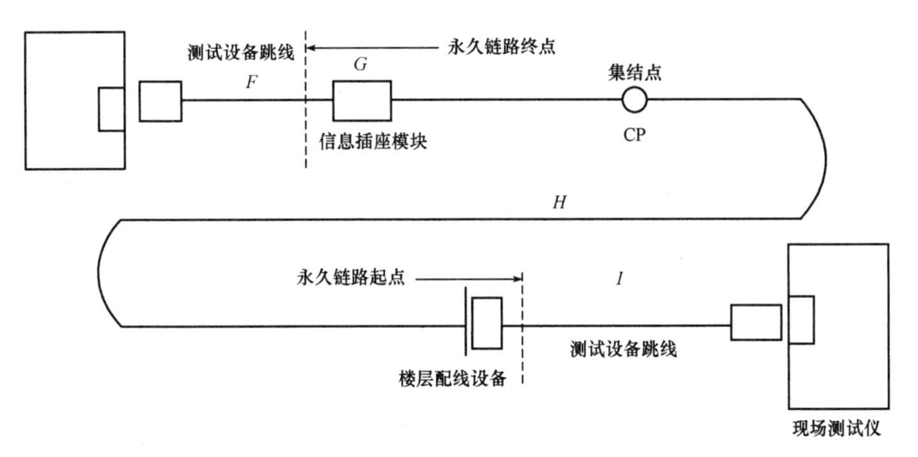

图 7-2　综合布线系统永久链路模型

F，I—测试设备跳线，2 m；G—信息插座模块；

H—可选转接/汇接点及水平电缆，最大长度不大于 90 m

7.1.3　电缆连接

电缆连接是一个以安装工艺为主的工作，即使是优秀的施工人员，在没有测试工具的情况下，所进行的电缆连接也可能出现错误。为了确保安装性能和质量要求，必须进行链路测试。在链路测试中，最常见的故障有电缆标签错误、连接开路、双绞线电缆接线图错误(包括错对、极性接反、串绕)及短路。插针/线对分配在国际布线标准及我国国家标准中都已定义，正确的线对连接及各种常见的连接错误见表 7-1。

表 7-1　电缆连接情况

接线情况	显示(只显示影响的线对)	说明	举例
正确接线	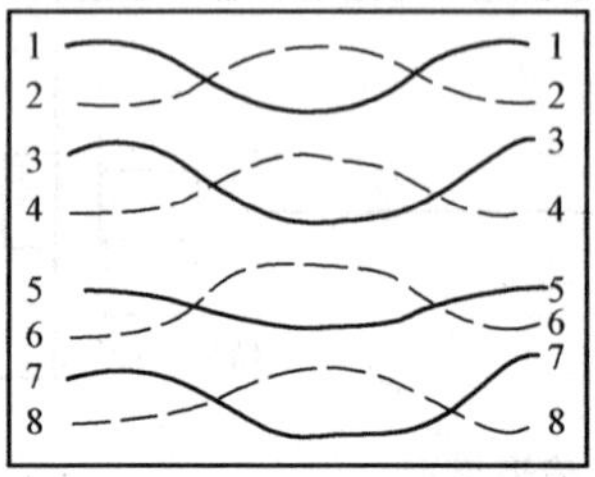 1 2 3 4 5 6 7 8	正确连接 屏蔽(s)只有在选择的测试标准要求时才显示	正确的线对组合为 1/2、3/6、4/5、7/8，并应分为非屏蔽和屏蔽两类
交叉	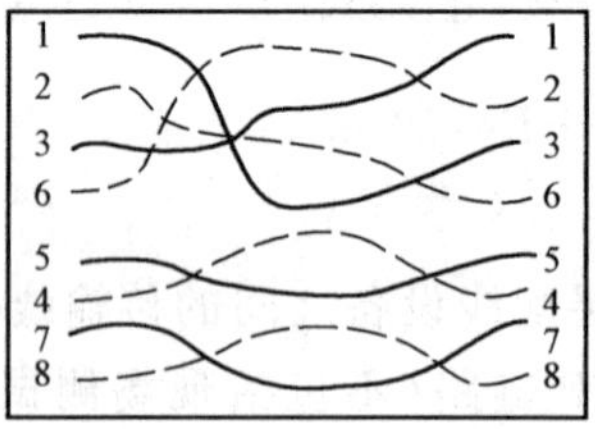 1 2 3 6 5 4 7 8	不同线对在两端针位相互接反	线对 1/2 和线对 3/6 中的线交叉。接线不能形成可识别的电路
反接	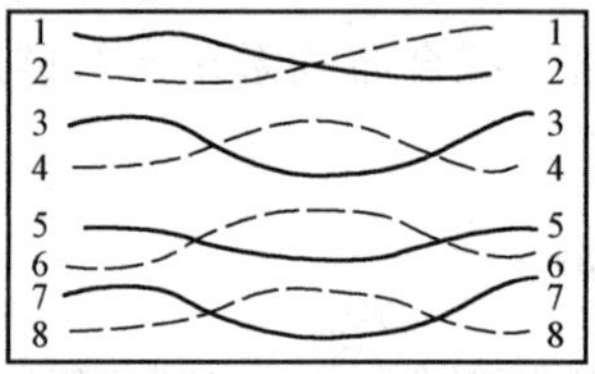 1 2 3 4 5 6 7 8	同一线对在两端针位接反	线 1 和线 2 交叉反接，1 根线的一端端接到 1 号引脚，另一端却端接到 2 号引脚
错对	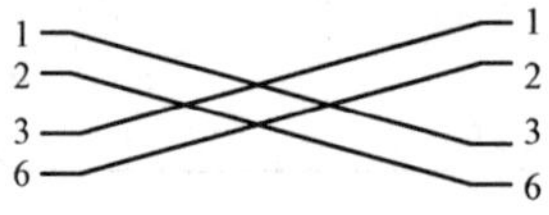 1 2 3 6	将一线对全部接到另一端的另一线对上	线对 1/2 和线对 3/6交叉
短路	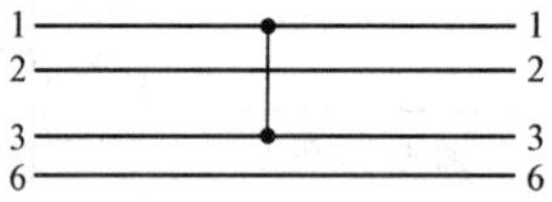 1 2 3 6	链路中某处有金属性连接。用 HDTDR 测试找出短路位置	线 1 和线 3 短路
开路	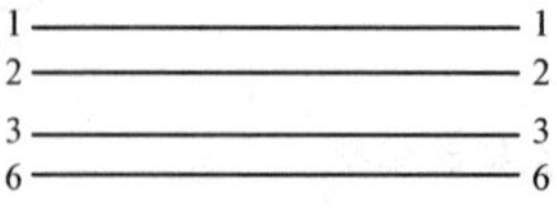 1 2 3 6	链路不通或衰减过大。用 HDTDR 测试找出开路位置	线 1 在近主机处开路
串绕	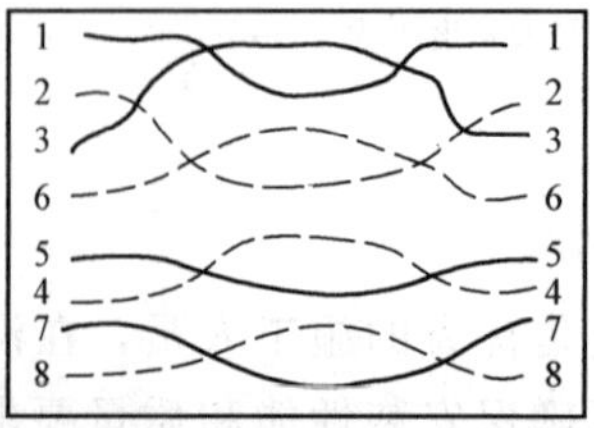 1 2 3 6 5 4 7 8	将原来的两线对分别拆开而又组成新的线对。用 HDT-DX 分析找出串绕位置	线对 4/5 中的线与线对 3/6 串接

串绕出现时端对端连通性是好的，因此用万用表这类工具检查不出来，只有用专用的测试仪才能检查出来。由于串绕使相关的线对没有扭结，所以在线对间信号通过时会产生很高的近端串扰。信号在电缆中高速传输时所产生的近端串扰如果超过一定的限度就会影响信息传输。对计算机网络来说，这意味着因产生错误信号而浪费有效的带宽，甚至会产生很严重的影响。

7.1.4 验证测试

边施工边测试的方法称为验证测试，也称为随工测试。在新建的建筑物中，敷设缆线是伴随着建筑施工进行的。在缆线布放完毕，尤其是装修之后，改变已布放的缆线是非常困难的。如果安装人员能够边施工边测试，则可以减少认证时由于连接错误而返工所造成的浪费，可以保证施工质量及提高施工速度。验证测试一般选用单端测试仪。

验证测试的主要对象是缆线及连接件的连接性能(包括连接是否正确)。无论在配线架还是在工作区施工，验证测试都贯穿每个连接或端接的过程，它既可以保证线对的正确安装，又可以保证电缆的总长度不超过综合布线的要求。当所有连接和终接工作完成时，验证测试也就基本完成了。验证测试为认证测试节省了大量的时间。

FLUKE 测试仪是能够在任意位置进行连通性测试的仪器，如图 7-3 所示。

1. FLUKE 测试仪简介

(1)单人即可进行链路的连通性测试。

(2)可以测试所有类型的局域网电缆(UTP、TP、FTP、Coax)。

(3)测试双绞线电缆中的 2、3、4 对绞线。

(4)可以检测的接线故障包括开路、短路、跨接、反接和串扰。

(5)可以进行接线/连接错误的定位(仪器至开路或短路的距离)。

图 7-3 FLUKE 测试仪

(6)可以进行测量链路长度。

(7)简单易用，通过单一旋钮即可选择测试项目。

(8)便于携带，电池寿命长(50 h)。

(9)输入端可承受电话振铃和环路电压，会显示“Active Cable”以警告用户，还能发出声音报警。

(10)可以测试的电缆指标如下。

①长度范围：0.5～300 m 或 1～999 ft。

②分辨率：0.5 m 或 1 ft。

③精度：(5%±1)m 或(5%±3)ft。

④显示单位：m 或 ft。

2. FLUKE 测试仪的操作与使用

(1)将旋钮转至 TEST 位置。

(2)通过按钮 SETUP、▼、▲选定被测试电缆的类型、接线标准等。

(3)插入待测电缆，自动完成测试。

如果发现错误，液晶屏将显示错误类型与故障位置。如果接线正确，则液晶屏将显示通过(Pass)，并报告电缆的长度。

7.1.5 认证测试

认证测试又称为竣工测试、验收测试，是所有测试工作中最重要的环节，是在工程验收时对综合布线系统的安装、电气特性、传输性能、设计、选材和施工质量的全面检验。综合布线系统的性能不仅取决于综合布线系统方案设计、施工工艺，还取决于在工程中所采用的缆线及相关连接硬件的质量，因此，对传输信道必须进行认证测试。认证测试并不能提高综合布线系统的信道性能，只是为了检验综合布线系统工程的施工、安装操作工艺和所采用的缆线及连接硬件质量等方面的整体性能指标，以便确认综合布线系统是否达到设计要求和是否符合国家标准及相关国际标准。

1. 认证测试的内容

根据《综合布线系统工程设计规范》(GB 50311—2016)，5 类电缆系统的认证测试包括接线图(Wire Map)、长度(Length)、衰减(Attenuation)、近端串扰(NEXT)四项内容，超5类、6类、7类电缆系统的测试内容需增加插入损耗(Insertion Loss，IL)、回波损耗(Return Loss，RL)、衰减串扰比(ACR)、衰减串扰比功率和(PS ACR)、等电平远端串扰(ELFEXT)、近端串扰功率和(Power Sum Next，PS NEXT)等电平远端串扰功率和(PS ELEFXT)、时延(Propagation Delay)、时延偏差(Delay Skew)、特性阻抗(Impedance)、直流环路电阻(Resistance)等。

屏蔽布线系统还应测试非平衡衰减、传输阻抗、耦合衰减和屏蔽衰减等内容。

(1)接线图(Wire Map)。测试接线图的目的是检查 8 芯双绞线电缆中每对线的连接是否正确，该测试属于连接性能测试。对于 8 芯双绞线电缆，接线图测试的主要内容包括端连通性和开路、短路、错对、反接等与线序有关的故障。

(2)长度(Length)。电缆的长度是指电缆链路的物理长度，必须记录在文档中。目前，电缆的长度采用测量电子长度的方法进行估算，即根据电缆链路的传输时延和电缆的额定传输速率(NVP)确定。

在综合布线系统测试之前，对现场测试仪应进行校正，以得到精确的 NVP 值。校正的方法是采用已知长度的典型电缆校正 NVP 值。非屏蔽双绞线电缆的标称传播相速度值为62%～72%。由于每条双绞线电缆的线对间绞距不同，所以在测试时采用时延最小的线对作为参考标准来校正测试仪。严格的标称传播相速度值的校正很难全部实现，一般有 10%的误差。

永久链路模型的最大长度是 90 m，信道模型的最大长度是 100 m。

(3)衰减。衰减是信号沿链路传输损失的量度，是信号高速传输中最重要的参数之一。衰减是频率的持续函数，信号频率越高，其衰减越大。衰减也随着温度的升高而增大。衰减是以 dB(分贝)表示的，一根 6 类 4 对双绞线电缆在永久链路模型中，各对双绞线的衰减是不同的，且随着链路长度的增加衰减会增大，即电信号的损失增大。信号衰减到一定程度会引起链路传输的信息不可靠。引起衰减的原因还有温度、阻抗及连接点等因素。

认证测试仪应测量出已安装的每一对线的衰减最严重情况即衰减最大值，并与衰减允许值比较后做出通过或未通过的结论。如果通过，则给出处于可用频率范围内的最大衰减值；如果未通过，则给出未通过时的衰减值、测试允许值及所在点的频率。

(4)近端串扰。串扰是指电缆传输数据时线对间信号的相互泄漏，类似噪声。近端串扰是指在一条双绞线电缆中一对线对另一对线的信号耦合，也就是说，当一条线对发送信号时在另一条相邻的线对接收到的信号能量。近端串扰是严重影响信号正确传输的参数。对于双绞电缆链路，近端串扰是一个关键指标，也是最难精确测量的一个指标。近端串扰主要与施工工艺有关，如端接处电缆被剥开或者失去双绞线的长度过长会产生较大的近端串扰。近端串扰与双绞线电缆链路的长度相对独立，测量出的近端串扰不能按长度分摊。

测试一条双绞线电缆链路的近端串扰，需要在每一对线之间进行测试，即对 4 对双绞线电缆要有 6 对线对关系的组合。在实际中大多数近端串扰发生在近端的连接硬件上，有时在链路的一端测试近端串扰是通过的，而在另一端测试则是未通过的，这是因为发生在远端的近端串扰经过电缆的衰减到达测试点时，其影响已经减小到标准的极限值以内，所以近端串扰测试要在链路的两端进行。

认证测试仪应能测试并报告出在某两对线对之间近端串扰性能最差时的近端串扰值、该点频率和极限值。永久链路模型最小近端串扰值见表 7-2。

表 7-2　永久链路模型最小近端串扰值

频率/MHz	最小近端串扰值/dB							
	A 级	B 级	C 级	D 级	E 级	E_A 级	F 级	F_A 级
0.1	27.0	40.0	—	—	—	—	—	—
1	—	25.0	40.1	60.0	65.0	65.0	65.0	65.0
16	—	—	21.1	45.2	54.6	54.6	65.0	65.0
100	—	—	—	32.3	41.8	41.8	65.0	65.0
250	—	—	—	—	35.3	35.3	60.4	61.7
500	—	—	—	—	—	29.2 27.9①	55.9	56.1
600	—	—	—	—	—	—	54.7	54.7
1 000	—	—	—	—	—	—	—	49.1 47.9①

注：①有 CP 存在的永久链路指标

(5)直流环路电阻。直流环路电阻是指一对双绞线电阻之和。当信号在双绞线电缆中传输时，会在导体中损耗一部分能量且转变为热量。100 Ω 非屏蔽双绞线电缆的直流环路电阻不大于 19.2 Ω/(100 m)，150 Ω 屏蔽双绞线电缆的直流环路电阻不大于 12 Ω/(100 m)。每对双绞线之间直流环路电阻相差要小于 0.1 Ω。直流环路电阻的值应与双绞线电缆中导的长度和直径符合。永久链路模型最大直流环路电阻值见表 7-3。

表 7-3　永久链路模型最大直流环路电阻值　　Ω

A 级	B 级	C 级	D 级	E 级	E_A 级	F 级	F_A 级
530	140	34	21	21	21	21	21

(6)特性阻抗。特性阻抗是衡量由电缆和相关连接硬件组成的传输信道的主要特性之一。一般来说，双绞线电缆的特性阻抗是一个常数。非屏蔽双绞线电缆的特性阻抗通常为 100 Ω，屏蔽双绞线电缆的特性阻抗通常为 120 Ω 和 150 Ω，一个选定的平衡电缆信道的特性阻抗极限不超过正常阻抗的 15%。

(7)回波损耗。回波损耗是衡量信道特性阻抗一致性的参数，表征 100 Ω 双绞线电缆终接入 100 Ω 阻抗时输入阻抗的波动。回波损耗的值与频率和双绞线电缆构造有关。信道的特性阻抗随着信号频率的变化而变化。如果信道所用的电缆和相关连接硬件阻抗不匹配而引起阻抗变化，就会产生局部振荡，造成信号反射。被反射至发送端的一部分能量会形成噪声，导致信号失真，从而降低综合布线系统的传输性能。永久链路模型最小回波损耗值见表 7-4。

表 7-4　永久链路模型最小回波损耗值

频率/MHz	最小回波损耗值/dB					
	等级					
	C	D	E	E_A	F	F_A
1	15.0	19.0	21.0	21.0	21.0	21.0
16	15.0	19.0	20.0	20.0	20.0	20.0
100	—	12.0	14.0	14.0	14.0	14.0
250	—	—	10.0	10.0	10.0	10.0
500	—	—	—	8.0	10.0	10.0
600	—	—	—	—	10.0	10.0
1 000	—	—	—	—	—	8.0

(8)时延。时延是指信号从链路的起点到终点的延迟时间。它的正式定义是一个 10 MHz 的正弦波的相位漂移。由于电子信号在双绞线电缆中并行传输的速度差异过大会影响信号的完整性而产生误码，所以要以传输时间最长的线对为准来计算其他线对与该线对的时间差异，因此，时延的表示会比电子长度测量精确得多。永久链路模型最大传播时延值见表 7-5。

表 7-5　永久链路模型最大传播时延值

频率/MHz	最大传播时延值/μs						
	A 级	B 级	C 级	D 级	E 级	c	F 级	F_A 级
0.1	19.4	4.4	—	—	—	—	—	—
1	—	4.4	0.521	0.521	0.521	0.521	0.521	0.521
16	—	—	0.496	0.496	0.496	0.496	0.496	0.496
100	—	—	—	0.491	0.491	0.491	0.491	0.491
250	—	—	—	—	0.490	0.490	0.490	0.490
500	—	—	—	—	—	0.490	0.490	0.490
600	—	—	—	—	—	—	0.489	0.489
1 000	—	—	—	—	—	—	—	0.489

(9)时延偏差。时延偏差是电缆传输迟值最大与最小的线对的时间差值。在链路高速传输的情况下，时延偏差过大会导致同时在 4 对双绞线上发送的信号无法同时抵达接收端，造成数据帧结构严重损坏。永久链路模型传播最大时延偏差值见表 7-6。

表 7-6　永久链路模型传播最大时延偏差值

等级	频率/MHz	最大时延偏差值/s	等级	频率/MHz	最大时延偏差值/s
A	$f=0.1$	—	E	$1 \leqslant f \leqslant 250$	0.044
B	$0.1 \leqslant f \leqslant 1$	—	E_A 级	$1 \leqslant f \leqslant 500$	0.044
C	$1 \leqslant f \leqslant 16$	0.044	F	$1 \leqslant f \leqslant 600$	0.026
D	$1 \leqslant f \leqslant 100$	0.044	F_A 级	$1 \leqslant f \leqslant 1\ 000$	0.026

(10)衰减串扰比。衰减串扰比是在某线对上受相邻线对串扰损耗与本线对传输信号衰减值的差值，单位为 dB。它反映了在某线对上信号强度与串扰产生的噪声强度的相对大小。由于传输衰减损耗的存在，信号接收端接收到的信号是整个链路中最弱的，但接收端的串扰信号是最强的。衰减串扰比表示接收端信号的余量，因此，衰减串扰比值越大越好。衰减串扰比不是一个独立的测量值而是衰减与近端串扰的计算结果。衰减、近端串扰和衰减串扰比都是频率的函数，应在同一频率下进行运算。永久链路模型最小衰减串扰比值见表 7-7。

表 7-7　永久链路模型最小衰减串扰比值

频率/MHz	最小衰减串扰比值/dB				
	D 级	E 级	E_A 级	F 级	F_A 级
1	56.0	61.0	61.0	61.0	61.0
16	37.5	47.5	47.6	58.1	58.2
100	11.9	23.3	24	47.3	47.7
250	—	4.7	6.4	31.6	34.0
500	—	—	−12.9 −14.2①	13.8	16.4
600	—	—	—	8.1	10.8
1 000	—	—	—	—	−8.5 −9.7①
注：①有 CP 存在的永久链路指标					

(11)近端串扰功率和。近端串扰功率和的值是双绞线电缆中所有线对对被测线对产生的近端串扰之和。如 4 对双绞线电缆中有 3 对双绞线同时发送信号。而在另一线对上测量其串扰值，即近端串扰功率和。近端串扰功率和是以 4 对双绞线电缆的线对之间最差串扰值进行计算的。如果一个综合布线信道能够满足 5 类近端串扰功率和要求，那么它就能支持 100 MHz 信号的传输。永久链路模型最小近端串扰功率和值见表 7-8。

表 7-8 永久链路模型最小近端串扰功率和值

频率/MHz	最小近端串扰功率和/dB		
	D级	E级	F级
1	57.0	62.0	62.0
16	42.2	52.2	62.0
100	29.3	39.3	62.0
250	—	32.7	57.4
600	—	—	51.7

(12)衰减串扰比功率和。衰减串扰比功率和表示近端串扰功率和与衰减的差值。同样，它不是一个独立的测量值，而是近端串扰功率和与综合衰减的计算结果。永久链路模型最小衰减串扰比功率和值见表 7-9。

表 7-9 永久链路模型最小衰减串扰比功率和值

频率/MHz	最小衰减串扰比功率和值/dB				
	D级	E级	E_A 级	F级	F_A 级
1	53.0	58.0	58.0	58.0	58.0
16	34.5	45.1	45.2	55.1	55.2
100	8.9	20.8	21.5	44.3	44.7
250	—	2.0	3.8	28.6	31.0
500	—	—	−15.7 −16.3①	10.8	13.4
600	—	—	—	5.1	7.8
1 000	—	—	—	—	−11.5 −12.7①

注：①有 CP 存在的永久链路指标

(13)等电平远端串扰。等电平远端串扰是通过测量得到的远端串扰值减去链路的衰减值后得到的结果，它是衡量远端串扰对信号影响的参数。链路的衰减会使远端点接收的远端串扰信号减小，以致所测量的远端串扰值不是真实的远端串扰值，因此，常用等电平远端串扰衡量信道的远端串扰影响。永久链路模型最小等电平远端串扰值见表 7-10。

表 7-10 永久链路模型最小等电平远端串扰值

频率/MHz	最小等电平远端串扰值/dB				
	D级	E级	E_A 级	F级	F_A 级
1	58.6	64.2	64.2	65.0	65.0
16	34.5	40.1	40.1	59.3	64.7
100	18.6	24.2	24.2	46.0	48.8
250	—	16.2	16.2	39.2	40.8
500	—	—	10.2	34.0	34.8

续表

频率/MHz	最小等电平远端串扰值/dB				
	D级	E级	E_A级	F级	F_A级
600	—	—	—	32.6	33.2
1 000	—	—	—	—	28.8

(14)等电平远端串扰功率和。等电平远端串扰功率和是双绞线电缆中所有线对对被测线对产生的等电平远端串扰之和。永久链路模型最小等电平远端串扰功率和值见表7-11。

表7-11　永久链路模型最小等电平远端串扰功率和值

频率/MHz	最小等电平远端串扰功率和值/dB		
	D级	E级	F级
1	55.6	61.2	62
16	31.5	37.1	56.3
100	15.6	21.2	43.0
250	—	13.2	36.2
600	—	—	29.6

(15)插入损耗。插入损耗是指发射机与接收机之间插入电缆或元件产生的信号损耗，通常是指衰减。永久链路模型最大插入损耗值见表7-12。

表7-12　永久链路模型最大插入损耗值

频率/MHz	最大插入损耗值/dB					
	C级	D级	E级	E_A级	F级	F_A级
1	4.0	4.0	4.0	4.0	4.0	4.0
16	12.2	7.7	7.1	7.0	6.9	6.8
100	—	20.4	18.5	17.8	17.7	17.3
250	—	—	30.7	28.9	28.8	27.7
500	—	—	—	42.1	42.1	39.8
600	—	—	—	—	46.6	43.9
1 000	—	—	—	—	—	57.6

2. 认证测试仪的选择

认证测试仪最主要的功能是认证综合布线链路能否通过综合布线标准的各项测试，因此，在选择认证测试仪时通常考虑以下几个因素：认证测试仪的精度和测试结果的可重复性；认证测试仪所支持的测试标准；认证测试仪是否具有故障诊断能力；认证测试仪的使用是否简单容易。

3. 认证测试仪的使用

(1)认真阅读认证测试仪的说明书，掌握正确的操作方法。

(2)熟悉综合布线系统图、施工图。了解综合布线系统的用途及设计要求、测试的标准，如信道/永久链路、电缆类型、测试标准等，并根据这些情况设置认证测试仪。

(3)测试。在发现故障时应及时修复并重新进行测试。

(4)输出与整理测试报告。通常，认证测试仪会自动生成测试报告。测试报告分为图解式报告和表格式报告两种。另外，有的认证测试仪还可以生成总结摘要报告。这些报告可以输入计算机，然后进行汉化处理。由于认证测试是十分严格的过程，在有些情况下不允许对测试结果进行修改，必须从测试仪直接送往打印机打印输出，所以在多数情况下综合布线认证报告是以英文原文的方式打印归档的。

4. 认证测试仪精度范围内的测试结果

认证测试仪的测试结果中会出现带有星号“*”的测试值。带有星号的测试结果表示该值在认证测试仪的精度范围内，认证测试仪不能确定是否通过。如果测量结果位于认证测试仪的精度极限且在通过范围内，则此结果用“* PASS”表示；如果测试结果处于认证测试仪的精度极限内且在未通过范围内，则测试结果用“* FAIL”表示。认证测试仪精度与星号的关系如图 7-4 所示。在综合布线测试中除接线图外，所有测试都可能会产生带星号的测试结果，如果是“PASS”的结果带有星号，要想办法改进电缆装置以消除边际性能，如果“FAIL”的结果带有星号时应视为失败。

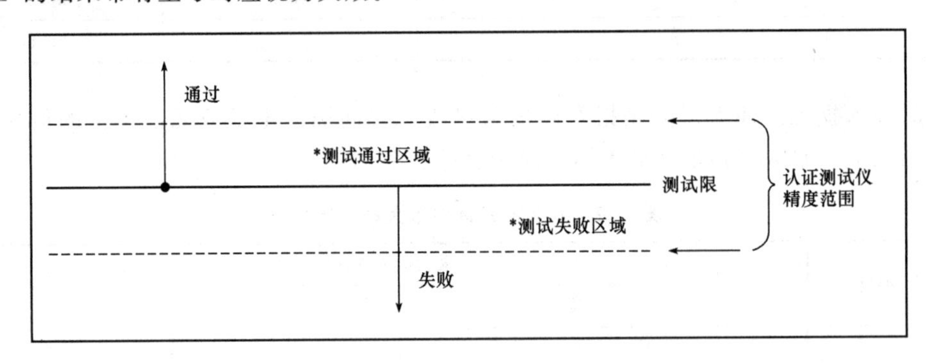

图 7-4　认证测试仪精度与星号的关系

5. 一条 UTP6 电缆的认证测试报告

对于综合布线系统工程来说，测试人员要花费多少时间完成测试，取决于综合布线系统的规模。一般在安排施工进度时，4～5 d 的施工需要外加 0.5 d 的认证测试时间。综合布线系统的每条电缆都应该向用户提供一个测试报告，以表明电缆布线的合格程度。下面给出一个用 FLUKE 测试仪测试的一条 UTP6 电缆的认证测试报告，如图 7-5 所示。此报告属于表格式报告。

从图 7-5 中可以得到以下几组重要数据。

(1)测试限：TIA Cat 6 channel。

(2)电缆类型：Cat 6 UTP 。

(3)测试总结果：通过。

(4)线对：(1，2)、(3，6)、(4，5)、(7，8)。

(5)线对组。

电缆识别名：4-15　　　　测试总结果：通过

日期 / 时间：01/10/2016 01:53:15pm
余量：3.2 dB (NEXT 36-45)
测试限：TIA Cat 6 Channel
电缆类型：Cat 6 UTP

操作人员：Your Name
软件版本：2.6300
测试限版本：1.8100
NVP：69.0%

型号：DTX-1200
主机 S/N：8919001
远端 S/N：8919002
主机适配器：DTX-CHA001
远端适配器：DTX-CHA002

接线图 (T568B)
通过

1 — 1
2 — 2
3 — 3
6 — 6
4 — 4
5 — 5
7 — 7
8 — 8
S　S

267 ft

长度 (ft)，极限值 328	[线对 78]	267
传输时延 (ns)，极限值 555		412
时延偏离 (ns)，极限值 50		19
电阻值 (欧姆)	[线对 36]	12.4
插入损耗 余量 (dB)	[线对 45]	10.3
频率 (MHz)	[线对 45]	250.0
极限值 (dB)	[线对 45]	35.9

插入损耗

	最差余量		最差值	
通过	主机	智能远端	主机	智能远端
最差线对	36-45	36-45	36-45	36-45
NEXT (dB)	9.8	3.2	10.4	4.8
频率 (MHz)	221.0	167.0	249.5	249.5
极限值 (dB)	34.0	36.1	33.1	33.1
最差线对	45	36	45	36
PS NEXT (dB)	11.7	3.9	12.0	5.4
频率 (MHz)	221.0	149.0	250.0	249.5
极限值 (dB)	31.1	34.1	30.2	30.2

NEXT　　远端近端串扰

通过	主机	智能远端	主机	智能远端
最差线对	36-45	78-36	36-45	45-36
ACR-F (dB)	13.4	13.5	13.6	13.9
频率 (MHz)	198.5	221.0	234.5	234.5
极限值 (dB)	17.3	16.4	15.9	15.9
最差线对	36	36	36	36
PS ACR-F (dB)	14.3	14.2	14.3	14.4
频率 (MHz)	242.5	199.0	243.0	233.0
极限值 (dB)	12.6	14.3	12.5	12.9

ACR-F　　ACR-F @ Remote

不适用	主机	智能远端	主机	智能远端
最差线对	36-45	36-45	36-45	36-45
ACR-N (dB)	13.4	7.8	20.7	15.1
频率 (MHz)	3.8	12.6	249.5	249.5
极限值 (dB)	59.6	47.8	-2.8	-2.8
最差线对	36	36	45	36
PS ACR-N (dB)	13.3	8.1	22.4	16.3
频率 (MHz)	3.9	27.1	250.0	249.5
极限值 (dB)	56.8	36.2	-5.8	-5.7

ACR-N　　ACR-N @ Remote

通过	主机	智能远端	主机	智能远端
最差线对	36	12	36	12
RL (dB)	10.1	5.2	10.1	8.0
频率 (MHz)	236.5	39.8	236.5	205.5
极限值 (dB)	8.3	16.0	8.3	8.9

RL　　远端回波损耗

满足的标准：

10BASE-T	100BASE-TX	100BASE-T4
1000BASE-T	ATM-25	ATM-51
ATM-155	100VG-AnyLan	TR-4
TR-16 Active	TR-16 Passive	

LinkWare 版本 6.2

项目：DEFAULT
地点：Client Name

FLUKE networks

20160110.flw

图 7-5　FLUKE 测试仪测试的一条 UTP6 电缆的认证测试报告

使用 Fluke LinkWare 软件生成的认证测试报告中会明确给出每条被测链路的测试结果。对认证测试报告中每条被测链路的测试结果进行统计，就可以了解整个工程的达标率。要想快速地统计出整个被测链路的合格率，可以借助 LinkWare Stats 软件，该软件生成的统计报表的首页会显示整个被测链路的合格率。

对于测试不合格的链路，必须要求施工单位限时整改。整改完成后，施工方、监理方、用户一起进行重新测试。只有整个工程的链路全部测试合格，才能确认整个综合布线系统通过测试验收工作。

测试报告是认证测试工作的总结，也是认证测试工作的成果，并作为工程质量的档案。当整个工程认证测试合格后，需要统一编制工程的认证测试报告。在编制认证测试报告时应精心、细致，保证其完整性和准确性。认证测试报告应包括正文、数据副本(同时形成电子文件)、发现问题副本三部分。正文应包括结论页(包含施工单位、设计单位、工程名称、使用器件类别、工程规模、测试点数、合格与不合格等情况)和对整个工程认证测试生成的总结结论摘要报告(每条链路编号、通过及未通过的结论)。数据副本包括每条链路的认证测试数据。

6. 常见认证测试错误的原因及解决方法

在双绞线电缆认证测试过程中，经常会遇到某些项目测试不合格的情况，这证明双绞线电缆及其相连接的硬件安装工艺不合格或产品质量不达标。要有效地解决认证测试中出现的各种问题，就必须认真理解各项认证测试参数的内涵，并依靠测试仪准确地定位故障。

(1)接线图测试未通过。接线图测试未通过的原因如下。

①双绞线电缆两端的接线相序不对，造成接线图出现交叉现象。

②双绞线电缆两端的接头有短路、断路、交叉、破裂的现象。

③跨接错误。某些网络特意需要发送端和接收端跨接，当为这些网络构筑测试链路时，由于设备线路的跨接，接线图会出现交叉现象。

相应问题解决方法如下。

①对于双绞线电缆端接线序不对的问题，可以采取重新端接的方法解决。

②对于双绞线电缆两端的接头出现的短路、断路等现象的问题，首先根据认证测试仪显示的接线图判定双绞线电缆的哪一端出现问题，然后重新端接双绞线电缆。

③对于跨接错误的问题，只要重新调整设备线路的跨接即可解决。

(2)链路长度测试未通过。链路长度测试未通过的原因如下。

①认证测试仪标称传播相速度设置不正确。

②实际电缆超长，如实际电缆长度不应超过 100 m。

③双绞线电缆开路或短路。

相应问题解决方法如下。

①可用已知的电缆确定并重新校准标称传播相速度。

②对于实际电缆超长问题，只能采用重新布设电缆来解决。

③对于双绞线电缆开路或短路的问题，首先要根据测试仪显示的信息，准确地定位电缆开路或短路的位置，然后采取重新端接电缆的方法来解决。

(3)近端串扰测试未通过。近端串扰测试未通过的原因如下。

①双绞线电缆端接点接触不良。

②双绞线电缆远端连接点短路。

③双绞线电缆线对扭绞不良。

④存在外部干扰源。

⑤双绞线电缆和连接硬件性能有问题或不是同一类产品。

⑥双绞线电缆的端接质量有问题。

相应问题解决方法如下。

①双绞线电缆端接点接触不良的问题经常出现在模块压接和配线架压接方面，因此，应对双绞线电缆所端接的模块和配线架进行重新压接加固。

②对于双绞线电缆远端连接点短路的问题，可以通过重新端接双绞线电缆来解决。

③如果双绞线电缆在端接模块或配线架时线对扭绞不良，则应重新端接。

④对于存在外部干扰源，只能通过采用金属槽或更换为屏蔽双绞线电缆的方法解决。

⑤对于双绞线电缆及连接硬件的性能问题，只能采取更换的方法彻底解决，所有双绞线电缆及连接硬件应更换为相同类型的产品。

(4)衰减测试未通过。衰减测试未通过的原因如下。

①双绞线电缆超长。

②双绞线电缆端接点接触不良。

③双绞线电缆和连接硬件性能有问题或不是同一类产品。

④双绞线电缆的端接质量有问题。

⑤双绞线现场温度过高。

相应问题解决方法如下。

①对于超长的双绞线电缆，只能采取更换双绞线电缆的方式来解决。

②对于双绞线电缆端接质量问题，可采取重新端接的方法解决。

③对于双绞线电缆和连接硬件的性能问题，应采取更换的方法彻底解决，所有双绞线电缆及连接硬件应更换为相同类型的产品。

7.1.6 综合布线工程电缆传输信道测试实训

1. 实训目的与要求

掌握超5类和6类综合布线系统的测试标准；掌握电缆测试仪的使用方法；学会编制双绞线电缆传输信道的认证测试报告。

2. 实训内容

(1)用电缆测试仪测试双绞线电缆。

(2)用电缆测试仪进行双绞线电缆传输信道的认证测试。

(3)编制双绞线电缆传输信道的认证测试报告。

(4)形成评估测试报告。

3. 实训设备、材料与工具

双绞线电缆传输信道、FLUKE 620单端电缆测试仪、FLUKE DSP 4000电缆测试仪(或FLUKE DTX系列电缆测试仪)。

4. 实训步骤

(1)用FLUKE 620单端电缆测试仪测试双绞线电缆。

①将旋钮转至“SETUP”位置。

②根据屏幕提示选择测试参数，选择参数后将自动保存在测试仪中，直至下次修改。

③将双绞线电缆连接好。

④将旋钮转至“AUTO TEST”位置，按下 TEST 键，即可自动完成全部测试。

⑤按下 SAVE 键，输入被测双绞线电缆编号，存储结果。全部测试结束后，可将测试仪直接接入打印机。

(2)用 FLUKE DSP 4000 电缆测试仪进行双绞线电缆传输信道的认证测试。

①将主机和智能远端器插入相应的适配器。

②将智能远端器的旋钮转至“ON”位置。

③把智能远端器连接到双绞线电缆的远端，用网络设备接插线连接信道。

④将主机的旋钮转至“AUTO TEST”位置。

⑤将主机与被测双绞线电缆的近端连接起来，用网络设备接插线连接信道。

⑥按主机上的 TEST 键启动自动测试。

⑦自动测试完成后，使用数字键为测试点编号，然后按 SAVE 键保存测试结果。

⑧直至所有信息点测试完成后，使用串行电缆将测试仪与 PC 相连。

⑨使用随机附带的电缆管理软件导入测试数据，生成并打印认证测试报告。

(3)编制双绞线电缆传输信道的认证测试报告并打印输出。

(4)测试其他双绞线电缆传输信道，形成认证测试报告。

(5)形成评估测试报告。

7.2 光纤传输信道的测试

7.2.1 概述

光纤的应用越来越广泛，光纤传输信道的性能不仅取决于光纤本身的质量，而且取决于连接头的质量，以及施工工艺和现场环境，因此，对光纤传输信道进行测试是十分必要的。测试光纤传输信道的目的主要是测试光纤系统是否达到设计目标和国家标准，保证施工完成后整个综合布线系统符合国家规范要求，达到业主的各项质量标准要求。尽管光纤种类很多，但光纤及其系统的测试方法基本上是相同的。光纤传输信道的测试是按照特定的标准检测光纤系统的连接质量，以减少故障因素，并在存在故障时找出故障点，从而进一步查找故障原因。

光纤传输信道的测试也可分为验证测试和认证测试两类。光纤传输信道的验证测试一般用于快速检测光纤的通断、观察光纤端接面的制作质量和在施工时分辨所使用的光纤，可以通过目测法和光纤显微镜实现。光纤传输信道的认证测试一般使用光功率计和稳定光源对光纤传输信道进行定量测量，可以测出光纤传输信道损耗值，以及是否符合相应标准的规定。光纤传输信道主要用于网络的主干线，传输速率更高，因此对它的认证测试更为严格。

国家标准对各等级的光纤传输信道测试参数的要求见表 7-13～表 7-15。

表 7-13　光纤信道衰减值　dB

信道	多模		单模	
	850 nm	1 300 nm	1 310 nm	1 550 nm
OF－300	2.55	1.95	1.8	1.8
OF－500	3.25	2.25	2.0	2.0
OF-2000	8.5	4.5	3.5	3.5

表 7-14　光缆标称波长下每千米的最小衰减值　dB/km

项目	OM1、OM2 及 OM3 多模		OSI 单模	
波长	850 nm	1 300 nm	1 310 nm	1 550 nm
衰减	3.5	1.5	1.0	1.0

表 7-15　多模光纤模式带宽

光纤类型	光纤直径/μm	最小模式带宽/(MHz·km^{-1})		
		过量发射带宽		有效光发射带宽
		波长		
		850 nm	1 300 nm	850 nm
OM1	50 或 62.5	200	500	—
OM2	50 或 62.5	500	500	—
OM3	50	1 500	500	2 000

7.2.2　光纤传输信道测试的主要参数

光纤传输信道的测试包括光纤尺寸参数和光纤的机械性能、光学性能和传输特性等方面的测试。其中，最令人关注的是光纤的光学性能和传输特性的测试。由于光纤的大多数传输特性参数不受安装方法的影响，已经由光纤制造厂家进行了测试，所以不需进行现场测试。光纤传输信道的测试包括光纤传输信道损耗、光纤传输信道的连续性和光纤传输信道的长度三个主要参数。

1. 光纤传输信道损耗

光纤传输信道损耗是指光信号在光缆中损耗的能量，即光纤末端的输出光功率与光纤首端的输入光功率的比率的分贝数，它表明了光纤传输信道对光能的传输能力。光纤传输信道损耗是影响光纤传输信道传输性能的主要参数。其主要涉及光纤材料、接头、熔接点等因素。

(1)插入损耗是指光纤中的光信号通过活动连接器之后，其输出光功率与输入光功率的比率的分贝数。插入损耗越小越好。

(2)回波损耗又称为反射损耗，是指在光纤连接处后向反射光与输入光的比率的分贝数。回波损耗越大越好，以减少反射光对光源和系统的影响。改进回波损耗的有效方法是尽量将光纤端面加工成球面或斜球面。

光纤传输信道损耗同光纤的长度成正比，因此，光纤传输信道损耗不仅表明了光纤损耗本身，还反映了光纤的长度。

对光纤传输信道损耗进行测试时，对每一条光纤传输信道测试的标准都必须通过计算获得。在具体的计算中，只需要查看相应的产品标准手册就可得到公式中的各种光纤损耗系数。

2. 光纤传输信道的连续性

光纤传输信道的连续性是对光纤传输信道的基本要求，是光纤传输信道测试的基本参数。光纤传输信道的连续性测试的目的是确定光纤中是否存在断点。光纤传输信道的连续性测试方法有两种：一种方法是将可见光射入光纤，并在光纤末端监视光的输出，如果光纤中有断裂或其他不连续点，在光纤输出端的光功率就会降低或没有光输出；另一种方法是对光纤传输信道中光功率的衰减大小进行判断。如果光纤的光功率衰减过大，则说明光纤传输信道中有不连续点。

3. 光纤传输信道的长度

光纤传输信道的长度是一个非常重要的参数。利用光时域反射(OTDR)技术可以比较精确地测出每条光纤传输信道的物理长度，为光缆的布放提供精确的数据。

7.2.3 光纤传输信道的认证测试报告

下面给出一个用 FLUKE 测试仪生成的一条光纤传输信道的认证测试报告，如图 7-6 所示。此报告属于图解式报告。此报告可以帮助人们从各个方面详细地了解光纤传输信道的情况。一份完整的报告包括信道图(Channel Map)、光缆链路双端接面洁净度的图像、双方向损耗/长度认证结果、光功率测量结果、OTDR 测试曲线等内容。从此报告中可以看出，光纤传输信道敷设质量通过相应测试是合格的。需要注意的是，每条光纤传输信道均应进行测试。

OTDR 测试曲线是采用 OTDR 技术进行测试得到的曲线。OTDR 是根据光的后向散射原理，即利用光在光纤中传播时产生的后向散射光来获取损耗的信息。通过分析 OTDR 曲线，技术人员可以看到整个系统的轮廓，确定光纤分段及连接器的位置，并测量它们的性能，确定施工质量所导致的问题，以及光纤断路等故障的位置。

7.2.4 综合布线工程光纤传输信道测试实训

1. 实训目的与要求

掌握光纤传输信道的测试标准；掌握光缆测试仪的使用方法；学会编制光纤传输信道的认证测试报告。

2. 实训内容

(1)用光缆测试仪进行光纤传输信道的认证测试。

(2)编制光纤传输信道的认证测试报告。

3. 实训设备、材料与工具

光纤传输信道、FLUKE 测试仪＋光缆测试模块或 Opti Fiber 光缆认证 OTDR 分析仪。

电缆识别名：B座12芯4-06　　　　测试总结果：通过

日期 / 时间：12/05/2022　06:45:40 AM　　n = 1.483500 (850 nm)　　模态带宽：2000MHz-km

电缆类型：OM3 Multimode 50　　n = 1.478500 (1300 nm)

损耗 (R->M)

通过

测试限：TIA-568.3-D Multimode
测试限版本：1.9500
日期 / 时间：12/05/2022　06:45:40 AM
操作人员：LI
主测试仪：DTX CableAnalyzer
S/N：9087013
软件版本：2.7800
模块：DTX-MFM2
S/N：1665027
校准日期：08/27/2014
远端测试仪：DTX CableAnalyzer
S/N：9087012
软件版本：2.7800
模块：DTX-MFM2
S/N：9974054
校准日期：06/26/2009

传输时延 (ns)	62	
长度 ft	41	**通过**
极限值 6562		
	850 nm	1300 nm
结果	**通过**	**通过**
损耗 (dB)	1.83	1.42
极限值 (dB)	2.14	2.12
余量 (dB)	0.31	0.70
参考 (dBm)	-20.81	-21.06

转换器数目：2
熔接点数目：2
跳接类型：OM3 Multimode 50
跳接长度1 (ft)：3
跳接长度2 (ft)：3
基准日期：12/05/2022　01:54:28 AM
1个跳接

损耗 (M->R)

通过

	850 nm	1300 nm
结果	**通过**	**通过**
损耗 (dB)	1.35	1.01
极限值 (dB)	2.14	2.12
余量 (dB)	0.79	1.11
参考 (dBm)	-23.18	-22.91

满足的标准：

10/100BASE-SX	1000BASE-LX	1000BASE-SX
100BASE-FX	100GBASE-SR10	10BASE-FL
10GBASE-LRM	10GBASE-LX4	10GBASE-SR
40GBASE-SR4	ATM155	ATM155SWL
ATM52	ATM622 Fiber Optic	ATM622SWL Fiber Optic
FDDI Fiber Optic	Fibre Channel 100-M5-SN-I	Fibre Channel 100-M5E-SN-I
Fibre Channel 1200-M5-SN-I	Fibre Channel 1200-M5E-SN-I	Fibre Channel 133
Fibre Channel 1600-M5E-SN-I	Fibre Channel 200-M5-SN-I	Fibre Channel 200-M5E-SN-I
Fibre Channel 266	Fibre Channel 266SWL	Fibre Channel 400-M5-SN-I
Fibre Channel 400-M5E-SN-I	Fibre Channel 800-M5E-SN-I	

LinkWare™ PC 版本 10.7

项目：光纤福禄克测试报告
光纤福禄克测试报告.flw　　页码 1　　FLUKE networks.

图 7-6　用 FLUKE 测试仪生成的一条光纤传输信道的认证测试报告

4. 实训步骤

(1)使用 Opti Fiber 光缆认证 OTDR 分析仪进行光纤传输信道的认证测试。

①将旋钮转至“SETUP”位置。

②根据屏幕提示选择测试参数，选择参数后将自动保存在测试仪中，直至下次修改。

③选择合适的测试参数接口，将光缆连接好。

④按下 TEST 键，自动完成全部测试。

⑤按下 SAVE 键，输入被测光缆编号，存储结果。全部测试结束后，可将测试仪直接接至打印机。

(2)编制光纤传输信道的认证测试报告并打印输出。

(3)注意事项。

①进行光纤传输信道的认证测试时切勿观看通电的光缆末端工具有光仪器的连接器，直至绝对确认光纤从任何光源上断开为止。

②为了防止损坏设备发光部件，应避免将输入端口暴露在大于 2.4 mW 的光能级下。

③在操作设备前，必须熟悉其开关和按钮的功能，掌握注意事项，以防止损坏设备和伤人。

7.3 综合布线系统工程验收

《综合布线系统工程验收规范》(GB/T 50312—2016)在 2016 年 8 月 26 日发布，于 2017 年 4 月 1 日开始实施。该规范的主要内容包括环境检查、器材及测试仪表工具检查、设备安装检验、缆线的敷设与保护方式检验、缆线终接、工程电气测试、管理系统验收、工程验收。工程验收是全面考核工程建设工作，检验设计和工程质量的重要环节，对于保证工程质量起着至关重要的作用。综合布线系统工程验收贯穿工程建设的全过程，不仅与土建工程密切相关，而且涉及与其他行业的接口处理。工程验收可分为随工验收、初步验收和竣工验收三个阶段，每个阶段根据工程内容、施工性质、进度的不同，均有其特定的验收项目。

7.3.1 工程验收

1. 工程验收组织

工程验收是确保工程质量的重要工作，因此必须成立工程验收组织。工程验收组织根据工程的重要性、规模大小等因素综合考虑，本着公平、公正、公开的原则，一般应包括以下人员：工程双方单位的行政负责人，有关主管人员及项目主管，主要工程项目监理人员，建筑设计、施工单位的相关技术人员，第三方验收机构或相关技术人员组成的专家组等。

2. 工程验收的程序

(1)随工验收。在工程施工过程中，为了随时考核施工单位的施工水平并保证施工质量，应对所用材料、工程的整体技术指标和质量有一个了解和保障，而且对一些日后无法检验到的工程内容(如隐蔽工程等)，在施工过程中应进行部分验收，这样可以及早地发现工程质量问题，避免造成人力和物力的大量浪费。随工验收应对隐蔽工程部分做到边施工边验收，在竣工验收时一般不再对隐蔽工程进行验收。

(2)初步验收。初步验收是在工程完成施工调试之后进行的验收工作。初步验收应在原定计划的建设工期内进行，由建设单位组织相关单位人员(如设计、施工、监理、使用等单位人员)参加。初步验收工作内容包括检查工程质量，审查竣工资料，对发现的问题提出处理的意见，并组织相关责任单位落实解决。对所有的新建、扩建和改建项目，都应在完成施工调试之后进行初步验收。初步验收是为竣工验收做准备。当工程规模较小时，初步验收可以与竣工验收合并进行。

(3)竣工验收。竣工验收是工程验收的最后一道程序，是工程完成后进行的最后验收，是对工程施工过程中的所有建设内容依据设计要求和施工规范进行全面的检验。竣工验收由建设单位或委托监理单位组织和主持，邀请设计单位和施工单位参加。竣工验收主要进行现场工程实际情况的审查，现场工程性能指标的抽查，检查布线部件是否符合国家标准，办理工程验收和交接手续，形成综合布线工程竣工验收结论等。竣工验收的工作内容有现场验收、系统测试、编制竣工文档等环节。

3. 工程验收项目和内容

综合布线系统工程应按表 7-16 中的项目和内容进行检验。

表 7-16　工程验收项目和内容

施工阶段	工程验收项目	工程验收内容	验收方式
一、施工前检查	1. 施工前准备资料	(1)已批准的施工图； (2)施工组织计划； (3)施工技术措施	施工前检查
	2. 环境条件	(1)土建施工情况：地面、墙面、门、电源插座及接进装置； (2)土建工艺：机房面积、预留孔洞； (3)施工电源； (4)地板； (5)建筑物入口设施	
	3. 器材检验	(1)按工程技术文件对设备、材料、软件进行进场验收； (2)外观检查； (3)品牌、型号、规格、数量检查； (4)电缆及连接器件电气性能测试； (5)光纤及连接器件特性测试； (6)测试仪表和工具检验	
	4. 安全、防火要求	(1)施工安全措施； (2)消防器材； (3)危险物的堆放； (4)预留孔洞的防火措施	

续表

施工阶段	工程验收项目	工程验收内容	验收方式
二、设备安装	1. 电信间、设备间、设备机柜、机架	(1)规格、外观； (2)安装垂直度、水平度； (3)油漆不得脱落，标志完整齐全； (4)各种螺钉必须紧固； (5)抗震加固措施； (6)接地措施及接地电阻	随工检验
	2. 配线部件及8位模块式通用插座	(1)规格、位置、质量； (2)各种螺钉必须拧紧； (3)标志齐全； (4)符合安装工艺要求； (5)屏蔽层可靠连接	随工检验
三、缆线布放（楼内）	1. 缆线桥架布放	(1)安装位置正确； (2)符合安装工艺要求； (3)符合布放缆线工艺要求； (4)接地	随工检验或隐蔽工程签证
	2. 缆线暗敷	(1)缆线规格、路由、位置； (2)符合布放缆线工艺要求； (3)接地	隐蔽工程签证
四、缆线布放（楼间）	1. 架空缆线	(1)吊线规格、架设位置、装设规格； (2)吊线垂度； (3)缆线规格； (4)卡、挂间隔； (5)缆线的引入符合工艺要求	随工检验
	2. 管道缆线	(1)使用管孔孔位； (2)缆线规格； (3)缆线走向； (4)缆线防护设施的设置质量	隐蔽工程签证
	3. 埋式缆线	(1)缆线规格； (2)敷设位置、埋设深度； (3)缆线防护设施的设置质量； (4)回土夯实质量	隐蔽工程签证
	4. 通道缆线	(1)缆线规格； (2)安装位置、路由； (3)土建设计符合工艺要求	隐蔽工程签证
	5. 其他	(1)通信线路与其他设施的间距； (2)进线室安装、施工质量	随工检验或隐蔽工程签证

续表

<table>
<tr><th>施工阶段</th><th colspan="2">工程验收项目</th><th>工程验收内容</th><th>验收方式</th></tr>
<tr><td rowspan="4">五、缆线成端</td><td colspan="2">1. RJ-45、非 RJ-45 通用插座</td><td rowspan="4">符合工艺要求</td><td rowspan="4">随工检验</td></tr>
<tr><td colspan="2">2. 光纤连接器件</td></tr>
<tr><td colspan="2">3. 各类跳线</td></tr>
<tr><td colspan="2">4. 配线模块</td></tr>
<tr><td rowspan="7">六、系统测试</td><td rowspan="6">1. 各等级的电缆布线系统工程电气性能测试内容</td><td>A、C、D、E、E_A、F、F_A</td><td>(1)接线图；
(2)长度；
(3)衰减(仅 A 级布线系统)；
(4)近端串扰；
(5)传播时延；
(6)传播时延偏差；
(7)直流环路电阻</td><td rowspan="7">竣工检验(随工测试)</td></tr>
<tr><td>C、D、E、E_A、F、F_A</td><td>(1)插入损耗；
(2)回波损耗</td></tr>
<tr><td>D、E、E_A、F、F_A</td><td>(1)近端串扰功率和；
(2)衰减近端串扰比；
(3)衰减近端串扰比功率和；
(4)衰减远端串扰比；
(5)衰减远端串扰比功率和</td></tr>
<tr><td>E_A、F_A</td><td>(1)外部近端串扰功率和；
(2)外部衰减远端串扰比功率和</td></tr>
<tr><td colspan="2">屏蔽布线系统屏蔽层的导通</td></tr>
<tr><td>为可选的增项测试(D、E、EA、F、FA)</td><td>1. TLC；
2. ELTCTL；
3. 耦合衰减；
4. 不平衡电阻</td></tr>
<tr><td colspan="2">2. 光纤特性测试</td><td>(1)衰减；
(2)长度
(3)高速光纤链路 OTDR 曲线</td></tr>
<tr><td rowspan="4">七、管理系统</td><td colspan="2">1. 管理系统级别</td><td>符合设计文件要求</td><td rowspan="6">竣工检验</td></tr>
<tr><td colspan="2">2. 标识符与标签设置</td><td>(1)专用标识符类型及组成；
(2)标签设置；
(3)标签材质及色标</td></tr>
<tr><td colspan="2">3. 记录和报告</td><td>(1)记录信息；
(2)报告；
(3)工程图纸</td></tr>
<tr><td colspan="2">4. 智能配线系统</td><td>作为专项工程</td></tr>
<tr><td rowspan="2">八、工程总验收</td><td colspan="2">1. 竣工技术文件</td><td>清点、交接技术文件</td></tr>
<tr><td colspan="2">2. 工程验收评价</td><td>考核工程质量，确认验收结果</td></tr>
</table>

检验应作为工程竣工资料的组成部分及工程验收的依据之一，并应符合下列规定。

(1)系统工程安装质量检查，各项指标符合设计要求，被检项检查结果应为合格；被检项的合格率为100%，工程安装质量应为合格。

(2)竣工验收需要抽验系统性能时，抽样比例不应低于10%，抽样点应包括最远布线点。

(3)系统性能检测单项合格判定应符合下列规定。

①一个被测项目的技术参数测试结果不合格，则该项目应为不合格。若某被测项目的检测结果与相应规定的差值在仪表准确度范围内，则该被测项目应为合格。

②按《综合布线系统工程验收规范》(GB/T 50312—2016)附录B的指标要求，采用4对对绞线电缆作为水平电缆或主干电缆，其所组成的链路或信道有一项指标测试结果不合格，则该水平链路、信道或主干链路、信道应为不合格。

③主干布线大对数电缆中按4对对绞线对测试，有一项指标不合格，则该线对应为不合格。

④当光纤链路、信道测试结果不满足《综合布线系统工程验收规范》(GB/T 50312—2016)附录C的指标要求时，该光纤链路、信道应为不合格。

⑤未通过检测的链路、信道的电缆线对或光纤可在修复后复检。

4. 工程验收依据

综合布线系统工程的验收依据如下。

(1)规范、标准和国家标准图集。综合布线系统工程的验收主要按《综合布线系统工程验收规范》(GB/T 50312—2016)的规定执行。随着综合布线系统技术的发展，一些标准将被修订或补充，因此，在工程验收时，应密切注意当时有关部门是否发布临时规定，以便结合工程实际情况进行验收。

(2)工程设计和施工图。工程设计和施工图包括由设计单位设计并经主管部门批准的工程设计图纸，经签字认可的工程变更通知单和会商记录等。

(3)其他。其他包括地方标准和规定，建设单位签字认可的施工任务承包合同和协议，以及涉及建筑、安防、消防等方面的现行国家的有关标准或规定。

7.3.2 竣工文件资料

1. 竣工文件资料简介

竣工文件资料为项目的永久性技术文件，是建设单位使用、维护、改造的重要依据，也是对建设项目进行复查的依据。在项目竣工后，施工单位应按规定向建设单位提出书面竣工验收申请，同时提供综合布线系统的测试方案、具体测试事项和工程达到的技术标准，并移交符合技术规范的综合布线系统竣工文件资料。

竣工文件资料包括以下内容。

(1)测试文档，包括光纤传输信道的认证测试报告和电缆传输信道的认证测试报告。

(2)综合布线系统竣工图，包括系统图、平面图、设备布置图、系统配置图等。

(3)其他文档，包括开工报告、工程变更单、检查记录和施工记录等。

2. 竣工文件资料的编制

(1)竣工图纸。项目开工时应有工程施工图，供技术人员在项目施工过程中随时检查。

通常在现场施工中，图纸设计可能因故发生某些变化，例如缆线路由的设计及插座分布有改变等。但是，在一般情况下，除非经书面批准，设计的端接位置和水平缆线标识、主干缆线标识、接地导体等不宜变更。

项目竣工后，经标注的图纸应精确地描述系统竣工后的状态，包括端接位置、主干布线、交叉连接分布和缆线系统各种管理标签配置方案等内容。竣工图纸包括综合布线系统图、平面图、配线架与信息点对照表、配线架与交换机端口对照表、交换机与设备间的连接表、光纤配线表。

(2)测试文档。工程完工后，应汇编、装订测试文档。在水平布线和垂直布线中，各条传输链路的测试结果应以索引签隔开，且隔开的每一部分应按管理记录排列的顺序列出测试数据，文件结束部分应附测试设备的名称、生产厂家、型号和最后标定的日期，并用简练的文字说明测试过程中使用的测试方法和设备的设定参数等。测试结果可以采用打印形式，也可以采用手写形式，手写测试结果要填写在事先打印好的测试表格中。在测试文档中还应包括发现的问题和采取的纠正措施，以及进行维修和重新测试后合格的数据。

(3)其他文档。施工单位在工程的实施过程中，应不断地做好各种工程文件的收集工作，在工程验收时准备一套清晰、完整、客观的工程验收文档。它包括开工报告，设计变更单、工程更改单，施工组织设计，施工方案，施工技术交底，材料、设备出厂合格证及检验单，基础验收记录和安装调整测量记录，隐蔽工程检验记录，中间交工验收证明，未完工程处理协议书等的收集整理。

在工程验收过程中，施工单位必须将整理好的、真实有效的工程资料交给工程验收组织，工程验收组织对资料验收合格后，才能开始工程验收工作。工程验收合格后，业主应将工程相关成果和文档一并接收，并妥善保管，以备查阅和参考。

7.3.3 综合布线系统工程验收实训

1. 实训目的与要求

掌握现场验收的内容和过程，掌握验收文档的内容及制作。

2. 实训内容

现场验收和文档验收。

3. 实训条件

模拟现场的实训室。

4. 实训步骤

(1)现场验收。

①工作区验收。

a. 线槽和信息插座是否按规范及设计施工。

b. 信息插座安装是否牢固可靠、高低一致。

c. 标志是否齐全。

②配线子系统验收。

a. 线槽和桥架是否按规范及设计施工。

b. 线槽和桥架是否接合良好安装牢靠。

c. 水平干线与垂直干线、工作区交接处是否出现裸线，是否按规范进行操作。

d. 线槽和桥架内的缆线是否被固定。

e. 线槽和桥架接地是否正确。

③干线子系统验收。验收包括水平干线子系统和垂直干线子系统的验收内容。另外，还要检查桥架穿越墙壁和楼板处是否做好了防火封堵。

④电信间、设备间验收。

a. 设备、机柜的安装位置、规格、型号是否符合设计及规范要求，外观是否符合规范要求。

b. 跳线制作是否规范，配线面板的接线是否美观整洁。

⑤缆线布放。

a. 缆线规格、路由等是否符合设计及规范的要求；

b. 缆线的标号是否一致。

c. 缆线拐弯处是否符合设计及规范要求。

⑥架空布线。

a. 线杆位置是否符合设计及规范要求。

b. 吊线规格、垂度、高度是否符合设计及规范要求。

c. 卡挂钩的间隔符合要求。

⑦管道布线。

a. 管道管孔位置是否符合设计及规范要求。

b. 防护措施是否符合设计及规范要求。

c. 缆线规格及路由走向是否符合设计及规范要求。

(2)文档验收。

①认证测试报告(电子文档)。

②综合布线系统工程系统图。

③综合布线系统工程网络拓扑图。

④综合布线系统工程平面图。

⑤综合布线系统工程机柜布局图。

⑥综合布线系统工程配线架上信息点分布图。

模块小结

综合布线系统作为现代化建筑的基础设施，对于保障建筑物的信息传输、提高建筑物的智能化水平及增加建筑物的安全性至关重要。要保证综合布线系统工程的质量，必须在整个施工过程中对综合布线系统进行全面的测试和验收，确保其性能和质量满足设计要求与相关标准。

在本模块的学习中，我们深入了解了综合布线系统测试验收的概念和重要性，以及具体的测试验收流程和标准。在实践中，需要熟练掌握综合布线系统工程测试标准与测试内容、测试仪器的使用方法，以及电缆和光纤传输信道的测试方法。综合布线系统测试工作用于确认工程施工是否达到工程设计方案的要求，是工程竣工验收的主要环节。一个优质的综合布线系统工程，不仅要设计合理，选用合适的缆线及设备，还要有一支经过专门培训的、高素质的施工队伍，且在工程进行过程中和施工结束时及时进行测试，这对于提升网络通信质量和满足现代化建筑的需求至关重要。

习题

1. 综合布线系统测试模型有哪些？其含义各是什么？

2. 综合布线系统链路测试中的常见故障有哪些？它们分别是由什么原因引起的？

3. 综合布线系统测试有哪些类型？

4. 根据《综合布线系统工程验收规范》(GB/T 50315—2016)，综合布线系统认证测试内容有哪些？

5. 综合布线系统中光纤传输信道的认证测试内容有哪些？

6. 在综合布线系统工程验收中，验收依据和验收内容有哪些？

7. 综合布线系统工程的竣工文件资料有哪些？

附　　录

附录 1 《综合布线系统工程设计规范》(GB 50311—2016)规定的缩略词

《综合布线系统工程设计规范》(GB 50311—2016)规定的缩略词

序号	英文缩略词	中文名称	英文名称
1	ACR-F	衰减远端串扰比	Attenuation to Crosstalk Ratio at the Far-end
2	ACR-N	衰减近端串扰比	Attenuation to Crosstalk Ratio at the Near-end
3	BD	建筑物配线设备	Building Distributor
4	CD	建筑群配线设备	Campus Distributor
5	CP	集合点	Consolidation Point
6	d. c.	直流环路电阻	Direct Current loop resistance
7	ELTCTL	两端等效横向转换损耗	Equal Level TCTL
8	FD	楼层配线设备	Floor Distributor
9	FEXT	远端串扰	Far End Crosstalk Attenuation(loss)
10	ID	中间配线设备	Intermediate Distributor
11	IEC	国际电工技术委员会	International Electrotechnical Commission
12	IEEE	美国电气及电子工程师学会	the Institute of Electrical and Electronics Engineers
13	IL	插入损耗	Insertion Loss
14	IP	因特网协议	Internet Protocol
15	ISDN	综合业务数字网	Integrated Services Digital Network
16	ISO	国际标准化组织	International Organization for Standardization
17	MUTO	多用户信息插座	Multi-User Telecom-munications Outlet
18	MPO	多芯推进锁闭光纤连接器件	Multi-fiber Push On
19	NI	网络接口	Network Interface
20	NEXT	近端串扰	Near End Crosstalk Attenuationloss
21	OF	光纤	Optical Fibre
22	POE	以太网供电	Power Over Ethernet
23	PS NEXT	近端串扰功率和	Power Sum Near End Crosstalk Attenuation(loss)
24	PS AACR-F	外部远端串扰比功率和	Power Sum Attenuation to Alien Crosstalk Ratio at the Far-end

续表

序号	英文缩略词	中文名称	英文名称
25	PS AACR-Favg	外部远端串扰比功率和平均值	Average Power Sum Attenuation to Alien Crosstalk Ratio at the Far-end
26	PS ACR-F	衰减远端串扰比功率和	Power Sum Attenuation to Crosstalk Ratio at the Far-end
27	PS ACR-N	衰减近端串扰比功率和	Power Sum Attenuation to Crosstalk Ratio at the Near-end
28	PS ANEXT	外部近端串扰功率和	Power Sum Alien Near-End Crosstalk(loss)
29	PS ANEXTavg	外部近端串扰功率和平均值	Average Power Sum Alien Near-End Crosstalk (loss)
30	PS FEXT	远端串扰功率和	Power SumFar end Crosstalk(loss)
31	RL	回波损耗	Return Loss
32	SC	用户连接器件(光纤活动连接器件)	Subscriber Connector(optical fibre connector)
33	SW	交换机	Switch
34	SFF	小型光纤连接器件	Small Form Factor connector
35	TCL	横向转换损耗	Transverse Conversion Loss
36	TCTL	横向转换转移损耗	Transverse Conversion Transfer Loss
37	TE	终端设备	Terminal Equipment
38	TO	信息点	Telecommunications Outlet
39	TIA	美国电信工业协会	Telecommunications Industry Association
40	UL	美国保险商实验所安全标准	Underwriters Laboratories
41	Vr. m. s	电压有效值	Vroot. mean. square

附录2　综合布线系统图样的常用的图形符号

综合布线系统图样的常用的图形符号

序号	意用图形符号		说明	应用类别
	形式1	形式2		
1	MDF		总配线架 Main Distrbution Frame	系统图、平面图
2	ODF		光杆配线架 Fiber Distribution Frame	
3	IDF		中间配线架 Mid Distribution Frame	
4	BD	BD	建筑物配线架 Building Distributor（有跳线连接）	系统图
5	FD	FD	楼层配线架 Floor Distributor（有跳线连接）	
6	CD		建筑群配线架 Campus Distributor	平面图、系统图
7	BD		建筑物配线架 Building Distributor	
8	FD		楼层配线架 Floor Distributor	
9	HUB		集线器 Hub	
10	SW		交换机 Switchboard	
11	CP		集合点 Consolidation point	
12	LIU		光纤连接盘 Line Interface Unit	
13	TP	TP	电话插座 Telephone outlets	
14	TD	TD	数据插座 Data outlets	平面图、系统图
15	TO	TO	信息插座 Information socket	
16	nTO	nTO	*n* 孔信息插座，*n* 为信息孔数量，例如 TO—单孔信息插座；2TO—二孔信息插座	
17	○ MUTO		多用户信息插座 Multi-User Telecommunications outlet	

附录3　实训报告模板

实训报告

<table>
<tr><td>学院</td><td colspan="2"></td><td>专业</td><td></td><td>班级</td><td></td></tr>
<tr><td>姓名</td><td colspan="2"></td><td>实训项目</td><td></td><td>日期</td><td></td></tr>
<tr><td colspan="2">实训报告类别</td><td>成绩</td><td colspan="4">实训报告内容</td></tr>
<tr><td colspan="2">1. 实训任务来源和应用</td><td>5分</td><td colspan="4"></td></tr>
<tr><td colspan="2">2. 实训任务</td><td>5分</td><td colspan="4"></td></tr>
<tr><td colspan="2">3. 技术知识点</td><td>5分</td><td colspan="4"></td></tr>
<tr><td colspan="2">4. 关键技能</td><td>5分</td><td colspan="4"></td></tr>
<tr><td colspan="2">5. 实训时间(按时完成)</td><td>5分</td><td colspan="4"></td></tr>
<tr><td colspan="2">6. 实训材料</td><td>5分</td><td colspan="4"></td></tr>
<tr><td colspan="2">7. 实训工具和设备</td><td>5分</td><td colspan="4"></td></tr>
<tr><td colspan="2">8. 实训步骤和过程描述</td><td>30分</td><td colspan="4"></td></tr>
<tr><td colspan="2">9. 作品测试结果记录</td><td>20分</td><td colspan="4"></td></tr>
<tr><td colspan="2">10. 实训收获</td><td>15分</td><td colspan="4"></td></tr>
<tr><td colspan="2">11. 教师评判与成绩</td><td></td><td colspan="4"></td></tr>
</table>

参 考 文 献

[1]刘兵，黎福梅．综合布线与网络工程[M].2版．武汉：武汉理工大学出版社，2014.
[2]董娟．综合布线技术与通信网络[M].北京：中国建筑工业出版社，2018.
[3]王公儒．网络综合布线系统工程技术实训教程[M].3版．北京：机械工业出版社，2021.
[4]陈光辉，黎连业，王萍，等．网络综合布线系统与施工技术[M].5版．北京：机械工业出版社，2019.
[5]刘化君．综合布线系统[M].4版．北京：机械工业出版社，2021.